Nuxt.js Web 开发实战

[马来西亚] 郭隆添　著

张　骞　译

清華大學出版社

北　京

内 容 简 介

本书详细阐述了与Nuxt.js相关的基本解决方案，主要包括Nuxt简介，开始Nuxt之旅，添加UI框架，添加视图、路由和过渡效果，添加Vue组件，编写插件和模块，添加Vue表单，添加服务器端框架，添加服务器端数据库，添加Vuex Store，编写路由中间件和服务器中间件，创建用户登录和API身份验证，编写端到端测试，Linter、格式化程序和部署命令，利用Nuxt创建一个SPA，为Nuxt创建一个框架无关的PHP API，利用Nuxt创建一个实时应用程序，利用CMS和GraphQL创建Nuxt应用程序等内容。此外，本书还提供了相应的示例、代码，以帮助读者进一步理解相关方案的实现过程。

本书适合作为高等院校计算机及相关专业的教材和教学参考书，也可作为相关开发人员的自学用书和参考手册。

图书在版编目（CIP）数据

Nuxt.js Web开发实战 /（马来）郭隆添著；张骞译. —北京：清华大学出版社，2023.1

书名原文：Hands-on Nuxt.js Web Development

ISBN 978-7-302-62203-1

Ⅰ. ①N… Ⅱ. ①郭… ②张… Ⅲ. ①网页制作工具—程序设计 Ⅳ. ①TP393.092.2

中国版本图书馆CIP数据核字（2022）第220722号

责任编辑： 贾小红
封面设计： 刘 超
版式设计： 文森时代
责任校对： 马军令
责任印制： 曹婉颖

出版发行： 清华大学出版社
网　址： http://www.tup.com.cn，http://www.wqbook.com
地　址： 北京清华大学学研大厦A座　**邮　编：** 100084
社 总 机： 010-83470000　**邮　购：** 010-62786544
投稿与读者服务： 010-62776969，c-service@tup.tsinghua.edu.cn
质量反馈： 010-62772015，zhiliang@tup.tsinghua.edu.cn
印 装 者： 三河市东方印刷有限公司
经　销： 全国新华书店
开　本： 185mm×230mm　**印　张：** 37.75　**字　数：** 757千字
版　次： 2023年2月第1版　**印　次：** 2023年2月第1次印刷
定　价： 159.00元

产品编号：094301-01

译 者 序

Nuxt.js 是一个基于 Vue.js 的渐进式 Web 框架，用于服务器端渲染（SSR）。使用 Nuxt.js 和 Vue.js，从零开始构建通用和静态生成的应用程序比以往任何时候都更容易。

本书首先介绍了 Nuxt.js 及其作为通用 SSR 框架的组成部分。读者将学习 Nuxt.js 的基础知识，并了解如何将其与 Vue.js 的最新版本集成。然后本书将探索 Nuxt.js 目录结构，并使用页面、视图、路由和 Vue 组件设置第一个 Nuxt.js 项目。在相关示例的帮助下，我们将学习如何通过探索 Nuxt.js 应用程序的配置、插件、模块、中间件和 Vuex 存储，以连接 Nuxt.js 应用程序与后端 API。本书向读者展示了如何通过在 HTTP 请求上使用 REST 和 GraphQL API 将 Nuxt.js 应用程序转换为通用或静态生成的应用程序。最后，读者将掌握使用授权的安全技术，打包 Nuxt.js 应用程序并进行测试，进而将其部署到生产环境中。

在阅读完本书后，读者将深入理解如何在项目中使用 Nuxt.js，并能够构建安全的、端到端测试的、可扩展的，以及具有 SSR、数据处理、SEO 功能的 Web 应用程序。

在翻译本书的过程中，除张骞外，张博、刘璋、刘祎、张华臻等人也参与了部分翻译工作，在此一并表示感谢。

由于译者水平有限，难免有疏漏和不妥之处，在此诚挚欢迎读者提出任何意见和建议。

译 者

前　　言

Nuxt.js（本书称作 Nuxt）是一个基于 Vue.js（本书称作 Vue）的先进的 Web 框架，主要用于服务器端渲染（SSR）。现在，借助 Nuxt 和 Vue，构建通用和静态生成的应用程序比以往任何时候都更加容易。本书将帮助读者学习和运行 Nuxt 的基础内容，以及如何将其与 Vue 的最新版本集成，使读者能够使用 Nuxt 和 Vue.js 构建整个项目，包括身份验证、测试和部署，并考查 Nuxt 的目录结构，通过 Nuxt 的页面、视图、路由机制和 Vue 组件，以及编写插件、模块、Vuex 存储和中间件创建 Nuxt 项目。此外，我们还将通过 Koa.js（在本书中称作 Koa）、PHP 标准推荐（PSR）、MongoDB 和 MySQL，以及将 WordPress 用作一个无头 CMS 和 REST API，进而介绍如何创建 Node.js 和 PHP API。另外，我们还将 Keystone.js 用作 GraphQL API 以进一步完善 Nuxt。接下来，我们将介绍如何利用 Socket.IO 和 RethinkDB 创建实时 Nuxt 应用程序和 API，最终从远程 API（无论是 REST API 还是 GraphQL API）生成包含 Nuxt 和资源流（图像和视频）的静态站点。

适用读者

本书主要面向 JavaScript 或全站开发人员而编写，他们希望构建服务器端渲染的 Vue.js 应用程序。因此，熟悉 Vue.js 框架将有助于理解本书中涉及的核心概念。

本书内容

第 1 章介绍 Nuxt 的主要特性。另外，本章还介绍当前 Web 应用程序的类型以及 Nuxt 符合哪些类别。在后续章节中，我们依次考查 Nuxt 的各种用途。

第 2 章介绍如何通过构建工具或通过手动方式安装 Nuxt，进而创建第 1 个 Nuxt 应用程序。此外，本章还介绍 Nuxt 项目中默认的目录结构、配置 Nuxt 以满足项目需求，并理解数据资源服务机制。

第 3 章探讨如何添加自定义 UI 框架，如 Zurb Foundation、Motion UI、Less CSS 等，以简化 Nuxt 中的 UI 开发并体验开发过程中的各种乐趣。

第 4 章在 Nuxt 应用程序中创建导航路由、自定义页面、布局和模板。另外，本章还介绍如何添加转化和动画、创建自定义错误页面、自定义全局元标签，以及向独立页面中添加特定的标签。

第 5 章向 Nuxt 应用程序中添加 Vue 组件。我们编写基本的全局混入并定义遵循命名规则的组件名称，进而介绍如何创建全局和本地组件并复用这些组件。

第 6 章在 Nuxt 应用程序中创建并添加插件、模块和模块片段。此外，本章还介绍如何创建 Vue 插件并在 Nuxt 项目中安装这些插件、编写全局函数并注册这些函数。

第 7 章通过 v-model 和 v-bind 创建表单，并使用修饰符验证表单元素并进行动态值绑定。另外，我们还介绍如何使用 Vue 插件 VeeValidate 以简化前端验证操作。

第 8 章把 Koa 用作服务器端框架，进而创建一个 API 以进一步完善 Nuxt 应用程序。另外，本章还考查如何安装 Koa 及其 Node.js 包，以创建一个可完整工作的 API 并将其与 Nuxt 应用程序进行集成。除此之外，我们还介绍 Nuxt 中的异步数据，并通过异步数据访问 Nuxt 上下文、监听查询变化、处理错误、将 Axios 用作 HTTP 客户端（请求 API 中的数据）以从 Koa API 中获取数据。

第 9 章使用 MongoDB 管理 Nuxt 应用程序中的数据库。其间，我们介绍如何安装 MongoDB、编写基本的 MongoDB 查询、向 MongoDB 数据库中添加虚拟数据、利用 Koa 将 MongoDB 与第 8 章中的 API 进行集成，并随后从 Nuxt 应用程序中获取数据。

第 10 章针对 Nuxt 应用程序使用 Vuex 管理和中心化存储数据。在本章，我们了解 Vuex 架构、利用存储的突变（mutation）和操作方法更改存储数据、在存储程序复杂化时采用模块化方式构建存储程序，以及在 Vuex 存储中处理表单。

第 11 章在 Nuxt 应用程序中创建路由中间件和服务器中间件。我们介绍如何利用 Vue Router 创建中间件，通过 Vue CLI 将 Express.js（本书称作 Express）、Koa、Connect.js（本书称作 Connect）用作服务器中间件以创建 Vue 应用程序。

第 12 章利用会话、JSON Web 令牌（token）、Google OAuth 和第 11 章介绍的路由中间件向 Nuxt 应用程序的限制页面中添加身份验证。在本章，我们介绍如何利用在 Nuxt 应用程序的客户端和服务器端上的 Cookie（前端身份验证），并向后端和前端身份验证中加入 Google OAuth，进而创建基于 JWT 的后端身份验证机制。

第 13 章通过 AVA、jsdom 和 Nightwatch.js 创建端到端的测试。在本章，我们介绍安装这些工具、设置测试环境并针对第 12 章的 Nuxt 应用程序中的页面编写测试程序。

第 14 章使用 ESLint、Prettier 和 StandardJS，以使代码更加整洁且兼具可读性和格式化特性。在本章，我们介绍如何安装和配置这些工具以满足相关需求，并在 Nuxt 应用程序中集成不同的 Linter。最后，本章还介绍如何利用 Nuxt 命令部署 Nuxt 应用程序，以及发布应用程序的托管服务。

第 15 章介绍如何在 Nuxt 中开发单页应用程序（SPA），并介绍 Nuxt 中的 SPA 与经典 SPA 之间的不同之处，进而生成静态 SPA 并发布至静态托管服务器（GitHub Pages）上。

第 16 章使用 PHP 创建一个 API 以进一步完善 Nuxt 应用程序。其间，我们介绍如何安装 Apache 服务器和 PHP 引擎、了解 HTTP 消息和 PHP 标准、安装 MySQL 作为数据库系统、针对 MySQL 编写 CRUD 操作、通过遵循 PHP 标准创建与框架无关的 PHP API，并随后将 API 与 Nuxt 应用程序进行集成。

第 17 章利用 RethinkDB、Socket.IO 和 Koa 开发一个实时 Nuxt 应用程序。在本章，我们介绍如何安装 RethinkDB、考查 ReQL 方面的知识、将 RethinkDB 与 Koa API 进行集成、将 Socket.IO 添加至 API 和 Nuxt 应用程序中，最后利用 RethinkDB Change Feed 将 Nuxt 应用程序转换为一个实时 Web 应用程序。

第 18 章使用（无头）CMS 和 GraphQL 以完善 Nuxt 应用程序。在本章，我们介绍如何将 WordPress 转换为无头 CMS、创建 WordPress 中的自定义 POST 类型，并扩展 WordPress REST API。接下来，我们介绍如何在 Nuxt 应用程序中使用 GraphQL、理解 GraphQL 模式和解析器、使用 Appolo Server 创建 GraphQL API，以及如何使用 Keystone.js GraphQL API。除此之外，本章还讨论如何安装安全的 PostgreSQL 和 MongoDB、从远程 API（无论是 REST API 还是 GraphQL API）使用 Nuxt 和流资源（图像和视频）生成静态站点。

技术需求

本书需要使用最新版本的 Nuxt.js。本书中的全部代码均在 Ubuntu 20.10 上通过 Nuxt 2.14.x 进行测试。下表列出了本书所需的软件、框架和技术列表。

本书所需的软件和硬件	操作系统环境
Koa.js v2.13.0	任意平台
Axios v0.19.2	任意平台
Keystone.js v11.2.0	任意平台
Socket.IO v2.3.0	任意平台
MongoDB v4.2.6	任意平台
MySQL v10.3.22-MariaDB	任意平台
RethinkDB v2.4.0	任意平台

续表

本书所需的软件和硬件	操作系统环境
PHP v7.4.5	任意平台
Foundation v6.6.3	任意平台
Swiper.js v6.0.0	任意平台
Node.js v12.18.2 LTS（至少为 v8.9.0）	任意平台
NPM v6.14.7	任意平台

下载示例代码文件

读者可访问 www.packt.com 并通过个人账户下载本书的示例代码文件。无论读者在何处购买了本书，均可访问 www.packt.com/support，经注册后我们会将相关文件直接通过电子邮件的方式发送给您。

下载代码文件的具体操作步骤如下。

（1）访问 www.packt.com 并注册。

（2）选择 SUPPORT 选项卡。

（3）单击 Code Downloads & Errata。

（4）在 Search 搜索框中输入书名。

当文件下载完毕后，可利用下列软件的最新版本解压或析取文件夹中的内容。

- ❑ WinRAR/7-Zip（Windows 环境）。
- ❑ Zipeg/iZip/UnRarX（Mac 环境）。
- ❑ 7-Zip/PeaZip（Linux 环境）。

另外，本书的代码包也托管于 GitHub 上，对应网址为 https://github.com/PacktPublishing/Hands-on-Nuxt.js-Web-Development。若代码被更新，现有的 GitHub 库也会保持同步更新。

读者还可访问 https://github.com/PacktPublishing/并从对应分类中查看其他代码包和视频内容。

本书约定

代码块则通过下列方式进行设置。

```
// pages/about.vue
<script>
export default {
  transition: {
  name: 'fade'
```

代码中的重点内容则采用粗体表示。

```
[default]
exten => s,1,Dial(Zap/1|30)
exten => s,2,Voicemail(u100)
exten => s,102,Voicemail(b100)
exten => i,1,Voicemail(s0)
```

任何命令行输入或输出都采用如下所示的粗体代码形式。

```
$ npm i less --save-dev
$ npm i less-loader --save-dev
```

本书还使用了以下两个图标。

图标表示警告或重要的注意事项。

图标表示提示信息或操作技巧。

读者反馈和客户支持

欢迎读者对本书提出建议或意见。

对此，读者可向 customercare@packtpub.com 发送电子邮件，并以书名作为电子邮件标题。

勘误表

尽管我们希望做到尽善尽美，但书中难免有疏漏和不妥之处。如果读者发现谬误之处，无论是文字错误抑或是代码错误，还望不吝赐教。对此，读者可访问 http://www.packtpub.com/errata，选取对应书籍，输入并提交相关问题的详细内容。

版权须知

一直以来，互联网上的版权问题从未间断，Packt 出版社对此类问题非常重视。若读者在互联网上发现本书任意形式的副本，请告知我们网络地址或网站名称，我们将对此予以处理。关于盗版问题，读者可发送电子邮件至 copyright@packt.com。

若读者针对某项技术具有专家级的见解，抑或计划撰写书籍或完善某部著作的出版工作，可访问 authors.packtpub.com。

问题解答

若读者对本书有任何疑问，均可发送电子邮件至 questions@packtpub.com，我们将竭诚为您服务。

目　　录

第 1 部分　第 1 个 Nuxt 应用程序

第 1 章　Nuxt 简介 3

1.1　从 Vue 到 Nuxt 3

1.2　为何使用 Nuxt 4

1.2.1　编写单文件组件 4

1.2.2　编写 ES2015+ 6

1.2.3　利用预处理器编写 CSS 6

1.2.4　利用模块和插件扩展 Nuxt 7

1.2.5　在路由之间添加过渡 8

1.2.6　管理<head>元素 9

1.2.7　利用 webpack 打包和划分代码 9

1.3　应用程序的类型 11

1.3.1　传统的服务器端渲染的应用程序 11

1.3.2　传统的单页应用程序（SPA） 12

1.3.3　通用服务器端渲染的应用程序（SSR） 14

1.3.4　静态生成的应用程序 15

1.4　作为通用 SSR 应用程序的 Nuxt 16

1.5　作为静态站点生成器的 Nuxt 17

1.6　作为单页应用程序的 Nuxt 17

1.7　本章小结 18

第 2 章　开始 Nuxt 之旅 19

2.1　技术需求 19

2.2　安装 Nuxt 20

2.2.1　使用 create-nuxt-app 20

2.2.2　从头开始安装 22

2.3　了解目录结构 22

2.3.1　/assets/目录 23
2.3.2　/static/目录 24
2.3.3　/pages/目录 24
2.3.4　/layouts/目录 24
2.3.5　/components/目录 24
2.3.6　/plugins/目录 25
2.3.7　/store/目录 26
2.3.8　/middleware/目录 26
2.3.9　package.json 文件 26
2.3.10　nuxt.config.js 文件 27
2.3.11　别名 27
2.4　了解自定义配置 28
2.4.1　mode 选项 29
2.4.2　target 选项 29
2.4.3　head 选项 29
2.4.4　css 选项 30
2.4.5　plugins 选项 31
2.4.6　components 选项 31
2.4.7　buildModules 选项 31
2.4.8　modules 选项 31
2.4.9　build 选项 32
2.4.10　dev 选项 33
2.4.11　rootDir 选项 34
2.4.12　srcDir 选项 34
2.4.13　server 选项 35
2.4.14　env 选项 36
2.4.15　router 选项 37
2.4.16　dir 选项 38
2.4.17　loading 选项 39
2.4.18　pageTransition 和 layoutTransition 选项 39
2.4.19　generate 选项 40
2.5　了解数据资源服务机制 41

2.6　本章小结 44

第 3 章　添加 UI 框架 45

3.1　添加 Foundation 和 Motion UI 45

3.1.1　利用 Foundation 创建网格布局和站点导航 47

3.1.2　使用 Foundation 中的 JavaScript 实用程序和插件 49

3.1.3　利用 Motion UI 创建 CSS 动画和过渡 52

3.1.4　利用 Foundation Icon Fonts 3 添加图标 55

3.2　添加 Less（Leaner Style Sheets） 56

3.3　添加 jQuery UI 59

3.4　添加 AOS 62

3.5　添加 Swiper 64

3.6　本章小结 67

第 2 部分　视图、路由、组件、插件和模块

第 4 章　添加视图、路由和过渡效果 71

4.1　创建自定义路由 71

4.1.1　Vue Router 71

4.1.2　安装 Vue Router 72

4.1.3　利用 Vue Router 创建路由 72

4.1.4　创建基本的路由 74

4.1.5　创建动态路由 75

4.1.6　创建嵌套路由 76

4.1.7　创建动态嵌套路由 82

4.1.8　验证路由参数 84

4.1.9　利用_.vue 文件处理未知的路由 85

4.2　创建自定义视图 87

4.2.1　理解 Nuxt 视图 87

4.2.2　自定义应用程序模板 88

4.2.3　创建自定义 HTML 头 89

4.2.4　创建自定义布局 94

4.2.5　创建自定义页面 97

4.2.6 理解页面 97
4.3 创建自定义转换 106
4.3.1 理解 Vue 中的转换 106
4.3.2 利用 pageTransition 实现转换 108
4.3.3 利用 layoutTransition 属性实现转换 111
4.3.4 利用 CSS 动画实现转换 113
4.3.5 利用 JavaScript 钩子实现转换 114
4.3.6 理解转换模式 119
4.4 本章小结 120

第 5 章 添加 Vue 组件 121

5.1 了解 Vue 组件 121
5.1.1 什么是组件 123
5.1.2 利用 props 向子组件传递数据 123
5.1.3 监听子组件事件 126
5.1.4 利用 v-mode 创建自定义输入组件 128
5.1.5 v-for 循环中的 key 属性 131
5.1.6 利用 key 属性控制可复用的元素 135
5.2 创建单文件 Vue 组件 136
5.2.1 利用 webpack 编译单文件组件 137
5.2.2 在单文件组件中传递数据和监听事件 139
5.2.3 在 Nuxt 中添加 Vue 组件 143
5.3 注册全局和本地组件 147
5.3.1 在 Vue 中注册全局组件 147
5.3.2 在 Vue/Nuxt 中注册本地组件 148
5.3.3 在 Nuxt 中注册全局组件 150
5.4 编写基本和全局混入 152
5.4.1 创建基本的混入/非全局混入 153
5.4.2 创建全局混入 155
5.5 定义组件名并使用命名规则 156
5.5.1 多个单词构成的组件名称 156
5.5.2 组件数据 157

5.5.3 props 定义 158
5.5.4 组件文件 158
5.5.5 单文件组件文件名大小写 159
5.5.6 自闭合组件 159
5.6 本章小结 160
第 6 章 编写插件和模块 161
6.1 编写 Vue 插件 161
6.1.1 在 Vue 中编写自定义插件 162
6.1.2 将 Vue 插件导入 Nuxt 中 165
6.1.3 在缺少 SSR 支持的情况下导入外部 Vue 插件 166
6.2 在 Nuxt 中编写全局函数 167
6.2.1 将函数注入 Vue 实例中 168
6.2.2 将函数注入 Nuxt 上下文中 169
6.2.3 将函数注入 Vue 实例和 Nuxt 上下文中 170
6.2.4 仅注入客户端或服务器端插件 172
6.3 编写 Nuxt 模块 174
6.4 编写异步 Nuxt 模块 180
6.4.1 使用 async/await 180
6.4.2 返回一个 Promise 181
6.5 编写 Nuxt 模块片段 182
6.5.1 使用顶级选项 182
6.5.2 使用 addPlugin 辅助方法 184
6.5.3 使用 Lodash 模板 185
6.5.4 添加 CSS 库 187
6.5.5 注册自定义 webpack 加载器 189
6.5.6 注册自定义 webpack 插件 192
6.5.7 在特定的钩子上创建任务 193
6.6 本章小结 195
第 7 章 添加 Vue 表单 197
7.1 理解 v-model 197
7.1.1 在文本和文本框中使用 v-model 197

7.1.2 在复选框和单选按钮元素中使用 v-model 199
7.1.3 在 select 元素中使用 v-model 200
7.2 利用基本的数据绑定机制验证表单 201
7.2.1 验证文本元素 202
7.2.2 验证 textarea 元素 203
7.2.3 验证复选框元素 204
7.2.4 验证单元按钮元素 205
7.2.5 验证 select 元素 206
7.3 生成动态值绑定 208
7.3.1 替换布尔值——checkbox 元素 209
7.3.2 利用动态属性替换字符串——radio 属性 209
7.3.3 利用对象替换字符串 210
7.4 使用修饰符 211
7.4.1 添加.lazy 211
7.4.2 添加.number 211
7.4.3 添加.trim 212
7.5 利用 VeeValidate 验证表单 212
7.6 在 Nuxt 应用程序中使用自定义验证 215
7.7 本章小结 219

第 3 部分　服务器开发和数据管理

第 8 章　添加服务器端框架 223
8.1 引入 Backpack 223
8.1.1 安装和配置 Backpack 223
8.1.2 利用 Backpack 创建一个简单的应用程序 224
8.2 引入 Koa 226
8.2.1 安装和配置 Koa 226
8.2.2 ctx 的含义 227
8.2.3 了解 Koa 级联机制的工作方式 227
8.3 将 Koa 与 Nuxt 进行集成 231
8.4 理解异步数据 236

8.4.1　返回一个 Promise 237
8.4.2　使用 async/await 237
8.4.3　合并数据 238
8.5　访问 asyncData 中的上下文 238
8.5.1　访问 req/res 对象 239
8.5.2　访问动态路由数据 239
8.5.3　监听查询数据 240
8.5.4　处理错误 241
8.6　利用 Axios 获取异步数据 242
8.6.1　安装和配置 Axios 242
8.6.2　利用 Axios 和 asyncData 获取数据 243
8.6.3　监听查询变化 245
8.7　本章小结 246

第 9 章　添加服务器端数据库 247

9.1　引入 MongoDB 247
9.1.1　安装 MongoDB 248
9.1.2　在 Ubuntu 20.04 上安装 MongoDB 248
9.1.3　启动 MongoDB 249
9.2　编写基本的 MongoDB 查询 250
9.2.1　创建一个数据库 250
9.2.2　创建一个新的集合 251
9.3　编写 MongoDB CRUD 操作 252
9.4　利用 MongoDB CRUD 注入数据 253
9.4.1　插入文档 253
9.4.2　查询文档 254
9.4.3　更新文档 256
9.4.4　删除文档 258
9.5　将 MongoDB 与 Koa 进行集成 259
9.5.1　安装 MongoDB 驱动程序 259
9.5.2　利用 MongoDB 驱动程序创建简单的应用程序 259
9.5.3　配置 MongoDB 驱动程序 261

9.5.4　理解 ObjectId 和 ObjectId 方法 262
9.5.5　注入一个文档 263
9.5.6　获取所有文档 265
9.5.7　更新一个文档 266
9.5.8　删除一个文档 267
9.6　将 MongoDB 与 Nuxt 页面进行集成 268
9.6.1　创建一个页面用于添加新用户 269
9.6.2　创建更新页面用于更新已有用户 269
9.6.3　创建删除页面用于删除已有用户 270
9.7　本章小结 272

第 10 章　添加 Vuex Store 273

10.1　理解 Vuex 架构 273
10.1.1　Vuex 的含义 273
10.1.2　状态管理模式 273
10.2　开始使用 Vuex 275
10.2.1　安装 Vuex 275
10.2.2　创建一个简单的存储 276
10.3　理解 Vuex 核心概念 277
10.3.1　状态 277
10.3.2　getter 280
10.3.3　突变 283
10.3.4　动作 285
10.3.5　模块 287
10.4　构建 Vuex 存储模块 293
10.4.1　创建简单的存储模块结构 293
10.4.2　创建高级的存储模块结构 295
10.5　处理 Vuex 存储中的表单 297
10.5.1　使用 v-bind 和 v-on 指令 298
10.5.2　使用双向 computed 属性 299
10.6　在 Nuxt 中使用 Vuex 存储 300
10.6.1　使用模块模式 300

10.6.2　使用模块文件 304
10.6.3　使用 fetch 方法 306
10.6.4　使用 nuxtServerInit 动作 308
10.7　本章小结 312

第 4 部分　中间件和安全

第 11 章　编写路由中间件和服务器中间件 315
11.1　利用 Vue Router 编写中间件 315
11.1.1　中间件的具体含义 315
11.1.2　安装 Vue Router 316
11.1.3　使用导航保护 317
11.1.4　导航保护中的参数（to、from 和 next） 323
11.2　Vue CLI 简介 326
11.2.1　安装 Vue CLI 326
11.2.2　Vue CLI 的项目结构 327
11.2.3　利用 Vue CLI 编写中间件和 Vuex 存储 329
11.3　在 Nuxt 中编写路由中间件 334
11.3.1　编写全局中间件 335
11.3.2　编写逐个路由中间件 338
11.4　编写 Nuxt 服务器中间件 341
11.4.1　将 Express 用作 Nuxt 的服务器中间件 342
11.4.2　将 Koa 用作 Nuxt 的服务器中间件 346
11.4.3　创建自定义服务器中间件 349
11.5　本章小结 350
第 12 章　创建用户登录和 API 身份验证 351
12.1　理解基于会话的身份验证 351
12.1.1　会话和 cookie 的含义 352
12.1.2　会话身份验证流 352
12.2　理解基于令牌的身份验证 353
12.2.1　JWT 的含义 353
12.2.2　令牌身份验证流 354

12.2.3 针对 JWT 使用 Node.js 模块 355
12.3 创建后端身份验证 356
12.3.1 使用 MySQL 作为服务器数据库 356
12.3.2 构建跨域应用程序目录 357
12.3.3 创建 API 公共/私有路由及其模块 359
12.3.4 针对 Node.js 使用 bcryptjs 模块 368
12.3.5 针对 Node.js 使用 mysql 模块 369
12.3.6 重构服务器端上的登录代码 372
12.3.7 验证服务器端上的输入令牌 374
12.4 创建前端身份验证 375
12.4.1 在（Nuxt）客户端上使用 cookie 377
12.4.2 在（Nuxt）服务器端使用 cookie 378
12.5 利用 Google OAuth 进行签名 379
12.5.1 向后端身份验证中添加 Google OAuth 380
12.5.2 针对 Google OAtuh 创建前端身份验证 384
12.6 本章小结 387

第 5 部分　测试和开发

第 13 章　编写端到端测试 391
13.1 端到端测试和单元测试 391
13.2 端到端测试工具 392
13.2.1 jsdom 392
13.2.2 AVA 395
13.3 利用 jsdom 和 AVA 编写 Nuxt 应用程序测试 397
13.4 Nightwatch 简介 400
13.5 利用 Nightwatch 编写 Nuxt 应用程序测试 404
13.6 本章小结 406

第 14 章　Linter、格式化程序和部署命令 407
14.1 Linter 简介——Prettier、ESLint 和 StandardJS 407
14.1.1 Prettier 407
14.1.2 ESLint 410

14.1.3 StandardJS 413
14.2 集成 ESLint 和 Prettier 414
14.3 在 Vue 和 Nuxt 应用程序中使用 ESLint 和 Prettier 416
14.3.1 配置 Vue 规则 418
14.3.2 在 Nuxt 应用程序中分别运行 ESLint 和 Prettier 422
14.4 部署 Nuxt 应用程序 424
14.4.1 部署一个 Nuxt 通用服务器端渲染应用程序 424
14.4.2 部署 Nuxt 静态生成（预渲染）的应用程序 426
14.4.3 在虚拟专用服务器上托管 Nuxt 通用 SSR 应用程序 428
14.4.4 在共享主机服务器上托管 Nuxt 通用 SSR 应用程序 428
14.4.5 在静态站点托管服务器上托管 Nuxt 静态生成的应用程序 430
14.5 本章小结 431

第 6 部分　高级内容

第 15 章　利用 Nuxt 创建一个 SPA 435
15.1 理解经典 SPA 和 Nuxt SPA 435
15.2 安装 Nuxt SPA 437
15.3 开发 Nuxt SPA 438
15.3.1 创建客户端 nuxtServerInit 动作 439
15.3.2 利用插件创建多个自定义 Axios 实例 441
15.4 部署 Nuxt SPA 444
15.5 本章小结 450

第 16 章　为 Nuxt 创建一个框架无关的 PHP API 451
16.1 PHP 简介 451
16.1.1 安装或升级 PHP 452
16.1.2 配置 PHP 453
16.1.3 利用内建 PHP Web 服务器运行 PHP 应用程序 454
16.2 理解 HTTP 消息和 PSR 455
16.2.1 PSR 461
16.2.2 PSR-12——扩展的编码样式指南 462
16.2.3 PSR-4——自动加载器 465

16.2.4 PSR-7——HTTP 消息接口 469
16.2.5 HTTP 服务器请求处理程序（请求处理程序） 473
16.2.6 PSR-15——HTTP 服务器请求处理程序（中间件） 474
16.2.7 PSR-7/PSR-15 路由器 476
16.3 利用 PHP 数据库框架编写 CRUD 操作 479
16.3.1 创建 MySQL 表 479
16.3.2 使用 Medoo 作为数据库框架 480
16.3.3 插入记录 483
16.3.4 查询记录 484
16.3.5 更新记录 484
16.3.6 删除数据 485
16.3.7 结构化跨域应用程序目录 485
16.3.8 创建 API 的公共路由及其模块 489
16.4 与 Nuxt 进行集成 492
16.5 本章小结 495

第 17 章 利用 Nuxt 创建一个实时应用程序 497

17.1 RethinkDB 简介 497
17.1.1 安装 RethinkDB Server 497
17.1.2 ReQL 简介 498
17.2 将 RethinkDB 与 Koa 进行集成 503
17.2.1 重新构建 API 目录 503
17.2.2 添加并使用 RethinkDB JavaScript 客户端 506
17.2.3 RethinkDB 中的强制模式 512
17.2.4 RethinkDB 中的 changefeeds 514
17.3 Socket.IO 简介 515
17.3.1 添加和使用 Socket.IO 服务器和客户端 516
17.3.2 集成 Socket.IO 服务器和 RethinkDB changefeeds 519
17.4 将 Socket.IO 与 Nuxt 进行集成 521
17.5 本章小结 527

第 18 章 利用 CMS 和 GraphQL 创建 Nuxt 应用程序 529

18.1 在 WordPress 中创建无头 REST API 530

18.1.1　安装 WordPress 并创建第一个页面 530
18.1.2　在 WordPress 中创建自定义文章类型 532
18.1.3　扩展 WordPress REST API 534
18.1.4　集成 Nuxt 和 WordPress 中的流式图像 539
18.2　Keystone 简介 545
18.2.1　PostgreSQL 的安装和安全机制（Ubuntu） 545
18.2.2　MongoDB 的安装和安全机制（Ubuntu） 547
18.2.3　安装和创建 Keystone 应用程序 549
18.2.4　创建列表和字段 553
18.3　GraphQL 简介 559
18.3.1　理解 GraphQL 模式和解析器 561
18.3.2　GraphQL 默认解析器 566
18.3.3　利用 Apollo Server 创建 GraphQL API 567
18.3.4　使用 Keystone GraphQL API 571
18.4　集成 Keystone、GraphQL 和 Nuxt 573
18.5　本章小结 579

第 1 部分

第 1 个 Nuxt 应用程序

第 1 部分将针对 Nuxt 及其特性、文件夹结构等提供一个简要的介绍，随后开始编写第 1 个 Nuxt 应用程序，并集成 Nuxt 路由机制、Vue 组件等。

第 1 部分主要包含下列 3 章。

第 1 章：Nuxt 简介。

第 2 章：开始 Nuxt 之旅。

第 3 章：添加 UI 框架。

第 1 章　Nuxt 简介

本章将考查 Nuxt 以及该框架的内部构成。其间，我们将向读者介绍 Nuxt 的特性，进而了解 Nuxt 所遵循的不同类型应用程序的优缺点。在阅读完本章后，读者将发现，将 Nuxt 用作通用 SSR 应用程序、静态站点生成器和单页应用程序的巨大潜力。

本章主要涉及以下主题。

- ❑ 从 Vue 到 Nuxt。
- ❑ 为何使用 Nuxt。
- ❑ 应用程序的类型。
- ❑ 作为通用 SSR 应用程序的 Nuxt。
- ❑ 作为静态站点生成器的 Nuxt。
- ❑ 作为单页应用程序的 Nuxt。

1.1　从 Vue 到 Nuxt

Nuxt 是一种高级 Node.js Web 开发框架，可用于创建 Vue 应用程序并通过两种不同的模式开发和部署，即通用应用程序（SSR）和单页应用程序（SPA）。进一步讲，我们可在 Nuxt 中部署 SSR 和 SPA 作为静态生成的应用程序。虽然可选择 SPA 模式，但 Nuxt 的最大优势在于其通用模式或用于构建通用应用程序的服务器端渲染（server-side rendering，SSR）。通用应用程序用于描述可执行于客户端和服务器端的 JavaScript 代码。但是，如果希望开发仅执行于客户端的经典（或称作标准的、传统的）SPA，那么可考虑使用 vanilla Vue。

注意：

SPA 模式的 Nuxt 应用程序与经典的 SPA 稍有不同，稍后将对此加以讨论。

Nuxt 是在 Vue 之上创建的，且包含一些额外的特性，如异步数据、中间件、布局、模块和插件，它们首先在服务器端执行应用程序，随后在客户端执行。这意味着，与传统的服务器端（或多页面）应用程序相比，Nuxt 应用程序的渲染速度更快。

Nuxt 预安装了标准 Vue 应用程序中所用的各种包，如下所示。

- ❑ Vue（https://vuejs.org/）。

- Vue Router（https://router.vuejs.org/）。
- Vuex（https://vuex.vuejs.org/）。
- Vue Server Renderer（https://ssr.vuejs.org/）。
- Vue Meta（https://vue-meta.nuxtjs.org/）。

最重要的是，Nuxt 使用 webpack 和 Babel 编译和打包代码，并使用以下 webpack 加载器。

- Vue Loader（https://vue-loader.vuejs.org/）。
- Babel Loader（https://webpack.js.org/loaders/babel-loader/）。

简而言之：webpack 是一个模块打包器，并可将所有的脚本、样式、数据资源和图像打包至 JavaScript 应用程序中；而 Babel 则是一个 JavaScript 编译器，并将下一代 JavaScript（ES2015+）编译或转译为浏览器兼容的 JavaScript（ES5），以便可在当今的浏览器上运行代码。

注意：

关于 webpack 和 Babel 的更多信息，读者可分别访问 https://webpack.js.org/ 和 https://babeljs.io/。

当通过 JavaScript import 语句或 require()方法导入文件时，webpack 使用它们所谓的加载器预处理该文件。我们可编写自己的加载器，但在 Vue 文件中编译代码时并无此必要，因为 Babel 社区和 Vue 团队已经为我们创建了加载器。稍后将会介绍 Nuxt 和加载器的重要特性。

1.2　为何使用 Nuxt

由于传统的 SPA 和多页应用程序（MPA）的服务器端渲染存在某些缺点，因此 Nuxt 脱颖而出。我们可以将 Nuxt 视为服务器端渲染 MPA 和传统 SPA 的混合体，因而它被称作“通用的”和“重构的”。因此，服务器端渲染定义了 Nuxt 的特性。除此之外，我们还将介绍 Nuxt 的其他重要特性，从而使应用程序的开发过程变得简单、有趣。这里，我们将讨论的第 1 个特性是在文件中使用.vue 扩展名编写单文件 Vue 组件。

1.2.1　编写单文件组件

我们可通过多种方法创建一个 Vue 组件。通过 Vue.component 即可创建一个全局 Vue 组件，如下所示。

```
Vue.component('todo-item', {...})
```

另外，还可利用普通的 JavaScript 对象创建本地 Vue 组件，如下所示。

```
const TodoItem = {...}
```

当针对小型项目使用 Vue 时，上述两个方法尚处于可管理和可维护状态，但对于大量的组件，其中包含了不同的模板、样式和 JavaScript 方法，那么大型项目的管理将变得十分困难。

因此，单文件组件应运而生。在这种组件中，每个 Vue 组件仅使用一个.vue 文件。如果应用程序中需要多个组件，则仅需将其划分为多个.vue 文件即可。在每个.vue 文件中，我们可编写仅与特定组件相关的模板、脚本和样式，如下所示。

```
// pages/index.vue
<template>
  <p>{{ message }}</p>
</template>

<script>
export default {
  data () {
    return { message: 'Hello World' }
  }
}
</script>

<style scoped>
p {
  font-size: 2em;
  text-align: center;
}
</style>
```

这里，我们看到了 HTML 模板是如何从 JavaScript 脚本中输出消息的，以及 CSS 样式是如何描述模板的表现形式的，所有内容均在一个.vue 文件中。这将使代码更具结构化、可读性和组织性，而这只有通过 vue-loader 和 webpack 才可实现。在 Nuxt 中，我们仅在.vue 文件中编写组件，无论这些组件位于/components/、/pages/还是/layouts/目录中。第 2 章将对此加以详细讨论。接下来考查 Nuxt 的另一个特性，即如何编写 ES6 JavaScript。

1.2.2　编写 ES2015+

Nuxt 可编译 ES6+代码，而不必担心在 webpack 中配置和安装 Babel。这意味着，我们可直接编写 ES6+代码，且代码可编译为运行于较早浏览器的 JavaScript。例如，当采用 asyncData()方法时，常会看到下列解构赋值语法。

```
// pages/about.vue
<script>
export default {
  async asyncData ({ params, error }) {
    //...
  }
}
</script>
```

上述代码采用了解构赋值语法，并将 Nuxt 上下文中的属性解包至不同的变量中，我们可将这些变量用于 asyncData()方法中的逻辑内容。

注意：

关于 Nuxt 上下文和 ECMAScript 2015 的更多信息，读者可分别访问 https://nuxtjs.org/api/context 和 https://babeljs.io/docs/en/learn/。

在 Nuxt 中编写 ES6 仅可通过 babel-loader 和 webpack 实现。除了可在 Nuxt 中编写解构赋值语法，我们还可编写 async()函数、await 操作符、arrow()函数、import 语句等。那么，对于 CSS 预处理器，情况又当如何？如果采用流行的 CSS 预处理器（如 Sass、Less 或 Stylus）编写 CSS 样式，对于 Sass 用户而非 Less 用户和 Stylus 用户，那么 Nuxt 是否能够支持其中的任何一种样式？答案是肯定的。稍后将对此加以详细讨论。

1.2.3　利用预处理器编写 CSS

在 Nuxt 中，我们可以选择相应的 CSS 预处理器编写应用程序的样式，无论是 Sass、Less 还是 Stylus，它们均已在 Nuxt 中为用户进行了预先配置。我们可访问 https://github.com/nuxt/nuxt.js/blob/dev/packages/webpack/src/config/base.js 查看其配置情况。因此，仅需在 Nuxt 项目中安装预处理器及其 webpack 加载器即可。例如，如果打算使用 Less 作为 CSS 预处理器，则可在 Nuxt 项目中安装下列依赖项。

```
$ npm i less --save-dev
$ npm i less-loader --save-dev
```

随后，可在<style>块中将 lang 属性设置为"less"并开始编写 Less 代码。

```
// pages/index.vue
<template>
  <p>Hello World</p>
</template>

<style scoped lang="less">
@align: center;
p {
  text-align: @align;
}
</style>
```

根据该示例，可以看到在 Nuxt 中编写现代 CSS 样式和编写现代 JavaScript 一样简单，全部工作仅是安装 CSS 预处理器及其 webpack 加载器。相应地，本书将在后续章节中使用 Less，当前我们仅讨论 Nuxt 提供的其他一些有用特性。

关于预处理器及其 webpack 加载器的更多信息，读者可访问下列链接。

- Less：http://lesscss.org/。
- Less 加载器：https://webpack.js.org/loaders/less-loader/。
- Sass：https://sass-lang.com/。
- Sass 加载器：https://webpack.js.org/loaders/sass-loader/。
- Stylus：http://stylus-lang.com/。
- Stylus 加载器：https://github.com/shama/stylus-loader。

注意：

虽然 PostCSS 并不是一个预处理器，但如果读者打算在 Nuxt 项目中予以使用，则可访问 https://nuxtjs.org/faq/postcss-plugins 查看所提供的指导内容。

1.2.4　利用模块和插件扩展 Nuxt

Nuxt 建立在模块化架构之上，这意味着，可针对应用程序和 Nuxt 摄取利用模块和插件对其进行扩展。除此之外，我们还可从 Nuxt 和 Vue 社区选择大量的模块和插件以供应用程序复用。相关链接如下所示。

- Nuxt 模块的 Awesome Nuxt.js：https://github.com/nuxt-community/awesome-nuxt#official。
- Vue 组件、库和插件的 Awesome Vue.js：https://github.com/vuejs/awesome-vue#

components--libraries。

这里，模块和插件表示为简单的 JavaScript 函数。第 6 章将讨论模块和插件之间的区别。

1.2.5　在路由之间添加过渡

与传统的 Vue 应用程序不同，在 Nuxt 中，我们无须使用封装器<transition>元素处理元素或组件上的 JavaScript 动画、CSS 动画和 CSS 过渡。例如，如果打算针对特定的页面使用 fade 过渡，仅需向该页面的 transition 属性中添加过渡名称即可（如 fade），如下所示。

```
// pages/about.vue
<script>
export default {
  transition: {
    name: 'fade'
  }
}
</script>
```

随后，在.css 文件中生成过渡样式。

```
// assets/transitions.css
.fade-enter,
.fade-leave-to {
  opacity: 0;
}

.fade-leave,
.fade-enter-to {
  opacity: 1;
}

.fade-enter-active,
.fade-leave-active {
  transition: opacity 3s;
}
```

当访问至/about 路由时，"fade"过渡将会自动应用到 about 页面上。如果读者对代码或类名感到陌生，第 4 章将对此和过渡特性进行详细的讨论。

1.2.6　管理<head>元素

与传统的 Vue 应用程序不同，我们可以管理应用程序的<head>块，且无须安装额外的 Vue 包（vue-meta）。对此，仅需通过 head 属性并针对<title>、<meta>和<link>将所需的数据添加至任何页面中。例如，我们可通过应用程序的 Nuxt 位置文件管理全局<head>元素。

```
// nuxt.config.js
export default {
  head: {
    title: 'My Nuxt App',
    meta: [
      { charset: 'utf-8' },
      { name: 'viewport', content: 'width=device-width, initial-scale=1' },
      { hid: 'description', name: 'description', content: 'My Nuxt app is
       about...' }
    ],
    link: [
      { rel: 'icon', type: 'image/x-icon', href: '/favicon.ico' }
    ]
  }
}
```

Nuxt 将把此类数据转换为 HTML 标签，第 4 章将对此加以详细讨论。

1.2.7　利用 webpack 打包和划分代码

Nuxt 采用 webpack 将代码打包、缩减、划分至块中，进而可提升应用程序的加载时间。例如，在包含两个页面、index/home 和 about 的简单的 Nuxt 应用程序中，我们将在客户端得到相似的块，如下所示。

```
Hash: 0e9b10c17829e996ef30
Version: webpack 4.43.0
Time: 4913ms
Built at: 06/07/2020 21:02:26
                             Asset       Size Chunks
Chunk Names
../server/client.manifest.json    7.77 KiB          [emitted]
                     LICENSES   389 bytes          [emitted]
                 app.3d81a84.js    51.2 KiB       0 [emitted] [immutable]
```

```
app
        commons/app.9498a8c.js     155 KiB       1 [emitted] [immutable]
commons/app
commons/pages/index.8dfce35.js    13.3 KiB       2 [emitted] [immutable]
commons/pages/index
        pages/about.c6ca234.js   357 bytes       3 [emitted] [immutable]
pages/about
        pages/index.f83939d.js    1.21 KiB       4 [emitted] [immutable]
pages/index
            runtime.3d677ca.js    2.38 KiB       5 [emitted] [immutable]
runtime
 + 2 hidden assets
Entrypoint app = runtime.3d677ca.js commons/app.9498a8c.js app.3d81a84.js
```

相应地，服务区端所得到的块如下所示。

```
Hash: 8af8db87175486cd8e06
Version: webpack 4.43.0
Time: 525ms
Built at: 06/07/2020 21:02:27
              Asset      Size  Chunks           Chunk Names
     pages/about.js  1.23 KiB       1 [emitted]  pages/about
     pages/index.js  6.06 KiB       2 [emitted]  pages/index
          server.js  80.9 KiB       0 [emitted]  app
server.manifest.json 291 bytes        [emitted]
 + 3 hidden assets
Entrypoint app = server.js server.js.map
```

当使用 Nuxt 的 npm run build 命令针对部署操作构建应用程序时，将生成这些块和构造信息。第 14 章将对此加以详细讨论。

除此之外，Nuxt 还使用了 webpack 中其他一些重要特性和插件，如静态文件和数据资源服务（数据资源管理）、热模块替换、CSS 提取（extract-css-chunks-webpack-plugin）、构造和查看过程中的进度条（webpackbar）等。下列链接提供了更加丰富的信息。

- 代码划分：https://webpack.js.org/guides/code-splitting/。
- 清单：https://webpack.js.org/concepts/manifest/。
- 数据资源管理：https://webpack.js.org/guides/asset-management/。
- 热模块替换：https://webpack.js.org/concepts/hot-module-replacement/。
- CSS 提取：https://webpack.js.org/plugins/mini-css-extract-plugin/。
- webpackbar（Nuxt 核心团队开发的插件）：https://github.com/nuxt/webpackbar。

这些来自 webpack、Babel 和 Nuxt 自身的重要特性使得现代项目开发变得简单而充满乐趣。接下来考查各种不同的应用程序类型，并在构造 Web 应用程序时查看 Nuxt 的应用时机（也就是说，什么时候应该使用 Nuxt，什么时候不应该使用 Nuxt）。

1.3　应用程序的类型

今天的 Web 应用程序与十几年前的应用程序有着很大的不同。过去，我们面临的选择和解决方案寥寥无几，而今天，这一切令人眼花缭乱。因此，我们可将当前的 Web 应用程序按照下列方式进行分类。

- ❑ 传统的服务器端渲染的应用程序。
- ❑ 传统的 SPA。
- ❑ 通用 SSR 应用程序。
- ❑ 静态生成的应用程序。

下面将逐一对此加以讨论以分析各自的优缺点。稍后将首先介绍最古老的应用程序类型，即传统的服务器端渲染的应用程序。

1.3.1　传统的服务器端渲染的应用程序

在将数据和 HTML 传送至屏幕浏览器上的客户端时，服务器端渲染是最为常见的解决方案。在 Web 领域刚刚起步时，这也是唯一的处理方法。在传统的服务器渲染的应用程序或动态站点中，每个请求都需要一个服务器至浏览器间的重新渲染的新页面。这意味着，随着发送至服务器的每个请求，我们都将重载所有的脚本、样式和模板。因此，重载和重新渲染这类理念难以令人满意。即使某些重载或重新渲染行为可由 AJAX 来承担，但这也将增加应用程序的复杂性。

下面列出了这一类应用程序的优缺点。

（1）优点。

- ❑ 较好的 SEO 性能：由于客户端（浏览器）将得到包含所有数据和 HTML 标签的最终页面，特别是隶属于该页面的元标签，因此搜索引擎可抓取页面并对其实现索引化。
- ❑ 更快的初始加载时间：在发送至服务器之前，由于页面和内容通过服务器端脚本语言（如 PHP）在服务器端进行渲染，因此我们将在客户端快速地获取渲染后的页面。而且，无须像传统的 SPA 那样编译 JavaScript 文件中的 Web 页面和内容。因此，应用程序在浏览器上将以较快的速度被加载。

（2）缺点。

- 较差的用户体验：由于每个页面需要重新渲染且该过程需要占用一定的时间，因此用户需要等待直至全部内容在浏览器上重新被加载完毕，这将对用户体验带来负面影响。大多数时候，我们仅需要最新请求提供的新数据，且无须重新生成所有的 HTML，如导航栏和页脚。但是，无论如何，我们都需要重新渲染这些基本元素。当然，我们可利用 AJAX 渲染特定的组件，但这将使得开发过程更加困难和复杂。
- 后端和前端逻辑之间的紧耦合：视图和数据通常在同一应用程序中被一起处理。例如，在典型的 PHP 框架应用程序（如 Laravel）中，我们可能在某个路由内利用模板引擎（如 Laravel Pug，https://github.com/BKWLD/laravel-pug）渲染视图（https://laravel.com/docs/7.x/views）。或者，当针对传统的服务器端渲染的应用程序使用 Express 时，可能会采用模板引擎（如 Pug，https://pugjs.org/api/getting-started.html）或 vuexpress（https://github.com/vuexpress/vuexpress）渲染视图（https://expressjs.com/en/guide/using-template-engines.html）。在这两种典型的、传统的服务器端渲染的应用程序框架中，视图与后端逻辑耦合，即使可通过模板引擎提取视图层。后端开发人员需要针对每个特定的路由或控制台了解所使用的视图（如 home.pug）。另外，前端开发人员也需要在与后端开发人员相同的框架内处理视图。这大大提升了项目的复杂性。

1.3.2 传统的单页应用程序（SPA）

与服务器端渲染的应用程序相反，SPA 则是客户端渲染（CSR）的应用程序，并通过 JavaScript 在浏览器内渲染内容，且在使用过程中无须重新加载新的页面。因此，我们将从服务器中获取基础的 HTML 内容，且对应内容在浏览器中通过 JavaScript 被加载，而不是获取渲染至 HTML 文档的内容。

```
<!DOCTYPE html>
<html>
<head>
  <meta charset="utf-8">
  <title>Vue App</title>
</head>
<body>
  <div id="app"></div>
  <script src="https://unpkg.com/vue/dist/vue.js"
```

```
type="text/javascript"></script>
  <script src="/path/to/app.js"type="text/javascript"></script>
</body>
</html>
```

这是一个较为简单的 Vue 应用程序，其中包含一个容器<div>，且仅包含 app 作为其 ID，随后是两个<script>元素。其中，第 1 个<script>元素将加载 Vue.js 库，而第 2 个<script>元素则加载渲染应用程序内容的 Vue 实例，如下所示。

```
// path/to/app.js
const app = new Vue({
  data: {
    greeting:'Hello World!'
  },
  template: '<p>{{ greeting }}</p>'
}).$mount('#app')
```

接下来讨论这一类应用程序的优缺点。

（1）优点。

- 较好的用户体验：在初始加载后，SPA 在内容渲染方面体现了较快的速度，大多数资源在应用程序的生命周期内仅被加载一次，如 CSS 样式、JavaScript 代码和 HTML 模板。其间，仅数据往复发送，基本的 HTML 和布局保持不变，从而提供了流畅和更好的用户体验。
- 开发和部署更加简单：SPA 开发相对容易上手，且无须使用服务器和服务器端脚本语言。我们可简单地利用 file://URI 从本地机器上进行开发。此外，部署过程也较为简单，因为 SPA 仅包含了 HTML、JavaScript 和 CSS 文件，我们可将其置于远程服务器上，随后立即启动。

（2）缺点。

- 较差的搜索引擎性能：SPA 是较为基础的单一 HTML 页面，且大多数不包含标题和段落标签供搜索引擎爬虫抓取。SPA 的内容是通过 JavaScript 加载的，而爬虫程序一般无法执行 JavaScript，因此 SPA 在搜索引擎优化（SEO）中通常表现较差。
- 较慢的初始加载时间：大多数资源（如 CSS 样式、JavaScript 代码和 MTML 模板）在应用程序的生命周期内仅被加载一次，因此需要在开始阶段一次性地载入所有的资源文件。由于受到初始加载时间的影响，应用程序的运行速度往往会减慢，尤其是大型的 SPA。

1.3.3　通用服务器端渲染的应用程序（SSR）

如前所述，传统的服务器端渲染的应用程序和 SPA 均存在各自的优缺点。编写 SPA 固然存在某些优点，但也会丧失某些特性，如 Web 爬虫程序遍历应用程序的能力，以及应用程序初始加载时性能方面的损失。这与编写传统的服务器端渲染的应用程序正好相反。当然，有失必有得，如较好的用户体验，以及在 SPA 中客户端开发所包含的乐趣。理想状态下，客户端和服务器端渲染机制在用户体验和性能方面应能够得到某种平衡。对此，通用服务器端渲染（SSR）应运而生。

自 2009 年 Node.js 发布以来，JavaScript 已经成为一种同构语言。通过同构，意味着代码可以同时在客户端和服务器端运行。同构（通用）JavaScript 可以定义为客户端和服务器端应用程序的混合结果。对于传统 SSR 应用程序和传统 SPA 应用程序的不足，则可被视为 Web 应用程序的一种新的解决途径。同时，这也是 Nuxt 隶属的范畴。

在通用 SSR 中，应用程序将在服务器端执行预加载操作和页面的预渲染操作，并在切换至客户端操作之前将渲染后的 HTML 发送至浏览器中。从头构建通用 SSR 可能较为枯燥，因为在真正开发之前需要执行大量的配置操作。这也正是 Nuxt 所实现的目标，即通过预先设置全部所需的配置以简化 SSR Vue 应用程序的开发。

虽然通用 SSR 应用程序在现代 Web 开发中可被视为一种较好的解决方案，但此类应用程序也涵盖了自身的优缺点，如下所示。

（1）优点。

- 较快的初始加载时间：在通用 SSR 中，JavaScript 和 CSS 被划分为块、数据资源被优化、页面在客户端浏览器服务之前在服务器端被渲染。所有这些操作均提升了初始加载时间。
- 较好的 SEO 支持：由于在客户端服务之前，所有页面均在服务器端以适当的元内容、标题和段落被渲染，因此搜索引擎爬虫程序可遍历所有的页面，进而提升了应用程序的 SEO 性能。
- 较好的用户体验：通用 SSR 应用程序的工作方式与传统的 SPA 一样，在初始加载后，页面和路由之间的过渡是无缝的。其间，仅数据往复传输且不会重新渲染 HTML 内容容器。所有这些功能都有助于提供更好的用户体验。

（2）缺点。

- 需要 Node.js 服务器：在服务器端运行 JavaScript 需要使用 Node.js 服务器。因此，在使用 Nuxt 并编写应用程序之前需要配置该服务器。
- 开发过程复杂：在通用 SSR 应用程序中运行 JavaScript 代码可能会让人感到困

惑，因为一些 JavaScript 插件和库仅在客户端运行，如用于样式化和 DOM 操作的 Bootstrap 和 Zurb Foundation。

1.3.4　静态生成的应用程序

静态生成的应用程序是借助静态站点生成器预先生成的，并以静态 HTML 页面的形式存储在托管服务器上。Nuxt 设置了一个 nuxt generate 命令，进而可在 Nuxt 中开发通用 SSR 或 SPA 应用程序时生成静态页面。它在构建步骤中将每个路由的 HTML 页面预先渲染至生成的/dist/文件夹中。

```
-| dist/
----| index.html
----| favicon.ico
----| about/
------| index.html
----| contact/
------| index.html
----| _nuxt/
------| 2d3427ee2a5aa9ed16c9.js
------| ...
```

无须 Node.js 或任何服务器端的支持，我们即可将这些静态文件部署至静态托管服务器上。因此，当应用程序在初始状态下在浏览器上被加载时（无论请求的路由路径是什么），我们都将立即获取完整的内容（如果它是从通用 SSR 应用程序中被导出的），随后应用程序将像传统的 SPA 一样运行。

接下来讨论这些应用程序的优缺点。

（1）优点。

- 快速的初始加载时间：由于每个路由作为静态 HTML 页面（包含其自身的内容）被生成，因此在浏览器上的加载速度较快。
- SEO 方面的优势：静态生成的 Web 应用程序可通过搜索引擎较好地抓取 JavaScript 应用程序，类似于传统的服务器端渲染的应用程序。
- 简单的部署过程：由于静态生成的 Web 应用程序仅是静态文件，因此可方便地将其部署于诸如 GitHub Pages 这一类静态托管服务器上。

（2）缺点。

- 缺少服务器端的支持：由于静态生成的 Web 应用程序仅为运行于客户端的 HTML 页面，因此，这意味着不存在运行期所支持的 Nuxt 的 nuxtServerInit()操作方法以及 Node.js HTTP 请求和响应对象，它们仅在服务器端可用。全部数据将在构造步骤中预先被渲染。

- 不存在实施渲染：静态生成的 Web 应用程序适用于仅服务于在构建期预先渲染的静态页面的应用程序。如果打算开发需要在服务器端实时渲染的复杂应用程序，那么可能需要使用通用 SSR 以充分发挥 Nuxt 的功能。

根据上述分类可知，Nuxt 符合通用的 SSR 应用程序和静态生成的应用程序。除此之外，Nuxt 也符合单页应用程序，但不同于传统的 SPA。第 15 章将详细讨论 SPA。

关于本书所创建的应用程序类型，下面将深入考查 Nuxt，首先是作为通用 SSR 应用程序的 Nuxt。

1.4　作为通用 SSR 应用程序的 Nuxt

许多年前，我们采用服务器端脚本语言（如 ASP、Java、服务器端 JavaScript、PHP 和 Python）并通过模板引擎创建传统的服务器端应用程序，进而渲染应用程序的视图，因此产生了之前所说的紧耦合问题。

随着通用 SSR 框架的出现，如 Nuxt、Next（https://nextjs.org/）和 Angular Universal（https://angular.io/guide/universal），我们可通过其特性并替换模板引擎（如 Pug，https://pugjs.org/；Handlebars，https://handlebarsjs.com/；Twig，https://twig.symfony.com/）将视图从服务器端脚本应用程序中分离出来。如果将 Nuxt 视为一个前端服务器端应用程序，并将 Express（或其他）视为一个后端服务器端应用程序，我们便可以看到它们之间是如何完美互补的。例如，可通过 Express 创建一个后端服务端应用程序，并在 localhost:4000 的 API 路由（如/）上以 JSON 格式提供数据。

```
{
  "message": "Hello World"
}
```

随后，在前端服务器端，可将 Nuxt 用作运行于 localhost:3000 上的通用 SSR 应用程序，并从 Nuxt 应用程序的页面中发送一个 HTTP 请求，进而使用上述数据，如下所示。

```
// pages/index.vue
async asyncData ({ $http }) {
  const { message } = await $http.$get('http://127.0.0.1:4000')
  return { message }
}
```

当前，Nuxt 作为服务器和客户端处理应用程序的视图和模板，而 Express 仅处理服务器端逻辑。我们不再需要模板引擎以呈现内容，因而不必学习众多的模板引擎，也不必担心这些模板引擎之间的相互作用，因为当前我们持有一个通用引擎，即 Nuxt。

第 12 章将讨论如何利用 Nuxt 和 Koa（与 Express 类似的一个 Node.js 服务器端框架）创建跨域的应用程序。

注意：

在前述代码中，我们使用了 Nuxt HTTP 模块生成 HTTP 请求；但本书对于 HTTP 请求多采用 vanilla Axios 或 Nuxt Axios 模块。关于 Nuxt HTTP 模块的更多信息，读者可访问 https://http.nuxtjs.org/。

除此之外，还可使用 Nuxt Content 模块充当无头 CMS，以便处理 Markdown、JSON、YAML、XML 和 CSV 文件中的应用程序内容，这些文件可采用“本地”方式被存储于 Nuxt 项目中。然而，在本书中，我们将创建并使用外部 API 处理内容，以避免传统服务器端应用程序中的紧耦合问题。关于 Nuxt Content 模块的更多信息，读者可访问 https://content.nuxtjs.org/。

1.5　作为静态站点生成器的 Nuxt

虽然服务器端渲染机制是 Nuxt 的主要特性，但 Nuxt 同时也是一个静态站点生成器，并预先渲染静态站点中的应用程序，相关示例已经在静态生成的应用程序分类中有所讨论。这可能是传统的单页应用程序和服务器端渲染的应用程序之间的最佳选择。虽然可从静态 HTML 内容中获取较好的 SEO，但我们不再需要 Node.js 和 Nuxt 的运行期支持。然而，应用程序的行为仍然与 SPA 相似。

不仅如此，在静态生成期间，Nuxt 包含一个爬虫程序可抓取应用程序中的链接以生成动态路由，并将远程 API 中的数据保存为/dist/文件夹中/static/文件夹下的 payload.js 文件。随后，这些负载处理最初由该 API 请求的数据。这意味着，我们无须再次调用对应的 API。这将保护 API 免受公众和攻击者的攻击。

关于如何利用远程 API 生成 Nuxt 中的站点，读者可参考第 14 章和第 18 章。

1.6　作为单页应用程序的 Nuxt

如果可避免将 Nuxt 用作服务器端渲染的应用程序，Nuxt 一般更适合于开发单页应用程序。如前所述，Nuxt 包含两个应用程序开发模块，即 universal 和 spa。这表明，我们仅需在项目配置的 mode 属性中指定 spa，第 2 章将对此加以详细讨论。

因此，读者可能会感到些许疑惑，既然可采用 Nuxt 开发 SPA，那么为何还要受困于 Vue 呢？实际上，基于 Nuxt 的 SPA 开发与基于 Vue 的 SPA 开发略有不同。从 Vue 中构建的 SPA 是一类传统的 SPA，而从 Nuxt 中构建的 SPA 则是一类“静态”SPA（此处将其称作 Nuxt SPA）——应用程序在构建时被预先渲染。这意味着，发布一个 Nuxt SPA 在技术上等同于静态生成的 Nuxt 通用 SSR 应用程序，二者均需要相同的 Nuxt 命令：nuxt generate。

这可能会令人感到困惑，静态生成的 SSR 应用程序与静态生成的 SPA 之间的区别是什么？区别十分明显——与静态生成的 SSR 应用程序相比，静态生成的 SPA 不包含任何页面内容。静态生成的 SPA 利用应用程序页面和“空”HTML 被预先渲染，就像传统的 SPA 一样，但缺少页面内容。这令人感到十分困惑，但请放心，我们将在本书接下来的章节中解决所有这些问题。特别是，读者将了解在 Nuxt 中开发 SPA 的权衡方案及其实现过程。

1.7　本章小结

在本章中，我们了解了 Nuxt 框架的构成内容，即 Vue（Nuxt 的起源）、webpack 和 Babel。此外，本章还介绍了 Nuxt 中的各种特性，包括 Vue 单文件组件（.vue 文件）的编写功能、ES2015+ JavaScript（ES6）、基于预处理器的 CSS（Sass、Less、Stylus）。另外，我们还利用模块和插件进一步扩展了应用程序、在应用程序路由之间添加过渡转化、管理<head>元素和应用程序中每个路由或页面的元内容。除此之外，我们还考查了从 webpack 和 Babel 中导入的各种重要特性，如代码的构建、缩减和划分。不仅如此，本章还介绍了如何访问源自 Nuxt 社区的项目插件和模块。

除了上述重要特性，我们还探讨了每种应用程序类型的优缺点，包括传统的服务器端渲染的应用程序、传统的单页应用程序（SPA）、通用服务器端渲染的应用程序（SSR）、静态生成的应用程序。其间，我们还了解到，Nuxt 应用程序实际上属于通用 SSR 应用程序和静态生成的应用程序类别。接下来我们知道，Nuxt 也符合单页应用程序，但与传统的 SPA 有所不同。最后，本章还讨论了使用 Nuxt 的 SSR 应用程序、静态生成的应用程序和单页应用程序，所有这些内容都将在本书中予以详细解释。

第 2 章将讨论如何安装 Nuxt、如何创建简单的 Nuxt 应用程序，并理解 Nuxt 构建工具中默认的目录结构。另外，我们还将考查如何自定义 Nuxt 应用程序，并了解 Nuxt 处理的数据资源。

第 2 章　开始 Nuxt 之旅

本章将介绍如何从头开始或借助 Nuxt 构建工具生成 Nuxt 项目。当开发 Nuxt 应用程序时，首先需要安装 Nuxt。针对本书的所有示例应用程序，我们将使用 Nuxt 构建工具，因为这将自动生成所需的项目文件夹和文件（本章将对此进行逐一考查）。当然，对于小型应用程序来说，我们也可以从头开始构建 Nuxt 项目。另外，本章还将介绍目录结构及其应用，以及每个目录的对应功能。如果打算从头开始安装 Nuxt 项目，我们需要了解 Nuxt 将自动读取的目录结构和官方目录。同时，本章还将学习如何配置 Nuxt 以满足应用程序的某些特殊需求，即使 Nuxt 配置在默认状态下已经覆盖了大多数实际操作用例。因此，本章将引领读者探讨配置过程中的细节问题。不仅如此，我们还将讨论 Nuxt 应用程序中的数据资源处理问题，特别是图像处理。

本章主要涉及以下主题。

- 安装 Nuxt。
- 了解目录结构。
- 了解自定义配置。
- 了解数据资源服务机制。

2.1　技术需求

读者应熟悉下列各项术语。

- JavaScript ES6。
- 服务器端和客户端开发方面的基础知识。
- 应用程序接口（API）。

支持以下操作系统。

- 安装了 PowerShell 的 Windows 10 或更高版本。
- 安装了终端（Bash 或 Oh My Zsh）的 macOS。
- 安装了终端的 Linux 系统（如 Ubuntu）。

支持以下跨平台软件。

- Node.js：https://nodejs.org/。
- 节点包管理器（npm）：https://www.npmjs.com/。

2.2　安装 Nuxt

这里，存在两种 Nuxt 项目安装方式。其中：最为简单的方法是使用 Nuxt 构建工具 create-nuxt-app，这将自动安装所有的 Nuxt 依赖项和默认的目录；另一种方法是使用 package.json。下面将分别对此加以介绍。

2.2.1　使用 create-nuxt-app

create-nuxt-app 是一个由 Nuxt 团队发布的构建工具，可以此快速地安装项目。对此，我们可使用 npx 在终端上运行 create-nuxt-app。

```
$ npx create-nuxt-app <project-name>
```

npx 是自 npm 5.2.0 以来默认发布的。对此，我们可在终端上检查其版本，以确定 npx 是否已被安装。

```
$ npx --version
6.14.5
```

在 Nuxt 项目安装处理过程中，我们将被询问与 Nuxt 集成相关的一些问题，如下所示。

- 选择编程语言。

```
JavaScript
TypeScript
```

- 选择包管理器。

```
Yarn
Npm
```

- 选择 UI 框架。

```
None
Ant Design Vue
Bootstrap Vue
...
```

- 选择测试框架。

```
None
Jest
AVA
WebdriverIO
```

接下来使用 npx 创建第 1 个名为 first-nuxt 的 Nuxt 应用程序。对此，可在机器上选择本地目录，打开该目录的终端并运行 npx create-nuxt-app first-nuxt 命令。在安装过程中，当遇到类似之前提到的问题时，可针对编程语言选择 JavaScript，针对包管理器选择 Npm，并针对 UI 框架和测试框架选择 None。随后，可忽略其余的问题（不要选择其他选项），以便在后续阶段以及必要时对其进行添加。此时，终端中将显示类似于下列问题的列表。

```
$ npx create-nuxt-app first-nuxt
create-nuxt-app v3.1.0
:: Generating Nuxt.js project in /path/to/your/project/first-nuxt
? Project name: first-nuxt
? Programming language: JavaScript
? Package manager: Npm
? UI framework: None
? Nuxt.js modules: (Press <space> to select, <a> to toggle all, <i> to invert
selection)
? Linting tools: (Press <space> to select, <a> to toggle all, <i> to invert
selection)
? Testing framework: None
? Rendering mode: Universal (SSR / SSG)
? Deployment target: Server (Node.js hosting)
? Development tools: (Press <space> to select, <a> to toggle all, <i> to
invert selection)
```

其中，针对渲染模式，我们选择了 Universal (SSR/SSG)。在第 15 章，我们还将讨论针对单页应用程序（SPA）的选项。除了第 15 章的示例，本书中的所有示例都将使用 SSR。另外，本书还将 npm 用作包管理器，因此应确保选择了该选项。待安装完毕后，即可通过下列命令开始应用程序。

```
$ cd first-nuxt
$ npm run dev
```

该应用程序当前运行于 localhost:3000 上。当在浏览器中运行上述地址时，应可在屏幕上看到 Nuxt 生成的默认索引页。不难发现，通过构建工具安装 Nuxt 项目十分简单。但有些时候，我们并不需要全栈安装，可能仅需要一些基础安装。对此，稍后将讨论如何从头安装 Nuxt。

注意：

读者可访问 GitHub 存储库查看这一简单应用程序的源文件，对应网址为/nuxtpackt/chapter-2/scaffolding/。

2.2.2 从头开始安装

如果不打算使用 Nuxt 的构建工具，则可通过 package.json 和 npm 安装 Nuxt 应用程序，具体步骤如下。

（1）在根项目中创建 package.json 文件。

```
{
  "name": "nuxt-app",
  "scripts": {
    "dev": "nuxt"
  }
}
```

（2）通过 npm 在项目中安装 Nuxt。

```
$ npm i nuxt
```

（3）在根项目中创建/pages/目录，随后在该目录中创建一个 index.vue 页面。

```
// pages/index.vue
<template>
  <h1>Hello world!</h1>
</template>
```

（4）利用 npm 启动项目。

```
$ npm run dev
```

应用程序当前运行于 localhost:3000 中。当在浏览器中运行该地址时，应可在屏幕上看到包含 Hello world!消息的、之前创建的索引页面。

然而，无论是基础安装选项还是全栈安装选项，我们都应了解运行应用程序时 Nuxt 所需的默认目录。稍后将对这些目录加以讨论。

注意：

读者可访问 GitHub 存储库查看这一简单的应用程序，对应网址为/nuxt-packt/chapter-2/scratch/。

2.3 了解目录结构

如果已经通过 create-nuxt-app 构建工具成功地安装了 Nuxt 项目，我们将在项目文件夹中得到下列默认的目录和文件。

```
-| your-app-name/
---| assets/
---| components/
---| layouts/
---| middleware/
---| node_modules/
---| pages/
---| plugins/
---| static/
---| store/
---| nuxt.config.js
---| package.json
---| README.md
```

下面将对各项内容及其用途进行逐一讲解。

2.3.1　/assets/目录

/assets/目录用于存储项目的数据资源，如图像、字体以及 Less、Stylus 或 Sass 文件，该数据资源通过 webpack 被编译。例如，我们可能持有下列 Less 文件。

```
// assets/styles.less
@width: 10px;
@height: @width + 10px;

header {
 width: @width;
 height: @height;
}
```

webpack 将把上述代码编译为应用程序的下列 CSS。

```
header {
 width: 10px;
 height: 20px;
}
```

稍后将讨论在/assets/目录中处理图像的优点。当生成静态界面时，我们经常会使用该目录。

2.3.2　/static/目录

/static/目录用于包含不想被 webpack 编译或无法编译的文件，如收藏夹图标文件。如果不打算处理/assets/目录中的数据资源，如图像、字体和样式，则可将其保存至/static/目录中。该目录中的所有文件将直接映射至服务器根目录中，因而可直接在根 URL 下被访问。例如，/static/1.jpg 将被映射为/1.jpg 以供访问。

http://localhost:3000/1.jpg

稍后将讨论/assets/和/static/目录之间图像处理的差别。需要注意的是，当采用 Nuxt 构建工具时，默认状态下将在/static/目录下获得 favicon.ico 文件，但也可创建自己的文件夹图标文件并替换这一文件。

2.3.3　/pages/目录

/pages/目录用于包含应用程序的视图和路由。Nuxt 将读取并转换该目录中所有的.vue 文件，并自动生成应用程序路由器。考查下列示例文件。

```
/pages/about.vue
/pages/contact.vue
```

Nuxt 将使用去除.vue 扩展名的文件名并创建下列应用程序路由。

```
localhost:3000/about
localhost:3000/contact
```

如果通过 create-nuxt-app 安装 Nuxt，我们将得到一个自动生成的 index.vue 文件，并可在 localhost:3000 处查看该页面。

第 4 章将深入讨论/pages/目录。

2.3.4　/layouts/目录

/layouts/目录用于包含应用程序的布局。当使用 Nuxt 构建工具时，我们将得到一个默认的 default.vue 布局。相应地，还可进一步调整该布局或向/layouts/目录中添加新布局。

第 4 章将深入讨论/layouts/目录。

2.3.5　/components/目录

/components/目录用于包含 Vue 组件。当使用 Nuxt 构建工具时，我们将得到一个默认的 Logo.vue 组件。/components/目录中的.vue 文件和/pages/目录中的.vue 文件之间，明显且重要的差别在于，我们无法针对/components/目录中的组件使用 asyncData()方法。然而，必要时可使用 fetch()方法设置组件。另外，建议将较小的、可复用的组件保存至/components/目录中。

第 5 章将详细讨论/components/目录。

2.3.6　/plugins/目录

/plugins/目录用于包含 JavaScript 函数，如需要在实例化 Vue 根实例之前运行的全局函数。例如，我们可能需要创建一个新的 axios 实例，该实例将 API 请求专门发送至 https://jsonplaceholder.typicode.com，且在每次不需要导入 axios 实例和创建新实例的情况下使得该实例有效。我们可创建一个插件，将该插件注入并插入 Nuxt 上下文中，如下所示。

```
// plugins/axios-typicode.js
import axios from 'axios'

const instance = axios.create({
  baseURL: 'https://jsonplaceholder.typicode.com'
})

export default (ctx, inject) => {
  ctx.$axiosTypicode = instance
  inject('axiosTypicode', instance)
}
```

接下来，我们可通过调用$axiosTypicode 在任何页面上使用该 axios 实例，如下所示。

```
// pages/users/index.vue
export default {
  async asyncData ({ $axiosTypicode, error }) {
    let { data } = await $axiosTypicode.get('/users')
  }
}
```

第 6 章将详细讨论/plugins/目录。

注意：

axios 是本书经常使用的一个 HTTP 客户端，因此，读者需要在项目目录中安装 axios，并随后将其导入之前的/pligins/插件中。关于此 Node.js 包的更多信息，读者可访问 https://github.com/axios/axios。

2.3.7　/store/目录

/store/目录用于包含 Vuex 存储文件，且无须在 Nuxt 中安装 Vuex，因为 Vuex 已经包含于 Nuxt 中。默认状态下，Vuex 处于禁用状态，我们仅需向/store/目录中添加一个 index.js 文件即可启用 Vuex。例如，设置一个 auth 属性，并打算从应用程序任意处对其进行访问。

对此，可将 author 属性存储于 index.js 文件的 state 变量中，如下所示。

```
// store/index.js:
export const state = () => ({
  auth: null
})
```

第 10 章将进一步深入讨论/store/目录。

2.3.8　/middleware/目录

/middleware/目录用于包含关系中间件文件，这些文件均为 JavaScript 函数，这些函数在渲染一个页面或一组页面之前进行运行。例如，某个私密页面仅可在用户进行身份验证时被访问。对此，可采用 Vuex 存储保存确认数据并创建一个中间件；如果 auth 属性在 State 存储中为空，则抛出一个 403 错误。

```
// middleware/auth.js
export default function ({ store, error }) {
  if (!store.state.auth) {
    error({
      message: 'You are not connected',
      statusCode: 403
    })
  }
}
```

第 11 章将深入讨论/middleware/目录。

2.3.9　package.json 文件

package.json 文件用于包含 Nuxt 应用程序的依赖项和脚本。例如，当采用 Nuxt 构建工具时，将在 package.json 文件中得到下列默认的脚本和依赖项。

```
// package.json
```

```
{
  "scripts": {
    "dev": "nuxt",
    "build": "nuxt build",
    "start": "nuxt start",
    "generate": "nuxt generate"
  },
  "dependencies": {
    "nuxt": "^2.14.0"
  }
}
```

第 8 章和第 14 章将分别深入讨论 package.json 文件。

2.3.10　nuxt.config.js 文件

nuxt.config.js 文件用于包含应用程序专用的自定义配置。例如，当使用 Nuxt 构建工具时，默认状态下，我们将获得 HTML <head>块的自定义元数据、标题和链接。

```
export default {
  head: {
    title: process.env.npm_package_name || '',
    meta: [
      { charset: 'utf-8' },
      { name: 'viewport', content: 'width=device-width, initial-scale=1' },
      { hid: 'description', name: 'description', content:
        process.env.npm_package_description || '' }
    ],
    link: [
      { rel: 'icon', type: 'image/x-icon', href: '/favicon.ico' }
    ]
  }
}
```

另外，我们还可修改上述自定义<head>块，第 4 章将对此加以讨论。除了<head>，还存在其他一些较为重要的自定义配置属性，稍后将对此予以介绍。

2.3.11　别名

在 Nuxt 中，~或@别名用于关联 srcDri 属性，~~或@@别名则用于关联 rootDir 属性。例如，如果打算将一幅图像链接至/assets/目录中，则可使用~别名，如下所示。

```
<template>
  <img src="~/assets/sample-1.jpg"/>
</template>
```

另外，如果希望将图像链接至/static/目录，则可使用~别名，如下所示。

```
<template>
  <img src="~/static/sample-1.jpg"/>
</template>
```

需要注意的是，还可在不使用这些别名的情况下将数据资源链接至/static/目录。

```
<template>
  <img src="/sample-1.jpg"/>
</template>
```

默认状态下，srcDir 值等同于 rootDir 值，即 process.cwd()。稍后将介绍这两个选项，并考查如何修改其默认值。因此，接下来讨论如何在项目中修改自定义配置。

2.4　了解自定义配置

通过将 nuxt.config.js 文件（本书中将其称作 Nuxt 配置文件）添加至项目的根目录中，我们可配置 Nuxt 应用程序以满足具体的项目。当使用 Nuxt 构建工具时，默认状态下将得到 nuxt.config.js 文件。当打开 nuxt.config.js 文件时，应可看到下列选项（或属性）。

```
// nuxt.config.js
export default {
  mode: 'universal',
  target: 'server',
  head: { ... },
  css: [],
  plugins: [],
  components: true,
  buildModules: [],
  modules: [],
  build: {}
}
```

除了 mode、target、head 和 components，大多数内容均为空。此外，还可通过这些选项自定义 Nuxt 以满足某些特定的项目。接下来对这些选项及其应用方式进行逐一讨论。

2.4.1　mode 选项

mode 选项用于定义应用程序的“本质”，即通用应用程序或 SPA，该选项的默认值为 universal。当采用 Nuxt 开发 SPA 时，可将该选项值修改为 spa。除了第 15 章，后续章节将主要讨论通用模式。

2.4.2　target 选项

target 选项用于设置应用程序的部署目标，即作为服务器端渲染应用程序或静态生成的应用程序进行部署。对于服务器端渲染部署，target 选项的默认值为 server。对于本书中的大多数示例应用程序，对应的部署目标为服务器端渲染。在后续的一些章节中，还将介绍静态生成的部署目标，特别是第 18 章。

2.4.3　head 选项

head 选项用于定义应用程序的<head>块中所有的默认元标签。当采用 Nuxt 构建工具时，将在 Nuxt 配置文件中得到下列自定义 head 配置。

```
// nuxt.config.js
export default {
  head: {
    title: process.env.npm_package_name || '',
    meta: [
      { charset: 'utf-8' },
      { name: 'viewport', content: 'width=device-width, initial-scale=1'},
      { hid: 'description', name: 'description', content:
        process.env.npm_package_description || '' }
    ],
    link: [
      { rel: 'icon', type: 'image/x-icon', href: '/favicon.ico' }
    ]
  }
}
```

我们还可修改上述配置内容或添加多项自定义配置。例如，添加项目所需的 JavaScript 和 CSS 库。

```
// nuxt.config.js
export default {
  head: {
    titleTemplate: '%s - Nuxt App',
    meta: [
      //...
    ],
    script: [
      { src: 'https://cdnjs.cloudflare.com/.../jquery.min.js' },
      { src: 'https://cdn.jsdelivr.net/.../foundation.min.js' },
    ],
    link: [
      { rel: 'stylesheet', href:
      'https://cdn.jsdelivr.net/.../foundation.min.css' },
    ]
  }
}
```

第 3 章和第 4 章将详细讨论 head 选项。需要注意的是，jQuery 是 Foundation (Zurb)的核心依赖项，第 3 章将对此予以介绍。因此，我们需要在项目中安装 jQuery 并使用 Foundation (Zurb)。

2.4.4 css 选项

css 选项用于添加全局 CSS 文件，这些文件可以是.css、.less 或.scss 文件。另外，此类文件还可能是直接从项目的 Node.js/node_modules/目录中加载的模块和库。考查下列示例代码。

```
// nuxt.config.js
export default {
  css: [
    'jquery-ui-bundle/jquery-ui.min.css',
    '@/assets/less/styles.less',
    '@/assets/scss/styles.scss'
  ]
}
```

在上述配置中，我们从安装在/node_modules/目录中的 jQuery UI 模块中加载了 CSS 文件。同时还加载了存储于/assets/目录中的 Less 和 Sass 文件。

注意，当采用.less 和.scss 文件编写样式时，需要利用其 webpack 加载器安装 Less 和 Sass 模块，如下所示。

```
$ npm i less less-loader --save-dev
$ npm i node-sass --save-dev
$ npm i sass-loader --save-dev
```

第 3 章将会更多地使用 css 选项。

2.4.5　plugins 选项

plugins 选项用于添加 JavaScript 插件，这些插件在 Vue 根实例之前进行运行。考查下列示例代码。

```
// nuxt.config.js
export default {
  plugins: ['~/plugins/vue-notifications']
}
```

我们经常与/plugins/目录结合使用 plugins 选项。第 6 章将大量使用 plugins 选项。

2.4.6　components 选项

components 选项用于设置/components/目录中的组件是否应自动进行导入。如果需要将大量的组件导入某个布局或页面中，那么/components/选项将十分有用。如果将/components/选项设置为 true，那么我们无须通过手动方式导入组件。/components/选项的默认值为 false，对于本书的所有应用程序，我们将该选项设置为 true。

注意：

关于 components 选项组件的更多信息和高级应用，读者可访问 https://github.com/nuxt/components。

2.4.7　buildModules 选项

buildModules 选项用于注册已构建的模块，这些模块仅在应用程序的开发和构建期使用。需要注意的是，本书仅使用 Nuxt 社区中的某些模块，并创建在 Node.js 运行期所需的自定义模块（参见第 6 章）。关于 buildModules 选项和构建期的构造模块，读者可访问 https://nuxtjs.org/guide/modules#build-only-modules 以了解更多信息。

2.4.8　modules 选项

modules 选项用于向项目中添加 Nuxt 模块。考查下列代码。

```
// nuxt.config.js
export default {
  modules: [
    '@nuxtjs/axios',
    '~/modules/example.js'
  ]
}
```

此外，我们还可利用 modules 选项直接创建内联模块，如下所示。

```
// nuxt.config.js
export default {
  modules: [
    function () {
      //...
    }
  ]
}
```

Nuxt 模块实际上是 JavaScript 函数，这一点与插件十分相似。我们将在第 6 章讨论二者的差别。类似于 plugins 选项（常与/plugins/目录结合使用），modules 选项也常与/modules/目录结合使用，具体操作可参见第 6 章。

2.4.9　build 选项

针对所喜爱的 Nuxt 应用程序的构建方式，build 选项用于自定义 webpack 配置。例如，可能需要在项目中以全局方式安装 jQuery，且无须使用 import 语句。通过 webpack 的 ProvidePlugin()函数，即可实现 jQuery 的自动加载，如下所示。

```
// nuxt.config.js
import webpack from 'webpack'

export default {
  build: {
    plugins: [
      new webpack.ProvidePlugin({
        $: "jquery"
      })
    ]
  }
}
```

第 4 章、第 6 章、第 14 章将再次使用 build 选项。

注意：

关于 Nuxt 应用程序中 build 选项的示例和更多信息，读者可访问 https://nuxtjs.org/api/configuration-build。关于 webpack 的 ProvidePlugin()函数的更多信息，读者可访问 https://webpack.js.org/plugins/provide-plugin/。如果读者是一名 webpack 新手，则可访问 https://webpack.js.org/guides/以了解更多信息。

接下来讨论一些附加选项，从而进一步自定义 Nuxt 应用程序。其中的一些选项在项目中十分有用，而一些选项则在本书中经常使用。

2.4.10　dev 选项

dev 选项用于定义应用程序的 development 或 production 模式。dev 选项并未被添加至 Nuxt 配置文件中，必要时，我们可通过手动方式进行添加。dev 选项仅定义为一个布尔类型，其默认值为 true。对于 nuxt 命令，dev 选项通常强制为 true；而对于 nuxt build、nuxt start 和 nuxt generate 命令，dev 选项则强制为 false。

因此，从技术上讲，我们无法自定义 dev 选项，但可在 Nuxt 模块中使用该选项，如下所示。

```
// modules/sample.js
export default function (moduleOptions) {
  console.log(this.options.dev)
}
```

取决于所使用的 Nuxt 命令，dev 选项为 true 或 false。第 6 章将对此加以讨论。除此之外，我们还可在服务器的框架中作为包导入 Nuxt 时使用 dev 选项，如下所示。

```
// server/index.js
import { Nuxt, Builder } from 'nuxt'
import config from './nuxt.config.js'

const nuxt = new Nuxt(config)

if (nuxt.options.dev) {
  new Builder(nuxt).build()
}
```

其中，当 dev 选项为 true 时，将运行 new Builder(nuxt).build()这一行代码。相应地，第 8 章将讨论服务器的框架。

注意：

关于 dev 选项的示例应用程序，读者可访问 GutHub 存储库中的/chapter-2/configuration/dev/部分。

2.4.11　rootDir 选项

rootDir 选项用于定义 Nuxt 应用程序的工作区。例如，假设当前项目位于下列位置。

```
/var/www/html/my-project/
```

随后，项目的 rootDir 选项的默认值为/var/www/html/myproject。另外，也可通过 package.json 文件中的 Nuxt 命令更改 rootDir 选项，如下所示。

```
// my-project/package.json
{
  "scripts": {
    "dev": "nuxt ./app/"
  }
}
```

当前，Nuxt 应用程序的工作区位于/var/www/html/my-project/app/中，且应用程序结构变为下列方式。

```
-| my-project/
---| node_modules/
---| app/
------| nuxt.config.js
------| pages/
------| components/
------| ...
---| package.json
```

注意，Nuxt 配置文件必须置于/app/目录中。第 14 章将详细讨论 Nuxt 命令。

注意：

关于 roorDir 选项的示例应用程序，读者可访问 GitHub 存储库中的/chapter-2/configuration/rooDir/部分。

2.4.12　srcDir 选项

srcDir 选项用于定义 Nuxt 应用程序的源目录。srcDir 的默认值为 rootDir 的值。对此，可通过下列方式更改 srcDir。

```
// nuxt.config.js
export default {
  srcDir: 'src/'
}
```

当前，应用程序结构如下。

```
-| my-project/
---| node_modules/
---| src/
------| pages/
------| components/
------| ...
---| nuxt.config.js
---| package.json
```

需要注意的是，Nuxt 配置文件位于/src/目录的外部。

注意：

关于 srcDir 选项的示例应用程序，读者可访问 GitHub 存储库中的/chapter-2/configuration/srcDir/部分。

2.4.13　server 选项

server 选项用于配置 Nuxt 应用程序的服务器连接变量。默认的服务器连接如下所示。

```
export default {
  server: {
    port: 3000,
    host: 'localhost',
    socket: undefined,
    https: false,
    timing: false
  }
}
```

此外，还可通过下列方式进行更改。

```
export default {
  server: {
    port: 8080,
```

```
    host: '0.0.0.0'
  }
}
```

当前，应用程序运行于 0.0.0.0:8080 上。

注意：

关于 server 选项的示例应用程序，读者可访问 GitHub 存储库中的/chapter-2/configuration/server/部分。

2.4.14　env 选项

env 选项用于设置 Nuxt 应用程序客户端和服务器的环境变量。env 选项的默认值为空对象（{}）。当在项目中使用 axios 时，env 选项将十分有用。

考查下列示例。

```
// nuxt.config.js
export default {
  env: {
    baseUrl: process.env.BASE_URL || 'http://localhost:3000'
  }
}
```

随后，可在 axios 插件中使用 env 属性，如下所示。

```
// plugins/axios.js
import axios from 'axios'

export default axios.create({
  baseURL: process.env.baseUrl
})
```

当前，baseURL 选项被设置为 localhost:3000，或者无论定义 BASE_URL 是什么，我们都可以在 package.json 文件中设置 BASE_URL，如下所示。

```
// package.json
"scripts": {
  "start": "cross-env BASE_URL=https://your-domain-name.com nuxt start"
}
```

如果上述示例工作在 Windows 环境下，还需要安装 cross-env。

```
$ npm i cross-env --save-dev
```

第 6 章将讨论插件问题。另外，当创建跨域应用程序时，我们还会经常使用 env 选项。

注意：

关于 env 选项的示例应用程序，读者可访问 GitHub 存储库中的/chapter-2/configuration/env/部分。

2.4.15　router 选项

router 选项用于覆写 Vue 路由器上的默认 Nuxt 配置。相应地，默认的 Vue 路由器配置如下所示。

```
{
  mode: 'history',
  base: '/',
  routes: [],
  routeNameSplitter: '-',
  middleware: [],
  linkActiveClass: 'nuxt-link-active',
  linkExactActiveClass: 'nuxt-link-exact-active',
  linkPrefetchedClass: false,
  extendRoutes: null,
  scrollBehavior: null,
  parseQuery: false,
  stringifyQuery: false,
  fallback: false,
  prefetchLinks: true
}
```

此外，还可通过下列方式修改上述配置。

```
// nuxt.config.js
export default {
  router: {
    base: '/app/'
  }
}
```

当前，应用程序运行于 localhost:3000/app/上。

注意：

关于 router 选项的更多信息及其配置的剩余内容，读者可访问 https://nuxtjs.org/api/configuration-router。

关于 router 选项的示例应用程序，读者可访问 GitHub 存储库中的/chapter-2/configuration/router/。

2.4.16　dir 选项

dir 选项用于自定义 Nuxt 应用程序中的目录。默认目录如下。

```
{
  assets: 'assets',
  layouts: 'layouts',
  middleware: 'middleware',
  pages: 'pages',
  static: 'static',
  store: 'store'
}
```

随后可通过下列方式对其进行修改。

```
// nuxt.config.js
export default {
  dir: {
    assets: 'nuxt-assets',
    layouts: 'nuxt-layouts',
    middleware: 'nuxt-middleware',
    pages: 'nuxt-pages',
    static: 'nuxt-static',
    store: 'nuxt-store'
  }
}
```

接下来，可通过下列方式使用自定义的目录。

```
-| app/
---| nuxt-assets/
---| components/
---| nuxt-layouts/
---| nuxt-middleware/
---| node_modules/
---| nuxt-pages/
---| plugins/
---| modules/
---| nuxt-static/
---| nuxt-store/
```

```
---| nuxt.config.js
---| package.json
---| README.md
```

注意：

关于 dir 选项的示例应用程序，读者可访问 GitHub 存储库中的/chapter-2/configuration/dir/部分。

2.4.17　loading 选项

loading 选项用于自定义 Nuxt 应用程序中的加载组件。如果不打算使用默认的加载组件，则可将 loading 选项设置为 fasle，如下所示。

```
// nuxt.config.js
export default {
  loading: false
}
```

第 4 章将详细讨论 loading 选项。

2.4.18　pageTransition 和 layoutTransition 选项

pageTransition 和 layoutTransition 选项用于自定义 Nuxt 应用程序中页面和布局过渡的默认属性。这里，页面过渡的默认属性可通过下列方式进行设置。

```
{
  name: 'page',
  mode: 'out-in',
  appear: false,
  appearClass: 'appear',
  appearActiveClass: 'appear-active',
  appearToClass: 'appear-to'
}
```

布局过渡的默认属性可通过下列方式进行设置。

```
{
  name: 'layout',
  mode: 'out-in'
}
```

我们可通过下列方式对其进行修改。

```
// nuxt.config.js
export default {
  pageTransition: {
    name: 'fade'
  },
  layoutTransition: {
    name: 'fade-layout'
  }
}
```

第 4 章将详细讨论 pageTransition 和 layoutTransition 选项。

2.4.19 generate 选项

generate 选项用于通知 Nuxt 如何生成静态 Web 应用程序的动态路由。这里，动态路由是指 Nuxt 中使用下画线创建的路由。第 4 章将对此加以详细讨论。如果打算将 Nuxt 应用程序导出为静态 Web 应用程序或 SPA，而不是将 Nuxt 用作通用应用程序（SSR），则可使用基于动态路由（无法被 Nuxt 爬虫自动检测到）的 generate 选项。例如，为了防止抓取程序的检测，可在应用程序中使用下列动态路由（分页）。

```
/posts/pages/1
/posts/pages/2
/posts/pages/3
```

接下来可使用 generate 选项将每个路由的内容生成并转换至 HTML 文件中，如下所示。

```
// nuxt.config.js
export default {
  generate: {
    routes: [
      '/posts/pages/1',
      '/posts/pages/2',
      '/posts/pages/3'
    ]
  }
}
```

第 15 章和第 18 章将详细讨论 generate 选项，以防止抓取程序的检测。

注意：

关于 generate 选项的更多信息和高级应用，读者可访问 GitHub 存储库中的 https://nuxtjs.org/api/configuration-generate 部分。

除此之外，在后续章节中，我们还将进一步探讨其他配置选项。这些都是读者应了解的基本的自定义配置选项。接下来进一步考查基于 webpack 的数据资源服务机制。

2.5　了解数据资源服务机制

Nuxt 使用 vue-loader、file-loader 和 url-loader webpack 处理应用程序中的数据资源。首先，Nuxt 将使用 vue-loader 处理<template>和<style>（基于 css-loader 和 vue-template-compiler），并将元素（如这些块中的<img src="...">、background-image: URL(...)和 CSS @import）编译为模块依赖项。考查下列示例代码。

```
// pages/index.vue
<template>
  <img src="~/assets/sample-1.jpg">
</template>

<style>
.container {
  background-image: url("~assets/sample-2.jpg");
}
</style>
```

上述<template>和<style>块中的图像元素和数据资源将被编译并转换为下列代码和模块依赖项。

```
createElement('img', { attrs: { src: require('~/assets/sample-1.jpg') }})
require('~/assets/sample-2.jpg')
```

注意：

自 Nuxt 2.0 以来，别名~/将无法在样式中被正确地解析，而是使用~assets 或@/别名。

在经历了上述编译和转换后：Nuxt 随后将使用 file-loader 将 import/require 模块依赖项解析至一个 URL 中，并将数据资源发送（复制和粘贴）至输出目录中；或者使用 url-loader 将数据资源转换为 Base64 URI（如果数据资源小于 1 KB）。然而，如果数据资源大于 1 KB 这一阈值，对应操作将回退至 file-loader。这意味着，任何低于 1 KB 的文件都将被 url-loader 内联为 Base64 数据 URL，如下所示。

```
<img src="data:image/png;base64,iVBO...">
```

据此，我们可以更好地控制应用程序和服务器之间的 HTTP 请求数量。内联数据资源将占用较少的 HTTP 请求，而任何超过 1 KB 的文件都将被复制并粘贴到输出目的地，并通过版本哈希值命名以实现较好的缓存。例如，上述<template>和<style>块中的图像可通过下列方式发送（通过 npm run build 命令）。

```
img/04983cb.jpg 67.3 KiB [emitted]
img/cc6fc31.jpg 85.8 KiB [emitted]
```

我们将在浏览器的前端查看该图像，如下所示。

```
<div class="links">
  <img src="/_nuxt/img/04983cb.jpg">
</div>
```

针对 url-loader 和 file-loader 这两个 webpack 加载器，下列代码表示为默认的配置。

```
[
  {
    test: /\.(png|jpe?g|gif|svg|webp)$/i,
    use: [{
      loader: 'url-loader',
      options: Object.assign(
        this.loaders.imgUrl,
        { name: this.getFileName('img') }
      )
    }]
  },
  {
    test: /\.(woff2?|eot|ttf|otf)(\?.)?$/i,
    use: [{
      loader: 'url-loader',
      options: Object.assign(
        this.loaders.fontUrl,
        { name: this.getFileName('font') }
      )
    }]
  },
  {
    test: /\.(webm|mp4|ogv)$/i,
    use: [{
      loader: 'file-loader',
      options: Object.assign(
        this.loaders.file,
        { name: this.getFileName('video') }
```

```
      )
    }]
  }
]
```

我们可以使用 webpack 配置的 build 选项自定义这一默认配置，就像我们之前所做的那样。

注意：

关于 file-loader 和 url-loader 的更多信息，读者可分别访问 https://webpack.js.org/loaders/file-loader/和 https://webpack.js.org/loaders/url-loader/。

关于 vue-loader 和 vue-template-compiler 的更多信息，读者可分别访问 https://vue-loader.vuejs.org/和 https://www. npmjs.com/package/vue-template-compiler。

如果读者是 webpack 方面的新手，可访问 https://webpack.js.org/concepts/以了解更多信息。另外，关于 webpack 的资源管理指南，读者可访问 https://webpack.js.org/guides/asset-management/。简而言之，webpack 是 JavaScript 应用程序的静态模块打包程序，其主要功能是打包 JavaScript 文件，同时也可用于转换数据资源，如 HTML、CSS、图像和字体。如果不打算采用 webpack 这一方式处理资源数据，我们还可针对静态数据资源使用/static/，2.3 节曾对此有所讨论。尽管如此，采用 webpack 处理数据资源仍然包含诸多优点，稍后将对此加以讨论。

采用 webpack 处理数据资源的优点之一是，webpack 针对产品实现了优化，无论是图像、字体或预处理的样式，如 Less、Sass 或 Stylus。webpack 可将 Less、Sass 和 Stylus 转换为通用 CSS，而静态文件将仅放置所有静态数据资源，且不会再被 webpack 所碰触。在 Nuxt 中，如果不打算针对项目使用/assets/目录中的 webpack 数据资源，那么可使用/static/目录。

例如，我们可使用/static/目录中的静态图像，如下所示。

```
// pages/index.vue
<template>
  <img src="/sample-1.jpg"/>
</template>
```

另一个较好的示例是 Nuxt 配置文件中的收藏夹图标，如下所示。

```
// nuxt.config.js
export default {
  head: {
```

```
    link: [
      { rel: 'icon', type: 'image/x-icon', href: '/favicon.ico' }
    ]
  }
}
```

注意，如果使用~别名链接/static/目录中的数据资源，webpack 将处理这些数据资源，就像/assets/中的数据资源一样，如下所示。

```
// pages/index.vue
<template>
  <img src="~/static/sample-1.jpg"/>
</template>
```

第 3 章、第 4 章和第 5 章将针对数据资源处理大量使用/assets/目录，进而以动态方式处理数据资源。

注意：

关于数据资源和文件处理的示例应用程序，读者可访问 GitHub 存储库中的/chapter-2/assets/部分。

2.6 本章小结

本章学习了如何利用 create-nuxt-app 安装 Nuxt、如何从头开始安装 Nuxt，以及 Nuxt 构建工具安装的默认目录。除此之外，我们还学习了数据资源在 Nuxt 中的工作方式，以及数据资源处理过程中 webpack 和/static/文件夹之间的差别。

第 3 章将学习如何安装自定义 UI 框架、库和工具，如应用程序的 Zurb Foundation、Motion UI、jQuery UI 和 Less CSS。此外，还将编写一些基础代码以样式化首页内容，并向其中添加某些动画效果。同时，我们还将使用一些本章所介绍的目录以开发 Nuxt 应用程序，如/assets/、/plugins/和/pages/目录。

第 3 章　添加 UI 框架

本章将引领读者在 Nuxt 项目中选取安装前端 UI 框架，进而样式化应用程序模板。本书所选择的框架包括设计布局的 Foundation、生成动画效果的 Motion UI、作为样式表语言的 Less、向 DOM 中添加动画效果的 jQuery UI、滚动内容动画的 AOS，以及生成轮播图像的 Swiper。这些框架可加速 Nuxt 项目的开发速度，同时简化开发过程，并增添开发乐趣。

本章主要涉及以下主题。

- 添加 Foundation 和 Motion UI。
- 添加 Less（Leaner Style Sheets）。
- 添加 jQuery UI。
- 添加 AOS。
- 添加 Swiper。

3.1　添加 Foundation 和 Motion UI

Foundation 是创建响应式站点的前端框架，并附带了用于网格布局、排版、按钮、表格、导航、表单等的 HTML 和 CSS 模板，以及可选的 JavaScript 插件。Foundation 适用于任何设备，包括移动设备和桌面设备，同时也是另一个较为流行的前端框架 Bootstrap（https://getbootstrap.com/）的替代方案。本书将重点讨论 Foundation。与第 2 章一样，本章也提供了一个推荐的 UI 框架列表，当采用 create-nuxt-app 构建工具安装 Nuxt 项目框架时，可从中选取应用程序的框架。此处应选择 None 以便将 Foundation 添加为 UI 框架，如下所示。

```
? Choose UI framework (Use arrow keys)
❯ None
  Ant Design Vue
  Bootstrap Vue
  ...
```

回答完安装过程中的一些问题后，导航至项目目录，随后可以安装 Foundation 并将其集成至 Nuxt 应用程序中。其中，最为简单的方式是使用内容分发网络（CDN），但这里并不推荐使用，其原因在于，离线开发时 CDN 链接无法正常工作。另外，我们还将失去源文件的控制权，因为它们由几家大型的 Web 公司所掌控，如谷歌、微软和亚马逊。然而，如果打算在 Nuxt 项目中采用 CDN，可简单地将 CDN 源添加至 Nuxt 配置文件的 head 选项中，如下所示。

```
// nuxt.config.js
export default {
  head: {
    script: [
      { src: 'https://cdn.jsdelivr.net/.../foundation.min.js' },
    ],
    link: [
      { rel: 'stylesheet', href:
      'https://cdn.jsdelivr.net/.../foundation.min.css' },
    ],
  },
}
```

注意：

读者可访问 https://get.foundation/sites/docs/installation.html#cdn-links 并查找官方 Foundation 站点的最新 CDN 链接。

该过程较为简单，但如果打算采用本地方式托管源文件，那么该方案仍不理想。接下来通过下列步骤并采用适当的方式与 Nuxt 进行集成。

（1）在终端上通过 npm 安装 Foundation 及其依赖项（jQuery 和 what-input）。

```
$ npm i foundation-sites
$ npm i jquery
$ npm i what-input
```

（2）将/node_modules/文件夹中的 Foundation CSS 源添加至 Nuxt 配置文件的 css 选项中。

```
// nuxt.config.js
export default {
  css: [
    'foundation-sites/dist/css/foundation.min.css'
  ],
}
```

（3）通过下列代码在/plugins/目录中创建 foundation.client.js 文件。

```
// plugins/client-only/foundation.client.js
import 'foundation-sites'
```

该插件确保 Foundation 仅运行于客户端。第 6 章还将详细讨论插件问题。

（4）将上述 Foundation 插件注册至 Nuxt 配置文件的 plugins 选项中，如下所示。

```
// nuxt.config.js
export default {
  plugins: [
    '~/plugins/client-only/foundation.client.js',
  ],
}
```

（5）必要时，可在任意页面中使用 Foundation 中的 JavaScript 插件，示例如下。

```
// layouts/form.vue
<script>
import $ from 'jquery'

export default {
  mounted () {
    $(document).foundation()
  }
}
</script>
```

3.1.1　利用 Foundation 创建网格布局和站点导航

下面首先介绍 Foundation 中的网格系统，即 XY 网格。在 Web 开发中，网格系统将 HTML 元素构建至基于网格的布局中。Foundation 附带了 CSS 类，进而可方便、高效地构建 HTML 元素，示例如下。

```
<div class="grid-x">
  <div class="cell medium-6">left</div>
  <div class="cell medium-6">right</div>
</div>
```

这将以响应方式将元素在大屏幕（如 iPad、Windows Surface）上构建为两列，并在较小的屏幕（如 iPhone）上构建为单列。下面在默认的 index.vue 页面中创建一个响应式布局，并在 create-nuxt-app 构建工具生成的 default.vue 布局中创建一个站点导航，具体步骤如下。

（1）删除/components/目录中的 Logo.vue 组件。

（2）移除/pages/目录 index.vue 页面中的<style>和<script>块，并利用下列元素和网格类替换<template>块。

```
// pages/index.vue
<template>
  <div class="grid-x">
    <div class="medium-6 cell">
      <img src="~/assets/images/sample-01.jpg">
    </div>
    <div class="medium-6 cell">
      <img src="~/assets/images/sample-02.jpg">
    </div>
  </div>
</template>
```

在该模板中，当页面被加载至大屏幕上时，对应图像以并列方式排列。但当页面被调整为小屏幕或被加载至小屏幕时，它们会以响应方式相互堆叠。

（3）移除/layouts/目录 default.vue 布局中的<style>和<script>块，并利用下列导航替换<template>块。

```
// layouts/default.vue
<template>
  <div>
    <ul class="menu align-center">
      <li><nuxt-link to="/">Home</nuxt-link></li>
      <li><nuxt-link to="/form">Form</nuxt-link></li>
      <li><nuxt-link to="/motion-ui">Motion UI</nuxt-link></li>
    </ul>
    <nuxt />
  </div>
</template>
```

在这一新的布局中，我们创建了一个基本的站点水平菜单，其中<ul>元素填充了 3 个<li>元素的<nuxt-link>组件，这是通过向<ul>元素中添加一个.menu 类实现的。此外，通过在.menu 类之后添加一个.align-center，我们还将菜单项对齐至中心位置。

至此，我们利用可工作于任何设备上的导航构建了一个响应式布局，其间并未编写任何 CSS 样式。在 JavaScript 方面，Foundation 配备了一些可用的 JavaScript 实用程序和插件，稍后将对此加以讨论。

注意：

关于 Foundation 中的 XY 网格和导航的更多信息，读者可分别访问 https://get.foundation/sites/docs/xy-grid.html 和 https://get.foundation/sites/docs/menu.html。

3.1.2　使用 Foundation 中的 JavaScript 实用程序和插件

Foundation 配备了许多有用的 JavaScript 实用程序，如 MediaQuery。MediaQuery 实用程序可用于获取屏幕大小的断点（小、中、大、超大），以便在应用程序中创建响应式布局。具体使用方式如下列步骤所示。

（1）创建一个 utils.js 文件，将自定义全局实用程序保存在/plugins/目录中，并添加下列代码。

```
// plugins/utils.js
import Vue from 'vue'
Vue.prototype.$getCurrentScreenSize = () => {
  window.addEventListener('resize', () => {
    console.log('Current screen size: ' +
     Foundation.MediaQuery.current)
  })
}
```

在上述代码中，我们创建了一个全局插件（即 JavaScript 函数），用于从 MediaQuery 实用程序的 current 属性中获取当前屏幕尺寸，并在浏览器屏幕尺寸发生变化时记录输出结果。相应地，通过 JavaScript EventTarget 的 addEventListener()方法，尺寸重置事件监听器将被添加至窗口对象中。随后，通过将其命名为$getCurrentScreenSize，该插件被注入 Vue 实例中。

（2）调用默认布局中的$getCurrentScreenSize()函数，如下所示。

```
// layouts/default.vue
<script>
export default {
  mounted () {
    this.$getCurrentScreenSize()
  }
}
</script>
```

因此，如果在 Chrome 浏览器中打开控制台选项卡，那么当屏幕尺寸发生变化时，应看到当前屏幕尺寸的记录结果，如 Current screen size: medium。

注意：

关于 Foundation MediaQuery 和其他实用程序的更多信息，读者可分别访问 https://get.foundation/sites/docs/javascript-utilities.html#mediaquer 和 https://get.foundation/

sites/docs/javascript-utilities.html。

关于 JavaScript EventTarget 和 addEventListener 的更多信息，读者可分别访问 https://developer.mozilla.org/en-US/docs/Web/API/EventTarget 和 https://developer.mozilla.org/en-US/docs/Web/API/EventTarget/addEventListener。

除了 JavaScript 实用程序，Foundation 还配备了其他 JavaScript 插件，如创建下拉式导航的 Dropdown Menu、针对表单验证的 Abide，以及显示 HTML 页面中某个元素上扩展信息的 Tooltip。通过向元素中简单地添加类名，可激活这些插件。不仅如此，还可通过编写 JavaScript 代码修改插件并与其进行交互。下列步骤将展示 Abide 插件的操作过程。

（1）利用下列 HTML 元素创建/pages/目录中的 form.vue 页面，进而生成一个包含两个.grid-container 元素块的表单。

```
// pages/form.vue
<template>
  <form data-abide novalidate>
    <div class="grid-container">
      <div class="grid-x">
        <div class="cell small-12">
          <div data-abide-error class="alert callout"
            style="display: none;">
            <p><i class="fi-alert"></i> There are errors in your
              form.</p>
          </div>
        </div>
      </div>
    </div>
    <div class="grid-container">
      <div class="grid-x">
        //...
      </div>
    </div>
  </form>
</template>
```

在该表单中，第 1 个网格容器包含了通用错误消息，而第 2 个容器则包含了表单输入框，通过向表单元素中添加 data-abide 即可激活 Abide 插件。此外，我们还向表单元素中添加了一个 novalidate 属性，以防止来自浏览器的本地验证，从而将相关任务传递至 Abide 插件中。

（2）利用.cell 和.small-12 类创建一个<div>块，其中包含了一个电子邮件<input>元素和<span>元素中的两条默认错误消息，如下所示。

```
// pages/form.vue
<div class="cell small-12">
  <label>Email (Required)
    <input type="text" placeholder="hello@example.com" required
      pattern="email">
    <span class="form-error" data-form-error-on="required">
      Sorry, this field is required.
    </span>
    <span class="form-error" data-form-error-on="pattern">
      Sorry, invalid Email
    </span>
  </label>
</div>
```

在上述 cell 模块中，存在源自 Foundation 的 3 个自定义属性。其中，pattern 属性用于验证电子邮件字符串，data-form-error-on 属性用于显示响应于 required 和 pattern 属性的输入错误，placeholder 属性用于显示输入框中的提示内容。注意，required 属性是一个 HTML5 默认属性。

（3）创建两个<div>块，其中包含两个收集密码的<input>元素。这里，第 2 个密码用于匹配第 1 个密码。也就是说，将 Foundation 中的 data-equalto 属性添加至第 2 个密码的<input>元素中，如下所示。

```
// pages/form.vue
<div class="cell small-12">
  <label>Password Required
    <input type="password" placeholder="chewieR2D2" required >
    <span class="form-error">
      Sorry, this field is required.
    </span>
  </label>
</div>
<div class="cell small-12">
  <label>Re-enter Password
    <input type="password" placeholder="chewieR2D2" required
      pattern="alpha_numeric"
      data-equalto="password">
    <span class="form-error">
      Sorry, passwords are supposed to match!
    </span>
  </label>
</div>
```

（4）创建最后一个<div>块，其中包含一个提交按钮和一个重置按钮，如下所示。

```
// pages/form.vue
<div class="cell small-12">
  <button class="button" type="submit"
value="Submit">Submit</button>
  <button class="button" type="reset" value="Reset">Reset</button>
</div>
```

（5）当安装 Vue 组件时，初始化<script>块中的 JavaScript 插件。

```
// pages/form.vue
<script>
import $ from 'jquery'

export default {
  mounted () {
    $(document).foundation()
  }
}
</script>
```

在未编写任何 JavaScript 代码的前提下，我们仅通过添加基于类和属性的 HTML 元素，即实现了前端表单验证。

注意：

关于 Foundation 中 Abide 插件的更多信息，读者可访问 https://get.foundation/sites/docs/abide.html。

除 JavaScript 实用程序和创建之外，还存在一些源自 Zurb Foundation 的一些库，如创建 Sass/CSS 动画的 Motion UI、创建包含可复用部分的页面和布局的 Panini、为代码库创建样式指南的 Style Sherpa。稍后将讨论如何使用 Motion UI 创建 CSS 动画和过渡效果。

3.1.3　利用 Motion UI 创建 CSS 动画和过渡

Motion UI 是一个方便的 Sass 库且源自 Zurb Foundation，用于快速地创建 CSS 过渡和动画效果。读者可访问 Motion UI 站点并下载 Starter Kit，其中包含了许多内置的默认设置项和效果且无法更改。因此，如果打算全面控制、使用 Motion UI，则需要了解如何自定义和编译 Sass 代码。下列步骤将展示如何编写 Sass 动画。

（1）在终端上通过 npm 安装 Motion UI 及其依赖项（Sass 和 Sass 加载器）。

```
$ npm i motion-ui --save-dev
$ npm i node-sass --save-dev
$ npm i sass-loader --save-dev
```

（2）在 main.scss/assets/目录的/css/文件夹中创建一个文件，并导入 Motion UI，如下所示。

```
// assets/scss/main.scss
@import 'motion-ui/src/motion-ui';
@include motion-ui-transitions;
@include motion-ui-animations;
```

（3）自定义 CSS 动画，如下所示。

```
// assets/scss/main.scss
.welcome {
  @include mui-animation(fade);
  animation-duration: 2s;
}
```

（4）在 Nuxt 配置文件的 css 选项中，注册自定义 Motion UI CSS 源。

```
// nuxt.config.js
export default {
  css: [
    'assets/scss/main.scss'
  ]
}
```

（5）通过使用类名将动画应用于任何元素，示例代码如下。

```
// pages/index.vue
<img class="welcome" src="~/assets/images/sample-01.jpg">
```

随后可以看到，当加载页面时，图像将在两秒内逐渐淡入。

此外，Motion UI 还提供了两个公共函数，即 animationIn()和 animateOut()，我们可与它们进行交互以触发其内建的过渡和动画效果，其应用方式如下所示。

（1）使用下列代码在/plugins/目录中创建一个 motion-ui.client.js 文件。

```
// plugins/client-only/motion-ui.client.js
import Vue from 'vue'
import MotionUi from 'motion-ui'
Vue.prototype.$motionUi = MotionUi
```

该插件确保 Motion UI 仅运行于客户端上。第 6 章将详细讨论插件。

（2）在 Nuxt 配置文件的 plugins 选项中注册上述 Motion 插件，如下所示。

```
// nuxt.config.js
export default {
  plugins: [
    '~/plugins/client-only/motion-ui.client.js',
  ],
}
```

（3）在模板的任意位置处使用 Motion UI 函数，示例代码如下。

```
// pages/motion-ui.vue
<template>
  <h1 data-animation="spin-in">Hello Motion UI</h1>
</template>

<script>
import $ from 'jquery'

export default {
  mounted () {
    $('h1').click(function() {
      var $animation = $('h1').data('animation')
      this.$motionUi.animateIn($('h1'), $animation)
    })
  }
}
</script>
```

在该页面中，我们将转化过渡名 spin-in 存储于元素的 data 属性中，并随后将其传递至 Motion UI animateIn()函数中，进而在单击该元素时应用动画效果。注意，我们使用了 jQuery 获取 data 属性中的数据。

注意：

读者可访问 https://get.foundation/sites/docs/motion-ui.html#built-intransitions 查看其他内建的转化过渡名。

当需要在元素上展示 CSS 动画或过渡效果时，无须编写 CSS 代码，从而仅保持少量的 CSS 样式内容，并将重点放在模板的主要表达和自定义表达上。关于减少代码量这一问题，值得一提的是 Zurb Foundation 提供的一些常见的图标字体，即 Foundation Icon Font 3。稍后将对此加以讨论。

注意：

关于 Motion UI 的更多信息，读者可访问 https://get.foundation/sites/docs/motion-ui.html；关于 Panini 和 Style Sherpa，读者可分别访问 https://get.foundation/sites/docs/panini.html 和 https://get.foundation/sites/docs/style-sherpa.html。

3.1.4　利用 Foundation Icon Fonts 3 添加图标

Foundation Icon Fonts 3 是一个十分有用的图标字体集，可在前端开发中将该图标字体集与 CSS 结合使用，且无须亲自创建常见的图标，如社交媒体图标（Facebook、Twitter、YouTube）、箭头图标（上箭头、下箭头等）、访问图标（轮椅、电梯等）、电子商务图标（购物车、信用卡等）和文本编辑器图标（粗体、斜体等）。

下面介绍如何在 Nuxt 项目中安装 Foundation Icon Fonts 3，具体步骤如下。

（1）通过 npm 安装 Foundation Icon Fonts 3。

```
$ npm i foundation-icon-fonts
```

（2）在 Nuxt 配置文件中添加 Foundation Icon Fonts 全局路径。

```
// nuxt.config.js
export default {
  css: [
    'foundation-icon-fonts/foundation-icons.css',
  ]
}
```

（3）使用 fi 前缀的图标名将对应图标应用于任何<i>元素上，示例代码如下。

```
<i class="fi-heart"></i>
```

注意：

关于图标名的其他内容，读者可访问 https://zurb.com/playground/foundation-icon-fonts-3 以了解更多信息。

至此，我们讨论了如何向项目中添加 Foundation，并可通过网格构建布局和 Sass，进而利用 Motion UI 生成 CSS 动画效果。但是，添加网格系统并编写 CSS 动画并不足以构建一个应用程序，还需要特定的 CSS 描述 Nuxt 应用程序中 HTML 文档和 Vue 页面的表现形式。我们可在整个项目中使用 Sass 创建自定义样式，而这些样式无法仅通过 Foundation 单独实现。但是，我们可尝试另一种流行的样式预处理器，并将其添加至 Nuxt 项目中，即 Less。

注意：

读者可访问 GitHub 存储库中的/chapter-3/nuxt-universal/adding-foundation/查看与 Foundation 相关的全部示例代码。

3.2　添加 Less（Leaner Style Sheets）

Less 是 Leaner Style Sheets 的缩写，同时也是 CSS 的语言扩展。Less 看上去很像 CSS，它向 CSS 语言中加了一些方便的内容，因而易于掌握。在使用 Less 编写 CSS 时，可使用变量、混入（mixin）、嵌套、嵌套规则和冒泡机制、操作、函数等。例如，下列代码表示为变量形式。

```
@width: 10px;
@height: @width + 10px;
```

这些变量的使用方式与其他编程语言中的变量基本相同。例如，可通过下列方式在 CSS 中使用上述变量。

```
#header {
  width: @width;
  height: @height;
}
```

上述代码将转换为浏览器可理解的 CSS 内容，如下所示。

```
#header {
  width: 10px;
  height: 20px;
}
```

在 Nuxt 中，通过在<style>块中使用 lang 属性，可将 Less 用作 CSS 预处理器。

```
<style lang="less">
</style>
```

如果打算将本地样式应用至特定的页面或布局中，这将是一种较好的方法且易于管理。同时，还应在 lang 属性之前添加一个 scoped 属性，以便本地样式以本地方式应用于页面上，且不会干扰到其他页面中的样式。然而，如果多个页面和布局共享一个公共样式，那么应在项目的/assets/目录中以全局方式创建该样式。下面考查如何利用 Less 创建全局样式，具体步骤如下。

（1）在终端上通过 npm 安装 Less 及其 webpack 加载器。

```
$ npm i less --save-dev
$ npm i less-loader --save-dev
```

（2）在/assets/目录中创建一个 main.less 文件并添加下列样式。

```
// assets/less/main.less
@borderWidth: 1px;
@borderStyle: solid;

.cell {
 border: @borderWidth @borderStyle blue;
}

.row {
 border: @borderWidth @borderStyle red;
}
```

（3）在 Nuxt 配置文件中安装上述全局样式，如下所示。

```
// nuxt.config.js
export default {
 css: [
   'assets/less/main.less'
 ]
}
```

（4）在项目中应用上述样式，如下所示。

```
// pages/index.vue
<template>
 <div class="row">
   <div class="grid-x">
     <div class="medium-6 cell">
       <img class="welcome" src="~/assets/images/sample-01.jpg">
     </div>
     <div class="medium-6 cell">
       <img class="welcome" src="~/assets/images/sample-02.jpg">
     </div>
   </div>
 </div>
</template>
```

当在浏览器中启动应用程序时，应该可以看到刚刚添加至 CSS 类中的边框。当对布局进行开发时，这些边框作为基准线十分有用，因为网格系统下方的网格线是“不可见”的，如果缺少可见的线条，那么很难实现可视化效果。

注意：

读者可访问 GitHub 存储库中的/chapter-3/nuxtuniversal/adding-less/部分查看上述代码。

除本节介绍的 CSS 预处理器之外，其他预处理器也值得研究，无论是在<style>块、<template>块还是<script>块中，示例如下。

- ❑ 当采用 CoffeeScript 编写 JavaScript 代码时，可执行下列操作。

```
<script lang="coffee">
export default data: ->
  { message: 'hello World' }
</script>
```

注意：

关于 CoffeeScrip 的更多信息，读者可访问 https://coffeescript.org/。

- ❑ 当在 Nuxt 中采用 Pug 编写 HTML 标签时，可执行下列操作。

```
<template lang="pug">
  h1.blue Greet {{ message }}!
</template>
```

注意：

关于 Pug 的更多信息，读者可访问 https://coffeescript.org/。

- ❑ 当使用 Sass 或 Scss（而非 Less）编写 CSS 样式时，可执行下列操作。

```
<style lang="sass">
.blue
  color: blue
</style>

<style lang="scss">
.blue {
  color: blue;
}
</style>
```

注意：

关于 Sass 和 Scss 的更多信息，读者可访问 https://coffeescript.org/。

在本书中，我们将使用 Less、vanilla HTML 和 JavaScript（一般为 ECMAScript 6 或 ECMAScript 2015）。读者也可尝试使用之前提到的其他预处理器。对于 Nuxt 项目中的 HTML 元素，接下来考查另一种效果和动画的添加方式，即 jQuery UI。

3.3　添加 jQuery UI

jQuery UI 是一个构建于 jQuery 之上的用户界面（UI）交互、效果、微件和实用程序集合，且对于设计者和开发人员来说十分有用。类似于 Motion UI 和 Foundation，jQuery UI 可降低项目中的代码量，同时提升元素处理量。通过将 jQuery UI 的 CDN 源和 jQuery 用作依赖项，jQuery UI 可被添加至普通的 HTML 页面中，示例如下。

```
<script src="https://code.jquery.com/jquery-3.5.1.min.js"></script>
<script src="https://code.jquery.com/ui/1.12.1/jquery-ui.js"></script>
<link rel="stylesheet"
href="https://code.jquery.com/ui/1.12.1/themes/base/jquery-ui.css">

<div id="accordion">...</div>

<script>
  $('#accordion').accordion()
</script>
```

再次说明，jQuery UI 等同于 Foundation，但与 Nuxt 的集成稍显复杂。对此，可采用前述 CDN 源，并将其添加至 Nuxt 配置文件的 head 选项中，如下所示。

```
// nuxt.config.js
export default {
  head: {
    script: [
      { src: 'https://cdnjs.cloudflare.com/.../jquery.min.js' },
      { src: 'https://code.jquery.com/.../jquery-ui.js' },
    ],
    link: [
      { rel: 'stylesheet', href:
       'https://code.jquery.com/.../jquery-ui.css' },
    ]
  }
}
```

类似于与 Foundation 的集成，此处并不推荐使用这一方式。对此，较好的做法如下。

（1）在终端上通过 npm 安装 jQuery UI。

```
$ npm i jquery-ui-bundle
```

（2）将/node_modules/文件夹中 jQuery UI 的 CSS 源添加至 Nuxt 配置文件的 css 选项中。

```
// nuxt.config.js
module.exports = {
  css: [
    'jquery-ui-bundle/jquery-ui.min.css'
  ]
}
```

（3）在/plugins/目录中创建一个名为 jquery-ui-bundle.js 的文件并导入 jQuery UI，如下所示。

```
// plugins/client-only/jquery-ui-bundle.client.js
import 'jquery-ui-bundle'
```

再次说明，该插件确保 jQuery UI 仅运行于客户端，第 6 章将详细介绍插件。

（4）在 Nuxt 配置文件的 plugins 选项中，注册上述 jQuery UI 插件，如下所示。

```
// nuxt.config.js
export default {
  plugins: [
    '~/plugins/client-only/jquery-ui-bundle.client.js',
  ],
}
```

（5）随后即可使用 jQuery UI，示例代码如下。

```
// pages/index.vue
<template>
  <div id="accordion">...</div>
</template>

<script>
import $ from 'jquery'
export default {
  mounted () {
    $('#accordion').accordion()
  }
}
</script>
```

在当前示例中，我们使用了 jQuery UI 中的一个微件，即 Accordion，用于显示可收缩的内容面板。关于 HTML 代码的细节内容，读者可访问 https://jqueryui.com/accordion/。

除了微件，jQuery UI 还设置了动画类效果，具体步骤如下。

（1）在<template>块中，利用下列元素在/pages/目录中创建新页面 animate.vue。

```
// pages/animate.vue
<h1>Hello jQuery UI</h1>
```

（2）在<template>块中，结合 jQuery UI 中的效果，可使用 jQuery 的 animate()函数创建动画效果。

```
// pages/animate.vue
import $ from 'jquery'

export default {
  mounted () {
    var state = true
    $('h1').on('click', function() {
      if (state) {
        $(this).animate({
          color: 'red', fontSize: '10em'
        }, 1000, 'easeInQuint', () => {
          console.log('easing in done')
        })
      } else {
        $(this).animate({
          color: 'black', fontSize: '2em'
        }, 1000, 'easeOutExpo', () => {
          console.log('easing out done')
        })
      }
      state = !state
    })
  }
}
```

在上述代码中，我们在单击元素时使用了 easeInQuint 效果，且再次单击该元素时使用了 easeOutExpo 效果。单击时，元素的字体尺寸在 2em 和 10em 之间实现了动画效果；再次单击时，则在 10em 和 2em 之间实现了动画效果。对于文本颜色来说也是如此。也就是说，当单击元素时，文本颜色将在 red 和 black 之间呈现动画效果。

（3）刷新浏览器后应可以看到，我们已将动画和特效应用于 H1 上。

注意：

关于特效，读者可访问 https://api.jqueryui.com/easings/；关于 jQuery 动画函数的更多信息，读者可访问 https://api.jquery.com/animate/。

关于 jQuery UI 中的其他特效、微件和实用程序，读者可访问 https://jqueryui.com/。

虽然可利用 CSS 和 Motion UI 实现动画和过渡效果，但 jQuery UI 也是采用 JavaScript 将动画应用到 HTML 元素中的另一个选择。除了 jQuery 和 jQuery UI，还存在其他库并以特定方式交互展示相关内容，如滚动页面和左、右滑动内容时的内容动画效果。接下来考查 AOS 和 Swiper 这两个动画工具。

注意：

读者可访问 GitHub 存储库查看本节中的所有源代码，对应网址为/chapter-3/nuxt-universal/adding-jquery-ui/。

3.4　添加 AOS

AOS 是一个 JavaScript 动画库，可在向下（或向上）滚动页面时实现视图中 DOM 元素的动画效果。AOS 是一个较小的库且易于使用，在滚动页面时可触发动画效果，且无须编写任何代码。当实现元素的动画效果时，可简单地使用 data-aos 属性，如下所示。

```
<div data-aos="fade-in">...</div>
```

当滚动页面时，对应元素将逐渐淡入。此外，我们甚至还可设置动画的时长（秒数）。下列步骤显示了如何将 AOS 库添加至 Nuxt 项目中。

（1）在终端上通过 npm 命令安装 AOS。

```
$ npm i aos
```

（2）向 index.vue 文件中添加下列元素。

```
// pages/index.vue
<template>
  <div class="grid-x">
    <div class="medium-6 medium-offset-3 cell" data-aos="fade-up">
      <img src="~/assets/images/sample-01.jpg">
    </div>
    <div class="medium-6 medium-offset-3 cell" data-aos="fade-up">
      <img src="~/assets/images/sample-02.jpg">
```

```
    </div>
    <div class="medium-6 medium-offset-3 cell" data-aos="fade-up">
      <img src="~/assets/images/sample-03.jpg">
    </div>
  </div>
</template>
```

在该示例中，我们使用了 Foundation 向元素中添加了网格结构，并通过 data-aos 属性在每个元素上应用了 AOS fade-up 动画效果。

（3）在<script>块中导入 AOS JavaScript 和 CSS 资源，并在加载 Vue 组件时初始化 AOS。

```
// pages/index.vue
<script>
import 'aos/dist/aos.css'
import aos from 'aos'

export default {
  mounted () {
    aos.init()
  }
}
</script>
```

当刷新屏幕时应可看到，对应元素在向下滚动页面时依次向上淡入。

然而，当需要对多个页面实施动画效果时，当前所采用的 AOS 方案难以令人满意。其间，需要将上述脚本复制至每个 AOS 动画页面中。因此，如果需要利用 AOS 实现多个页面的动画效果，那么应采用全局方式对其进行注册和初始化操作。具体实现过程如下列步骤所示。

（1）在/plugins/目录中创建 aos.client.js 插件，导入 AOS 资源并初始化 AOS，如下所示。

```
// plugins/client-only/aos.client.js
import 'aos/dist/aos.css'
import aos from 'aos'

aos.init({
  duration: 2000,
})
```

在该微件中，我们采用全局方式构建 AOS，以实现 2 s 的元素动画。读者可访问

https://github.com/michalsnik/aos#1-initialize-aos 查看设置选项的其余内容。

（2）在 Nuxt 配置文件的 plugins 选项中，注册上述 AOS 插件，如下所示。

```
// nuxt.config.js
module.exports = {
  plugins: [
    '~/plugins/client-only/aos.client.js',
  ],
}
```

至此，我们将 AOS 动画应用于多个页面上且无须重复脚本内容。

注意，我们在 AOS 插件中直接导入了 CSS 资源，而不是在 Nuxt 配置文件中通过 css 选项以全局方式对其进行导入，这与之前 Foundation 和 Motion UI 所采用的做法有所不同。因此，如果打算对 Foundation 采取相同的操作，那么我们可按照下列方式直接将其资源导入插件中。

```
// plugins/client-only/foundation-site.client.js
import 'foundation-sites/dist/css/foundation.min.css'
import 'foundation-sites'
```

接下来，我们无须在 Nuxt 配置文件中使用全局 css 选项。如果打算保持配置文件尽可能的“简洁”，并将 UI 框架的 CSS 和 JavaScript 资源保存在其配置文件中，那么这将是一种推荐使用的方法。

注意：

读者可访问 GitHub 存储库中的/chapter-3/nuxt-universal/adding-aos/部分查看 Nuxt 示例应用程序的源代码。

关于 AOS 及其动画名称的其余内容，读者可访问 https://michalsnik.github.io/aos/。

接下来讨论 Swiper 以提升前端的开发速度。

3.5　添加 Swiper

Swiper 是一个 JavaScript 触控滑块，可用于 Web 应用程序（桌面或移动应用程序）和移动原生或混合应用程序。Swiper 是 Framework7（https://framework7.io/）和 Ionic Framework（https://ionicframework.com/）中的一部分内容，用于构建移动混合应用程序。与之前的框架和库操作类似，我们可通过相应的 CDN 资源针对 Web 应用程序方便地设置 Swiper。下列步骤展示了 Nuxt 中 Swiper 的安装和使用方式。

（1）在终端中通过 npm 在 Nuxt 项目中安装 Swiper。

```
$ npm i swiper
```

（2）在<template>块中添加下列 HTML 元素并创建图像滑块。

```
// pages/index.vue
<template>
  <div class="swiper-container">
    <div class="swiper-wrapper">
      <div class="swiper-slide"><img
       src="~/assets/images/sample-01.jpg">
      </div>
      <div class="swiper-slide"><img
       src="~/assets/images/sample-02.jpg">
      </div>
      <div class="swiper-slide"><img
       src="~/assets/images/sample-03.jpg">
      </div>
      </div>
      <div class="swiper-button-next"></div>
      <div class="swiper-button-prev"></div>
  </div>
</template>
```

根据这些元素，我们可创建一个包含 3 幅图像的图像滑块（从左或右滑入视图中）和两个按钮（“下一个”按钮和“上一个”按钮）。

（3）在<script>块中导入 Swiper 资源，并在加载页面时创建新的 Swiper 实例。

```
// pages/index.vue
<script>
import 'swiper/swiper-bundle.css'
import Swiper from 'swiper/bundle'

export default {
  mounted () {
    var swiper = new Swiper('.swiper-container', {
      navigation: {
        nextEl: '.swiper-button-next',
        prevEl: '.swiper-button-prev',
      },
    })
  }
}
</script>
```

在该脚本中，我们将图像滑块的类名提供至 Swiper，以便可实例化新的实例。另外，通过 Swiper 的 pagination 选项，我们将“下一个”和“上一个”按钮注册至新实例中。

注意：

关于 Swiper 初始化的其他设置选项，以及与实例化实例交互所用的 API，读者可访问 https://swiperjs.com/api/以了解更多内容。

（4）在<style>块中，添加下列 CSS 样式以自定义图像滑块。

```
// pages/index.vue
<style>
  .swiper-container {
    width: 100%;
    height: 100%;
  }
  .swiper-slide {
    display: flex;
    justify-content: center;
    align-items: center;
  }
</style>
```

在该样式中，在 CSS 的 width 和 height 属性上设置 100%即可使滑块占据整个屏幕。另外，通过 CSS 的 flex 属性，可使滑块容器中的图像处于中心位置。

（5）运行 Nuxt 并在浏览器中加载页面，随后应可看到一个工作正常的交互式图像滑块。

注意：

读者可访问 https://swiperjs.com/demos/以查看 Swiper 官方站点中的其他示例滑块。

当前 Swiper 的使用方式仅适用于单页，如果打算在多个页面上创建滑块，则需要通过一个插件以全局方式注册 Swiper，具体步骤如下。

（1）在/plugins/目录中创建一个 swiper.client.js 插件，导入 Swiper 资源并创建一个名为$swiper 的属性。随后将 Swiper 绑定至$swiper 属性上，并将其注入 Vue 实例中，如下所示。

```
// plugins/client-only/swiper.client.js
import 'swiper/swiper-bundle.css'
import Vue from 'vue'
import Swiper from 'swiper/bundle'
```

```
Vue.prototype.$swiper = Swiper
```

（2）在 Nuxt 配置文件的 plugins 选项中注册 Swiper 插件。

```
// nuxt.config.js
export default {
  plugins: [
    '~/plugins/client-only/swiper.client.js',
  ],
}
```

（3）通过 this 关键字调用$swiper 属性，进而在应用程序的多个页面中创建新的 Swiper 实例，如下所示。

```
// pages/global.vue
<script>
export default {
  mounted () {
    var swiper = new this.$swiper('.swiper-container', { ... })
  }
}
</script>
```

再次说明，我们将 CSS 资源整合于插件文件中，而不是通过 Nuxt 配置文件中的 css 属性以全局方式对其进行注册。然而，如果打算以全局方式覆写 UI 框架和库中的某些样式，那么较为方便的覆写方式是，在 css 选项中以全局方式注册其 CSS 资源，随后是存储于/assets/目录的 CSS 文件中的自定义样式。

注意：

读者可访问 GitHub 存储库中的/chapter-3/nuxtuniversal/adding-swiper/部分下载本章的源代码。关于 Swiper 的更多信息，读者可访问 https://swiperjs.com/。

我们选取了一些流行的框架和库以加速前端的开发速度。这些框架和库也会在后续章节中使用到，尤其是第 18 章。

3.6 本 章 小 结

本章在 Nuxt 项目中安装了 Foundation 作为主 UI 框架，并使用了 Foundation 的网格系统、JavaScript 实用程序和插件，进而创建了简单的网格布局、表单和导航。其间，我们还使用了 Foundation 中的 Motion UI（创建 Sass 动画和过渡效果）和 Foundation Icon Fonts 3。另外，根据 Foundation，我们向 HTML 页面中添加了图标。同时，我们还安装了 Less 作为样式预处理器，进而在 Less 样式表中创建了某些变量。

本章安装了 jQuery UI，并向应用程序中添加了其 Accordion 微件，同时通过其特效创建了动画操作。当上下滚动页面时，我们还安装了 AOS 并以此实现视口中元素的动画效果。最后，我们安装了 Swiper 创建简单的图像滑块，学习了如何通过 Nuxt 配置文件以全局方式安装这些框架和库，或者仅在特定的页面时以本地方式单独使用它们。

第 4 章将介绍 Nuxt 中的视图、路由和过渡效果。我们将创建自定义页面、路由和 CSS 过渡，并学习如何使用/assets/目录处理诸如图像和字体这一类数据资源。另外，我们还将学习如何自定义默认的布局，并将新的布局添加到/layouts/目录中。其间，我们将展示一个简单的站点示例，以便使用我们所掌握的全部 Nuxt 特性。

第 2 部分

视图、路由、组件、插件和模块

在第 2 部分，我们将添加路由、页面、模板、组件、插件、模块和 Vue 表单，以进一步完善 Nuxt 应用程序。

第 2 部分主要包括下列 4 章。

第 4 章：添加视图、路由和过渡效果。

第 5 章：添加 Vue 组件。

第 6 章：编写插件和模块。

第 7 章：添加 Vue 表单。

第 4 章　添加视图、路由和过渡效果

第 3 章创建了一些较为简单的页面、路由和布局，并与前端 UI 框架和库协同工作，但它们仅是一些较为基础的内容。

因此，本章将深入讨论上述各个话题以及 Nuxt 中的模板。其间，我们将自定义默认模板和布局。除此之外，我们还将学习如何自定义全局元标签，并将特定的标签添加至应用程序子页面的对应页面中。同时，我们还将在转换页面时创建过渡和动画效果。因此，在阅读完本章后，我们将在前述章节的基础上创建一个简单且功能完整的 Web 应用程序和站点（包含一些虚拟数据）。

本章主要涉及以下主题。

- 创建自定义路由。
- 创建自定义视图。
- 创建自定义转换。

4.1　创建自定义路由

对于路由器在 Nuxt 中的工作方式，首先应了解路由器如何在 Vue 中工作。随后，我们将考查如何在 Nuxt 应用程序中实现路由器。传统的 Vue 应用程序中的自定义路由是通过 Vue Router 创建的。下面首先介绍 Vue Router。

4.1.1　Vue Router

Vue Router 是一个 Vue 插件，可创建健壮的路由，进而在单页应用程序（SPA）的多个页面间导航，且无须刷新页面。例如，如果 User 组件包含不同用户 ID 的所有用户，则可按照下列方式使用该组件。

```
const User = {
  template: '<div>User {{ $route.params.id }}</div>'
}


const router = new VueRouter({
  routes: [
```

```
    { path: '/user/:id', component: User }
  ]
})
```

在该示例中，后面紧跟着 ID 的任何/user 路由（如/user/1 或/user/2）都将被定向至 User 组件，该组件将利用对应 ID 渲染模板——在安装了 Vue 插件后即可实现该操作。接下来考查如何针对 Vue 应用程序安装 Vue 插件，随后学习 Vue 插件在 Nuxt 应用程序中的工作方式。

注意：

关于 Vue Router 的更多信息，读者可访问 https://router.vuejs.org/。

4.1.2 安装 Vue Router

在 Vue 中，需要显式地安装 Vue Router 以在传统的 Vue 应用程序中创建路由。即使使用了 Vue CLI（第 11 章将对此加以讨论），也需要选择 Manually select features，以从提示选取的选项中选择 Router，进而获取所需的特性。下面考查如何采用手动方式安装 Vue Router，其中包括两个选项，如下所示。

（1）使用 npm。

```
$ npm install vue-router
```

随后在应用程序的根目录中，通过 Vue.use()导入 vue-router。

```
import Vue from 'vue'
import VueRouter from 'vue-router'

Vue.use(VueRouter)
```

（2）除此之外，还可使用 CDN 或直接下载。

```
<script src="/path/to/vue.js"></script>
<script src="/path/to/vue-router.js"></script>
```

当采用 CDN 时，可简单地在 Vue 核心后添加 vue-router，剩余安装则自行处理。在 Vue Router 安装完毕后，我们将以此创建路由。

4.1.3 利用 Vue Router 创建路由

当使用 CDN 选项时，首先需要在项目的根目录中创建一个.html 文件，并在<head>

块中包含基本的 HTML 结构和 CDN 链接。

```
<!DOCTYPE html>
<html>
  <head>
    <script src="https://unpkg.com/vue/dist/vue.js"></script>
    <script src="https://unpkg.com/vue-router/dist/vue-router.js">
</script>
  </head>
  <body>
    //...
  </body>
</html>
```

随后通过下列步骤快速启动 Vue Router。

（1）在<body>块中创建包含下列标记的应用程序库。

```
<div id="app">
  <h1>Hello App!</h1>
  <p>
    <router-link to="/about">About</router-link>
    <router-link to="/contact">Contact</router-link>
  </p>
  <router-view></router-view>
</div>
<script type="text/javascript">
  //...
</script>
```

<router-link>组件用于指定目标位置，并将被渲染为包含 href 的<a>标签；而<router-view>组件用于渲染请求的内容，即下一步创建的 Vue 组件。

（2）在<script>块中创建两个组件。

```
const About = { template: '<div>About</div>' }
const Contact = { template: '<div>Contact</div>' }
```

（3）创建名为 routes 的常量变量，将 Vue 组件添加至 component 属性中，对应的路径匹配<router-link>中的链接。

```
const routes = [
  { path: '/about', component: About },
  { path: '/contact', component: Contact }
]
```

（4）使用 new 操作符创建一个路由器实例，并将其传递至 routes 常量中。

```
const router = new VueRouter({
  routes
})
```

注意：

上述代码块中的 routes 是 ES6/ES2015 中 routes: routes 的简洁形式（属性名简写）。关于简写属性名的更多信息，读者可访问 https://developer.mozilla.org/en-US/docs/Web/JavaScript/Reference/Operators/Object_initializer。

（5）利用 new 操作符创建一个 Vue 实例，并将其传递至 router 实例中，随后将#app 元素加载至根实例中。

```
const app = new Vue({
  router
}).$mount('#app')
```

（6）在浏览器中运行应用程序。随后应可在屏幕上看到 About 和 Contact 链接。当访问/about 和/contact 时，应可看到其组件在屏幕上被成功地渲染。

注意：

读者可访问 GitHub 存储库中的/chapter-4/vue/vue-route/basic.html 部分查看上述应用程序的代码，并可在自己喜欢的浏览器中运行该应用程序以查看其工作方式。

接下来考查 Nuxt 如何通过 Vue Router 生成上述路由。在 Nuxt 中，路由的过程较为简单，因为 Nuxt 中包含了 vue-router。这意味着，从技术上讲，我们略过了传统 Vue 应用程序中的安装步骤。除此之外，还可略过上述 JavaScript 步骤，即步骤（3）～（5）。Nuxt 将扫描/pages/目录中的.vue 文件树，并自动生成路由。因此，接下来考查 Nuxt 如何生成和处理路由。对此，首先讨论基本路由的创建方式。

4.1.4　创建基本的路由

基本路由可通过简单地将包含固定文件名的.vue 文件添加至/pages/目录中而创建。此外，我们还可通过将.vue 文件整合至不同的文件夹中来生成子路由。考查下列示例。

```
pages/
--| users/
-----| index.vue
-----| john-doe.vue
--| index.vue
```

随后，Nuxt 将生成下列路由（无须编写）。

```
router: {
  routes: [
    {
      name: 'index',
      path: '/',
      component: 'pages/index.vue'
    },
    {
      name: 'users',
      path: '/users',
      component: 'pages/users/index.vue'
    },
    {
      name: 'users-john-doe',
      path: '/users/john-doe',
      component: 'pages/users/john-doe.vue'
    }
  ]
}
```

注意：

读者可访问 GitHub 存储库中的/chapter-4/nuxtuniversal/routing/basic-routes/部分查看该示例应用程序。

第 3 章曾讨论了这些基本的路由，相信读者已对此有所了解。这一类路由适用于顶级页面，如/about、/contact 和/posts。然而，如果每个顶级页面中包含多个子页面，并且它们会随着时间的推移而动态增加，那么应该使用动态路由处理这些子页面的路由。接下来讨论如何创建动态路由。

4.1.5　创建动态路由

当使用下画线时，Nuxt 将生成动态路由。在复杂应用程序中，动态路由十分有用且不可避免。因此，如果需要创建动态路由，那么仅需生成一个包含前缀下画线的.vue 文件（或目录），随后是文件名（或目录名）。考查下列示例。

```
pages/
--| _slug/
-----| index.vue
--| users/
```

```
-----| _id.vue
--| index.vue
```

随后可从 Nuxt 中获得下列路由，而无须编写任何路由。

```
router: {
  routes: [
    {
      name: 'index',
      path: '/',
      component: 'pages/index.vue'
    },
    {
      name: 'users-id',
      path: '/users/:id?',
      component: 'pages/users/_id.vue'
    },
    {
      name: 'slug',
      path: '/:slug',
      component: 'pages/_slug/index.vue'
    }
  ]
}
```

注意：

读者可访问 GitHub 存储库中的/chapter-4/nuxtuniversal/routing/dynamic-routes/部分查看当前示例应用程序。

动态路由适用于共享公共布局的页面。例如，如果/about 和/contact 具有相同的布局（通常并不包含这种可能性），那么可将上述动态路由示例代码中的/_slug/目录视为较好的选择方案。因此，就像/users 路由下共享相同布局的子页面一样，/_id.vue 文件方法是这一场景的一个很好的选择。

除了采用这种（简单的）动态路由创建/users 中子页面的子路由，我们还可对此使用更加复杂的动态路由，即嵌套路由。其中，当渲染子页面时，我们不希望父布局完全被子布局所取代。换言之，我们需要在父布局中渲染子页面。下面考查如何实现这一方案。

4.1.6　创建嵌套路由

简单地讲，嵌套组件中生成的路由被称作嵌套路由。在某些时候，我们可能打算组合嵌套于其他组件（父组件）中的组件（子组件），并希望在父组件的特定视图中渲染这些子组件，而不是通过子组件替换父组件。

针对于此，在 Vue 应用程序中，我们需要针对子组件在父组件中插入<router-view>组件。例如，假设持有一个 Users 父组件，并希望在调用特定的用户时将单个用户的内容加载至这一父组件中。随后，可通过下列步骤创建一个嵌套路由。

（1）创建父组件。

```
const Users = {
  template: `
    <div class="user">
      <h2>Users</h2>
      <router-link to="/user/1">1</router-link>
      <router-link to="/user/2">2</router-link>
      <router-link to="/user/3">3</router-link>
      <router-view></router-view>
    </div>
  `
}
```

如果将上述代码以图表方式呈现，对应结果如下。

```
+-------------------+
| users             |
| +---------------+ |
| | 1, 2, 3       | |
| +---------------+ |
| +---------------+ |
| | <router-view> | |
| +---------------+ |
+-------------------+
```

（2）创建一个子组件，该组件将显示单个用户的内容或信息。

```
const User = { template: '<div>User {{ $route.params.id }}</div>' }
```

（3）利用 children 属性创建嵌套路由，如下所示。

```
const routes = [
  {
    path: '/users',
    component: Users,
    children: [
      {
```

```
        path: ':id',
        component: User,
        name: 'user-id'
      }
    ]
  }
]
```

（4）定义路由器实例并将其传递至前面的嵌套路由中，随后将该路由器注入 Vue 根实例中，如下所示。

```
const router = new VueRouter({
  routes
})

const app = new Vue({
  router
}).$mount('#app')
```

当单击子链接时，上述代码将生成下列可视化效果。例如，子元素数字 1 和/users/1 将作为其子路由动态生成。

```
/users/1
+-------------------+
| users             |
| +---------------+ |
| | 1, 2, 3       | |
| +---------------+ |
| +---------------+ |
| | User 1        | |
| +---------------+ |
+-------------------+
```

（5）当用户未被调用时，仍然需要处理/users 中的空视图。针对这一问题，需要创建一个索引子组件，如下所示。

```
const Index = { template: '<div>Users Index</div>' }
```

（6）在 path 键上用空字符串''，将上述索引组件添加至 children 块中。

```
const routes = [
  {
    path: '/users',
    component: Users,
```

```
    children: [
      {
        path: '',
        component: Index,
        name: 'user-index'
      },
      //...
    ]
  }
]
```

（7）当在浏览器中访问/users 时，将得到下列输出结果。

```
/users
+--------------------+
| users              |
| +----------------+ |
| | 1, 2, 3        | |
| +----------------+ |
| +----------------+ |
| | Users Index    | |
| +----------------+ |
+--------------------+
```

可以看到，children 选项是另一个路由配置对象数组，类似于 routes 常量自身。因此，可根据需要尽可能多地嵌套视图，但也应避免深度嵌套，以尽可能地保持应用程序的简单性，进而实现更好的维护。

注意：

读者可访问 GitHub 存储库中的/chapter-4/vue/vueroute/nested-route.html 部分查看上述示例代码。

同样，在 Nuxt 中可通过 vue-router 的子路由创建嵌套路由。如果打算定义嵌套路由的父组件，则需要创建一个与包含子视图的目录同名的 Vue 文件。考查下列示例。

```
pages/
--| users/
-----| _id.vue
-----| index.vue
--| users.vue
```

Nuxt 将自动生成下列路由。

```
router: {
  routes: [
    {
      path: '/users',
      component: 'pages/users.vue',
      children: [
        {
          path: '',
          component: 'pages/users/index.vue',
          name: 'users'
        },
        {
          path: ':id',
          component: 'pages/users/_id.vue',
          name: 'users-id'
        }
      ]
    }
  ]
}
```

可以看到，Nuxt 生成的路由与在 Vue 应用程序中生成的路由相同。注意：在 Nuxt 中，我们在父组件（.vue 文件）中包含了<nuxt-child/>；而在 Vue 中，我们在父组件中包含了<router-view></router-view>，类似于之前的 User 示例。具体解释如下列步骤所示。

（1）利用<nuxt-child/>组件创建一个父组件。

```
// pages/users.vue
<template>
  <div>
    <h1>Users</h1>
    <nuxt-child/>
  </div>
</template>
```

（2）创建一个索引子组件以保存用户列表。

```
// pages/users/index.vue
<template>
  <ul>
    <li v-for="user in users" v-bind:key="user.id">
      <nuxt-link :to="`users/${user.id}`">
        {{ user.name }}
      </nuxt-link>
```

```
    </li>
  </ul>
</template>

<script>
import axios from 'axios'
export default {
  async asyncData () {
    let { data } = await
    axios.get('https://jsonplaceholder.typicode.com/users')
    return { users: data }
  }
}
</script>
```

注意：

本章稍后将讨论 asyncData()方法，第 5 章将讨论 axios()方法。

（3）创建一个独立的子组件，其中包含子索引页面的链接。

```
// pages/users/_id.vue
<template>
  <div v-if="user">
    <h2>{{ user.name }}</h2>
    <nuxt-link class="button" to="/users">
      Users
    </nuxt-link>
  </div>
</template>

<script>
import axios from 'axios'
export default {
  async asyncData ({ params }) {
    let { data } = await
    axios.get('https://jsonplaceholder.typicode.com/users/'
      + params.id)
    return { user: data }
  }
}
</script>
```

可以看到，Nuxt 可避免在 Vue 应用程序中使用 children 属性配置嵌套路由（相关示例参见第 3 章）。

因此，在该 Nuxt 应用程序中，当一个子页面在 users.vue 中的<h1>Users</h1>元素之后被渲染时，这些元素总是会被看到。相应地，包含列表元素的<ul>元素通常被子页面替换。如果父页面的信息在全部子页面间是持久化的，那么这将十分有用——无论何时渲染子页面，都无须重新请求父页面信息。

注意：

读者可访问 GitHub 存储库中的/chapter-4/nuxtuniversal/routes/nested-routes/部分以查看该示例应用程序。

考虑到存在“升级”基本路由的动态路由，那么，对于嵌套路由的动态路由，情况又当如何？从技术上讲这是可能的，稍后将对此加以讨论。

4.1.7 创建动态嵌套路由

前述内容分别讨论了如何与动态路由和嵌套路由协同工作。从理论上和技术上讲，可将这两个选项组合在一起创建动态嵌套路由，即在动态父元素（如_topic）中包含动态子元素（如_subTopic）。对应的示例结构如下。

```
pages/
--| _topic/
-----| _subTopic/
--------| _slug.vue
--------| index.vue
-----| _subTopic.vue
-----| index.vue
--| _topic.vue
--| index.vue
```

Nuxt 将自动生成下列路由。

```
router: {
  routes: [
    {
      path: '/',
      component: 'pages/index.vue',
      name: 'index'
    },
    {
      path: '/:topic',
```

```
      component: 'pages/_topic.vue',
      children: [
        {
          path: '',
          component: 'pages/_topic/index.vue',
          name: 'topic'
        },
        {
          path: ':subTopic',
          component: 'pages/_topic/_subTopic.vue',
          children: [
            {
              path: '',
              component: 'pages/_topic/_subTopic/index.vue',
              name: 'topic-subTopic'
            },
            {
              path: ':slug',
              component: 'pages/_topic/_subTopic/_slug.vue',
              name: 'topic-subTopic-slug'
            }
          ]
        }
      ]
    }
  ]
}
```

可以看到，对应的路由更加复杂，这使得应用程序仅通过直接阅读和尝试理解文件目录树将难以开发，因为其内容过于抽象；若目录树变得更加庞大，那么某些位置将变得更加抽象。对此，较好的做法是将应用程序设计和构造得更加简洁。下列路由是这种路由类型的较好示例。

- 针对/_topic/的示例。

```
/science
/arts
```

- 针对/_topic/_subTopic/的示例。

```
/science/astronomy
/science/geology
/arts/architecture
/arts/performing-arts
```

- 针对/_topic/_subTopic/_slug.vue 的示例。

```
/science/astronomy/astrophysics
/science/astronomy/planetary-science
/science/geology/biogeology
/science/geology/geophysics
/arts/architecture/interior-architecture
/arts/architecture/landscape-architecture
/arts/performing-arts/dance
/arts/performing-arts/music
```

注意：

读者可访问 GitHub 存储库中的/chapter-4/nuxtuniversal/routing/dynamic-nested-routes/部分查看该路由类型的示例应用程序。

创建动态路由和页面通常需要使用路由中的参数（即路由参数），以便可将其传递（无论是 ID 或 slug）至所处理的动态页面中。但在处理和响应参数之前，较好的做法是对参数进行验证。因此，下面将讨论如何验证路由参数。

4.1.8　验证路由参数

我们可采用组件中的 validate()方法验证动态路由中的参数，随后以替补方式处理或获取进一步的数据。这一验证过程应返回 true 以继续后续操作。如果得到 false，那么 Nuxt 将终止路由并即刻抛出一个 404 页面错误。例如，应确保 ID 是一个数字，如下所示。

```
// pages/users/_id.vue
export default {
  validate ({ params }) {
    return /^\d+$/.test(params.id)
  }
}
```

如果通过 localhost:3000/users/xyz 请求页面，那么将得到一个包含 This page could not be found 消息的 404 页面。如果打算自定义 404 消息，则可使用 throw 语句抛出一个包含 Error 对象的异常，如下所示。

```
// pages/users/_id.vue
export default {
  validate ({ params }) {
    let test = /^\d+$/.test(params.id)
    if (test === false) {
```

```
      throw new Error('User not found')
    }
    return true
  }
}
```

此外，还可将 async 与 validate()方法一起用于 await 操作。

```
async validate({ params }) {
  // ...
}
```

在 validate()方法中，还可使用 return 语句并返回 Promise，如下所示。

```
validate({ params }) {
  return new Promise(...)
}
```

注意：

读者可访问 GitHub 存储库中的/chapter-4/nuxt-universal/routing/validate-route-params/查看上述 ID 验证示例应用程序。

验证路由参数是处理无效或未知路由的一种方式，另一种方法则是使用_.vue 文件对其进行捕捉。

4.1.9　利用_.vue 文件处理未知的路由

除了利用 validate()方法抛出通用的 404 页面，还可使用_.vue 文件抛出自定义的错误页面，具体步骤如下。

（1）在/pages/目录中创建一个空的_.vue 文件，如下所示。

```
pages/
--| _.vue
--| index.vue
--| users.vue
--| users/
-----| _id.vue
-----| index.vue
```

（2）向_.vue 文件中添加自定义内容，如下所示。

```
// pages/_.vue
<template>
```

```
  <div>
    <h1>Not found</h1>
    <p>Sorry, the page you are looking for is not found.</p>
  </div>
</template>
```

（3）启动应用程序并导航至下列路由。可以看到，Nuxt 将调用对应的_.vue 文件处理这些与正确路由不匹配的任何级别上的请求。

```
/company
/company/careers
/company/careers/london
/users/category/subject
/users/category/subject/type
```

（4）如果打算在特定级别上抛出一个特定的 404 页面，如仅在/users 路由中，则可在/users/文件夹中创建另一个_.vue 文件，如下所示。

```
pages/
--| _.vue
--| index.vue
--| users.vue
--| users/
-----| _.vue
-----| _id.vue
-----| index.vue
```

（5）添加_.vue 文件的自定义内容，如下所示。

```
// pages/users/_.vue
<template>
  <div>
    <h1>User Not found</h1>
    <p>Sorry, the user you are looking for is not found.</p>
  </div>
</template>
```

（6）再次访问下列路由，可以看到，Nuxt 不再针对不匹配的请求调用/pages/_.vue 文件。

```
/users/category/subject
/users/category/subject/type
```

相反，/pages/users/_.vue 当前调用/pages/users/_.vue 文件对其进行处理。

注意：

读者可访问 GitHub 存储库中的/chapter-4/nuxtuniversal/routing/unknown-routes/部分查看该示例应用程序。

至此，读者应了解如何采用适合于应用程序的多种方式创建路由，但路由和页面在 Nuxt 中是密不可分的。因此，我们需要了解如何创建 Nuxt 页面，即自定义视图。

4.2　创建自定义视图

之前在自定义路由中创建的每个路由均会登录一个“页面”，其中包含了需要在前端显示的全部 HTML 标记和内容。从软件架构的角度来看，HTML 标记和内容（包括元信息、图像和字体）均为应用程序的视图或表示层。在 Nuxt 中，我们可方便地创建和自定义视图。

4.2.1　理解 Nuxt 视图

Nuxt 中的视图结构包含应用程序模板、HTML 头、布局和页面层，我们可通过它们创建应用程序路由的视图。在更加复杂的应用程序中，我们可通过 API 中的数据填充它们；而在简单的应用程序中，则可通过手动方式直接将虚拟数据嵌入其中。稍后将对每一层内容加以讨论。图 4.1 显示了 Nuxt 视图的完整结构。

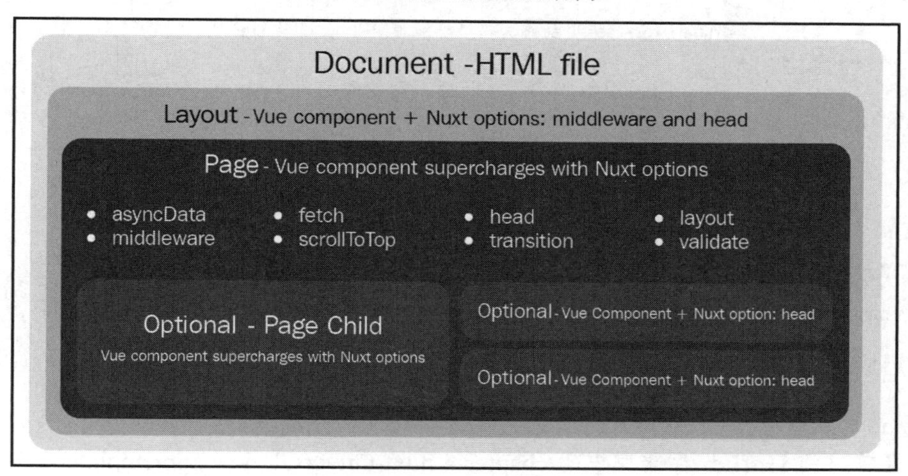

图 4.1

图片来源：https://nuxtjs.org/guide/views。

可以看到，Document - HTML 是 Nuxt 视图的最外层，随后依次是 Layout、Page 以及可选的 Page Child 层和 Vue Component 层。其中，Document - HTML 文件表示为 Nuxt 应用程序的应用程序模板。下面首先考查这一最为基础的层及其自定义方式。

4.2.2　自定义应用程序模板

Nuxt 在幕后创建应用程序模板，基本上讲，我们无须参与其中。然而，自定义操作仍有必要，如必要时添加脚本或样式。默认的 Nuxt HTML 模板较为简单，如下所示。

```
<!DOCTYPE html>
<html {{ HTML_ATTRS }}>
  <head>
  {{ HEAD }}
  </head>
  <body {{ BODY_ATTRS }}>
  {{ APP }}
  </body>
</html>
```

如果打算更改或覆写这些默认内容，可简单地在根目录中创建一个 app.html 文件。考查下列示例。

```
// app.html
<!DOCTYPE html>
<!--[if IE 9]><html lang="en-US" class="lt-ie9 ie9" {{ HTML_ATTRS
}}><![endif]-->
<!--[if (gt IE 9)|!(IE)]><!--><html {{ HTML_ATTRS }}><!--<![endif]-->
  <head>
    {{ HEAD }}
  </head>
  <body {{ BODY_ATTRS }}>
    {{ APP }}
  </body>
</html>
```

重启应用程序后可以看到，自定义应用程序HTML模板包含了替换后的Nuxt默认项。

注意：

读者可访问 GitHub 存储库中的/chapter-4/nuxt-universal/view/apptemplate/部分查看该示例。

距离 HTML 文档（即<html 元素>）最近的一层是 HTML 头，即<head>元素。其中包含了重要的元信息、脚本和页面样式。注意，我们并不直接在应用程序模板中添加或自定义这些数据，而是在 Nuxt 配置文件和/pages/目录的文件中执行此类操作。

4.2.3　创建自定义 HTML 头

HTML <head>元素由<title>、<style>、<link>和<meta>元素构成，通过手动方式添加这些元素可能会十分枯燥。因此，Nuxt 在应用程序中对此提供了支持。第 2 章曾讨论到，这些元素通过 Nuxt 从 JavaScript 对象的数据中生成，并在 Nuxt 配置文件中通过花括号（{}）予以表示，如下所示。

```
// nuxt.config.js
export default {
  head: {
    title: 'Default Title',
    meta: [
      { charset: 'utf-8' },
      { name: 'viewport', content: 'width=device-width, initial-scale=1' },
      { hid: 'description', name: 'description', content: 'parent' }
    ],
    link: [
      { rel: 'icon', type: 'image/x-icon', href: '/favicon.ico' }
    ]
  }
}
```

这里，我们主要关注 Nuxt 配置文件中的 meta 块和/pages/目录中的页面。Nuxt 使用 Vue Meta 插件管理这些元属性。因此，为了进一步理解该插件在 Nuxt 中的工作方式，首先应了解 Vue Meta 在传统 Vue 应用程序中的工作方式。

1. Vue Meta 简介

Vue Meta 是一个 Vue 插件，并利用 Vue 中内建的响应性管理和创建 HTML 元数据。对此，仅需将 metaInfo 这一特殊属性添加至任意 Vue 组件中，它将自动地被渲染至 HTML 元标签中，如下所示。

```
// Component.vue
export default {
  metaInfo: {
    meta: [
```

```
    { charset: 'utf-8' },
    { name: 'viewport', content: 'width=device-width, initial-scale=1' }
   ]
  }
}
```

上述 JavaScript 代码块将被渲染至页面的下列 HTML 标签中。

```
<meta charset="utf-8">
<meta name="viewport" content="width=device-width, initial-scale=1">
```

注意：

关于 Vue Meta 的更多信息，读者可访问 https://vue-meta.nuxtjs.org/。

可以看到，全部工作仅需提供 JavaScript 对象中的元数据。接下来考查 Vue Meta 在 Vue 应用程序中的安装和配置方式。

2. 安装 Vue Meta

与其他 Vue 插件类似，我们可通过下列步骤安装 Vue Meta，并将其连接至 Vue 应用程序中。

（1）通过 npm 安装 Vue Meta。

```
$ npm i vue-meta
```

另外，还可在<script>元素中通过 CND 安装 Vue Meta，如下所示。

```
<script src="https://unpkg.com/vue-meta@1.5.8/lib/vue-meta.js"></script>
```

（2）利用 Vue Router 将 Vue Meta 导入主应用程序文件中（针对 ES6 JavaScript 应用程序）。

```
//main.js
import Vue from 'vue'
import Router from 'vue-router'
import Meta from 'vue-meta'

Vue.use(Router)
Vue.use(Meta)
export default new Router({
  //...
})
```

（3）随后可在任意 Vue 组件中使用 Vue Meta，如下所示。

```
// app.vue
var { data } = await axios.get(...)
export default {
  metaInfo () {
    return {
      title: 'Nuxt',
      titleTemplate: '%s | My Awesome Webapp',
      meta: [
        { vmid: 'description', name: 'description', content: 'My
          Nuxt portfolio' }
      ]
    }
  }
}
```

在当前示例中：由于采用了 axios 以异步方式获取数据，因此需要使用 metaInfo 方法注入异步数据中的元信息，而不是使用 metaInfo 属性；甚至还可像前述示例那样使用 titleTemplate 选项针对页面添加一个模板。接下来利用该插件创建一个简单的 Vue 应用程序，以便进一步了解其应用方式。

3．利用 Vue Meta 在 Vue 应用程序中创建元数据

像以往一样，我们可获取一个启动后并在单一 HTML 页面上运行的 Vue 应用程序，具体步骤如下。

（1）在<head>块中包含 CND 链接。

```
<script src="https://unpkg.com/vue/dist/vue.js"></script>
<script src="https://unpkg.com/vue-router/dist/vue-router.js"></script>
<script src="https://unpkg.com/vue-meta@1.5.8/lib/vue-meta.js"></script>
```

（2）利用<script>块中的元数据创建下列组件。

```
const About = {
  name: 'about',
  metaInfo: {
    title: 'About',
    titleTemplate: null,
    meta: [
      { vmid: 'description', name: 'description', content: 'About
        my Nuxt...'
      }
    ]
  }
```

```
}
const Contact = {
  name: 'contact',
  metaInfo: {
    title: 'Contact',
    meta: [
      { vmid: 'description', name: 'description', content:
       'Contact me...' }
    ]
  }
}
```

（3）在根实例中添加默认的元数据。

```
const app = new Vue({
  metaInfo: {
    title: 'Nuxt',
    titleTemplate: '%s | My Awesome Webapp',
    meta: [
      { vmid: 'description', name: 'description', content: 'My
       Nuxt portfolio'
      }
    ]
  },
  router
}).$mount('#app')
```

注意，与之前的 About 组件类似，通过简单地将 null 添加至子组件的 titleTemplate 选项中，还可重载默认的元模板。

注意：

读者可访问 GitHub 存储库中的/chapter-4/vue/vuemeta/basic.html 部分查看当前示例应用程序。

在当前示例中，由于未使用 axios 以异步方式获取数据，因此可直接使用 metaInfo 属性，而不是采用 metaInfo 方法注入包含异步数据的信息。随后，当导航至刚刚创建的路由时，将会在浏览器中看到页面标题和元信息发生变化。不难发现，在 Vue 应用程序中使用此类插件十分简单。下面考查这些插件如何在 Nuxt 应用程序中进行工作。

4. 在 Nuxt 应用程序中自定义默认的元标签

由于 Nuxt 在默认状态下支持 Vue Meta，因此在 Nuxt 应用程序中创建和自定义元数据相对简单。这意味着，无须在 Vue 应用程序中对其进行安装。相应地，可在 Nuxt 配置文件中使用 head 属性，进而定义默认应用程序的<meta>标签，如下所示。

```
// nuxt.config.js
head: {
  title: 'Nuxt',
  titleTemplate: '%s | My Awesome Webapp',
  meta: [
    { charset: 'utf-8' },
    { name: 'viewport', content: 'width=device-width, initial-scale=1' },
    { hid: 'description', name: 'description', content: 'My
      Nuxt portfolio' }
  ]
}
```

然而，Nuxt 和 Vue 应用程序之间的主要差别在于，在 Nuxt 中必须使用 hid 键，而在 Vue 中必须使用 vmid。对于元元素来说，通常应使用 hid，以防止在子组件中定义元标签时出现元标签重复等问题。另外还需要注意的是，metaInfo 键仅用于 Vue 中，而 title 键则用于 Nuxt 中，进而添加元信息。

上述内容介绍了如何在 Nuxt 应用程序中添加和自定义标题和元标签。然而，这通常以全局方式被添加，进而应用于应用程序的全部页面中。那么，如何以专有方式实现页面的添加操作并覆盖 Nuxt 配置文件中的全局内容？接下来将对此加以讨论。

5. 创建 Nuxt 应用程序的自定义元标签

如果需要针对特定的页面添加自定义元标签，或者覆盖 Nuxt 配置文件中的默认元标签，那么可直接在对应的特定页面上使用 head 方法，这将返回一个 JavaScript 对象，该对象包含 title 和 meta 选项的数据，如下所示。

```
// pages/index.vue
export default {
  head () {
    return {
      title: 'Hello World!',
      meta: [
        { hid: 'description', name: 'description', content: 'My
          Nuxt portfolio' }
      ]
    }
  }
}
```

随后可获得标签的下列输出结果。

```
<title data-n-head="true">Hello World! | My Awesome Webapp</title>
<meta data-hid="description" name="description" content="My Nuxt
portfolio" data-n-head="true">
```

注意：

读者可访问 GitHub 存储库中的/chapter-4/nuxtuniversal/view/html-head/部分查看当前示例应用程序。

前述内容介绍了 Nuxt 中的应用程序模板和 HTML 头。Nuxt 视图中接下来的一个内部层则是布局层。下面将考查如何创建自定义布局。

4.2.4　创建自定义布局

布局是页面和组件的重要内容。用户可能需要在应用程序中包含多个不同的布局。当利用 npx create-nuxt-app 构建工具安装应用程序时，/layouts/目录中将自动生成一个名为 default.vue 的布局。类似于应用程序模板，我们可调整这一默认的布局或者创建自己的自定义布局。

1. 调整默认的布局

默认布局多用于未包含特定或自定义布局的页面。如果访问/layouts/目录并打开默认布局，将会看到其中仅存在 3 行代码，用以渲染页面组件。

```
// layouts/default.vue
<template>
  <nuxt/>
</template>
```

接下来调整默认布局，如下所示。

```
// layouts/default.vue
<template>
  <div>
    <div>...add a navigation bar here...</div>
    <nuxt/>
  </div>
</template>
```

随后应可看到所添加的内容，如应用程序的所有页面中的导航栏。注意，当调整布局或创建新的布局时，应确保包含<nuxt/>组件（其中，需要 Nuxt 导入页面组件）。下面考查如何创建自定义布局。

2. 创建新的自定义布局

某些时候，我们需要针对较为复杂的应用程序创建多个布局，而特定的页面可能还需要不同的布局。对此，需要创建自定义布局。相应地，可通过.vue 文件创建自定义布局，并将其置于/layouts/目录中，如下所示。

```
// layouts/about.vue
<template>
  <div>
    <div>...add an about navigation bar here....</div>
    <nuxt/>
  </div>
</template>
```

随后可在页面组件中使用 layout 属性，并将这一自定义布局赋予对应页面，如下所示。

```
// pages/about.vue
export default {
  layout: 'about'
  // OR
  layout (context) {
    return 'about'
  }
}
```

当前，Nuxt 使用/layouts/about.vue 文件作为页面组件的基本布局。但对于未知和无效路由的错误页面显示，对应的布局又当如何？接下来讨论其生成方式。

3. 创建自定义错误页面

每个安装后的 Nuxt 应用程序都配备了默认的错误页面，并被存储于/node_modules/目录的@nuxt 包中，用以显示错误信息，如 404、500 等。另外，通过将 error.vue 文件添加至/layouts/中，还可实现自定义错误页面。具体步骤如下。

（1）在/layouts/目录中创建自定义错误页面。

```
// layouts/error.vue
<template>
  <div>
    <h2 v-if="error.statusCode === 404">Page not found</h2>
    <h2 v-else>An error occurred</h2>
    <nuxt-link to="/">Home page</nuxt-link>
  </div>
```

```
</template>

<script>
export default {
  props: ['error']
}
</script>
```

注意，错误页面是一个页面组件。但是，该页面置于/layouts/目录中，而非/layouts/目录，这一点令人稍感意外。即使置于/layouts/目录中，该错误页面仍需被视为一个页面。

（2）类似于其他页面组件，我们对此创建自定义布局，如下所示。

```
// layouts/layout-error.vue
<template>
  <div>
    <h1>Error!</h1>
    <nuxt/>
  </div>
</template>
```

（3）将 layout-error 简单地添加至错误页面的 layout 选项上。

```
// layouts/error.vue
<script>
export default {
  layout: 'layout-error'
}
</script>
```

（4）当导航至下列未知路由时，Nuxt 将调用自定义错误页面和自定义错误布局。

```
/company
/company/careers
/company/careers/london
/users/category/subject
/users/category/subject/type
```

注意：

读者可访问 GitHub 存储库中的/chapter-4/nuxtuniversal/view/custom-layouts/404/部分查看当前示例。

上述内容讨论了 Nuxt 中的布局，Nuxt 视图中的下一个内部层则是页面，接下来将介绍如何创建应用程序的自定义页面。

4.2.5　创建自定义页面

页面是 Nuxt 视图层的一部分内容，类似于之前讨论的应用程序模板、HTML 头和布局。页面通常被存储于/pages/目录中。当创建 Nuxt 应用程序页面时，我们将会经常与/pages/打交道。然而，页面的创建并非新鲜事物——前述内容曾在/layouts/目录中创建了一个简单的错误页面，并在学习如何创建应用程序的自定义路由时生成了多个页面。因此，当针对特定路由创建一个自定义页面时，可简单地在/pages/目录中生成一个.vue 文件，如下所示。

```
pages/
--| index.vue
--| about.vue
--| contact.vue
```

然而，创建自定义页面还涉及其他内容，如需要了解 Nuxt 所配置页面上的属性和函数。尽管页面是 Nuxt 应用程序开发中的重要部分，但并未在 Vue 应用程序开发中得到足够的重视，其原因在于，页面与 Vue 组件紧密关联，其工作方式与其他组件基本相同。因此，当创建一个页面并充分发挥其功能时，首先需要了解页面在 Nuxt 中的含义。

4.2.6　理解页面

页面本质上是一个 Vue 组件。页面与标准 Vue 组件的区别在于仅在 Nuxt 中添加的属性和函数。在渲染页面之前，我们使用这些特定的属性和函数来设置或获取数据，如下所示。

```
<template>
  <p>{{ message }}!</p>
</template>

<script>
export default {
  asyncData (context) {
    return { message: 'Hello World' }
  }
}
</script>
```

上述示例使用了一个名为 asyncData 的函数设置消息键中的数据。asyncData 函数是

Nuxt 应用程序中较常见且经常使用的函数之一。接下来详细介绍针对 Nuxt 页面设计的一些属性和函数。

1．asyncData 方法

asyncData 方法是页面组件中最为重要的函数之一。Nuxt 通常在初始化页面组件之前调用该函数。这意味着，每次请求一个页面时，该函数将在渲染页面之前被调用。另外，该函数将 Nuxt 上下文作为第 1 个参数，并以异步方式被使用，如下所示。

```
<h1>{{ title }}</h1>

export default {
  async asyncData ({ params }) {
    let { data } = await axios.get(
    'https://jsonplaceholder.typicode.com/posts/' + params.id)
    return { title: data.title }
  }
}
```

当前示例使用 ES6 解构赋值语法解包 Nuxt 上下文中的属性，这一特定属性为 params。换言之，{ params }可被视为 context.params 的简写方式。此外，还可使用解构赋值语法来解压缩 axios 异步结果中的 data 属性。注意，如果持有页面组件中 data 函数的数据集，那么该数据集通常与 asyncData 中的数据进行合并。合并后的数据可用于<template>块中。下面创建一个简单的示例以展示 asyncData 与 data 函数间的合并方式。

```
<h1>{{ title }}</h1>

export default {
  data () {
    return { title: 'hello world!' }
  },
  asyncData (context) {
    return { title: 'hey nuxt!' }
  }
}
```

这里，我们持有返回自 data 和 asynData 方法的两个数据对象，但上述代码的输出结果如下所示。

```
<h1>hey nuxt!</h1>
```

可以看到，如果 asyncData 函数和 data 函数使用相同的数据键，那么 asyncData 函数中的数据通常会替换 data 函数中的数据。另外还需要注意的是，此处无法使用 asyncData 方法中的 this 关键字，因为该方法在页面组件初始化之前被调用。因此，该方法无法与 this.title = data.title 结合使用以更新数据。关于 asyncData 的更多信息，读者可参考第 8 章。

关于解构赋值的更多信息，读者可访问 https://developer.mozilla.org/en-US/docs/Web/JavaScript/Reference/Operators/Destructuring_assignment。

2. fetch 方法

除了在 created Vue 生命周期钩子之后（也就是说，在初始化组件之后）被调用之外，fetch 方法的工作方式与 asyncData 方法基本相同。类似于 asyncData 方法，fetch 方法以异步方式加以使用。例如，可以使用 fetch 方法设置页面组件中的数据。

```
// pages/users/index.vue
<li v-for="user in users" v-bind:key="user.id">
  <nuxt-link :to="`users/${user.id}`">
    {{ user.name }}
  </nuxt-link>
</li>

import axios from 'axios'
export default {
  data () {
    return { users: [] }
  },
  async fetch () {
    let { data } = await axios.get
    ('https://jsonplaceholder.typicode.com/users')
    this.users = data
  }
}
```

注意，data 方法必须与 fetch 方法结合使用以设置数据。由于 fetch 方法在页面组件初始化之后被调用，因此可使用 this 关键字访问 data 方法中的对象。除此之外，还可使用 fetch 方法设置页面组件中 Vuex 存储中的数据，如下所示。

```
// pages/posts/index.vue
<li v-for="post in $store.state.posts" v-bind:key="post.id">
  <nuxt-link :to="`posts/${post.id}`">
    {{ post.title }}
```

```
  </nuxt-link>
</li>

import axios from 'axios'
export default {
  async fetch () {
    let { data } = await axios.get(
    'https://jsonplaceholder.typicode.com/posts')
    const { store } = this.$nuxt.context
    store.commit('setPosts', data)
  }
}
```

关于 fetch 方法与 Vuex 存储方面的更多信息，读者可参考第 10 章。

注意：

读者可访问 GitHub 存储库中的/chapter-4/nuxtuniversal/view/custom-pages/fecth-method/部分查看当前示例代码。

关于 fetch 方法的更多信息，读者可访问 https://nuxtjs.org/api/pages-fetch 和 https://nuxtjs.org/blog/understanding-how-fetch-works-in-nuxt-2-12/。

3. head 方法

如前所述，head 方法用于设置页面上的<meta>标签。此外，该方法还可与/components/目录中的组件结合使用。

4. layout 属性

如前所述，layout 键（或属性）用于指定页面/layout/目录中的某个布局。

5. loading 属性

loading 属性可禁用默认的加载进度条，或者设置特定页面上的自定义加载进度条。第 2 章曾对此进行了简要的介绍，据此，可在 Nuxt 配置文件中配置全局默认加载组件，如下所示。

```
// nuxt.config.js
export default {
  loading: {
    color: '000000'
  }
}
```

由于处于 localhost 上，且无须花费太多时间处理数据，因此通常情况下，在实际操作过程中我们无法看到加载进度条。接下来讨论加载组件的工作方式及其外观，即通过下列步骤（注意，展示步骤不应用于生产阶段）延迟组件中数据的加载时间。

（1）利用下列代码在/pages/目录中创建 index.vue 页面。

```
// pages/index.vue
<template>
  <div class="container">
    <p>Hello {{ name }}!</p>
    <NuxtLink to="/about">
      Go to /about
    </NuxtLink>
  </div>
</template>

<script>
export default {
  asyncData () {
    return new Promise((resolve) => {
      setTimeout(function () {
          resolve({ name: 'world' })
      }, 1000)
    })
  }
}
</script>
```

（2）利用下列代码在/pages/目录中创建名为 about.vue 的另一个页面。

```
// pages/about.vue
<template>
  <div class="container">
    <p>About Page</p>
    <NuxtLink to="/">
      Go to /
    </NuxtLink>
  </div>
</template>

<script>
export default {
  asyncData () {
```

```
    return new Promise((resolve) => {
      setTimeout(function () {
        resolve({})
      }, 1000)
    })
  }
}
</script>
```

在这两个页面中，我们使用 setTimeout 将数据响应时间延迟了 1 s。因此，当在页面间导航时，应可看到在请求页面加载之前黑色的加载进度条呈现于页面的上方。

注意：

读者可访问 GitHub 存储库中的/chapter-4/nuxtuniversal/view/custom-pages/loading-page/部分查看当前示例。

（3）通过在/components/目录中创建一个组件，我们可创建一个自定义加载进度条或层。考查下列示例。

```
// components/loading.vue
<template>
  <div v-if="loading" class="loading-page">
    <p>Loading...</p>
  </div>
</template>

<script>
export default {
  data () {
    return { loading: false }
  },
  methods: {
    start () { this.loading = true },
    finish () { this.loading = false },
  }
}
</script>

<style scoped>
.loading-page {
  position: fixed;
  //...
```

```
}
</style>
```

注意，start 和 finish 方法必须在自定义加载组件中被公开，以便 Nuxt 可以调用组件，并在路由改变（start 方法被调用）和加载（finish 方法被调用）时使用这些方法。

因此，在当前组件中，加载元素通常处于隐藏状态，因为在 data 方法中 loading 属性在默认状态下被设置为 false；在路由变化期间，当 loading 属性被设置为 true 时，加载元素将呈现为可见状态。随后，在路由完成加载且 loading 属性被设置为 false 时，加载元素将再次处于隐藏状态。

注意：

关于可用方法的更多信息，读者可访问 https://nuxtjs.org/api/configuration-loading。

（4）在 Nuxt 配置文件的 loading 属性中，包含上述自定义组件的路径。

```
// nuxt.config.js
export default {
  loading: '~/components/loading.vue'
}
```

注意：

读者可访问 GitHub 存储库中的/chapter-4/nuxtuniversal/view/custom-pages/loading-global-custom/部分查看当前示例。

（5）此外，我们还可在特定的页面上配置加载行为，如下所示。

```
// pages/about.vue
export default {
  loading: false
}
```

（6）如果页面上的 loading 键为 false，这将自动终止调用 this.$nuxt.$loading.finish()和 this.$nuxt.$loading.start()方法，我们可在脚本中通过手动方式对其加以控制，如下所示。

```
// pages/about.vue
<span class="link" v-on:click="goToFinal">
  click here
</span>

export default {
  loading: false,
  mounted () {
```

```
    setTimeout(() => {
      this.$nuxt.$loading.finish()
    }, 5000)
  },
  methods: {
    goToFinal () {
      this.$nuxt.$loading.start()
      setTimeout(() => {
        this.$router.push('/final')
      }, 5000)
    }
  }
}
```

（7）在/pages/目录中创建 final.vue 页面。

```
// pages/final.vue
<template>
  <div class="container">
    <p>Final Page</p>
    <NuxtLink to="/">
      Go to /
    </NuxtLink>
  </div>
</template>
```

在当前示例中可以看到，通过 this.$nuxt.$loading.finish()和 this.$nuxt.$loading.start()方法，我们以手动方式控制了加载进度条。其间，进度条用了 5 s 的时间完成了 mounted 方法。当触发 goToFinal 方法时，进度条将即刻启动，并用了 5 s 的时间将路由修改为/final。

注意：

读者可访问 GitHub 存储库中的/chapter-4/nuxtuniversal/view/custom-pages/loading-page/部分查看当前示例。

6．transition 属性

transition 属性用于指定页面的转换。我们可通过 transition 键使用一个字符串、对象或函数，如下所示。

```
// pages/about.vue
export default {
  transition: ''
  // or
```

```
  transition: {}
  // or
  transition (to, from) {}
}
```

4.3 节还将深入讨论 transition 属性。

7．scrollToTop 属性

当需要嵌套路由中的页面在渲染前于顶部启动时，可使用 scrollToTop 键。默认状态下，当访问另一个页面时，Nuxt 将滚动至顶部；但在嵌套路由的子页面中，Nuxt 仍处于相同的滚动位置（来自上一个子路由）。因此，针对这些子页面，当通知 Nuxt 滚动至顶部时，可将 scrollToTop 设置为 true，如下所示。

```
// pages/users/_id.vue
export default {
  scrollToTop: true
}
```

8．validate 方法

如前所述，可将 validate 方法视为动态路由的一个验证器。

9．middleware 属性

middleware 属性用于指定页面的中间件。赋值后的中间件将在页面渲染前执行，如下所示。

```
// pages/secured.vue
export default {
  middleware: 'auth'
}
```

在当前示例中，auth 表示为在/middleware/目录中创建的中间件的文件名，如下所示。

```
// middleware/auth.js
export default function ({ route }) {
  //...
}
```

第 11 章将深入讨论中间件问题。

前述内容介绍了 Nuxt 视图，包括应用程序模板、HTML 头、布局和页面。第 5 章将讨论 Vue 组件。接下来考查在 Nuxt 中如何创建页面间的自定义转换，因为转换和页面关系紧密，这一点类似于之前讨论的页面 transition 属性。

4.3　创建自定义转换

截至目前，我们已经讨论了如何创建 Nuxt 应用程序的多重路由和页面，以及在页面转换时所显示的加载进度条。这已经是一个较好的应用程序了，但并非 Nuxt 的全部功能。也就是说，我们还可以进一步添加页面间的效果和转换。这也是页面中 transition 属性（如/pages/about.vue）、Nuxt 配置文件中 pageTransition 和 layoutTransition 选项的用武之地。

相应地，我们可以在 Nuxt 配置文件中以全局方式，或者在特定页面上以专有方式使用转换。为了理解 Nuxt 中转换的工作方式，首先应了解转换在 Vue 中的工作方式，随后在路由变化时进一步学习如何在页面中实现转换功能。

4.3.1　理解 Vue 中的转换

Vue 依赖于 CSS 转换并使用<transition> Vue 组件封装 HTML 元素或 Vue 组件，进而添加 CSS 转换，如下所示。

```
<transition>
  <p>hello world</p>
</transition>
```

这一简单的过程可描述为，利用<transition>组件封装任何元素。通过在适当的时间添加或移除类，可将下列 CSS 转换类应用于对应的元素。

- .v-enter 和.v-leave 类定义了元素在转换开始之前的外观样式。
- .v-enter-to 和.v-leave-to 类表示为元素的“完成”状态。
- .v-enter-active 和.v-leave-active 类表示为元素的活动状态。

这些类正是 CSS 转换出现的地方。例如，一个 HTML 页面中的转换如下所示。

```
.element {
  opacity: 1;
  transition: opacity 300ms;
}
.element:hover {
  opacity: 0;
}
```

如果将上述转换“转换”至 Vue 上下文中，将得到下列结果。

```
.v-enter,
.v-leave-to {
```

```
  opacity: 0;
}
.v-leave,
.v-enter-to {
  opacity: 1;
}
.v-enter-active,
.v-leave-active {
  transition: opacity 300ms;
}
```

图 4.2 显示了这些 Vue 转换类的可视化效果。

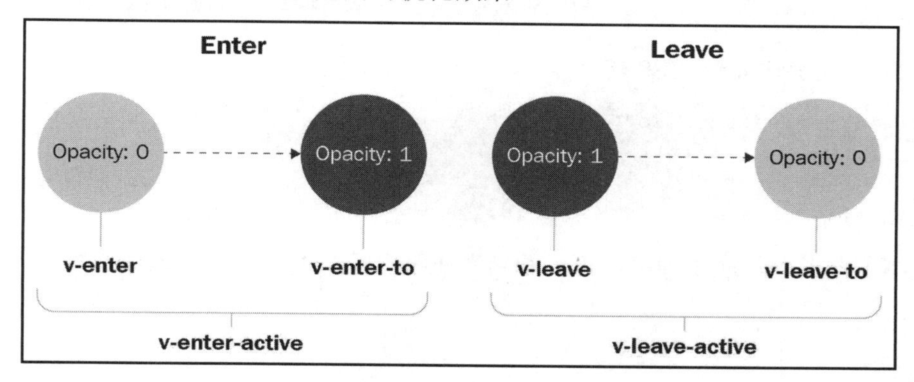

图 4.2

图片来源：https://vuejs.org/v2/guide/transitions.html。

默认状态下，Vue 通过 v-实现转换类的前缀，如果打算修改这一前缀，可使用<transition>组件上的 name 属性指定一个名称，如<transition name="fade">。随后可“重构”CSS 转换，如下所示。

```
.fade-enter,
.fade-leave-to {
  opacity: 0;
}
.fade-leave,
.fade-enter-to {
  opacity: 1;
}
.fade-enter-active,
.fade-leave-active {
  transition: opacity 300ms;
}
```

接下来将上述转换应用至一个简单的 Vue 应用程序上，具体步骤如下。

（1）创建两个简单的路由，并通过<transition>组件封装<router-view>组件，如下所示。

```
<div id="app">
  <p>
    <router-link to="/about">About</router-link>
    <router-link to="/contact">Contact</router-link>
  </p>
  <transition name="fade" mode="out-in">
    <router-view></router-view>
  </transition>
</div>
```

（2）利用上述 fade- CSS 转换类添加一个<style>块。

```
<style type="text/css">
  .fade-enter,
  //...
</style>
```

在浏览器上运行应用程序，可以看到当在路由间切换时，路由组件的淡入淡出将耗用 300 ms。

注意：

读者可访问 GitHub 存储库中的/chapter-4/vue/transitions/basic.html 部分查看当前示例。

可以看到，转换需要一些 CSS 类方可工作，但对于 Vue 应用程序来说，掌握这些转换并不困难。接下来讨论如何在 Nuxt 中应用这些转换。

4.3.2　利用 pageTransition 实现转换

在 Nuxt 中，<transition>组件不再必需并被默认添加。因此，我们仅需在特定页面的/assets/目录或<style>中创建转换。对此，可在 Nuxt 配置文件中使用 pageTransition 属性设置页面转换的默认属性。在 Nuxt 中，转换属性的默认值如下。

```
{
  name: 'page',
  mode: 'out-in'
}
```

默认状态下，Nuxt 采用 page-定义转换类，这一点与 Vue 有所不同（使用 v-作为前缀）。在 Nuxt 中，默认的转换模式被设置为 out-in。下面考查如何在 Nuxt 中实现转换，即针对所有页面创建全局转换，并针对特定页面创建局部转换，具体步骤如下。

（1）在/assets/目录中创建一个 transition.css 文件，并向其中添加下列转换。

```
// assets/css/transitions.css
.page-enter,
.page-leave-to {
  opacity: 0;
}
.page-leave,
.page-enter-to {
  opacity: 1;
}
.page-enter-active,
.page-leave-active {
  transition: opacity 300ms;
}
```

（2）向 Nuxt 配置文件中添加上述 CSS 转换资源的路径。

```
// nuxt.config.js
export default {
  css: [
    'assets/css/transitions.css'
  ]
}
```

（3）记住，默认前缀为 page-。因此，如果打算使用不同的前缀，可在 Nuxt 配置文件中使用 pageTransition 属性修改前缀。

```
// nuxt.config.js
export default {
  pageTransition: 'fade'
  // or
  pageTransition: {
    name: 'fade',
    mode: 'out-in'
  }
}
```

（4）将全部默认类名中的前缀修改为 transitions.css 中的 fade，如下所示。

```
// assets/css/transitions.css
.fade-enter,
```

```
.fade-leave-to {
  opacity: 0;
}
```

当路由变化时，当前示例将在所有页面间以全局方式应用转换。

（5）如果打算向特定页面应用不同的转换，或覆盖某个页面中的全局转换，则可在对应页面的 transition 属性中进行设置，如下所示。

```
// pages/about.vue
export default {
  transition: {
    name: 'fade-about',
    mode: 'out-in'
  }
}
```

（6）针对 transitions.css 中的 fade-about 设置 CSS 转换。

```
// assets/css/transitions.css
.fade-about-enter,
.fade-about-leave-to {
  opacity: 0;
}
.fade-about-leave,
.fade-about-enter-to {
  opacity: 1;
}
.fade-about-enter-active,
.fade-about-leave-active {
  transition: opacity 3s;
}
```

在当前示例中，about 页面的淡入淡出占用了 3 s，而其余页面则占用了 300 ms。

注意：

读者可访问 GitHub 存储库中的/chapter-4/nuxt-universal/transition/page-transitionproperty/部分查看特定于页面的示例和全局示例。

可以看到，Nuxt 替我们执行了一些重复性工作，同时还添加了一些灵活性，进而针对转换创建自定义前缀类名。此外，我们还可以在不同布局间创建转换，接下来对此加以讨论。

4.3.3 利用 layoutTransition 属性实现转换

CSS 转换不仅适用于页面组件，同样还适用于布局。默认的 layoutTransition 属性如下所示。

```
{
  name: 'layout',
  mode: 'out-in'
}
```

因此，默认的布局转换前缀为 layout，且默认的转换模式是 out-in。下面考查转换的实现方式，即针对所有布局创建一个全局转换，具体步骤如下。

（1）在/layouts/目录中创建 about.vue 和 user.vue 布局，如下所示。

```
// layouts/about.vue
<template>
  <div>
    <p>About layout</p>
    //...
    <nuxt />
  </div>
</template>
```

（2）将上述布局应用于/pages/目录的 about.vue 和 users.vue 页面中，如下所示。

```
// pages/about.vue
<script>
export default {
  layout: 'about'
}
</script>
```

（3）在/assets/目录中创建一个 transition.css 文件，并向其中添加下列转换。

```
// assets/css/transitions.css
.layout-enter,
.layout-leave-to {
  opacity: 0;
}
.layout-leave,
.layout-enter-to {
  opacity: 1;
}
```

```
.layout-enter-active,
.layout-leave-active {
  transition: opacity .5s;
}
```

（4）向 Nuxt 配置文件中添加上述 CSS 转换资源的路径。

```
// nuxt.config.js
export default {
  css: [
    'assets/css/transitions.css'
  ]
}
```

（5）默认的前缀为 layout-，但是如果打算使用不同的前缀，还可在 Nuxt 配置文件中通过 layoutTransition 属性对其进行修改。

```
// nuxt.config.js
export default {
  layoutTransition: 'fade-layout'
  // or
  layoutTransition: {
    name: 'fade-layout',
    mode: 'out-in'
  }
}
```

（6）将所有默认类名中的前缀修改为 transitions.css 中的 fade-layout，如下所示。

```
// assets/css/transitions.css
.fade-layout-enter,
.fade-layout-leave-to {
  opacity: 0;
}
```

在当前示例中，整体布局（包括导航）的淡入淡出用了 0.5 s。当在使用不同布局的页面间导航时，就会看到这种转换效果，但不包括使用相同布局的页面。例如，当在/和/contact 之间导航时，将不会看到上述布局转换结果，因为二者使用了相同的布局，即/layouts/default.vue。

注意：

读者可访问 GitHub 存储库中的/chapter-4/nuxtuniversal/transition/layout-transition-property/部分查看当前示例。

再次说明，创建布局的转换十分简单，类似于页面转换，我们还可以自定义其前缀类名。对于页面和布局转换，除了使用 CSS 转换，还可使用 CSS 动画，接下来对此加以讨论。

4.3.4　利用 CSS 动画实现转换

CSS 转换是一种仅在两种状态（即开始状态和结束状态）间执行的动画。当需要更多的中间状态时，应使用 CSS 动画以便实现更多的控制，即利用开始和结束状态间不同的百分比添加多个关键帧。参见下列示例。

```
@keyframes example {
  0% { // 1st keyframe or start state.
    background-color: red;
  }
  25% { // 2nd keyframe.
    background-color: yellow;
  }
  50% { // 3rd keyframe.
    background-color: blue;
  }
  100% { // 4th keyframe end state.
    background-color: green;
  }
}
```

其中，0%表示开始状态，而 100%则表示动画的结束状态。通过添加递增的百分比，如 10%、20%、30%等，可在两个状态间添加多个中间状态。然而，CSS 转换并不包含添加关键帧的能力。因此，只能说 CSS 转换是 CSS 动画的一种简单形式。

考虑到 CSS 转换“实质上”仍是 CSS 动画，因此可采用 CSS 动画实现相应的效果，就像在 Vue/Nuxt 应用中应用 CSS 转换一样。具体步骤如下。

（1）向 transitions.css 文件中添加下列 CSS 动画代码。

```
// assets/css/transitions.css
.bounce-enter-active {
  animation: bounce-in .5s;
}
.bounce-leave-active {
  animation: bounce-in .5s reverse;
}
@keyframes bounce-in {
```

```
  0% {
    transform: scale(0);
  }
  50% {
    transform: scale(1.5);
  }
  100% {
    transform: scale(1);
  }
}
```

（2）在 Nuxt 配置文件中，将默认的全局 page-修改为 bounce-

```
// nuxt.config.js
export default {
  pageTransition: 'bounce'
}
```

在添加了上述代码并刷新浏览器后，当在页面间切换时，即可看到页面的弹入效果。

注意：

读者可访问 GitHub 存储库中的/chapter-4/nuxtuniversal/transition/css-animations/部分查看当前示例。

取决于动画的复杂和详细程度，以及 CSS 动画技能的水平，我们可针对页面和布局创建颇具技巧的转换效果。我们仅需关注编码并通过 Nuxt 配置文件对其进行注册。随后，Nuxt 将在适当的时候负责添加和删除 CSS 动画类。那么，对于 JavaScript，情况又当如何？是否可使用 jQuery 或其他 JavaScript 动画库创建页面和布局转换的动画效果？答案是肯定的，接下来对此加以讨论。

4.3.5 利用 JavaScript 钩子实现转换

除了通过 CSS 实现转换，还可通过向 Vue 应用程序的<transition>组件中添加下列钩子实现系统操作。

```
<transition
  v-on:before-enter="beforeEnter"
  v-on:enter="enter"
  v-on:after-enter="afterEnter"
  v-on:enter-cancelled="enterCancelled"
  v-on:before-leave="beforeLeave"
```

```
  v-on:leave="leave"
  v-on:after-leave="afterLeave"
  v-on:leave-cancelled="leaveCancelled"
>
  //..
</transition>
```

注意：

此外，还可声明一个钩子，且无须在开始处添加 v-on。因此，:before-enter 等同于 v-on:before-enter。

随后，在 JavaScript 一侧，methods 属性中应包含下列默认方法并对应于上述钩子。

```
methods: {
  beforeEnter (el) { ... },
  enter (el, done) {
    // ...
    done()
  },
  afterEnter (el) { ... },
  enterCancelled (el) { ... },
  beforeLeave (el) { ... },
  leave (el, done) {
    // ...
    done()
  },
  afterLeave (el) { ... },
  leaveCancelled (el) { ... }
}
```

我们可以单独使用 JavaScript 钩子，或者与 CSS 转换结合使用。当单独使用 JavaScript 钩子时，done 回调必须用于 enter 和 leave 钩子（方法）中；否则，这两个方法将以同步方式运行，且尝试应用的动画或转换将即刻终止。另外，如果单独使用这些 JavaScript 钩子，还应在<transition>封装器上使用 v-bind:css="false"，以便 Vue 安全地忽略相关元素，从而防止应用程序中的其他转换被其他元素使用。下列步骤利用 JavaScript 钩子创建一个简单的 Vue 应用程序。

（1）向<head>块中添加下列 CDN 链接。

```
<script src="https://unpkg.com/vue/dist/vue.js"></script>
<script src="https://unpkg.com/vue-router/dist/vue-router.js"></script>
<script src="https://code.jquery.com/jquery-3.3.1.min.js"></script>
```

（2）通过<body>块的钩子添加应用程序标记和<transition>组件。

```
<div id="app">
  <p>
    <router-link to="/about">About</router-link>
    <router-link to="/contact">Contact</router-link>
  </p>
  <transition
    appear
    v-bind:css="false"
    v-on:before-enter="beforeEnter"
    v-on:enter="enter"
    v-on:leave="leave"
    v-on:after-leave="afterLeave">
    <router-view></router-view>
  </transition>
</div>
```

（3）在<script>块中，利用下列方法与上述钩子协同工作。

```
const app = new Vue({
  name: 'App',
  methods: {
    beforeEnter (el) { $(el).hide() },
    enter (el, done) {
      $(el).fadeTo('slow', 1)
      done()
    },
    leave (el, done) {
      $(el).fadeTo('slow', 0, function () {
        $(el).hide()
      })
      done()
    },
    afterLeave (el) { $(el).hide() }
  }
}).$mount('#app')
```

当前示例使用了 jQuery 中的 fadeTo 方法控制转换，而非 CSS。可以看到，当切换时，路由组件呈淡入淡出效果，类似于.v-enter 和.v-leave CSS 转换。

注意：

读者可访问 GitHub 存储库中的/chapter-4/vue/transition/jshooks.html 部分查看当前示例。

在 Nuxt 中，无须定义<transition>组件的 JavaScript 钩子；针对/pages/目录中的任何.vue 文件，只需要在 Nuxt 配置文件和 transition 中定义 pageTransition 中的 JavaScript 方法。下列步骤在 Nuxt 应用程序中创建一个简单的示例。

（1）在终端上通过 npm 安装 jQuery。

```
$ npm i jquery
```

（2）由于在 Nuxt 配置文件和其他包中使用 jQuery，因此可通过 Nuxt 配置文件中的 webpack 以全局方式加载 jQuery。

```
// nuxt.config.js
import webpack from 'webpack'

export default {
  build: {
    plugins: [
      new webpack.ProvidePlugin({
        $: "jquery"
      })
    ]
  }
}
```

（3）利用 Nuxt 配置文件 pageTransition 选项中的 jQuery 创建全局转换。

```
// nuxt.config.js
export default {
  pageTransition: {
    mode: 'out-in',
    css: false,
    beforeEnter: el => { $(el).hide() },
    enter: (el, done) => {
      $(el).fadeTo(1000, 1)
      done()
    },
    //...
  }
}
```

当路由发生变化时，当前示例以全局方式在所有页面间应用了转换。另外，通过将 css 选项设置为 false，此处还关闭了 CSS 转换。

注意：

此处采用对象键的 JavaScript 函数，作为与转换组件中的属性钩子关联的替代方法。

（4）在/pages/目录中创建一个 about.vue 页面，并通过 about.vue 页面上的 transition 属性应用一个不同的转换以覆写上述全局转换。

```
// pages/about.vue
export default {
  transition: {
    mode: 'out-in',
    css: false,
    beforeEnter: el => { $(el).hide() },
    enter: (el, done) => {
      $(el).fadeTo(3000, 1)
      done()
    },
    //...
  }
}
```

因此，在这一特定页面上，转换占用了 3 s，而其他页面则占用了 1 s。

注意，如果在 Nuxt 配置文件中 jQuery 未被载入，则必须将其导入.vue 页面中。例如，假设打算仅设置某个特定页面上的转换效果，如下所示。

```
// pages/about.vue
import $ from 'jquery'

export default {
  transition: {
    beforeEnter (el) { $(el).hide() },
    //...
  }
}
```

刷新浏览器，应可看到页面的淡入淡出效果，就像在页面之间更改路由时使用 Vue 应用程序那样。

注意：

读者可访问 GitHub 存储库中的/chapter-4/nuxtuniversal/transition/js-hooks/查看当前示例。

至此，我们完成了 Nuxt 中转换效果的创建过程。可以看到，在 Nuxt 应用程序中，JavaScript 是另一种转换和动画的编写方式。接下来讨论转换上的转换模式。

注意：

本书偶尔会使用 jQuery，如前所述，jQuery 是 Foundation 第一个依赖项。另外，还可使用 Anime.js 生成 JavaScript 动画。关于 Anime.js 库的更多内容，读者可访问 https://animejs.com/。

4.3.6　理解转换模式

读者可能需要进一步了解 mode="out-in"（在 Vue 中）和 mode: 'out-in'（在 Nuxt 中）的具体含义，如之前包含<div>about</div>和<div>contact</div>组件的 Vue 应用程序，因为<div>about</div>和<div>contact</div>之间的转换以同步方式渲染。但某些时候，我们可能并不需要这一类同步转换，因此 Vue 提供了基于下列转换模式的转换方案。

- in-out 模式。该模式令新元素首先转换，直至结束；随后当前元素实现转换。
- out-in 模式。该模式令当前元素首先转换，直至结束；随后令新元素转换。

相应地，可通过下列方式使用上述模式。

- 在 Vue.js 中，使用上述模式的方式如下。

```
<transition name="fade" mode="out-in">
 //...
</transition>
```

- 在 Nuxt 应用程序中，使用上述模式的方式如下。

```
export default {
 transition: {
   name: 'fade',
   mode: 'out-in'
 }
}
```

- 在 JavaScript 钩子中，使用上述模式的方式如下。

```
export default {
 methods: {
   enter (el, done) {
     done() // equivalent to mode="out-in"
   },
   leave (el, done) {
     done() // equivalent to mode="out-in"
   }
 }
}
```

本章用大量篇幅讨论了 Nuxt/Vue 应用程序自定义转换的创建问题。关于 Vue 转换和动画，读者还可访问 https://vuejs.org/v2/guide/transitions.html 了解更多信息。

4.4 本章小结

本章讨论了 Nuxt 中的页面以及如何针对应用程序创建不同的路由类型。其间，我们学习了如何自定义默认应用程序模板、布局，以及如何创建新的布局和 404 页面，还学习了如何使用 CSS 转换和动画，以及 JavaScript 钩子和方法，进而生成应用程序页面间的转换效果。对此，读者可访问/chapter-4/nuxt-universal/sample-website/查看对应的示例，其中使用了本章所学的知识。

第 5 章将介绍/components/目录，并在 Nuxt 应用程序中修正本章所讨论的布局和页面，同时深入理解 Vue 组件，包括在页面和布局组件之间传递数据、创建单文件 Vue 组件、注册全局和本地 Vue 组件等。另外，我们还将学习如何编写混入代码，同时使用 Vue 样式中的命名规则定义组件名，以便组件实现组织化和标准化以供后期维护使用。

第 5 章　添加 Vue 组件

如前所述，Vue 组件是 Nuxt 视图的可选部分，同时我们还学习了 Nuxt 视图的各种组成部分，如应用程序模板、HTML 头、布局和页面。然而，前述内容并未介绍 Nuxt 中的最小单元，即 Vue 组件。因此，本章将学习 Vue 组件的工作方式、如何利用/components/创建自定义组件、如何创建全局和本地组件、基本和全局混入（mixin）、Vue 和 Nuxt 应用程序开发中的一些命名规则、如何将数据从父组件传递至子组件中，以及如何将数据从子组件发送至父组件中。

本章主要涉及以下主题。

- 了解 Vue 组件。
- 创建单文件 Vue 组件。
- 注册全局和本地组件。
- 编写基本和全局混入。
- 定义组件名并使用命名规则。

5.1　了解 Vue 组件

第 2 章曾简要介绍了/components/目录，但并未对其进行实质性的操作。截至目前，我们仅了解该目录中包含一个 Logo.vue 组件（如果通过 Nuxt 构建工具安装了 Nuxt 项目）。类似于/pages/目录中的页面组件，/components/目录中的全部组件均为 Vue 组件。此处主要差别在于，不存在/components/目录的这些组件中所支持的 asyncData 方法。下面作为示例考查/chapter-4/nuxt-universal/sample-website/中的 copyright.vue 组件。

```
// components/copyright.vue
<template>
  <p v-html="copyright"></p>
</template>

<script>
export default {
  data () {
    return { copyright: '&copy; Lau Tiam Kok' }
```

```
  }
}
</script>
```

接下来尝试利用 asyncData 函数替换上述代码中的 data 函数，如下所示。

```
// components/copyright.vue
export default {
  asyncData () {
    return { copyright: '&copy; Lau Tiam Kok' }
  }
}
```

此时，浏览器控制台将显示一条 Property or method "copyright" is not defined…警告消息。那么，我们如何才能动态地获取版权数据呢？对此，可以通过 HTTP 客户端（如 axios）直接在组件中使用 fetch 方法请求数据，如下所示。

（1）在项目目录中通过 npm 安装 axios 包。

```
$ npm i axios
```

（2）导入 axios 并请求 fetch 方法中的数据，如下所示。

```
// components/copyright.vue
import axios from 'axios'

export default {
  data () {
    return { copyright: null }
  },
  fetch () {
    const { data } = axios.get('http/path/to/site-info.json')
    this.copyright = data.copyright
  }
}
```

该方法工作良好，但通过 HTTP 请求从负载中获取一小段数据并不是一种理想的方法——最好仅请求一次，随后将数据片段从父作用域传递至其子组件中，如下所示。

```
// components/copyright.vue
export default {
  props: ['copyright']
}
```

在上述代码片段中，子组件为/components/目录中的 copyright.vue 文件。该方法的有趣之处在于仅使用了组件中的 props 属性，简单而整洁，因此可被视为一种优雅的解决方案。但在了解其工作方式和使用方式时，则需要理解 Vue 的组件系统。

5.1.1　什么是组件

组件是包含名称的、单一的、自包含的且可复用的 Vue 实例。我们可通过 Vue 中的 component 方法定义组件。例如，如果需要定义一个名为 post-item 的组件，可编写下列代码。

```
Vue.component('post-item', {
  data () {
    return { text: 'Hello World!' }
  },
  template: '<p>{{ text }}</p>'
})
```

此后，当利用 new 语句创建 Vue 根实例时，可在 HTML 文档中将该组件用作<post-item>，如下所示。

```
<div id="post">
  <post-item></post-item>
</div>

<script type="text/javascript">
  Vue.component('post-item', { ... }
  new Vue({ el: '#post' })
</script>
```

实际上，所有的组件均为 Vue 实例。这意味着，除了某些根选项（如 el），它们还包含与 new Vue 相同的选项（data、computed、watch、methods 等）。另外，组件还可以被嵌套在其他组件中，进而形成树形组件。然而，这将使数据的传递变得较为困难。因此，利用 fetch 方法在特定的组件中直接获取数据则较为适合当前情形。此外，还可使用 Vuex 存储，具体内容参见第 10 章。

我们暂时将深度嵌套的组件放在一旁，本章将重点介绍简单的父-子组件，并学习如何在此基础上传递数据。相应地，数据可以从父组件被传递至其子组件中，也可以从子组件被传递至其父组件中。对此，下面首先讨论如何从父组件向其子组件中传递数据。

5.1.2　利用 props 向子组件传递数据

下面借助一个名为 user-item 的子组件创建一个简单的 Vue 应用程序，如下所示。

```
Vue.component('user-item', {
  template: '<li>John Doe</li>'
})
```

可以看到，这仅是一个静态组件且未执行太多操作，同时无法对其进行抽象和复用。仅当可在 template 属性中动态地将数据传递至模板中时，该组件才具有复用性。这可通过 props 属性予以实现。下面将重构该组件，如下所示。

```
Vue.component('user-item', {
  props: ['name'],
  template: '<li>{{ name }}</li>'
})
```

从某种意义上讲，props 的行为类似于变量，并可通过 v-bind 指令对其进行设置数据，如下所示。

```
<ol>
  <user-item
    v-for="user in users"
    v-bind:name="user.name"
    v-bind:key="user.id"
  ></user-item>
</ol>
```

在这个重构的组件中，通过 v-bind 指令将 item.name 绑定至 name 中，如 v-bind:name。组件中的 props 需要接收 name 作为该组件的属性。然而，在更加复杂的应用程序中，很可能需要传递更多的数据，而针对每个数据片段编写多个 prop 可能会适得其反。因此，下面将重构<user-item>以使其接收名为 user 的单一 prop。

```
<ol>
  <user-item
    v-for="user in users"
    v-bind:user="user"
    v-bind:key="user.id"
  ></user-item>
</ol>
```

再次重构组件代码，如下所示。

```
Vue.component('user-item', {
  props: ['user'],
  template: '<li>{{ user.name }}</li>'
})
```

随后将实现内容置入单页 HTML 中，以便看到较大的图像。

（1）在<head>块中包含下列 CDN 链接。

```
<script src="https://cdn.jsdelivr.net/npm/vue/dist/vue.js"></script>
```

（2）在<body>块中创建下列标记。

```
<div id="app">
  <ol>
    <user-item
      v-for="user in users"
      v-bind:user="user"
      v-bind:key="user.id"
    ></user-item>
  </ol>
</div>
```

（3）向<script>块中添加下列代码。

```
Vue.component('user-item', {
  props: ['user'],
  template: '<li>{{ user.name }}</li>'
})

new Vue({
  el: '#app',
  data: {
    users: [
      { id: 0, name: 'John Doe' },
      { id: 1, name: 'Jane Doe' },
      { id: 2, name: 'Mary Moe' }
    ]
  }
})
```

在该示例中，我们将应用程序划分为多个较小的单元，即一个子单元和一个父单元，二者通过 props 属性被连接。当前，我们可进一步对其进行完善，且不必担心二者互相干扰。

注意：

读者可访问 GitHub 存储库中的/chapter-5/vue/component/basic.html 部分查看示例代码。

然而，在实际复杂的应用程序中，应将该应用程序划分为多个更具管理性的独立文件（单文件组件），稍后将对此加以讨论。接下来介绍如何从子组件向父组件中传递数据。

5.1.3　监听子组件事件

截至目前，我们学习了如何利用 props 属性从父组件向子组件中传递数据。这里的问题是，如何从子组件向父组件中传递数据？对此，可使用基于自定义事件的$emit 方法，如下所示。

```
$emit(<event>)
```

我们可以为要广播的子组件中的自定义事件选择任何名称。随后，父组件将通过 v-on 指令监听所广播的事件，并确定后续操作。

```
v-on:<event>="<event-handler>"
```

因此，当发送一个名为 done 的自定义事件时，父组件将利用 v-on 指令（即 v-on:done）监听这一 done 事件，随后是一个事件处理程序。相应地，该事件处理程序可能是一个普通的 JavaScript 函数，如 v-on:done=handleDone。下面创建一个简单的应用程序以对此进行展示。

（1）创建应用程序的标记，如下所示。

```
<div id="todos">
  <todo-item
    v-on:completed="handleCompleted"
  ></todo-item>
</div>
```

（2）创建一个子组件，如下所示。

```
Vue.component('todo-item', {
  template: '<button v-on:click="clicked">Task completed</button>',
  methods: {
    clicked () {
      this.$emit('completed')
    }
  }
})
```

（3）创建 Vue 根实例作为父组件。

```
new Vue({
  el: '#todos',
  methods: {
    handleCompleted () {
```

```
      alert('Task Done')
    }
  }
})
```

在该示例中，当子组件中的 clicked 方法被触发时，子组件将发送一个 completed 事件。这里，父组件通过 v-on 接收事件，并随后触发本方的 handleCompleted 方法。

注意：

读者可访问 GitHub 存储库中的/chapter-5/vue/component/emit/emitbasic.html 部分查看该示例。

但是，某些时候，仅发送事件远远不够。在某些情况下，发送包含一个值的事件可能更加有用。对此，可使用$emit 方法中的第 2 个参数，如下所示。

```
$emit(<event>, <value>)
```

随后，当父组件监听该事件时，它可以使用下列格式的$event 访问发送的事件的值。

```
v-on:<event>="<event-handler> = $event"
```

如果事件处理程序是一个方法，那么对应值为下列格式的该方法的第 1 个参数。

```
methods: {
  handleCompleted (<value>) { ... }
}
```

因此，我们可简单地修改前述应用程序，如下所示。

```
// Child
clicked () {
  this.$emit('completed', 'Task done')
}

// Parent
methods: {
  handleCompleted (value) {
    alert(value)
  }
}
```

不难发现，我们可方便地在父组件和子组件之间传递数据。但是，如果子组件中存在一个<input>元素，在双向数据绑定中，如何将输入框中的值传递至父组件中？如果我们理解了 Vue 中双向数据绑定的底层机制，那么这一问题也将迎刃而解。稍后将对此加以讨论。

注意：

读者可访问 GitHub 存储库中的/chapter-5/vue/component/emit/value.html 和/chapter-5/vue/component/emit/emit-valuewith-props.html 部分分别查看一个简单示例和一个较为复杂的示例。

5.1.4　利用 v-mode 创建自定义输入组件

我们可使用一个组件创建自定义双向绑定输入，其工作原理与 v-model 指令一样，用于向父组件发出事件。下面创建一个基本的自定义输入组件。

```
<custom-input v-model="newTodoText"></custom-input>

Vue.component('custom-input', {
  props: ['value'],
  template: `<input v-on:input="$emit('input', $event.target.value)">`,
})
```

对此，我们需要理解 v-model 的底层工作方式。下面使用一个简单的 v-model 输入。

```
<input v-model="handler">
```

上述<input>元素可被视为下列内容的简写形式。

```
<input
  v-bind:value="handler"
  v-on:input="handler = $event.target.value"
>
```

因此，在自定义输入中编写 v-model="newTodoText"可被视为下列内容的简写形式。

```
v-bind:value="newTodoText"
v-on:input="newTodoText = $event.target.value"
```

这意味着，在这一简写形式下的组件必须在 props 属性中包含 value 属性，以便从顶部向下传递数据，并且必须发送一个基于$event.target.value 的输入事件，进而将数据向上传递至顶部。

因此，在该示例中，当用户在自定义输入子组件中输入时，我们发送对应值，而父组件通过 v-model="newTodoText"监听变化内容，并更新数据对象中的 newTodoText 值。

```
<p>{{ newTodoText }}</p>
```

```
new Vue({
  el: '#todos',
  data: {
    newTodoText: null
  }
})
```

一旦了解了 Vue 中的双向数据绑定底层机制（v-model 指令），其意义就不言而喻。但如果不打算使用默认值，情况又当如何呢？如复选框和单选按钮。在这种情况下，需要向父组件发送自定义组件，稍后将对此加以讨论。

注意：

读者可访问 GitHub 存储库中的/chapter-5/vue/component/custom-inputs/basic.html 和/chapter-5/vue/component/custominputs/props.html 部分分别查看一个简单的示例和一个更加复杂的示例。

默认状态下，自定义输入组件中的模型使用 value 属性作为 prop，并使用 input 作为对应的事件。在前述示例的 custom-input 组件的基础上，这可写为如下形式。

```
Vue.component('custom-input', {
  props: {
    value: null
  },
  model: {
    prop: 'value', // <-- default
    event: 'input' // <-- default
  }
})
```

在该示例中，我们无须指定 prop 和 event 属性，因为二者是该组件模型的默认行为。但对于某些输入类型（如复选框和单选按钮），如果不打算使用这些默认行为，那么这些属性将十分有用。

针对不同的用途，我们可能需要使用这些输入中的 value 属性，如在提交的数据中将特定值和复选框的 name 发送至服务器，如下所示。

```
Vue.component('custom-checkbox', {
  model: {
    prop: 'checked',
    event: 'change'
  },
  props: {
```

```
    checked: Boolean
  },
  template: `
    <input
      type="checkbox"
      v-bind:checked="checked"
      v-on:change="changed"
      name="subscribe"
      value="newsletter"
    >
  `
  ,
  methods: {
    changed ($event) {
      this.$emit('change', $event.target.checked)
    }
  }
})
```

在该示例中，我们需要将这两个数据片段发送至服务器。

```
name="subscribe"
value="newsletter"
```

在使用 JSON.stringify 执行序列化操作后，也可采用 JSON 格式执行这项工作，如下所示。

```
[{
  "name":"subscribe",
  "value":"newsletter"
}]
```

假设我们未在组件中设置下列自定义模型。

```
model: {
  prop: 'checked',
  event: 'change'
}
```

此时，我们仅能够向服务器发送下列默认消息。

```
[{
  "name":"subscribe",
  "value":"on"
}]
```

注意：

读者可访问 GitHub 存储库中的/chapter-5/vue/component/custominputs/checkbox.html 部分查看该示例。

再次强调，了解 Vue 组件的底层知识十分有用，进而使我们可以方便地自定义该组件。/components/目录中的 Vue 组件与我们刚刚学习的组件基本相同。在介绍编写 Nuxt 应用程序组件之前，下面首先讨论使用 v-for 指令时 key 属性的重要性。

5.1.5 v-for 循环中的 key 属性

前述内容曾展示了 v-for 循环中的 key 属性，如下所示。

```
<ol>
  <user-item
    v-for="user in users"
    v-bind:user="user"
    v-bind:key="user.id"
  ></user-item>
</ol>
```

key 属性是每个 DOM 节点的唯一标识，以便 Vue 能够跟踪其变化内容，进而复用和重新排序现有的元素。通过索引跟踪是 Vue 使用 v-for 跟踪节点的默认行为，因此针对 key 属性使用 index 是多余的。

```
<div v-for="(user, index) in users" :key="index">
  //...
</div>
```

因此，如果希望 Vue 能够准确地跟踪各项标识，则应通过 v-bind 指令将每个 key 属性与唯一值进行绑定，如下所示。

```
<div v-for="user in users" :key="user.id">
  //...
</div>
```

我们可使用简写形式:key 绑定唯一值，如前面的示例所示。另外还需要记住的是，key 是一个保留属性，因此无法用作组件的 props。

```
Vue.component('user-item', {
  props: ['key', 'user']
})
```

使用 props 属性的 key 将在浏览器控制台中生成下列错误信息。

```
[Vue warn]: "key" is a reserved attribute and cannot be used as
component prop.
```

当在组件中使用 v-for 时，key 属性通常不可或缺。因此，无论是否在组件中使用 key，只要有可能，都应该在 v-for 中显式地使用 key。

针对这一问题，下面在 jQuery 的基础上创建一个 Vue 应用程序，并将 index 用作 key。

（1）在<head>块中包含所需的 CDN 链接和某些 CSS 样式。

```
<script src="https://cdn.jsdelivr.net/npm/vue/dist/vue.js"></script>
<script src="http://code.jquery.com/jquery-3.3.1.js"></script>
<style type="text/css">
  .removed {
    text-decoration: line-through;
  }
  .removed button {
    display: none;
  }
</style>
```

（2）在<body>块中创建所需的应用程序 HTML 标记。

```
<div id="todo-list-example">
  <form v-on:submit.prevent="addNewTodo">
    <label for="new-todo">Add a todo</label>
    <input
      v-model="newTodoText"
      id="new-todo"
      placeholder="E.g. Feed the cat"
    >
    <button>Add</button>
  </form>
  <ul>
    <todo-item
      v-for="(todo, index) in todos"
      v-bind:key="index"
      v-bind:title="todo.title"
    ></todo-item>
  </ul>
</div>
```

（3）在<script>块中创建所需的组件。

```
Vue.component('todo-item', {
```

```
  template: `<li>{{ title }} <button von:
   click="remove($event)">Remove</button></li>`,
  props: ['title'],
  methods: {
    remove: function ($event) {
      $($event.target).parent().addClass('removed')
    }
  }
})
```

（4）创建所需的计划任务表，如下所示。

```
new Vue({
  el: '#todo-list-example',
  data: {
    newTodoText: '',
    todos: [
      { id: 1, title: 'Do the dishes' },
      //...
    ],
    nextTodoId: 4
  },
  methods: {
    addNewTodo: function () {
      this.todos.unshift({
        id: this.nextTodoId++,
        title: this.newTodoText
      })
      this.newTodoText = ''
    }
  }
})
```

在该示例中，我们在列表中添加了一项新的计划任务作为 todos 数组上 unshift 的结果。此外，还通过将 removed 类名添加至 li 元素上以移除一项计划任务。随后，我们采用 CSS 向移除后的计划任务中添加一条删除线并隐藏 Remove 按钮。

（5）移除 Do the dishes，如下所示。

```
Do the dishes (with a strike-through)
```

（6）添加一项名为 Feed the cat 的新任务，如下所示。

```
Feed the cat (with a strike-through)
```

这是因为 Feed the cat 现在已经取代了 Do the dishes 的索引，即 0。Vue 复用了元素，而非渲染新的元素。换言之，当对应的条目发生变化时，Vue 仅根据数组中的索引更新 DOM 元素。这意味着，我们得到了一个意想不到的结果。

注意：

读者可访问 GitHub 存储库中的/chapter-5/vue/component/key/usingindex.html 部分查看该示例。在浏览器中运行该示例并观察显示结果。随后将该结果与将 id 用作 key（/chapter-5/vue/component/key/using-id.html）的结果进行比较。可以看出，我们得到了正确的结果。

相应地，将 index 用作 key 所产生的问题还可通过下列伪代码予以解释。其间将生成一个数字列表，且 index 集作为每个数字的 key。

```
let numbers = [1,2,3]

<div v-for="(number, index) in numbers" :key="index">
  // Which turns into number - index
  1 - 0
  2 - 1
  3 - 2
</div>
```

初看之下，一切工作正常。但如果添加了数字 4，索引信息将处于无效状态，因为当前每个数字均得到一个新索引。

```
<div v-for="(number, index) in numbers" :key="index">
  4 - 0
  1 - 1
  2 - 2
  3 - 3
</div>
```

可以看到，1、2 和 3 丢失了其状态因而需要被渲染。这就是为什么在这种情况下需要使用唯一的键。重要的是，每一个条目都要保持其索引号，而不是在每次更改时重新进行分配。

```
<user-item
  v-for="(user, index) in users"
  v-bind:key="user.id"
  v-bind:name="user.name"
></user-item>
```

根据经验，对于导致索引更改的任何列表操作，都应使用一个 key 以便 Vue 能够在之后正确地更新 DOM。相关操作如下。

- 在数组结尾以外的任何位置将某个条目添加至数组中。
- 在数组结尾以外的任何位置移除某个条目。
- 以任何方式重新排序数组。

如果列表在组件的生命周期内未发生任何变化，或者利用 push 函数（而非之前的 unshift 函数）添加条目，那么较好的方法是将索引用作 key。

如果不确定是否将索引用作 key，那么较好的做法是在 v-for 循环中使用基于不可变 ID 的 key 属性。使用具有唯一值的 key 属性不仅对 v-for 指令很重要，而且对 HTML 表单中的<input>元素也很重要，稍后将对此加以讨论。

5.1.6　利用 key 属性控制可复用的元素

为了提供更好的性能，我们发现 Vue 总是复用 DOM 节点，而不是重新渲染。如前所述，这可能会产生一些不理想的结果。以下内容是一个缺少 v-for 的示例，以展示 key 属性的重要性。

```
<div id="app">
  <template v-if="type === 'fruits'">
    <label>Fruits</label>
    <input />
  </template>
  <template v-else>
    <label>Vegetables</label>
    <input />
  </template>
  <button v-on:click="toggleType">Toggle Type</button>
</div>

<script type="text/javascript">
  new Vue({
    el: '#app',
    data: { type: 'fruits' },
    methods: {
      toggleType: function () {
        return this.type = this.type === 'fruits' ? 'vegetables' : 'fruits'
      }
    }
```

```
  })
</script>
```

在该示例中，如果输入水果的名称并切换类型，将会看到刚刚在 vegetables 输入框中输入的名称。其原因在于，Vue 尽可能地尝试复用相同的<input>元素以获取最快的结果。但实际情况并不总是这样。我们可通知 Vue 无须复用相同的<input>元素，即向每个<input>元素中添加 key 属性和唯一值，如下所示。

```
<template v-if="type === 'fruits'">
  <label>Fruits</label>
  <input key="fruits-input"/>
</template>
<template v-else>
  <label>Vegetables</label>
  <input key="vegetables-input"/>
</template>
```

因此，如果刷新页面并再次对其进行测试，那么输入框应按期望的方式工作，并在切换它们时彼此不会“复用”。这并不包括<label>元素，因为这些元素中不存在 key 属性。然而，从视觉角度上看，这并不会带来太大的问题。

注意：

关于相应的示例代码，读者可访问 GitHub 存储库/chapter-5/vue/component/key/目录下的 toggle-withkey.html 和 toggle-without-key.html 文件。

至此，我们介绍了 Vue 组件的基本特征。接下来，我们将使用单文件组件创建 Vue 组件。

注意：

关于 Vue 组件的更多内容，读者可访问 https://vuejs.org/v2/guide/components.html。

5.2　创建单文件 Vue 组件

我们一直在单一 HTML 页面中编写 Vue 应用程序，进而提高速度并获得我们想要的结果。但在实际的 Vue 或 Nuxt 开发项目中，下列内容并不被鼓励编写。

```
const Foo = { template: '<div>foo</div>' }
const Bar = { template: '<div>bar</div>' }
```

在上述代码中，我们在同一处（如单一 HTML 页）通过 JavaScript 对象创建了两个

Vue 组件，但较好的做法是将其分离，并在独立的.js 文件中创建每个组件，如下所示。

```
// components/foo.js
Vue.component('page-foo', {
  data: function () {
    return { message: 'foo' }
  },
  template: '<div>{{ count }}</div>'
})
```

这对于简单的组件来说工作良好，其中包含了简单的 HTML 布局。然而，在涉及复杂 HTML 标记的布局中，应避免在 JavaScript 文件中对 HTML 进行编码。这一问题可通过包含.vue 扩展名的单文件组件加以解决，如下所示。

```
// index.vue
<template>
  <p>{{ message }}</p>
</template>

<script>
export default {
  data () {
    return { message: 'Hello World!' }
  }
}
</script>

<style scoped>
p {
  font-size: 2em;
  text-align: center;
}
</style>
```

然而，如果为通过构建工具（如 webpack 或 rollup，本书将采用 webpack）对文件进行编译，那么将无法在浏览器中运行该文件。这意味着，从现在开始，我们将不再使用 CDN 或单一 HTML 文件创建复杂的 Vue 应用程序。相反，我们将采用仅包含一个.html 文件的.vue 和.js 文件创建 Vue 应用程序。本节将引领读者使用 webpack 完成这一项任务。

5.2.1　利用 webpack 编译单文件组件

当编译.vue 组件时，需要将 vue-loader 和 vue-template-compiler 安装至 webpack 构建

处理中。但在此之前，我们需要在项目目录中创建一个 package.json 文件，并列出项目所需的 Node.js 包。读者可访问 https://docs.npmjs.com/creating-a-package-json-file 查看 package.json 文件的详细信息。其中，较为基础和必要的字段是 name 和 version。

（1）利用下列所需字段和值在项目目录中创建 package.json 文件。

```
// package.json
{
  "name": "vue-single-file-component",
  "version": "1.0.0"
}
```

（2）打开终端，将当前目录更改为项目目录，并安装 vue-loader 和 vue-template-compiler。

```
$ npm i vue-loader --save-dev
$ npm i vue-template-compiler --save-dev
```

由于此处所安装的 Node.js 包还需要其他 Node.js 包，因此终端上将显示一条警告信息，其中最值得注意的是 webpack 包。对此，读者可访问 GitHub 存储库中的/chapter-5/vue/component-webpack/basic/部分，其中利用 webpack 设置了基本的构建步骤。对于后续的大多数应用程序，我们将使用这一设置内容。另外，我们还将 webpack 配置文件分为 3 个较小的配置文件。

- webpack.common.js 包含常见的 webpack 插件和配置内容，以供开发和商品阶段使用。
- webpack.dev.js 仅包含开发阶段的插件和配置内容。
- webpack.prod.js 仅包含产品阶段的插件和配置内容。

下列代码展示了如何在 script 命令中使用这些文件。

```
// package.json
"scripts": {
  "start": "webpack-dev-server --open --config webpack.dev.js",
  "watch": "webpack --watch",
  "build": "webpack --config webpack.prod.js"
}
```

注意：

本书假设读者已经了解如何使用 webpack 编译通用 JavaScript 模块；否则，读者可访问 https://webpack.js.org/以查看更多内容。

（3）在安装了 vue-loader 和 vue-template-compiler 之后，还需要在 webpack.common.js

（或者 webpack.config.js，如果使用单配置文件）中配置 module.rules，如下所示。

```
// webpack.common.js
const VueLoaderPlugin = require('vue-loader/lib/plugin')

module.exports = {
  mode: 'development',
  module: {
    rules: [
      {
        test: /\.vue$/,
        loader: 'vue-loader'
      },
      {
        test: /\.js$/,
        loader: 'babel-loader'
      },
      {
        test: /\.css$/,
        use: [
          'vue-style-loader',
          'css-loader'
        ]
      }
    ]
  },
  plugins: [
    new VueLoaderPlugin()
  ]
}
```

（4）使用在 package.json 中设置的下列命令，并实际查看相应的应用程序。

- 针对 localhost:8080 处的活动重载和开发的$ npm run start。
- 针对/path/to/your/project/dist/处开发的$ npm run watch。
- 针对/path/to/your/project/dist/处代码编译的$ npm run build。

至此，我们介绍了如何利用 webpack 开发 Vue 应用程序的基本构建过程。接下来，在更加复杂的应用程序中，我们将编写单文件组件并通过该方法对其进行编译。

5.2.2　在单文件组件中传递数据和监听事件

截至目前，我们一直针对计划任务描述使用单一 HTML 页面。下面将使用包含简单规划任务列表的单文件组件。

（1）在<div>元素中创建包含"todos" ID 的 index.html 文件运行 Vue 实例。

```
// index.html
<!doctype html>
<html>
  <head>
    <title>Todo Grocery Application (Single File Components)</title>
  </head>
  <body>
    <div id="todos"></div>
  </body>
</html>
```

（2）在项目的根目录中创建一个/src/目录，并在/src/目录中创建一个 entry.js 文件作为文件入口点，以表明 webpack 应使用的模块，进而构建应用程序内部依赖图。此外，webpack 还将使用该文件确定入口点依赖的其他模块和库（直接或间接方式）。

```
// src/entry.js
'use strict'

import Vue from 'vue/dist/vue.js'
import App from './app.vue'

new Vue({
  el: 'todos',
  template: '<App/>',
  components: {
    App
  }
})
```

（3）在<script>块中创建一个父组件，该组件提供了包含条目列表的虚拟数据。

```
// src/app.vue
<template>
  <div>
    <ol>
      <TodoItem
        v-for="thing in groceryList"
        v-bind:item="thing"
        v-bind:key="item.id"
        v-on:add-item="addItem"
```

```
      v-on:delete-item="deleteItem"
    ></TodoItem>
  </ol>
  <p><span v-html="&pound;"></span>{{ total }}</p>
 </div>
</template>

<script>
import TodoItem from './todo-item.vue'
export default {
 data () {
  return {
   cart: [],
   total: 0,
   groceryList: [
    { id: 0, text: 'Lentils', price: 2 },
    //...
   ]
  }
 },
 components: {
  TodoItem
 }
}
</script>
```

在上述代码中，我们简单地导入了子组件作为 TodoItem，并利用 v-for 从 groceryList 的数据中生成了一个 TodoItem 列表。

（4）将下列方法添加至 methods 对象中，以添加和删除条目。随后，向 computed 对象中添加一个方法进而计算购物车中全部条目的合计费用。

```
// src/app.vue
methods: {
 addItem (item) {
  this.cart.push(item)
  this.total = this.shoppingCartTotal
 },
 deleteItem (item) {
  this.cart.splice(this.cart.findIndex(e => e === item), 1)
  this.total = this.shoppingCartTotal
 }
},
```

```
computed: {
  shoppingCartTotal () {
    let prices = this.cart.map(item => item.price)
    let sum = prices.reduce((accumulator, currentValue) =>
      accumulator + currentValue, 0)
    return sum
  }
}
```

（5）创建一个子组件，该组件显示通过 props 从父组件向下传递的条目。

```
// src/todo-item.vue
<template>
  <li>
    <input type="checkbox" :name="item.id" v-model="checked"> {{item.text}}
    <span v-html="&pound;"></span>{{ item.price }}
  </li>
</template>

<script>
export default {
  props: ['item'],
  data () {
    return { checked: false }
  },
  methods: {
    addToCart (item) {
      this.$emit('add-item', item)
    }
  },
  watch: {
    checked (boolean) {
      if (boolean === false) {
        return this.$emit('delete-item', this.item)
      }
      this.$emit('add-item', this.item)
    }
  }
}
</script>
```

在该组件中，我们还设置了一个 checkbox 按钮，用于发送 delete-item 或 add-item 事件，并将对应条目向上传递至父组件中。当前，如果通过$npm run start 运行应用程序，则会看到该程序将在 localhost:8080 处加载。

至此，我们利用 webpack 构建了一个基于单文件组件的 Vue 应用程序，Nuxt 以此在幕后编译和构建 Nuxt 应用程序。通常，了解构建系统幕后的运行机制是十分有用的。一旦我们了解了 webpack 的应用方式，就可以使用 webpack 并针对各种 JavaScript 和 CSS 相关对象进行设置。

注意：

读者可访问 GitHub 存储库中的/chapter-5/vue/componentwebpack/todo/部分查看该示例。

稍后，我们将针对/chapter-5/nuxt-universal/local-components/sample-website/中的示例站点运用前述各节所学的知识。

5.2.3　在 Nuxt 中添加 Vue 组件

当前，示例站点中仅存在两个.vue 文件，即/layouts/default.vue 和/pages/work/index.vue，我们可以使用 Vue 组件对其进行改进。首先，我们应改进/layouts/default.vue 文件，在该文件中需要改进 3 项内容：导航、社交媒体链接和版权信息。

1．重构导航和社交链接

下面将开始重构导航和社交媒体链接。

（1）在/components/目录中创建一个导航组件，如下所示。

```
// components/nav.vue
<template>
  <li>
    <nuxt-link :to="item.link" v-html="item.name">
    </nuxt-link>
  </li>
</template>

<script>
export default {
  props: ['item']
}
</script>
```

（2）在/components/目录中创建一个社交链接组件，如下所示。

```
// components/social.vue
<template>
```

```
  <li>
    <a :href="item.link" target="_blank">
      <i :class="item.classes"></i>
    </a>
  </li>
</template>

<script>
export default {
  props: ['item']
}
</script>
```

（3）在当前布局中，将组件导入<script>块中，如下所示。

```
// layouts/default.vue
import Nav from '~/components/nav.vue'
import Social from '~/components/social.vue'

components: {
  Nav,
  Social
}
```

注意：

在 Nuxt 配置文件中，如果已经将 components 选项设置为 true，则可忽略该步骤。

（4）从<template>块中移除现有的导航和社交链接。

```
// layouts/default.vue
<template v-for="item in nav">
  <li><nuxt-link :to="item.link" v-html="item.name">
  </nuxt-link></li>
</template>

<template v-for="item in social">
  <li>
    <a :href="item.link" target="_blank">
      <i :class="item.classes"></i>
    </a>
  </li>
</template>
```

（5）利用导入的 Nav 和 Social 组件进行替换，如下所示。

```
// layouts/default.vue
<Nav
  v-for="item in nav"
  v-bind:item="item"
  v-bind:key="item.slug"
></Nav>

<Social
  v-for="item in social"
  v-bind:item="item"
  v-bind:key="item.name"
></Social>
```

2. 重构版权信息组件

下面将重构/components/目录中的版权信息组件。

（1）在/components/basecopyright.vue 文件中，从<script>块中移除 data 函数。

```
// components/copyright.vue
export default {
  data () {
    return { copyright: '&copy; Lau Tiam Kok' }
  }
}
```

（2）利用 props 属性替换上述 data 函数，如下所示。

```
// components/copyright.vue
export default {
  props: ['copyright']
}
```

（3）将<script>块中的版权信息数据添加至/layouts/default.vue 文件中。

```
// layouts/default.vue
data () {
  return {
    copyright: '&copy; Lau Tiam Kok',
  }
}
```

（4）移除<template>块中现有的<Copyright />组件。

```
// layouts/default.vue
<Copyright />
```

（5）添加一个绑定了版权数据的新的<Copyright />组件。

```
// layouts/default.vue
<Copyright v-bind:copyright="copyright" />
```

据此，我们已将数据向下传递至保存数据的默认页面（父组件）的组件（子组件）中。支持/layouts/default.vue 的工作已经完成。除此之外，我们还可改进工作页面，该项工作已在/chapter-5/nuxt-universal/local-components/sample-website/工作中完成，读者可访问 GitHub 存储库进行查看。如果已经安装了该示例站点并在本地机器上运行该示例，则可以看到我们已经完美地应用了相关组件。不难发现，一旦理解了 Vue 组件系统的工作原理，将布局中的元素抽象为组件就会是一件十分简单的事情。这里的问题是，如何将数据向上传递至父组件中呢？对此，我们利用子组件（将事件发送至父组件中）创建一个示例应用程序，读者可访问 GitHub 存储库中的/chapter-5/nuxt-universal/local-components/emit-events/部分进行查看。除此之外，我们还向该应用程序中添加了输入和复选框组件。下列示例代码片段展示了其中的部分内容。

```
// components/input-checkbox.vue
<template>
  <input
    type="checkbox"
    v-bind:checked="checked"
    v-on:change="changed"
    name="subscribe"
    value="newsletter"
  >
</template>

<script>
export default {
  model: {
    prop: 'checked',
    event: 'change'
  },
  props: { checked: Boolean },
  methods: {
    changed ($event) {
      this.$emit('change', $event.target.checked)
    }
  }
}
</script>
```

此处可以看到，Nuxt 应用程序中使用的组件代码与 Vue 应用程序编写的代码保持一致，将这些组件可视为嵌套组件。props 属性和$emit 方法用于在父组件和子组件之间传递数据。这些嵌套的组件也被称作本地组件，因为此类组件仅在导入它们的组件（父组件）范围内有效。因此，从另一个角度来看，Vue 组件可被分类为本地组件和全局组件。自 5.1.1 节开始，我们都在使用全局组件，但仅限于如何在 Vue 应用程序中使用这些组件。稍后，我们将考查如何注册 Nuxt 应用程序的全局组件。在此之前，我们首先回顾 Vue 组件，即全局组件和本地组件。

5.3 注册全局和本地组件

在前述内容中，我们已经通过 Vue.component()、普通 JavaScript 对象或单文件组件引擎创建了许多组件。其中，某些组件为全局组件，而另一些组件则为本地组件。如前所述，在/components/目录中创建的全部重构组件均为本地组件，而 5.1.1 节中创建的组件则为全局组件。无论本地组件还是全局组件，在使用时都需要对其进行注册。某些组件在创建时即被注册，而一些组件则通过手动方式被注册。稍后，我们将学习如何通过全局方式和本地方式注册组件。此外，我们还将学习影响应用程序的两种注册类型，并考查如何注册 Vue 组件（而非传递这些组件）。

5.3.1 在 Vue 中注册全局组件

顾名思义，全局组件在应用程序中全局有效。当采用 Vue.component()创建这些组件时，需要以全局方式对其进行注册。

```
Vue.component('my-component-name', { ... })
```

全局组件需要在 Vue 根实例安装之前进行注册。在注册完毕后，全局组件可用于 Vue 根实例的模板中，如下所示。

```
Vue.component('component-x', { ... })
Vue.component('component-y', { ... })
Vue.component('component-z', { ... })
new Vue({ el: '#app' })

<div id="app">
  <component-x></component-x>
  <component-y></component-y>
  <component-z></component-z>
</div>
```

不难发现，注册全局组件十分容易——甚至在其创建过程中不会意识到注册过程。我们将在 5.3.3 节中考查 Nuxt 中的这种注册类型。但接下来我们学习如何注册本地组件。

5.3.2　在 Vue/Nuxt 中注册本地组件

在本章的 Vue 和 Nuxt 应用程序中，我们已经考查并使用了本地组件。这些组件是通过使用普通的 JavaScript 对象创建的，如下所示。

```
var ComponentX = { ... }
var ComponentY = { ... }
var ComponentZ = { ... }
```

随后可通过 components 选项对其进行注册，如下所示。

```
new Vue({
  el: '#app',
  components: {
    'component-x': ComponentX,
    'component-y': ComponentY,
    'component-z': ComponentZ
  }
})
```

记住，在 GitHub 存储库中的/chapter-5/vue/component/basic.html 文件中，Vue 应用程序中的 user-item 是一个全局组件，接下来对其进行重构并将其转换为本地组件。

（1）移除下列全局组件。

```
Vue.component('user-item', {
  props: ['user'],
  template: '<li>{{ user.name }}</li>'
})
```

（2）利用本地组件替换上述全局组件，如下所示。

```
const UserItem = {
  props: ['user'],
  template: '<li>{{ user.name }}</li>'
}
```

（3）利用 components 选项注册本地组件。

```
new Vue({
  el: '#app',
  data: {
    users: [
```

```
      { id: 0, name: 'John Doe' },
      //...
    ]
  },
  components: {
    'user-item': UserItem
  }
})
```

该应用程序的工作方式与前述程序相同，唯一的差别在于，user-item 不再全局有效，也就是说，它不在任何其他子组件中有效。例如，如果使 ComponentX 在 ComponentZ 中有效，则必须通过手动方式对其进行绑定。

```
var ComponentX = { ... }

var ComponentZ = {
  components: {
    'component-x': ComponentX
  }
}
```

如果采用 babel 和 webpack 编写 ES2015 模块，那么我们可将 ComponentX 生成一个单文件组件，并随后对其进行导入，如下所示。

```
// components/ComponentZ.vue
import Componentx from './Componentx.vue'

export default {
  components: {
    'component-x': ComponentX
  }
}

<component-x
  v-for="item in items"
  ...
></component-x>
```

此外，还可忽略 components 选项中的 component-x，并直接在其中使用 ComponentX 变量，如下所示。

```
// components/ComponentZ.vue
export default {
  components: {
```

```
    ComponentX
  }
}
```

使用诸如ES2015+的JavaScript对象中的ComponentX等变量可以被视为ComponentX: ComponentX 简写形式。由于 component-x 从未被注册，因此需要使用模板中的<ComponentX>，而不是将对应组件用作<component-x>。

```
<ComponentX
  v-for="item in items"
  ...
></ComponentX>
```

在上述单文件组件中编写 ES2015 等同于在 Nuxt 中编写.vue 文件。截至目前，我们应意识到，我们一直在 Nuxt 应用程序中编写本地组件，如/components/copyright.vue 和/components/nav.vue。这里的问题是，如何在 Nuxt 应用程序中编写全局组件？这将涉及/plugins/目录，接下来学习如何在 Nuxt 中编写全局组件。

注意：

读者可访问 GitHub 存储库中的/chapter-5/vue/component/registering-localcomponents.html 部分查看该应用程序。

5.3.3　在 Nuxt 中注册全局组件

第 2 章曾讨论了目录结构，并且我们可以在/plugins/目录中创建 JavaScript 文件，该文件将在实例化 Vue 根应用程序之前予以运行。因此，/plugins/目录是注册全局组件的最佳之处。

下面创建第 1 个全局组件。

（1）在/plugins/目录中创建一个简单的 Vue 组件，如下所示。

```
// components/global/sample-1.vue
<template>
  <p>{{ message }}</p>
</template>

<script>
export default {
  data () {
    return {
      message: 'A message from sample global component 1.'
```

```
    }
  }
}
</script>
```

（2）在/plugins/目录中创建一个.js 文件，并导入上述组件，如下所示。

```
// plugins/global-components.js
import Vue from 'vue'
import Sample from '~/components/global/sample-1.vue'

Vue.component('sample-1', Sample)
```

（3）此外，还可在/plugins/globalcomponents.js 中直接创建第 2 个全局组件，如下所示。

```
Vue.component('sample-2', {
  render (createElement) {
    return createElement('p', 'A message from sample global component 2.')
  }
})
```

（4）通知 Nuxt 在实例化 Nuxt 配置文件中的根应用程序之前，首先运行上述全局组件，如下所示。

```
// nuxt.config.js
plugins: [
  '~/plugins/global-components.js',
]
```

注意，此类组件在 Nuxt 应用程序的客户端和服务器端均为有效。如果仅需在特定一段运行组件，如客户端，则可对其进行注册，如下所示。

```
// nuxt.config.js
plugins: [
  { src: '~/plugins/global-components.js', mode: 'client' }
]
```

当前，组件仅在客户端有效。但如果需要在服务器端运行该组件，可简单地使用前述 mode 选项中的 server。

（5）无须再次通过手动方式导入全局组件，相应地，我们可在任意位置处使用这些全局组件，如下所示。

```
// pages/about.vue
<sample-1 />
<sample-2 />
```

（6）在浏览器上运行应用程序，对应结果如下。

```
<p>A message from sample global component 1.</p>
<p>A message from sample global component 2.</p>
```

至此，通过包含各种文件，我们讨论了如何注册全局组件。其中，全局注册的最下方代码使用了 Vue.component，这与 Vue 应用程序的做法十分类似。然而，全局注册有时并不是一种理想的方式，这一点与全局混入（稍后将对此加以讨论）存在相似之处。例如，在大多数时候，全局注册组件对于服务器和客户端并非必需。接下来介绍混入及其编写方式。

注意：

读者可访问 GitHub 存储库中的/chapter-5/nuxt-universal/globalcomponents/部分查看该示例。

5.4　编写基本和全局混入

混入（mixin）是一个 JavaScript 对象，可用于包含任意组件选项，如 created、methods、mounted 等，混入使这些选项可复用。对此，我们可将选项导入某个组件中并利用该组件中的其他选项对其进行“混合”。

在某些情况下，混入十分有用，第 2 章曾对此有所讨论。如前所述，当 Vue Loader 编译单文件组件中的<template>时，会将所遇到的任何数据资源 URL 转换为 webpack 模块请求，如下所示。

```
<img src="~/assets/sample-1.jpg">
```

上述图像将被转换为下列 JavaScript 代码。

```
createElement('img', {
  attrs: {
    src: require('~/assets/sample-1.jpg') // this is now a module request
  }
})
```

当采用手动方式插入图像时，实际过程并不复杂。但在大多数时候，我们需要以动态方式插入图像，如下所示。

```
// pages/about.vue
<template>
```

```
  <img :src="'~/assets/images' + post.image.src" :alt="post.image.alt">
</template>

const post = {
  title: 'About',
  image: {
    src: '/about.jpg',
    alt: 'Sample alt 1'
  }
}

export default {
  data () {
    return { post }
  }
}
```

在该示例中，我们将在控制台上针对图像获得一条 404 错误消息，因为当 Vue Loader 与:src 指令结合使用时永远不会编译该指令，因此 webpack 也不会在构建过程中编译该图像。针对这一问题，需要通过手动方式将模块请求插入:sr 指令中。

```
<img :src="require('~/assets/images/about.jpg')" :alt="post.image .alt">
```

该方案并非最佳，因为首选动态图像处理方案。因此，此处的做法如下。

```
<img :src="loadAssetImage(post.image.src)" :alt="post.image.alt">
```

在该方案中，我们编写了可复用的 loadAssetImage 函数，以便必要时在 Vue 组件中被调用。因此，混入是该方案不可或缺的内容。混入的应用涵盖多种方式，接下来介绍一些较为常见的方式。

5.4.1　创建基本的混入/非全局混入

在非单文件组件的 Vue 应用程序中，可通过下列方式定义一个混入对象。

```
var myMixin = {
  created () {
    this.hello()
  },
  methods: {
    hello () { console.log('hello from mixin!') }
  }
}
```

随后可利用 Vue.extend()将上述定义的混入对象“绑定”至一个组件上。

```
const Foo = Vue.extend({
  mixins: [myMixin],
  template: '<div>foo</div>'
})
```

该示例仅将混入对象绑定至 Foo 上，因此在组件被调用时，仅可看到 console.log 消息。

注意：

读者可访问 GitHub 存储库中的/chapter-5/vue/mixins/basic.html 部分查看该示例。

对于 Nuxt 应用程序，我们创建混入对象并将其保存至某个.js 文件的/plugins/目录中，具体解释如下。

（1）通过一个函数在/plugins/目录中创建一个 mixin-basic.js 文件，该函数在创建 Vue 实例时在浏览器控制台中输出一条消息。

```
// plugins/mixin-basic.js
export default {
  created () {
    this.hello()
  },
  methods: {
    hello () {
      console.log('hello from mixin!')
    }
  }
}
```

（2）执行导入操作，如下所示。

```
// pages/about.vue
import Mixin from '~/plugins/mixin-basic.js'

export default {
  mixins: [Mixin]
}
```

在该示例中，当处于/about 路由上时，我们仅获得了 console.log 消息，这也是创建和使用非全局混入的操作方式。但在某些时候，我们需要针对应用程序中的所有组件使用全局混入，下面将讨论其实现方式。

注意：

读者可访问 GitHub 存储库中的/chapter-5/nuxtuniversal/mixins/basic/部分查看该示例。

5.4.2　创建全局混入

我们可以通过 Vue.mixin()以全局方式创建并应用混入。

```
Vue.mixin({
  mounted () {
    console.log('hello from mixin!')
  }
})
```

全局混入必须在实例化 Vue 实例之前被定义。

```
const app = new Vue({
  //...
}).$mount('#app')
```

当前，所创建的每个组件均会受到影响并显示对应消息。读者可访问 GitHub 存储库中的/chapter-5/vue/mixins/global.html 部分查看该示例。当在浏览器中运行该示例时，将会看到每个路由上均会显示 console.log 消息，因为该消息遍布于全部路由组件。通过这种方式，即可看到误用时的潜在危害。在 Nuxt 中，我们将以相同的方式创建混入，也就是说，使用 Vue.mixin()。

（1）在/plugins/目录中创建一个 mixin-utils.js 文件，以及一个加载/assets/目录中图像的函数。

```
// plugins/mixin-utils.js
import Vue from 'vue'

Vue.mixin({
  methods: {
    loadAssetImage (src) {
      return require('~/assets/images' + src)
    }
  }
})
```

（2）在 Nuxt 配置文件中包含上述全局混入路径。

```
// nuxt.config.js
module.exports = {
  plugins: [
    '~/plugins/mixin-utils.js'
  ]
}
```

（3）随后可在组件中的任意位置处使用 loadAssetImage 函数，如下所示。

```
// pages/about.vue
<img :src="loadAssetImage(post.image.src)" :alt="post.image.alt">
```

注意，无须像导入基本混入那样导入全局混入，因为我们已经通过 nuxt.config.js 以全局方式注入了全局混入。尽管如此，我们还是要小心谨慎地使用它们。

注意：

读者可访问 GitHub 存储库中的/chapter-5/nuxtuniversal/mixins/global/部分查看该混入示例。

混入十分有用，但若数量过多，全局混入（如全局 Vue 组件）将变得难以管理从而使应用程序难以预测和调试。因此需要谨慎使用。尽管读者已经了解了 Vue 组件的工作和编写方式，但这还远远不够。当针对可读性和管理性编写全局混入时，还应进一步了解所遵守的标准规则。下面将考查某些相关规则。

5.5　定义组件名并使用命名规则

前述内容已经创建了多个组件，随着数量的增多，我们需要遵循相应的命名规则；否则，我们将不可避免地面临混淆、错误、琐碎的事物和反模式问题，以及组件间的彼此冲突——使采用 HTML 元素。对此，我们可遵循官方提供的 Vue 风格指南以提高应用程序的可读性。除此之外，本节将讨论一些特有的内容。

5.5.1　多个单词构成的组件名称

目前我们所见到的 HTML 元素（以及后续元素）均为单个单词（如 article、main、body 等），所以为了防止冲突的发生，我们应该在命名组件时使用多个单词（除了应用程序的根组件）。例如，以下示例被认为是不好的做法。

```
// .js
Vue.component('post', { ... })

// .vue
export default {
 name: 'post'
}
```

较好的组件名称应采用以下方式进行编写。

```
// .js
Vue.component('post-item', { ... })

// .vue
export default {
  name: 'PostItem'
}
```

5.5.2 组件数据

除了 Vue 根实例，我们应始终对组件数据使用 data 函数，而非 data 属性。例如，下列内容被认为是一种较差的做法。

```
// .js
Vue.component('foo-component', {
  data: { ... }
})

// .vue
export default {
  data: { ... }
}
```

上述组件中的数据应采用下列方式进行编写。

```
// .js
Vue.component('foo-component', {
  data () {
    return { ... }
  }
})

// .vue
export default {
  data () {
    return { ... }
  }
}

// .js or .vue
new Vue({
  data: { ... }
})
```

其原因在于，初始化数据时将从 vm.$options.data 中创建一个 data 引用。因此，如果数据是一个对象，且存在多个组件实例，那么它们将使用相同的 data。修改某个实例中的数据将影响其他实例，这并不是我们希望的结果。因此，如果 data 是一个函数，Vue 将使用 getData 方法返回一个新的对象，该对象仅属于初始化的当前实例。因此，根实例中的数据将在所有其他组件的实例间共享，从而包含各自的数据。通过 this.$root.$data，我们可以从任意组件的实例中访问根数据。读者可访问 GitHub 存储库中的/chapter-5/vue/component-webpack/data/和/chapter-5/vue/data/basic.html 部分查看相关示例。

注意：

读者可访问 https://github.com/vuejs/vue/blob/dev/src/core/instance/state.js#L112 查看与数据实例化方式相关的 Vue 源代码。

5.5.3　props 定义

我们应在 props 属性中定义属性，以便通过指定其类型（最低限度）尽可能详细地对其进行描述。当在创建原型时，不应包含详细的定义信息。例如，以下内容被视为一种较差的做法。

```
props: ['message']
```

应通过下列方式进行编写。

```
props: {
  message: String
}
```

或者采用下列更优的方式进行编写。

```
props: {
  message: {
    type: String,
    required: false,
    validator (value) { ... }
  }
}
```

5.5.4　组件文件

通常情况下，我们遵守“一个文件一个组件”的规则。也就是说，在一个文件中仅编写一个组件。这意味着，一个文件中不应包含多个组件。例如，下列内容被认为是较差的做法。

```
// .js
Vue.component('PostList', { ... })

Vue.component('PostItem', { ... })
```

应被划分为多个文件，如下所示。

```
components/
|- PostList.js
|- PostItem.js
```

在.vue 文件中编写组件时，较好的做法如下。

```
components/
|- PostList.vue
|- PostItem.vue
```

5.5.5　单文件组件文件名大小写

对于单文件组件，应仅对文件名采用 PascalCase 或 kebab-case。例如，下列内容被视为较差的做法。

```
components/
|- postitem.vue

components/
|- postItem.vue
```

它们应按照下列方式进行编写。

```
// PascalCase
components/
|- PostItem.vue

// kebab-case
components/
|- post-item.vue
```

5.5.6　自闭合组件

当单文件组件中不存在任何内容时，我们应使用自闭合（self-closing）格式，除非这些组件用于 DOM 模板中。例如，下列内容被认为是较差的做法。

```
// .vue
<PostItem></PostItem>

// .html
<post-item/>
```

它们应按照下列方式进行编写。

```
// .vue
<PostItem/>

// .html
<post-item></post-item>
```

这些仅是一些基本的规则，其他规则还包括编写多属性元素、指令简写形式、包含引号的属性值等。但本节所涉及的规则已然足够。读者可访问 https://vuejs.org/v2/style-guide/查看其他规则。

5.6 本章小结

本章学习了全局组件和本地组件之间的差别、如何在Nuxt应用程序中注册全局组件、如何创建本地和全局混入、如何利用 props 属性将数据从父组件传递至子组件中、如何利用$emit 方法将数据从子组件发送至父组件中，以及如何创建自定义输入组件。随后，我们还学习了组件 key 属性的重要性。接下来，本章讨论了如何利用 webpack 编写单文件组件。最后，本章介绍了在 Nuxt 和 Vue 应用程序开发中应该遵循的一些规则。

第 6 章将进一步考查/plugins/目录的使用，通过在 Vue 中编写自定义插件并对其进行导入来扩展 Nuxt 应用程序。除此之外，我们还将学习从 Vue 社区导入外部 Vue 插件、创建全局函数（通过将其注入 Nuxt 的$root 和 context 组件中）、编写基本/异步模块和模块片段，并使用源自 Nuxt 社区的外部 Nuxt 模块。

第6章　编写插件和模块

从第 3 章开始，我们一直在 Nuxt 应用程序中编写一些简单的插件。如前所述，插件本质上是一类 JavaScript 函数，通常情况下，我们需要编写自定义函数以满足 Web 开发中各种需求。本章将深入考查为 Nuxt 应用程序创建自定义插件以及自定义模块。我们将学习在 Vue 应用程序中创建自定义插件及其在 Nuxt 应用程序中的实现方式。接下来，我们将学习如何在插件之上创建自定义 Nuxt 模块。此外，我们还将学习如何将现有的 Vue 插件和 Nuxt 模块（这此插件和模块是由 Vue 和 Nuxt 社区提供的）导入 Nuxt 应用程序中并对其进行安装。学习和理解 Vue 插件和 Nuxt 模块十分重要，无论是自定义的插件和模块还是从外部导入的插件和模块，因为后续章节将频繁地对其进行使用。

本章主要涉及以下主题。

- 编写 Vue 插件。
- 在 Nuxt 中编写全局函数。
- 编写 Nuxt 模块。
- 编写异步 Nuxt 模块。
- 编写 Nuxt 模块片段。

6.1　编写 Vue 插件

插件是封装在.js 文件中的全局 JavaScript 函数，可以使用 Vue.use 全局方法安装在应用程序中。第 4 章曾使用了一些 Vue 插件，如 vue-router 和 vue-meta。这些插件需要在 new 语句初始化 Vue 根实例之前通过 Vue.use 方法进行安装，如下所示。

```
// src/entry.js
import Vue from 'vue'
import Meta from 'vue-meta'

Vue.use(Meta)
new VueRouter({ ... })
```

我们可通过 Vue.use 将选项传递至插件中，以按下列格式配置插件。

```
Vue.use(<plugin>, <options>)
```

例如，可向 vue-meta 插件中传递下列选项。

```
Vue.use(Meta, {
  keyName: metaData, // default => metaInfo
  refreshOnceOnNavigation: true // default => false
})
```

此处的选项均是可选的，这意味着，我们可使用插件自身且无须传递任何选项。Vue.use 还可防止多次注入相同的插件。因此，多次调用一个插件仅会安装该插件一次。

注意：

读者可在 awesome-vue 上查找社区所贡献的插件和库，对应网址为 https://github.com/vuejs/awesome-vuecomponents--libraries。

接下来探讨如何创建 Vue 插件。

6.1.1　在 Vue 中编写自定义插件

编写 Vue 插件较为简单，仅需在插件中使用 install 方法即可。其中，第 1 个参数为 Vue，第 2 个参数为 options。

```
// plugin.js
export default {
  install (Vue, options) {
    // ...
  }
}
```

下面针对标准的 Vue 应用程序采用不同的语言创建一个自定义欢迎插件。对应的语言可通过 options 参数进行配置。如果未提供任何选项，那么默认的语言为英语。

（1）在/src/目录的/plugins/文件下创建一个 basic.js 文件，对应内容如下所示。

```
// src/plugins/basic.js
export default {
  install (Vue, options) {
    if (options === undefined) {
      options = {}
    }
    let { language } = options
    let languages = {
      'EN': 'Hello!',
      'ES': 'Hola!'
```

```
    }
    if (language === undefined) {
      language = 'EN'
    }
    Vue.prototype.$greet = (name) => {
      return languages[language] + ' ' + name
    }
    Vue.prototype.$message = 'Helló Világ!'
  }
}
```

在该示例中，我们还添加了一个名为$message 的实例属性，其中包含了默认的匈牙利语的"Hello World!"值（Helló Világ!），这一内容可在组件使用该插件时进行调整。注意，{ language } = options 为编写 language = options.language 的 ES6 方式。另外，作为规则，我们还应使用$这一方法和属性前缀。

（2）安装并配置插件，如下所示。

```
// src/entry.js
import PluginSample from './plugins/basic'
Vue.use(PluginBasic, {
  language: 'ES'
})
```

（3）在任意 Vue 组件中以全局方式使用插件，如下所示。

```
// src/components/home.vue
<p>{{ $greet('John') }}</p>
<p>{{ $message }}</p>
<p>{{ messages }}</p>

export default {
  data () {
    let helloWorld = []
    helloWorld.push(this.$message)

    this.$message = 'Ciao mondo!'
    helloWorld.push(this.$message)

    return { messages: helloWorld }
  }
}
```

当在浏览器中运行应用程序时，将在屏幕上得到下列输出结果。

```
Hola! John
Ciao mondo!
[ "Helló Világ!", "Ciao mondo!" ]
```

另外，还可在插件中使用 component 或 directive，如下所示。

```
// src/plugins/component.js
export default {
  install (Vue, options) {
    Vue.component('custom-component', {
      // ...
    })
  }
}

// src/plugins/directive.js
export default {
  install (Vue, options) {
    Vue.directive('custom-directive', {
      bind (el, binding, vnode, oldVnode) {
        // ...
      }
    })
  }
}
```

另外，还可使用 Vue.mixin()将一个插件注入所有的组件中，如下所示。

```
// src/plugins/plugin-mixin.js
export default {
  install (Vue, options) {
    Vue.mixin({
      // ...
    })
  }
}
```

注意：

读者可访问 GitHub 存储库中的/chapter-6/vue/webpack/部分查看该 Vue 示例应用程序。

Vue 插件的创建过程较为直观，随后，这些插件可在 Vue 应用程序中安装和使用。对于 Nuxt 应用程序，情况又当如何？如何在 Nuxt 应用程序中安装上述自定义 Vue 插件？下面将对此进行讨论。

6.1.2　将 Vue 插件导入 Nuxt 中

将 Vue 插件导入 Nuxt 中的过程在 Nuxt 应用程序中大致相同。所有插件需要在初始化 Vue 根实例之前运行。因此，如果打算使用一个 Vue 插件，就需要在启动 Nuxt 应用程序之前设置插件。下面将自定义 basic.js 插件复制到 Nuxt 应用程序的/plugins/目录中，具体安装步骤如下。

（1）创建 basic-import.js 文件并将 basic.js 导入/plugins/目录中，如下所示。

```
// plugins/basic-import.js
import Vue from 'vue'
import PluginSample from './basic'

Vue.use(PluginSample)
```

当利用 Vue.use 方法安装插件时，可略过这一选项。

（2）将 basic-import.js 的文件路径添加至 Nuxt 配置文件的 plugins 选项中，如下所示。

```
export default {
  plugins: [
    '~/plugins/basic-import',
  ]
}
```

（3）正如在 Vue 应用程序中所做的那样，可在任意页面中使用该插件，如下所示。

```
// pages/index.vue
<p>{{ $greet('Jane') }}</p>
<p>{{ $message }}</p>
<p>{{ messages }}</p>

export default {
  data () {
    let helloWorld = []
    helloWorld.push(this.$message)

    this.$message = 'Olá Mundo!'
    helloWorld.push(this.$message)

    return { messages: helloWorld }
  }
}
```

（4）在浏览器上运行 Nuxt 应用程序，随后应可在屏幕上看到下列输出结果。

```
Hello! Jane
Olá Mundo!
[ "Helló Világ!", "Olá Mundo!" ]
```

这次我们针对$greet 方法得到了一个"Hello!"的英文版本，因为在安装插件时并未设置任何语言选项。另外，我们仅在索引页上针对<template>块中的$message 得到了"Olá Mundo!"，而在其他页面上（如/about、/contact）则会得到"Helló Világ!"，其原因在于我们仅在索引页上设置了"Hello World!"的葡萄牙语版本（this.$message = 'Olá Mundo!'）。

如前所述，社区贡献了大量的插件且对 Nuxt 应用程序十分有用。但由于缺少 SSR（服务器端渲染机制）的支持，某些插件可能仅适用于浏览器。接下来将考查如何处理这一类插件。

6.1.3　在缺少 SSR 支持的情况下导入外部 Vue 插件

一些 Vue 插件已经被预装在 Nuxt 中，如 vue-router、vue-meta、vuex 和 vue-server-renderer。依据前面安装自定义 Vue 插件的步骤，我们可以轻松地处理未安装的插件。接下来的示例将展示如何在 Nuxt 应用程序中使用 vue-notifications。

（1）通过 npm 安装插件。

```
$ npm i vue-notification
```

（2）类似于自定义插件中的做法，导入并注入插件。

```
// plugins/vue-notifications.js
import Vue from 'vue'
import VueNotifications from 'vue-notifications'

Vue.use(VueNotifications)
```

（3）将文件路径包含至 Nuxt 配置文件中。

```
// nuxt.config.js:
export default {
  plugins: ['~/plugins/vue-notifications']
}
```

对于不包含 SSR 支持的插件，或者仅在客户端使用的插件，可在 plugins 选项中使用 mode: 'client'选项，以确保该插件不会在服务器端被执行，如下所示。

```
// nuxt.config.js
export default {
  plugins: [
    { src: '~/plugins/vue-notifications', mode: 'client' }
  ]
}
```

可以看到，安装一个 Vue 插件仅需 3 步，无论是外部插件还是自定义的插件。简言之，通过采用 Vue.use 方法并公开插件中的 install 方法，Vue 插件是一类注入 Vue 实例中的全局 JavaScript 函数。但在 Nuxt 自身中，还存在其他的全局函数创建方式，这些函数可被注入 Nuxt 上下文（context）和 Vue 实例（&root）中，且无须使用 install 方法。稍后将考查这一类处理方案。

注意：

关于 vue-notifications 的更多信息，读者可访问 https://github.com/euvl/vue-notification。

6.2　在 Nuxt 中编写全局函数

在 Nuxt 中，我们可创建插件或全局函数，也就是说，将其注入下列 3 项内容中。

- Vue 实例（在客户端上）。

```
// plugins/<function-name>.js
import Vue from 'vue'
Vue.prototype.$<function-name> = () => {
  //...
}
```

- Nuxt 上下文（在服务器端）。

```
// plugins/<function-name>.js
export default (context, inject) => {
  context.app.$<function-name> = () => {
    //...
  }
}
```

- Vue 实例和 Nuxt 上下文。

```
// plugins/<function-name>.js
export default (context, inject) => {
  inject('<function-name>', () => {
```

```
    //...
  })
}
```

通过上述格式，我们可以方便地编写应用程序的全局函数。稍后将展示一些相关的示例函数。

6.2.1　将函数注入 Vue 实例中

在本节示例中，我们将创建一个两个数字求和的函数，如 1+2=3。随后将该函数注入 Vue 实例中，具体步骤如下。

（1）创建一个.js 文件，导入 vue 并将函数绑定至/plugins/目录的 vue.prototype 上。

```
// plugins/vue-injections/sum.js
import Vue from 'vue'
Vue.prototype.$sum = (x, y) => x + y
```

（2）将函数的文件路径添加至 Nuxt 配置文件的 plugins 属性中。

```
// nuxt.config.js
export default {
  plugins: ['~/plugins/vue-injections/sum']
}
```

（3）在任意位置处使用该函数，如下所示。

```
// pages/vue-injections.vue
<p>{{ this.$sum(1, 2) }}</p>
<p>{{ sum }}</p>

export default {
  data () {
    return {
      sum: this.$sum(2, 3)
    }
  }
}
```

（4）在浏览器上运行该页面，随后会在屏幕上看到下列输出结果（即使刷新页面）。

```
3
5
```

6.2.2　将函数注入 Nuxt 上下文中

在本书示例中，我们将创建一个平方函数，如 5*5=25。随后将该函数通过下列步骤注入 Nuxt 上下文中。

（1）创建一个.js 文件并将该函数绑定至 context.app 上。

```
// plugins/ctx-injections/square.js
export default ({ app }, inject) => {
  app.$square = (x) => x * x
}
```

（2）将函数的文件路径添加至 Nuxt 配置文件的 plugins 选项中。

```
// nuxt.config.js
export default {
  plugins: ['~/plugins/ctx-injections/square']
}
```

（3）在访问当前上下文的任意页面上使用该函数，例如，在 asyncData 方法中。

```
// pages/ctx-injections.vue
<p>{{ square }}</p>

export default {
  asyncData (context) {
    return {
      square: context.app.$square(5)
    }
  }
}
```

（4）在浏览器上运行该页面，随后可在屏幕上看到下列输出结果（即使刷新页面）。

```
25
```

注意，asyncData 方法通常在页面组件初始化之前被调用，且无法在该方法中访问 this。因此，我们无法在 asyncData 方法中使用注入 Vue 实例（&root）中的函数，这类似于之前创建的&sum 函数。另外，第 8 章将详细讨论 asyncData 方法。类似地，我们也无法在 Vue 生命周期钩子/方法（如 mounted、updated 等）中调用上下文注入的函数，这与之前创建的$square 函数十分类似。然而，如果需要一个可供 this 和 context 使用的函数，那么就需要了解如何将此类函数注入 Vue 实例和 Nuxt 上下文中，接下来将对此加以讨论。

6.2.3 将函数注入 Vue 实例和 Nuxt 上下文中

在本节示例中，我们将创建一个数字乘法函数，如 2*3=6。随后通过下列步骤将该函数注入 Vue 实例和 Nuxt 上下文中。

（1）创建一个.js 文件并使用 inject 函数封装函数。

```
// plugins/combined-injections/multiply.js
export default ({ app }, inject) => {
  inject('multiply', (x, y) => x y)
}
```

注意：

$自动被添加为函数的前缀中，因此无须手动执行该操作。

（2）将函数文件路径添加至 Nuxt 配置文件的 plugins 属性中。

```
// nuxt.config.js
export default {
  plugins: ['~/plugins/combined-injections/multiply']
}
```

（3）在访问 context 和 this（Vue 实例）的页面上运行该函数，如下所示。

```
// pages/combined-injections.vue
<p>{{ this.$multiply(4, 3) }}</p>
<p>{{ multiply }}</p>

export default {
  asyncData (context) {
    return { multiply: context.app.$multiply(2, 3) }
  }
}
```

（4）在浏览器中运行该页面，随后将在屏幕上看到下列输出结果。

```
12
6
```

我们可在任意 Vue 生命周期钩子中使用该函数，如下所示。

```
mounted () {
  console.log(this.$multiply(5, 3))
}
```

随后，在浏览器控制台中的输出结果为 15。进一步讲，我们还可从 Vuex 存储的 actions 和 mutations 对象/属性的 this 中访问该函数，第 10 章将对此加以讨论。

（5）创建一个.js 文件并将下列函数封装至 actions 和 mutations 对象中。

```
// store/index.js
export const state = () => ({
  xNumber: 1,
  yNumber: 3
})

export const mutations = {
  changeNumbers (state, newValue) {
    state.xNumber = this.$multiply(3, 8)
    state.yNumber = newValue
  }
}

export const actions = {
  setNumbers ({ commit }) {
    const newValue = this.$multiply(9, 6)
    commit('changeNumbers', newValue)
  }
}
```

（6）在页面上使用上述 action 方法（即 setNumbers），示例代码如下。

```
// pages/combined-injections.vue
<p>{{ $store.state }}</p>
<button class="button" v-on:click="updateStore">Update
Store</button>

export default {
  methods: {
    updateStore () {
      this.$store.dispatch('setNumbers')
    }
  }
}
```

（7）在浏览器中运行该页面，随后将在屏幕上获得下列输出结果（即使刷新页面）。

```
{ "xNumber": 1, "yNumber": 3 }
```

（8）单击 Update Store 按钮，包含上述数字的默认存储状态将被更改如下。

```
{ "xNumber": 24, "yNumber": 54 }
```

通过这种方式，我们可编写一个工作于客户端和服务器上的插件。但有些时候，我们仅需要可用于服务器端或客户端的函数。为了做到这一点，我们需要告诉 Nuxt 如何具体地运行相关函数。接下来将对此加以讨论。

6.2.4　仅注入客户端或服务器端插件

在本节示例中，我们将创建一个数字除法的函数，如 8/2=4，以及另一个数字减法的函数，如 8-2=6。随后将第 1 个函数注入 Vue 实例中，并专供客户端使用；将第 2 个函数注入 Nuxt 上下文中，以专供服务器端使用。

（1）创建两个函数并将它们分别附加至.client.js 和.server.js 中，如下所示。

```
// plugins/name-conventions/divide.client.js
import Vue from 'vue'
Vue.prototype.$divide = (x, y) => x / y

// plugins/name-conventions/subtract.server.js
export default ({ app }, inject) => {
  inject('subtract', (x, y) => x - y)
}
```

其中，附加至.client.js 中的函数文件仅运行于客户端，添加至.server.js 中的函数文件则仅运行于服务器端。

（2）将函数文件路径添加至 Nuxt 配置文件的 plugins 属性中。

```
// nuxt.config.js:
export default {
  plugins: [
    '~/plugins/name-conventions/divide.client.js',
    '~/plugins/name-conventions/subtract.server.js'
  ]
}
```

（3）在页面上使用这些插件，如下所示。

```
// pages/name-conventions.vue
<p>{{ divide }}</p>
<p>{{ subtract }}</p>

export default {
  data () {
```

```
    let divide = ''
    if (process.client) {
      divide = this.$divide(8, 2)
    }
    return { divide }
  },
  asyncData (context) {
    let subtract = ''
    if (process.server) {
      subtract = context.app.$subtract(10, 4)
    }
    return { subtract }
  }
}
```

（4）在浏览器上运行页面，随后会在屏幕上看到下列输出结果。

```
4
6
```

注意，首次在浏览器上运行该页面后将得到上述输出结果。随后，如果通过<nuxt-link>导航至该页面，那么我们将在屏幕上得到下列输出结果。

```
4
```

另外，需要将$divide 方法封装至 process.client if 条件中，因为该函数仅出现于客户端。如果移除 process.client if 条件，那么我们将在浏览器中得到一个服务器端错误。

```
this.$divide is not a function
```

同样的情况也适用于$subtract 方法：需要将$subtract 方法封装在 process.server if 条件中，因为对应函数仅出现于服务器端。如果移除 process.server if 条件，那么我们将会得到一个客户端错误。

```
this.$subtract is not a function
```

当我们每次使用函数时，将其封装至 process.server 或 process.client if 条件中可能并不理想。然而，对于仅在客户端被调用的 Vue 生命周期钩子/方法，如 mounted 钩子，我们不需要在其上使用 process.client if 条件。因此，在缺少 if 条件的情况下，我们仍可安全地使用仅出现于客户端的函数。

```
mounted () {
  console.log(this.$divide(8, 2))
}
```

在浏览器控制台中，对应的输出结果为 4。表 6.1 显示了 8 个 Vue 生命周期钩子/方法，其中，仅两个钩子/方法可在 Nuxt 应用程序的客户端和服务器端上被调用。

表 6.1

服务器端和客户端	仅出现于客户端
❑ beforeCreate () ❑ created ()	❑ beforeMount () ❑ mounted () ❑ beforeUpdate () ❑ updated () ❑ beforeDestroy () ❑ destroyed ()

注意，在 Vue 和 Nuxt 应用程序中使用的 data 方法可在服务器端和客户端被调用，该方法类似于 asyncData 方法。因此：我们可使用专供客户端使用的$divide 方法，且无须在钩子中使用 if 条件；而对于专供服务器端使用的$subtract 方法，我们无须在 nuxtServerInit 动作中使用 if 条件即可对其进行安全的调用，如下所示。

```
export const actions = {
  nuxtServerInit ({ commit }, context) {
    console.log(context.app.$subtract(10, 4))
  }
}
```

当应用程序运行于服务器端时，对应的输出结果为 6（即使刷新当前页面或任意页面）。需要知道的是，Nuxt 上下文仅可通过 nuxtServerInit 和 asyncData 方法被访问。其中，nuxtServerInit 方法通过第 2 个参数访问上下文，而 asyncData 方法则通过第 1 个参数访问上下文。第 10 章将讨论 nuxtServerInit 方法。稍后我们将考查 JavaScript 函数，这些函数分别在 nuxtServerInit 动作之后、Vue 实例和插件之前，以及$root 和 Nuxt 上下文注入函数之前被注入 Nuxt 上下文中。这一类函数被称作 Nuxt 模块，我们需要了解这些模块的编写方式。

6.3　编写 Nuxt 模块

模块可简单地被视为顶级 JavaScript 函数，此类函数在 Nuxt 启动时被执行。Nuxt 将顺序调用每个模块，并等待所有模块结束。随后继续调用被注入$root 和 Nuxt 上下文中的 Vue 实例、Vue 插件和全局函数。由于模块先期被调用（如在 Vue 实例之前等），因此可使用模块覆写模板、配置 webpack 加载器、添加 CSS 库，并执行应用程序所需的其他任务。除此之外，模块还可被打包至 npm 包中，并被 Nuxt 社区所共享。读者可访问 https://github.com/nuxt-community/awesome-nuxt#official 查看 Nuxt 社区所贡献的产品级模块。

下面尝试为 Nuxt 编写一个与 Axios（https://github.com/axios/axios）集成的模块，其中一些特性能够自动为客户端和服务器端设置库 URL。此外，读者还可访问 https://axios.nuxtjs.org/查看该模块的更多信息。下列步骤展示了如何使用该模块。

（1）利用 npm 安装 Axios。

```
$ npm install @nuxtjs/axios
```

（2）在 Nuxt 配置文件中配置 Axios。

```
// nuxt.config.js
module.exports = {
  modules: [
    '@nuxtjs/axios'
  ]
}
```

（3）在页面的 asyncData 方法中使用 Axios。

```
// pages/index.vue
async asyncData ({ $axios }) {
  const ip = await $axios.$get('http://icanhazip.com')
  console.log(ip)
}
```

此外，还可在 mounted 方法（或 created、updated 等方法）中使用 Axios，如下所示。

```
// pages/index.vue
async mounted () {
  const ip = await this.$axios.$get('http://icanhazip.com')
  console.log(ip)
}
```

每次访问/about 页面时，应可在浏览器的控制台中看到 IP 地址。当前，我们可像使用普通 Axios 一样发送 HTTP 请求且无须导入，因为它已经通过模块以全局方式被注入。接下来讨论如何编写模块。

如前所述，模块被定义为函数，它们可以被选择性地打包为 npm 模块。下列内容显示了创建模块所需的基本结构。

```
// modules/basic.js
```

```
export default function (moduleOptions) {
  // ....
}
```

我们仅需要在项目的根目录中创建一个/modules/目录，并随后编写模块代码。注意，如果打算将模块作为 npm 包发布，那么需要包含下面一行代码。

```
module.exports.meta = require('./package.json')
```

此外还需要遵循来自 Nuxt 社区的下列模板。

https://github.com/nuxt-community/module-template/tree/master/template

无论是针对 Nuxt 社区还是自己的项目创建模块，每个模块都应该可以访问下列内容。

- 模块选项。

我们可将 JavaScript 对象中的某些选项传递至配置文件的模块中，如下所示。

```
// nuxt.config.js
export default {
  modules: [
    ['~/modules/basic/module', { language: 'ES' }],
  ]
}
```

随后可在模块函数的第 1 个参数中通过 moduleOptions 访问之前的选项，如下所示。

```
// modules/basic/module.js
export default function (moduleOptions) {
  console.log(moduleOptions)
}
```

我们将得到下列从配置文件中传递的选项。

```
{
  language: 'ES'
}
```

- 配置选项。

另外，我们还可创建自定义选项（如 token、proxy 或 basic），并将某些特定的选项传递至模块中（自定义选项可用于在模块间共享），如下所示。

```
// nuxt.config.js
export default {
  modules: [
    ['~/modules/basic/module'],
```

```
  ],
  basic: { // custom option
    option1: false,
    option2: true,
  }
}
```

接下来通过 this.options 访问上述自定义选项，如下所示。

```
// modules/basic/module.js
export default function (moduleOptions) {
  console.log(this.options['basic'])
}
```

我们将得到从配置文件中传递的下列选项。

```
{
  option1: false,
  option2: true
}
```

随后组合 moduleOptions 和 this.options，如下所示。

```
// modules/basic/module.js
export default function (moduleOptions) {
  const options = {
    ...this.options['basic'],
    ...moduleOptions
  }
  console.log(options)
}
```

相应地，我们可得到从配置文件中传递的下列组合选项。

```
{
  option1: false,
  option2: true
}
```

- Nuxt 实例。

我们可使用 this.nuxt 访问 Nuxt 实例。读者可访问下列链接获取有效的方法（如 hook 方法，在启动 Nuxt 时可使用该方法针对特定事件创建相应的任务）。

https://nuxtjs.org/api/internals-nuxt

- ModuleContainer 实例。

我们可采用 this 访问 ModuleContainer 实例。读者可访问下列链接获取有效的方法（如 addPlugin 方法，模块中经常会使用该方法注册一个插件）。

https://nuxtjs.org/api/internals-module-container

❑ module.exports.meta 代码行。

如前所述，如果将模块发布为 npm 包，那么需要使用这一代码行。本书将引领读者创建项目模块，下面首先讨论如何创建一个基本的模块，具体步骤如下。

（1）利用下列代码创建一个 module 文件。

```
// modules/basic/module.js
const { resolve } = require('path')

export default function (moduleOptions) {
  const options = {
    ...this.options['basic'],
    ...moduleOptions
  }

  // Add plugin.
  this.addPlugin({
    src: resolve(__dirname, 'plugin.js'),
    fileName: 'basic.js',
    options
  })
}
```

（2）利用下列代码创建一个 plugin 文件。

```
// modules/basic/plugin.js
var options = []

<% if (options.option1 === true) { %>
 options.push('option 1')
<% } %>

<% if (options.option2 === true) { %>
 options.push('option 2')
<% } %>

<% if (options.language === 'ES') { %>
 options.push('language ES')
<% } %>
```

```
const basic = function () {
  return options
}

export default ({ app }, inject) => {
  inject('basic', basic)
}
```

注意：

符号<%= %>是 Lodash 用于在模板函数中插入数据属性的插值分隔符，稍后将对此加以讨论。关于 Lodash template 函数的更多信息，读者可访问 https://lodash.com/docs/4.17.15#template。

（3）仅在 Nuxt 配置文件中包含模块文件路径（/modules/basic/module.js），并通过 basic 自定义选项提供一些选项，如下所示。

```
// nuxt.config.js
export default {
  modules: [
    ['~/modules/basic/module', { language: 'ES' }],
  ],

  basic: {
    option1: false,
    option2: true,
  }
}
```

（4）具体使用方式如下。

```
// pages/index.vue
mounted () {
  const basic = this.$basic()
  console.log(basic)
}
```

（5）每次访问主页时，应可在浏览器的控制台上看到下列输出结果。

```
["option 2", "language ES"]
```

这里应注意 module.js 如何处理高级配置的细节内容，如语言和选项。另外，module.js 还负责注册 plugin.js 文件，后者将执行实际的工作。不难发现，模块可被视为插件的一个封装器，稍后还将对此进行深入讨论。

注意：

如果仅针对构建阶段和开发阶段编写模块，那么可使用 Nuxt 配置文件中的 buildModules 选项注册模块，而非 Node.js 运行期的 modules 选项。关于 buildModules 选项的更多细节内容，读者可访问 https://nuxtjs.org/guide/modules#build-only-modules 和 https://nuxtjs.org/api/ configuration-modules。

6.4　编写异步 Nuxt 模块

如果需要在模块中使用 Promise 对象，例如通过 HTTP 客户端获取远程 API 中的某些异步数据，那么 Nuxt 对此提供了较好的支持。下面将讨论编写异步模块时可用的一些属性。

6.4.1　使用 async/await

我们可通过 Axios 在模块中使用 ES6 async/await，以及第 4 章介绍的 HTTP 客户端，如下所示。

```
// modules/async-await/module.js
import axios from 'axios'

export default async function () {
  let { data } = await axios.get(
    'https://jsonplaceholder.typicode.com/posts')
  let routes = data.map(post => '/posts/' + post.id)
  console.log(routes)
}

// nuxt.config.js
modules: [
  ['~/modules/async-await/module']
]
```

在上述示例中，采用了 Axios 中的 get 方法获取远程 API（JSONPlaceholder，https://jsonplaceholder.typicode.com/）中的全部帖子信息。当首次启动 Nuxt 应用程序时，终端中应可看到下列输出结果。

```
[
  '/posts/1',
  '/posts/2',
  '/posts/3',
  ...
]
```

6.4.2　返回一个 Promise

我们可在模块中使用一个 Promise 链以返回 Promise 对象，如下所示。

```
// modules/promise-sample/module.js
import axios from 'axios'

export default function () {
  return axios.get('https://jsonplaceholder.typicode.com/comments')
    .then(res => res.data.map(comment => '/comments/' + comment.id))
    .then(routes => {
      console.log(routes)
    })
}

// nuxt.config.js
modules: [
  ['~/modules/promise-sample/module']
]
```

在该示例中，我们使用 Axios 中的 get 方法获取远程 API 中的全部评论信息。随后使用 then 方法链接 Promise 并输出结果。当首次启动 Nuxt 应用程序时，可在终端中看到下列输出结果。

```
[
  '/comments/1',
  '/comments/2',
  '/comments/3',
  ...
]
```

注意：

读者可访问 GitHub 存储库中的/chapter-6/nuxtuniversal/modules/async/部分查看这两个示例。

根据这两个异步选项和基本的模块编写技巧，我们可以方便地创建自己的Nuxt模块。

6.5　编写 Nuxt 模块片段

在该示例中，我们将把自定义模块划分为多个部分，即片段。

注意：

读者可访问 GitHub 存储库中的/chapter-6/nuxtuniversal/module-snippets/部分查看模块片段。

6.5.1　使用顶级选项

读者是否还记得之前讨论的配置选项？模块选项是在 Nuxt 配置文件中注册模块的顶级选项的，我们甚至可以组合来自不同模块的多个选项并共享选项。接下来看一个示例，该示例使用了@nuxtjs/axios 和@nuxtjs/proxy，具体步骤如下。

（1）通过 npm 安装两个模块。

```
$ npm i @nuxtjs/axios
$ npm i @nuxtjs/proxy
```

这两个模块经适当集成后可防止 CORS 问题，稍后将在开发跨域应用程序中进一步查看并讨论这一问题。这里，无须手动注册@nuxtjs/proxy 模块，但应位于 package.json 文件的依赖项中。

（2）注册@nuxtjs/axios 模块，并在 Nuxt 配置文件中针对这两个模块设置顶级选项。

```
// nuxt.config.js
export default {
  modules: [
    '@nuxtjs/axios'
  ],
  axios: {
    proxy: true
  },
  proxy: {
    '/api/': { target: 'https://jsonplaceholder.typicode.com/',
    pathRewrite: {'^/api/': ''} },
```

```
  }
}
```

axios 自定义选项中的 proxy: true 选项通知 Nuxt 使用@nuxtjs/proxy 模块作为代理。proxy 自定义选项中的/api/: {...}选项通知@nuxtjs/axios 模块使用 https://jsonplaceholder.typicode.com/作为 API 服务器的目标地址；而 pathRewrite 选项则通知@nuxtjs/axios 在 HTTP 请求期间移除地址中的/api/，因为目标 API 中不存在包含/api 的路由。

（3）在组件中投入使用上述两个模块，如以下示例所示。

```
// pages/index.vue
<template>
  <ul>
    <li v-for="user in users">
      {{ user.name }}
    </li>
  </ul>
</template>

<script>
export default {
  async asyncData({ $axios }) {
    const users = await $axios.$get('/api/users')
    return { users }
  }
}
</script>
```

当使用这两个模块时，可编写较为简洁的 API 地址，如可在 https://jsonplaceholder.typicode.com/users 中编写/api/users，而非 https://jsonplaceholder.typicode. com/users，因为无须在每次调用中编写完整的 URL。注意，在 Nuxt 配置文件中配置的/api/将被添加至 API 端点的全部请求中。因此，当发送请求时，可使用 pathRewrite 执行移除操作。

注意：

关于这两个模块提供的更多信息和顶级选项，读者可访问 https://axios.nuxtjs.org/options（针对@nuxtjs/axios）和 https://github.com/nuxt-community/ proxy-module（针对@nuxtjs/proxy）。

此外，读者还可访问 GitHub 存储库中的/chapter-6/nuxt-universal/module-snippets/top-level/查看刚刚创建的示例模块片段。

6.5.2　使用 addPlugin 辅助方法

如前所述，我们可通过 this 关键字访问 ModuleContainer 和 this.addPlugin 辅助方法。在相关示例中，我们采用这一辅助方法创建了一个可提供插件的模块。对应的插件为 bootstrap-vue，它将在 Vue 实例中被注册。下面通过下列步骤创建模块片段。

（1）安装 Bootstrap 和 BootstrapVue。

```
$ npm i bootstrap-vue
$ npm i bootstrap
```

（2）创建一个插件文件以导入 vue 和 bootstrap-vue，随后利用 use 方法注册 bootstrap-vue。

```
// modules/bootstrap/plugin.js
import Vue from 'vue'
import BootstrapVue from 'bootstrap-vue/dist/bootstrap-vue.esm'

Vue.use(BootstrapVue)
```

（3）创建一个模块文件以利用 addPlugin 方法添加刚刚创建的插件。

```
// modules/bootstrap/module.js
import path from 'path'

export default function (moduleOptions) {
  this.addPlugin(path.resolve(__dirname, 'plugin.js'))
}
```

（4）在 Nuxt 配置文件中添加 bootstrap 模块的文件路径。

```
// nuxt.config.js
export default {
  modules: [
    ['~/modules/bootstrap/module']
  ]
}
```

（5）在组件上开始使用 bootstrap-vue。例如，创建一个按钮并在 Bootstrap 中切换警告文本，如下所示。

```
// pages/index.vue
<b-button @click="toggle">
  {{ show ? 'Hide' : 'Show' }} Alert
```

```
</b-button>
<b-alert v-model="show">
  Hello {{ name }}!
</b-alert>

import 'bootstrap/dist/css/bootstrap.css'
import 'bootstrap-vue/dist/bootstrap-vue.css'

export default {
  data () {
    return {
      name: 'BootstrapVue',
      show: true
    }
  }
}
```

根据这一模块片段，我们无须每次在组件上使用时导入 bootstrap-vue，因为它已经通过上述模块片段以全局方式被添加。此处仅需导入其 CSS 文件。在实际操作中，我们使用了 Bootstrap 的自定义<b-button>组件切换 Bootstrap 的自定义<b-alert>组件。随后，<b-alert>组件将在按钮上切换文本'Hide'或'Show'。

注意：

关于 BootstrapVue 的更多信息，读者可访问 https://bootstrapvue.js.org/。另外，读者还可访问 GitHub 存储库中的/chapter-6/nuxt-universal/module-snippets/provide-plugin/查看当前示例。

6.5.3 使用 Lodash 模板

如前所述，通过 if 条件块，我们可利用 Lodash 模板修改注册插件的输出结果。再次说明，Lodash 模板是一个代码块，并可利用<%=%>插值分隔符插入数据属性。下列步骤展示了另一个示例。

（1）创建一个插件文件，导入 axios 并添加 if 条件块，以确保向 axos 提供请求 URL，进而在 Nuxt 应用程序以 dev 模式（npm run dev）调试运行时在终端上输出请求结果。

```
// modules/users/plugin.js
import axios from 'axios'

let users = []
<% if (options.url) { %>
```

```
  users = axios.get('<%= options.url %>')
<% } %>

<% if (options.debug) { %>
  // Dev only code
  users.then((response) => {
    console.log(response);
  })
  .catch((error) => {
    console.log(error);
  })
<% } %>

export default ({ app }, inject) => {
  inject('getUsers', async () => {
    return users
  })
}
```

（2）创建一个 module 文件，利用 addPlugin 方法添加刚刚创建的插件文件，并通过 options 选项将请求 URL 和 this.options.dev 的布尔值传递至该插件中。

```
// modules/users/module.js
import path from 'path'

export default function (moduleOptions) {
  this.addPlugin({
    src: path.resolve(__dirname, 'plugin.js'),
    options: {
      url: 'https://jsonplaceholder.typicode.com/users',
      debug: this.options.dev
    }
  })
}
```

（3）将该模块的文件路径添加至 Nuxt 配置文件中。

```
// nuxt.config.js
export default {
  modules: [
     ['~/modules/users/module']
    ]
}
```

（4）在组件上使用$getUsers 方法，如下所示。

```
// pages/index.vue
<li v-for="user in users">
  {{ user.name }}
</li>

export default {
  async asyncData({ app }) {
    const { data: users } = await app.$getUsers()
    return { users }
  }
}
```

在上述示例中，在将插件复制至项目中时，Nuxt 将利用 https://jsonplaceholder.typicode.com/users 替换 options.url。options.debug 的 if 条件块将在产品构建阶段从插件代码中被剥离出来，因而在产品模式下（npm run build 和 npm run start）将无法在终端上看到 console.log 输出结果。

注意：

读者可访问 GitHub 存储库中的/chapter-6/nuxt-universal/module-snippets/templateplugin/部分查看刚刚创建的示例模块片段。

6.5.4　添加 CSS 库

在前述模块片段示例中，我们创建了一个模块，它可方便地在应用程序中以全局方式使用 bootstrap-vue 插件，而无须使用 import 语句请求插件，示例如下。

```
// pages/index.vue
<b-button size="sm" @click="toggle">
  {{ show ? 'Hide' : 'Show' }} Alert
</b-button>

import 'bootstrap/dist/css/bootstrap.css'
import 'bootstrap-vue/dist/bootstrap-vue.css'
export default {
  //...
}
```

由于每次无须导入 bootstrap-vue，因此代码看起来更加整洁。注意，此处仅需导入 CSS 样式。相应地，通过模块将样式添加至应用程序的全局 CSS 栈中，还可以进一步节省代码。下面创建一个新的示例并查看如何实现这一操作。

（1）创建一个模块文件，其中包含一个名为 options 的 const 变量（用于将模块和顶级选项传递至插件文件中），以及一个 if 条件块（用于确定是否使用 vanilla JavaScript 的 push 方法将 CSS 文件推送到 Nuxt 配置文件的 css 选项中）。

```
// modules/bootstrap/module.js
import path from 'path'
export default function (moduleOptions) {
  const options = Object.assign({}, this.options.bootstrap,
    moduleOptions)

  if (options.styles !== false) {
    this.options.css.push('bootstrap/dist/css/bootstrap.css')
    this.options.css.push('bootstrap-vue/dist/bootstrap-vue.css')
  }

  this.addPlugin({
    src: path.resolve(__dirname, 'plugin.js'),
    options
  })
}
```

（2）创建一个注册了 bootstrap-vue 插件的插件文件，以及一个 if 条件 Lodash 模板块（用于输出模块文件中处理的选项）。

```
// modules/bootstrap/plugin.js
import Vue from 'vue'
import BootstrapVue from 'bootstrap-vue/dist/bootstrap-vue.esm'

Vue.use(BootstrapVue)

<% if (options.debug) { %>
  <% console.log (options) %>
<% } %>
```

（3）将模块的文件路径添加至 Nuxt 配置文件中，其中，模块选项用于指定是否禁用模块文件中的 CSS 文件。此外，还需添加顶级选项 bootstrap，以将布尔值传递至 debug 选项中。

```
// nuxt.config.js
export default {
  modules: [
    ['~/modules/bootstrap/module', { styles: true }]
  ],
```

```
  bootstrap: {
    debug: process.env.NODE_ENV === 'development' ? true : false
  }
}
```

（4）从组件中移除 CSS 文件。

```
// pages/index.vue
<script>
- import 'bootstrap/dist/css/bootstrap.css'
- import 'bootstrap-vue/dist/bootstrap-vue.css'
export default {
  //...
}
</script>
```

最后，我们可在组件中使用 bootstrap-vue 插件及其 CSS 文件，且无须导入全部内容。另一个示例则通过模块片段将 Font Awesome css 选项推送至 Nuxt 配置文件中，如下所示。

```
// modules/bootstrap/module.js
export default function (moduleOptions) {
  if (moduleOptions.fontAwesome !== false) {
    this.options.css.push('font-awesome/css/font-awesome.css')
  }
}
```

注意：

关于 Font Awesome 的更多信息，读者可访问 https://fontawesome.com/。

读者可访问 GitHub 存储库中的/chapter-6/nuxt-universal/module-snippets/css-lib/部分查看刚刚创建的示例模块片段。

6.5.5 注册自定义 webpack 加载器

当需要扩展 Nuxt 中的 webpack 配置时，通常可利用 build.extend 在 nuxt.config.js 文件中完成该操作。但使用包含下列模块/加载器模板的 this.extendBuild，我们也可通过模块实现相同操作。

```
export default function (moduleOptions) {
  this.extendBuild((config, { isClient, isServer }) => {
    //...
  })
}
```

假设打算通过 svg-transform-loader 扩展 webpack 配置，这是一个用于在 SVG 图像中添加或修改标签和属性的 webpack 加载器。该加载器的主要用途是使用 SVGfill、stroke 和其他操作。此外，还可以在 CSS、Sass、Stylus 或 PostCSS 中使用这一加载器。例如，如果打算利用白色填充 SVG 图像，可使用 fill 向图像中添加 fff（CSS 颜色的白色代码），如下所示。

```
.img {
  background-image: url('./img.svg?fill=fff');
}
```

如果打算通过 Sass 中的某个变量在 SVG 图像上执行 stroke 操作，则可执行下列操作。

```
$stroke-color: fff;

.img {
  background-image: url('./img.svg?stroke={$stroke-color}');
}
```

下面创建一个示例模块，将该加载器注册至 Nuxt webpack 默认的配置中，以便在 Nuxt 应用程序中操控 SVG 图像。

（1）通过 npm 安装加载器。

```
$ npm i svg-transform-loader
```

（2）利用之前提供的模块/加载器创建一个模块文件。

```
// modules/svg-transform-loader/module.js
export default function (moduleOptions) {
  this.extendBuild((config, { isClient, isServer }) => {
    //...
  })
}
```

（3）在 this.extendBuild 的回调中，添加下列代码行，查找文件加载器并从其现有的规则集中移除 svg。

```
const rule = config.module.rules.find(
  r => r.test.toString() === '/\\.(png|jpe?g|gif|svg|webp)$/i'
)
rule.test = /\.(png|jpe?g|gif|webp)$/i
```

（4）随后添加下列代码块，并将 svg-transform-loader 加载器推送至默认 webpack 配置的模块规则中。

```
config.module.rules.push({
  test: /\.svg(\?.)?$/, // match img.svg and img.svg?param=value
  use: [
    'url-loader',
    'svg-transform-loader'
  ]
})
```

至此，我们完成了当前模块。

（5）向 Nuxt 配置文件中添加该模块的文件路径。

```
// nuxt.config.js
export default {
  modules: [
    ['~/modules/svg-transform-loader/module']
  ]
}
```

（6）转换组件中的 SVG 图像，如下所示。

```
// pages/index.vue
<template>
  <div>
    <div class="background"></div>
    <img src="~/assets/bug.svg?stroke=red&stroke-width=4&fill=blue">
  </div>
</template>

<style lang="less">
.background {
  height: 100px;
  width: 100px;
  border: 4px solid red;
  background-image: url('~assets/bug.svg?stroke=red&stroke-width=2');
}
</style>
```

注意：

关于 svg-transform-loader 的更多信息，读者可访问 https://www.npmjs.com/package/svg-transform-loader。另外，关于规则集的更多信息，以及 Nuxt 默认 webpack 配置的完整内容，读者可访问 https://webpack.js.org/configuration/module/ruletest（webpack 规则测试）和 https://github.com/nuxt/nuxt.js/blob/dev/packages/webpack/src/config/base.js（Nuxt 默认的 webpack 配置）。

读者可访问 GitHub 存储库中的/chapter-6/nuxt-universal/module-snippets/webpack-loader/部分查看刚刚创建的示例模块片段。

6.5.6 注册自定义 webpack 插件

Nuxt 模块除了注册 webpack 加载器，还可在下列模块/插件架构中使用 this.options.build.plugins.push 注册 webpack 插件。

```
export default function (moduleOptions) {
  this.options.build.plugins.push({
    apply(compiler) {
      ompiler.hooks.<hookType>.<tap>('<PluginName>', (param) => {
        //...
      })
    }
  })
}
```

<tap>取决于钩子类型，可以是 tapAsync、tapPromise，或者仅仅是 tap。下面通过 Nuxt 模块创建一个较为简单的"Hello World" webpack 插件，具体步骤如下。

（1）利用模块/插件架构创建一个模块文件，用以输出"Hello World!"，如下所示。

```
// modules/hello-world/module.js
export default function (moduleOptions) {
  this.options.build.plugins.push({
    apply(compiler) {
      compiler.hooks.done.tap('HelloWordPlugin', (stats) => {
        console.log('Hello World!')
      })
    }
  })
}
```

需要注意的是，当单击 done 钩子时，stats 将作为参数被传递。

（2）向 Nuxt 配置文件中添加模块的文件路径。

```
// nuxt.config.js
export default {
  modules: [
  ['~/modules/hello-world/module']
}
```

（3）利用$ npm run dev 运行 Nuxt 应用程序，随后在终端上应可看到"Hello World!"这一输出结果。

注意，apply 方法、compiler、hooks 和 taps 均是构建 webpack 插件的关键内容。

注意：

如果读者还不甚了解 webpack 插件，并希望学习如何开发 webpack 插件，那么可访问 https://webpack.js.org/contribute/writing-a-plugin/。

读者可访问 GitHub 存储库中的/chapter-6/nuxt-universal/module-snippets/webpack-plugin/部分查看刚刚创建的示例模块片段。

6.5.7　在特定的钩子上创建任务

当 Nuxt 启动后，如果需要在特定的生命周期事件（如所有模块完成了加载任务）上执行具体任务，那么可以创建一个模块，使用 hook 方法监听该事件并随后执行任务。考查下列示例。

- 如果希望在所有模块完成加载后执行某些操作，可尝试执行下列内容。

```
export default function (moduleOptions) {
  this.nuxt.hook('modules:done', moduleContainer => {
    //...
  })
}
```

- 如果希望在创建渲染器之后执行某些操作，可尝试下列内容。

```
export default function (moduleOptions) {
  this.nuxt.hook('render:before', renderer => {
    //...
  })
}
```

- 如果希望在编译器（默认为 webpack）之前执行某些操作，可尝试下列内容。

```
export default function (moduleOptions) {
  this.nuxt.hook('build:compile', async ({ name, compiler }) => {
    //...
  })
}
```

- 如果希望在 Nuxt 生成页面之前执行某些操作，可尝试下列内容。

```
export default function (moduleOptions) {
```

```
  this.nuxt.hook('generate:before', async generator => {
    //...
  })
}
```

❑ 如果希望 Nuxt 就绪时执行某些操作，可尝试下列内容。

```
export default function (moduleOptions) {
  this.nuxt.hook('ready', async nuxt => {
    //...
  })
}
```

下面创建一个简单的模块，以监听 modules:done 钩子/事件，具体步骤如下。

（1）创建一个模块文件，用于在加载所有模块后输出'All modules are loaded'。

```
// modules/tasks/module.js
export default function (moduleOptions) {
  this.nuxt.hook('modules:done', moduleContainer => {
    console.log('All modules are loaded')
  })
}
```

（2）创建多个模块，用于输出'Module 1'、'Module 2'、'Module 3'等，如下所示。

```
// modules/module1.js
export default function (moduleOptions) {
  console.log('Module 1')
}
```

（3）向 Nuxt 配置文件中添加钩子模块和其他模块的文件路径。

```
// nuxt.config.js
export default {
  modules: [
    ['~/modules/tasks/module'],
    ['~/modules/module3'],
    ['~/modules/module1'],
    ['~/modules/module2']
  ]
}
```

（4）利用$ npm run dev 运行 Nuxt 应用程序，随后应可在终端上看到下列输出结果。

```
Module 3
Module 1
```

```
Module 2
All modules are loaded
```

可以看到，钩子模块通常最后被输出，而其余内容则根据它们在 modules 选项中的顺序依次被输出。

钩子模块可以是异步的，无论是使用 async/await 函数还是返回 Promise。

注意：

关于 Nuxt 生命周期事件中的钩子，读者可访问下列链接了解更多信息。

- 对于 Nuxt 的模块生命周期（ModuleContainer 类）：https://nuxtjs.org/api/internals-modulecontainer-hooks。
- 对于 Nuxt 的构建生命周期事件（Builder 类）：https://nuxtjs.org/api/internals-builderhooks。
- 对于 Nuxt 的生成生命周期事件（Generator 类）：https://nuxtjs.org/api/internals-generatorhooks。
- 对于 Nuxt 的渲染器生命周期事件（Renderer 类）：https://nuxtjs.org/api/internals-rendererhooks。
- 对于 Nuxt 自身中的生命周期事件（Nuxt 类）：https://nuxtjs.org/api/internals-nuxthooks。

读者可访问 GitHub 存储库中的/chapter-6/nuxt-universal/module-snippets/hooks/部分查看当前示例模块片段。

6.6　本 章 小 结

本章讨论了 Nuxt 中的插件和模块。从技术角度上看，它们可被视为 JavaScript 函数，可针对项目创建这些函数，或者从外部源进行导入。另外，我们还学习了如何在 Nuxt 环境中创建全局函数，即将其注入 Vue 实例和/或 Nuxt 上下文中，以及创建客户端和服务器端函数。最后，我们学习了如何添加 JavaScript 库以创建模块片段，其中涉及使用 addPlugin 帮助方法、以全局方式添加 CSS 库、使用 Lodash 模板并有条件地修改注册插件的输出结果、向 Nuxt 默认 webpack 配置中添加 webpack 加载器和插件，以及利用 Nuxt 生命周期事件钩子（如 modules:done）创建任务。

第 7 章将介绍 Vue 表单，以及如何将其添加至 Nuxt 应用程序中。我们将学习 v-model 在 HTML 元素中的工作方式，如 text、textarea、checkboxradio 和 select。此外，本章还将讨论如何在 Vue 应用程序中验证这些元素、绑定默认和动态数据以及使用修饰符，如.lazy 和.trim，进而调整或强制输入值。最后，我们还将介绍如何通过 Vue 插件 vee-validate 进行验证，并将其应用至 Nuxt 应用程序中。

第 7 章　添加 Vue 表单

本章将利用 v-model 和 v-bind 创建表单。我们将学习如何在将表单发送至服务器之前在客户端验证表单。其间，我们将学习创建包含基本元素的表单、绑定动态值并使用修饰符调整输入元素的行为。此外，本章还将学习如何使用 vee-validate 插件来验证表单，并将其应用于 Nuxt 应用程序中。在本章中，学习和理解如何结合 Vue 表单使用 v-model 和 v-bind 十分重要，因为我们将在第 10 章和第 12 章使用表单。

本章主要涉及以下主题。

- 理解 v-model。
- 利用基本的数据绑定机制验证表单。
- 生成动态值绑定。
- 使用修饰符。
- 利用 VeeValidate 验证表单。
- 在 Nuxt 应用程序中使用自定义验证。

7.1　理解 v-model

v-model 是一个 Vue 指令（一个自定义内建 Vue HTML 属性），可以在表单的 input、textarea 和 select 元素上生成双向绑定。我们可将一个表单输入与 Vue 数据进行绑定，一般在用户与输入框交互时更新数据。v-model 通常忽略在表单元素上设置的初始值，但会将 Vue 数据视为实际源。因此，在 data 选项或函数中，我们应在 Vue 一侧声明初始值。

v-model 将选取相应的方式并根据输入类型更新元素，这意味着，如果通过 type="text" 在表单输入上使用 v-model，v-model 将使用 value 作为属性和 input 作为事件执行双向绑定。接下来考查这个指令下包含哪些内容。

7.1.1　在文本和文本框中使用 v-model

如前所述，第 5 章中曾介绍了利用 v-model 实现的双向绑定并创建了自定义输入组件，还介绍了输入（<input v-model="username">）的 v-model 语法，如下所示。

```
<input
  v-bind:value="username"
  v-on:input="username = $event.target.value"
>
```

幕后的 input 输入元素绑定了 value 属性，该属性从 username 处理程序处获取值，而 username 则从输入事件中获取值。因此，自定义文本输入组件通常也必须在 model 属性中使用 value prop 和 input 事件，如下所示。

```
Vue.component('custom-input', {
  props: {
    value: String
  },
  model: {
    prop: 'value',
    event: 'input'
  },
  template: `<input v-on:input="$emit('input', $event.target.value)">`,
})
```

这是因为 v-model 输入的本质由 v-bind:value 和 von:input 构成。在 textarea 元素中使用 v-model 指令也是一样的，如下例所示。

```
<textarea v-model="message"></textarea>
```

这里，v-model textarea 表示为下列内容的简写形式。

```
<textarea
  v-bind:value="message"
  v-on:input="message = $event.target.value"
></textarea>
```

幕后的 textarea 输入元素绑定了 value 属性，该属性从处理程序 message 处获取值，而 message 则从 input 事件中获取其值。因此，自定义 textarea 组件通常也必须始终遵循 v-model textarea 元素的性质，即在 model 属性中使用 value prop 和 input 事件，如下所示。

```
Vue.component('custom-textarea', {
  props: {
    value: null
  },
  model: {
    prop: 'value',
    event: 'input'
  }
})
```

简言之，v-model text 输入元素和 v-model textarea 输入元素通常将 value 属性与某个处理程序进行绑定，以便在输入事件上获得新值，因此必须通过相同的属性和事件自定义输入组件。

那么，对于复选框和单选按钮元素中的 v-model，情况又当如何？下面将对此加以讨论。

7.1.2　在复选框和单选按钮元素中使用 v-model

换言之，v-model、checkbox 和 radio 按钮输入元素通常将 checked 属性与一个布尔值进行绑定，该布尔值在 change 事件中被更新，如下所示。

```
<input type="checkbox" v-model="subscribe" value="yes" name="subscribe">
```

上述代码片段中的 v-model checkbox 输入元素实际上是下列内容的简写形式。

```
<input
  type="checkbox"
  name="subscribe"
  value="yes"
  v-bind:checked="false"
  v-on:change="subscribe = $event.target.checked"
>
```

因此，自定义复选框输入元素必须遵循 v-model 复选框输入元素的性质，即在 model 属性中采用 checked prop 和 change 事件，如下所示。

```
Vue.component('custom-checkbox', {
  props: {
    checked: Boolean,
  },
  model: {
    prop: 'checked',
    event: 'change'
  }
})
```

相同操作也适用于 v-model 单选按钮输入元素，如下所示。

```
<input type="radio" v-model="answer" value="yes" name="answer">
```

上述 v-model 可被视为下列内容的另一种简写形式。

```
<input
  type="radio"
  name="answer"
```

```
  value="yes"
  v-bind:checked="answer == 'yes'"
  v-on:change="answer = $event.target.value"
>
```

因此，自定义单选按钮输入元素也必须遵循 v-model 元素的性质，如下所示。

```
Vue.component('custom-radio', {
  props: {
    checked: String,
    value: String
  },
  model: {
    prop: 'checked',
    event: 'change'
  }
})
```

由于 v-model 的 checkbox 和 radio 按钮输入元素总是绑定 value 属性，并在 change 事件上更新，因此自定义输入组件必须采用相同的属性和事件。接下来考查 v-model 在 select 元素中的工作方式。

7.1.3　在 select 元素中使用 v-model

类似地，v-model select 输入元素通常将 value 值与一个处理程序进行绑定，以便获取 change 事件上的所选值，如下所示。

```
<select
  v-model="favourite"
  name="favourite"
>
  //...
</select>
```

上述 v-model checkbox 输入元素可被视为下列内容的另一个简写形式。

```
<select
  v-bind:value="favourite"
  v-on:change="favourite = $event.target.value"
  name="favourite"
>
  //...
</select>
```

因此，自定义 checkbox 输入元素也必须遵循 v-model 元素的性质，即在 model 属性中使用 value prop 和 change 事件，如下所示。

```
Vue.component('custom-select', {
  props: {
    value: String
  },
  model: {
    prop: 'value',
    event: 'change'
  }
})
```

v-model 是 v-bind 和 v-on 之上的语法糖。其中，v-bind 将值绑定至标记上，而 v-on 则更新用户输入事件的数据，用户输入事件可以是 change 或 input 事件。简言之，v-model 在底层组合了 v-bind 和 v-on。但作为一名 Vue/Nuxt 应用程序开发者，理解语法背后的含义是很重要的。

注意：

读者可访问 GitHub 存储库中的/chapter-7/vue/html/部分查看该示例。

至此，我们介绍了 v-model 指令在表单输入元素中的工作方式，接下来将在表单上使用这些 v-model 元素并对其进行验证。

7.2　利用基本的数据绑定机制验证表单

表单是一个用于收集信息的文档。HTML <form>元素即是一个表单，它可从 Web 用户处收集数据或信息，其中需要<input>元素指定需要收集的数据。但在接收数据之前，通常需要对其进行验证和过滤，以便从用户处获得干净和正确的数据。

Vue 可方便地验证来自 v-model 输入元素中的数据，下面首先讨论一个单文件组件（SFC）应用程序和 webpack（参见第 5 章）。此处将创建一个简单的表单，其中包含一个 submit 按钮和在<template>块中显示错误消息的标记，如下所示。

```
// src/components/basic.vue
<form v-on:submit.prevent="checkForm" action="/" method="post">
  <p v-if="errors.length">
    <b>Please correct the following error(s):</b>
    <ul>
      <li v-for="error in errors">{{ error }}</li>
```

```
    </ul>
  </p>
  <p>
    <input type="submit" value="Submit">
  </p>
</form>
```

稍后将在<form>中添加其余的输入元素。接下来设置基本的结构及其需求内容。其中，我们使用 v-on:submit.prevent 防止浏览器在默认状态下发送表单数据，因为我们将在<script>块的 Vue 实例中使用 checkForm 方法处理提交操作。

```
// src/components/basic.vue
export default {
  data () {
    return {
      errors: [],
      form: {...}
    }
  },
  methods:{
    checkForm (e) {
      this.errors = []
      if (!this.errors.length) {
        this.processForm(e)
      }
    },
    processForm (e) {...}
  }
}
```

在 JavaScript 一侧，我们定义了一个数组存储验证过程中可能出现的错误消息。相应地，checkForm 逻辑验证稍后添加的所需字段。如果所需的字段无法通过验证，那么我们将把错误消息推送至 errors 中。如果表单被正确地填充和/或不存在错误消息，那么该表单将被传递至 processForm 逻辑中，其中我们可进一步处理表单数据，随后将其发送至服务器中。

7.2.1 验证文本元素

下面针对单行文本添加一个<input>元素。

```
// src/components/basic.vue
<label for="name">Name</label>
<input v-model="form.name" type="text">
```

```
export default {
  data () {
    return {
      form: { name: null }
    }
  },
  methods:{
    checkForm (e) {
      this.errors = []
      if (!this.form.name) {
        this.errors.push('Name required')
      }
    }
  }
}
```

在<script>块中，我们在 data 函数中定义了一个 name 属性，用于保存初始 null 值，并在源自<input>元素的 input 事件上进行更新。单击 submit 按钮时，我们将验证 if 条件块中的 name 数据。如果 name 未包含所提供的数据，那么我们将把错误消息推送至 errors 中。

7.2.2　验证 textarea 元素

对于多行文本，我们将添加一个<textarea>元素，其工作方式与<input>元素相同。

```
// src/components/basic.vue
<label for="message">Message</label>
<textarea v-model="form.message"></textarea>

export default {
  data () {
    return {
      form: { message: null }
    }
  },
  methods:{
    checkForm (e) {
      this.errors = []
      if (!this.form.message) {
        this.errors.push('Message required')
      }
    }
```

```
  }
}
```

在<script>块中，我们在 data 函数中定义了一个 message 属性，用于保存初始 null 值，并在源自<textarea>元素的 input 事件上进行更新。单击 submit 按钮时，我们将验证 if 条件块中的 message 数据。如果 message 未包含所提供的数据，那么我们将把错误消息推送至 errors 中。

7.2.3　验证复选框元素

接下来将添加单复选框<input>元素，用以存储默认的布尔值。

```
// src/components/basic.vue
<label class="label">Subscribe</label>
<input type="checkbox" v-model="form.subscribe">

export default {
  data () {
    return {
      form: { subscribe: false }
    }
  },
  methods:{
    checkForm (e) {
      this.errors = []
      if (!this.form.subscribe) {
        this.errors.push('Subscription required')
      }
    }
  }
}
```

除此之外，我们还将添加下列多复选框<input>元素，这些元素被绑定至相同的数组上，即 book:[]。

```
// src/components/basic.vue
<input type="checkbox" v-model="form.books" value="On the Origin of pecies">
<label for="On the Origin of Species">On the Origin of Species</label>

<input type="checkbox" v-model="form.books" value="A Brief History of Time">
<label for="A Brief History of Time">A Brief History of Time</label>
```

```
<input type="checkbox" v-model="form.books" value="The Selfish Gene">
<label for="The Selfish Gene">The Selfish Gene</label>

export default {
  data () {
    return {
      form: { books: [] }
    }
  },
  methods:{
    checkForm (e) {
      this.errors = []
      if (this.form.books.length === 0) {
        this.errors.push('Books required')
      }
    }
  }
}
```

在<script>块中，我们在 data 函数中定义了一个 subscribe 属性，用于保存初始布尔值 false，并在源自复选框<input>元素的 change 事件上进行更新。单击 submit 按钮时，我们将验证 if 条件块中的 subscribe 数据。如果 message 未包含所提供的数据或者为 false，那么我们将把错误消息推送至 errors 中。

针对多个复选框<input>元素，我们将执行相同的操作，即定义一个 books 属性用以存储初始空数组，并在源自复选框<inpur>元素的 change 事件上进行更新。随后，我们将在 if 条件块中验证 books 数据，如果其长度为 0，则将把错误消息推送至 errors 中。

7.2.4　验证单元按钮元素

接下来的元素是多个单选按钮<input>元素，这些元素被绑定至相同的属性名上，即 gender。

```
// src/components/basic.vue
<label for="male">Male</label>
<input type="radio" v-model="form.gender" value="male">

<label for="female">Female</label>
<input type="radio" v-model="form.gender" value="female">

<label for="other">Other</label>
<input type="radio" v-model="form.gender" value="other">
```

```
export default {
  data () {
    return {
      form: { gender: null }
    }
  },
  methods:{
    checkForm (e) {
      this.errors = []
      if (!this.form.gender) {
        this.errors.push('Gender required')
      }
    }
  }
}
```

在<script>块中，我们在 data 函数中定义了一个 gender 属性，用于保存初始 null 值，并在源自所选的<input>单选按钮元素的 change 事件上进行更新。单击 submit 按钮时，我们将验证 if 条件块中的 gender 数据。如果 gender 未包含所提供的数据，那么我们将把错误消息推送至 errors 中。

7.2.5　验证 select 元素

接下来的元素是包含多个<option>元素的单个<select>元素，如下所示。

```
// src/components/basic.vue
<select v-model="form.favourite">
  <option disabled value="">Please select one</option>
  <option value="On the Origin of Species">On the Origin of Species</option>
  <option value="A Brief History of Time">A Brief History of Time</option>
  <option value="The Selfish Gene">The Selfish Gene</option>
</select>

export default {
  data () {
    return {
      form: { favourite: null }
    }
  },
  methods:{
    checkForm (e) {
```

```
      this.errors = []
      if (!this.form.favourite) {
        this.errors.push('Favourite required')
      }
    }
  }
}
```

最后一个元素是包含多个<option>元素的多个<select>元素（这些元素被绑定至同一个 Array 中，即 favourites: []）。

```
// src/components/basic.vue
<select v-model="form.favourites" multiple >
  <option value="On the Origin of Species">On the Origin of Species</option>
  <option value="A Brief History of Time">A Brief History of Time</option>
  <option value="The Selfish Gene">The Selfish Gene</option>
</select>

export default {
  data () {
    return {
      form: { favourites: [] }
    }
  },
  methods:{
    checkForm (e) {
      this.errors = []
      if (this.form.favourites.length === 0) {
        this.errors.push('Favourites required')
      }
    }
  }
}
```

在<script>块中，我们在 data 函数中定义了一个 favourites 属性，用于保存初始 null 值，并在源自<select>元素的 change 事件上进行更新。单击 submit 按钮时，我们将验证 if 条件块中的 favourites 数据。如果 favourites 未包含所提供的数据，那么我们将错误消息推送至 errors 中。针对<select>元素，我们将执行相同的操作，即定义一个保存初始空数组的 favourites 属性，并在源自<select>元素的 change 事件上进行更新。随后在 if 条件块中验证 favourites 数据。如果 favourites 数据的长度为 0，那么我们将错误消息推送至 errors 中。

接下来通过 processForm 逻辑完成当前表单。processForm 逻辑仅在 checkForm 逻辑中未发现错误时才被调用。这里，我们采用 Node.js 包 qs 字符串化 this.form 对象，以便将数据以下列格式发送至服务器。

```
name=John&message=Hello%20World&subscribe=true&gender=other
```

下面利用 npm 安装 qs。

```
$ npm i qs
```

随后按照下列方式使用 qs。

```
import axios from 'axios'
import qs from 'qs'

processForm (e) {
  var data = qs.stringify(this.form)
  axios.post('../server.php', data)
  .then((response) => {
    // success callback
  }, (response) => {
    // error callback
  })
}
```

我们利用 axios 发送数据，并从服务器处获取响应结果（通常以 JSON 格式），随后处理响应数据，如在服务器端显示“成功”或“失败”的消息。

注意：

关于 qs 的更多信息，读者可访问 https://www.npmjs.com/package/qs；关于 axios，读者可访问 https://github.com/axios/axios。

另外，读者可访问 GitHub 存储库中的/chapter-7/vue/webpack/部分查看当前示例。

某些时候，我们需要将动态值绑定至表单输入上，而不是获取 v-model 中的默认值。例如，在当前示例中，我们仅通过单一复选框<input>元素获取 subscribe 属性的布尔值，但我们打算使用包含 yes 或 no 的字符串值。稍后将考查如何更改这一默认值。

7.3　生成动态值绑定

在前述示例中，我们仅通过 v-model 获取 radio、checkbox 和 select 选项中的字符串或布尔值。相应地，借助 true-value、false-value 和 v-bind，我们可以修改默认值。

7.3.1　替换布尔值——checkbox 元素

我们可将自定义值绑定至单一 checkbox 元素上，即使用 true-value 和 false-value。例如，可绑定 yes 值以将默认的 true 布尔值替换为 true-value；同时绑定 no 值以将默认的 false 布尔值替换为 false-value。

```
// src/components/dynamic-values.vue
<input
  type="checkbox"
  v-model="form.subscribe"
  true-value="yes"
  false-value="no"
>

export default {
  data () {
    return {
      form: { subscribe: 'no' }
    }
  },
  methods:{
    checkForm (e) {
      this.errors = []
      if (this.form.subscribe !== 'yes') {
        this.errors.push('Subscription required')
      }
    }
  }
}
```

在将 subscribe 输入发送至服务器后，我们将得到响应结果 yes 或 no。在<script>块中，我们将 no 声明为 subscribe 属性上的初始值，并在 if 条件块中对其进行验证，以确保单击 submit 按钮时该属性为 yes；否则，我们将错误消息推送至 errors 中。

7.3.2　利用动态属性替换字符串——radio 属性

关于单选按钮<input>元素，通过 v-bind 可将其值绑定至 Vue 实例的动态属性上。

```
// src/components/dynamic-values.vue
<input type="radio" v-model="form.gender" v-bind:value="gender.male">
```

```
export default {
  data () {
    return {
      gender: {
        male: 'm',
        female: 'f',
        other: 'o',
      },
      form: { gender: null }
    }
  }
}
```

当前，当选择该单选按钮时，我们将得到 m，且验证过程和之前相同。

7.3.3　利用对象替换字符串

我们还可以针对表单输入使用 v-model 非字符串值（如 Object），如下所示。

```
// src/components/dynamic-values.vue
<select v-model="form.favourite">
  <option v-bind:value="{ title: 'On the Origin of Species' }">On
    the Origin of Species</option>
</select>

export default {
  data () {
    return {
      form: {
        favourite: null
      }
    }
  }
}
```

当选择该选项时，将针对 typeof this.favourite 得到 object，并针对 this.favourite.title 得到 On the Origin of Species。另外，验证逻辑并无变化。

不仅如此，我们还可以利用动态值和 v-for 动态渲染<option>元素。

```
// src/components/dynamic-values.vue
<select v-model="form.favourites" name="favourites_array[]" multiple >
  <option v-for="book in options.books" v-bind:value="book.value">
    {{ book.text }}
```

```
  </option>
</select>

data () {
  return {
    form: { favourites: [] },
    options: {
      books: [
        { value: { title: 'On the Origin of Species' }, text: 'On the Origin
          of Species'},
        { value: { title: 'A Brief History of Time' }, text: 'A Brief
          History of Time'},
        { value: { title: 'The Selfish Gene' }, text: 'The Selfish Gene'}
      ]
    }
  }
}
```

此处无须硬编码<option>元素。我们可以从其他地方（如 API）获取 books 数据。除了将动态值绑定至表单输入中，我们还可修改输入元素上 v-model 的默认行为。例如，无须将输入与数据同步，而是在其上使用 change 事件。

7.4 使用修饰符

Vue 提供了 3 种修饰符，即.lazy、.number 和.trim，我们可使用 v-model 修改默认事件，或向表单输入中添加额外的功能。

7.4.1 添加.lazy

我们可将.lazy 与 v-model 结合使用，进而将 input 事件更改为<input>和<textarea>元素上的 change 事件。

```
// src/components/modifiers.vue
<input v-model.lazy="form.name" type="text">
```

当前，包含数据的输入在 change 后将被同步，而不是默认的 input 事件。

7.4.2 添加.number

我们可使用.number 和 v-model，并通过 type="number"将 string 的默认类型转换为

<input>元素上的 number，如下所示。

```
// src/components/modifiers.vue
<input v-model.number="form.age" type="number">
```

当前，我们将针对 typeof this.form.age 获得 number，而非不包含.number 的 string。

7.4.3　添加.trim

我们可使用.trim 和 v-model 去除用户输入中的空格，如下所示。

```
// src/components/modifiers.vue
<textarea v-model.lazy.trim="form.message"></textarea>
```

当前，用户中的文本内容将被自动剪裁，文本开始和结尾处的附加空格将被去除。

尽管可编写自定义验证逻辑，但存在一个重要的插件可帮助我们方便地验证输入内容，或显示对应的错误消息。该插件为 VeeValidate，并且是一个基于模板的 Vue 验证框架。接下来考查如何使用 VeeValidate 插件。

7.5　利用 VeeValidate 验证表单

通过 VeeValidate，我们可使用其组件验证 HTML 表单和 Vue 的作用域槽（scoped slot）并公开错误消息。例如，下列内容是我们比较熟悉的 v-model 输入元素。

```
<input v-model="username" type="text" />
```

如果打算利用 VeeValidate 对其进行验证，仅需要通过一个<ValidationProvider>组件封装相应的输入。

```
<ValidationProvider name="message" rules="required" v-slot="{ errors }">
  <input v-model="username" name="username" type="text" />
  <span>{{ errors[0] }}</span>
</ValidationProvider>
```

一般而言，我们可采用<ValidationProvider>组件验证<input>元素。相应地，可利用 rules 属性将验证规则绑定至<ValidationProvider>组件上，并通过 v-slot 指令显示错误消息。下面考查如何利用该插件加速验证过程，具体步骤如下。

（1）利用 npm 安装 VeeValidate。

```
$ npm i vee-validate
```

（2）在/src/目录中创建一个.js 文件，并通过 VeeValidate 中的 extend 函数添加规则。

```
// src/vee-validate.js
import { extend } from 'vee-validate'
import { required } from 'vee-validate/dist/rules'

extend('required', {
  ...required,
  message: 'This field is required'
})
```

VeeValidate 在独立的包中提供了许多内建规则，如 required、email、min、regex 等，因此可导入应用程序所需的特定规则。在前述代码中，我们导入了 required 规则并通过 extend 函数对其进行安装，随后将自定义消息添加至 message 属性中。

（3）将/src/vee-validate.js 导入初始化 Vue 实例的主入口文件中。

```
// src/main.js
import Vue from 'vue'
import './vee-validate'
```

（4）采用局部方式将 ValidationProvider 导入一个页面中，并开始对该页面上的输入框进行验证。

```
// src/components/vee-validation.vue
<ValidationProvider name="name" rules="required|min:3" v-slot="{errors}">
  <input v-model.lazy="name" type="text" name="name">
  <span>{{ errors[0] }}</span>
</ValidationProvider>

import { ValidationProvider } from 'vee-validate'

export default {
  components: {
    ValidationProvider
  }
}
```

此外，还可以在/src/main.js 或/src/plugins/vee-validate.js 文件中以全局方式注册 ValidationProvider。

```
import Vue from 'vue'
import { ValidationProvider, extend } from 'vee-validate'

Vue.component('ValidationProvider', ValidationProvider)
```

如果并不打算在应用程序的每个页面上使用 ValidationProvider 组件，那么这一做法可能难以令人满意。也就是说，若打算在某个页面上使用该组件，则可采用局部方式对其进行导入。

（5）采用局部方式导入 ValidationObserver 组件，并向 v-slot 指令中添加 passes 对象。下面重构步骤（4）中的 JavaScript 代码。

```
// src/components/vee-validation.vue
<ValidationObserver v-slot="{ passes }">
  <form v-on:submit.prevent="passes(processForm)"
novalidate="true">
    //...
    <input type="submit" value="Submit">
  </form>
</ValidationObserver>

import {
  ValidationObserver,
  ValidationProvider
} from 'vee-validate'

export default {
  components: {
    ValidationObserver,
    ValidationProvider
  },
  methods:{
    processForm () {
      console.log('Posting to the server...')
    }
  }
}
```

我们采用<ValidationObserver>组件封装<form>元素，并在提交前查看其该元素是否有效。此外，我们还使用<ValidationObserver>上作用域槽的对象的 passes 属性，以防止表单无效提交。随后将 processForm 方法传递至表单元素上 v-on:submit 事件的 passes 函数中。如果表单无效，那么 processForm 方法将不会被调用。

可以看到，我们不再需要 methods 属性中 v-on:submit 事件上的 checkForm 方法，因为 VeeValidate 在元素验证方面执行了大量的工作，所以 JavaScript 代码变得更加简洁。这里，我们仅需通过<ValidationProvider>和<ValidationObserver>组件封装输入框即可。

注意：

关于 Vue 槽和 VeeValidate 的更多信息，读者可访问下列链接。

- VeeValidate：https://logaretm.github.io/vee-validate/。
- Vue：https://vuejs.org/v2/guide/components-slots.html。

读者可访问 GitHub 存储库中的/chapter-7/vue/cli/部分查看当前示例。

接下来介绍 Nuxt 应用程序中 VeeValidate 的应用方式。

7.6　在 Nuxt 应用程序中使用自定义验证

本节将在示例站点中的 Contact 页面上应用自定义验证机制。可以看到，现有的 Contact 表单已经安装了来自 Foundation（Zurb）的验证。Foundation 表单验证则是另一种较为重要的验证方式。

注意：

关于 Foundation 的更多信息，读者可访问官方指导页面，对应网址为 https://foundation.zurb.com/sites/docs/abide.html。

如果打算利用 VeeValidate 执行自定义验证，那么需要安装并配置 Nuxt 方面的内容，具体步骤如下。

（1）通过 npm 安装 VeeValidate。

```
$ npm i vee-validate
```

（2）在/plugins/目录中创建一个插件文件，并添加所需规则，如下所示。

```
// plugins/vee-validate.js
import { extend } from 'vee-validate'
import {
  required,
  email
} from 'vee-validate/dist/rules'

extend('required', {
  ...required,
  message: 'This field is required'
})

extend('email', {
```

```
  ...email,
  message: 'This field must be a valid email'
})
```

该文件中的内容与 Vue 应用程序中的文件保持一致。

（3）在 Nuxt 配置文件的 plugins 选项中包含插件路径。

```
// nuxt.config.js
plugins: [
  '~/plugins/vee-validate'
]
```

（4）将/vee-validate/dist/rules.js 文件的异常添加至 Nuxt 配置文件的 build 选项中。

```
// nuxt.config.js
build: {
  transpile: [
    "vee-validate/dist/rules"
  ],
  extend(config, ctx) {}
}
```

在 Nuxt 中，默认状态下，/node_modules/文件夹被排除在转换之外，当采用 vee-validate 读取 Unexpected token export 时会得到一条错误信息。因此，需要在运行 Nuxt 应用程序之前针对转换添加/vee-validate/dist/rules.js。

（5）导入 ValidationObserver 和 ValidationProvider 组件，就像在 Vue 应用程序中所做的那样。

```
// pages/contact.vue
import {
  ValidationObserver,
  ValidationProvider
} from 'vee-validate'

export default {
  components: {
    ValidationObserver,
    ValidationProvider
  }
}
```

（6）从<form>中移除 Foundation 的 data-abide 属性，但需要利用<ValidationObserver>组件对其进行封装，并通过 passes 和 processForm 方法将 submit 事件绑定至<form>元素中，如下所示。

```
// pages/contact.vue
<ValidationObserver v-slot="{ passes }" ref="observer">
  <form v-on:submit.prevent="passes(processForm)" novalidate>
  //...
  </form>
</option>
```

该步骤与 Vue 应用程序中执行的步骤相同，但添加了步骤（8）所需的 ref="observer"。

（7）利用<ValidationProvider>组件重构<form>元素中的所有<input>元素，如下所示。

```
// pages/contact.vue
<ValidationProvider name="name" rules="required|min:3" v-slot="{
errors, invalid, validated }">
  <label v-bind:class="[invalid && validated ? {'is-invalid-label':
    '{_field_}'} : '']">Name
    <input
      type="text"
      name="name"
      v-model.trim="name"
      v-bind:class="[invalid && validated ? {'is-invalid-input':
        '{_field_}'} : '']"
    >
    <span class="form-error">{{ errors[0] }}</span>
  </label>
</ValidationProvider>
```

该步骤与之前 Vue 应用程序中执行的步骤相同。但在该示例中，我们在 v-slot 指令中添加了两个作用域槽数据属性，即 invalid 和 validated，从而有条件地将类绑定至<label>和<input>元素中。因此，如果针对 invalid 和 validated 得到了 true，那么可将 is-invalid-label 和 is-invalid-input 类各自绑定至对应的元素上。

注意：

关于 Validation Provider 的作用域槽数据属性的更多信息，读者可访问 https://vee-validate.logaretm.com/v2/guide/components/validation-provider.html#scoped-slot-data。

（8）通过添加下列数据属性以同步 v-model 输入元素，我们将重构<script>块中的 data 函数。此外，我们还在 methods 选项中添加了两个方法，如下所示。

```
// pages/contact.vue
export default {
  data () {
    return {
```

```
      name: null,
      email: null,
      subject: null,
      message: null
    }
  },
  methods:{
    clear () {
      this.name = null
      this.email = null
      this.subject = null
      this.message = null
    },
    processForm (event) {
      alert('Processing!')
      console.log('Posting to the server...')
      this.clear()
      this.$refs.observer.reset()
    }
  }
}
```

该步骤等同于 Vue 应用程序中执行的步骤，但在当前示例中，我们针对 methods 选项在 processForm 中添加了 clear 和 reset 方法。这里，<ValidationObserver>组件在提交后并不会重置表单的状态，因此需要通过手动方式执行这一操作，即作为引用传递观察者〔参见步骤（6）〕，随后通过 this.$refs 从 Vue 实例中对其进行访问。

（9）将 3 个作用域槽（即 dirty、invalid 和 validated）添加至<ValidationObserver>组件中，以切换警告和成功消息。<ValidationObserver>组件的重构操作如下所示。

```
// pages/contact.vue
<ValidationObserver v-slot="{ passes, dirty, invalid, validated }"
ref="observer">
  <div class="alert callout" v-if="invalid && validated">
    <p><i class="fi-alert"></i> There are some errors in your form.</p>
  </div>
  //...
  <div class="success callout" v-if="submitted && !dirty">
    <p><i class="fi-like"></i>  Thank you for contacting me.</p>
  </div>
</ValidationObserver>

export default {
```

```
  data () {
    return {
      submitted: false
      //...
    }
  },
  methods:{
    processForm (event) {
      console.log('Posting to the server...')
      this.submitted = true
      //...
    }
  }
}
```

在该步骤中，我们添加了一个 submitted 数据属性，该属性在默认状态下为 false，当在 processForm 方法中提交表单时，该属性被设置为 true。另外，当作用域槽中的 invalid 和 validated 均为 true 时，警告消息块方为可见；当 submitted 属性为 true，dirty 作用域槽数据属性为 false 时，成功消息块处于可见状态。如果输入框之一为“脏”状态——换言之，当某个字母出现于输入框时，那么我们将从 dirty 属性中得到 true。

不难发现，重构后的 Nuxt 应用程序代码与 Vue 标准应用程序较为类似。但在 Nuxt 应用程序中，我们向表单中添加了更为复杂的逻辑，如切换警告和成功消息、有条件地将类绑定至<label>和<input>元素上，以及表单提交后重置<ValidationObserver>组件。输入元素其他部分的重构过程基本保持不变，读者可访问 GitHub 存储库中的/chapter-7/nuxt-universal/sample-website/予以查看。

7.7 本章小结

本章讨论了表单输入中基于 v-model 的 Vue 表单验证机制。其间，我们学习了动态值绑定、如何使用修饰符修改默认的输入元素和类型、使用 vee-validate 插件简化验证过程。最后，我们将这些知识应用于 Nuxt 应用程序中。

第 8 章将介绍如何在 Nuxt 应用程序中添加一个服务器端框架。我们将通过 Koa 创建一个简单的 API，并将其与 Nuxt 进行集成，进而在 HTTP 客户端 Axios 上通过 asyncData 请求 API 数据。此外，我们还将引入一个基于 webpack 的最小化构建系统 Backpack，从而简化单文件组件 Vue 应用中使用的自定义 webpack 配置。最后，我们将学习如何在 Nuxt 应用程序中使用这一构建系统。

第 3 部分

服务器开发和数据管理

第 3 部分将向 Nuxt 项目中添加一个服务器端框架和数据库系统，以便从服务器端获取数据。此外还将添加一个 Vuex Store，用于管理 Nuxt 中的全局数据。

第 3 部分主要包含以下 3 章。

第 8 章：添加服务器端框架。

第 9 章：添加服务器端数据库。

第 10 章：添加 Vuex Store。

第 8 章　添加服务器端框架

本章将学习如何利用服务器端框架配置 Nuxt，以及如何使用 asyncData 方法从服务器端框架中获取数据，如 Koa 或 Express。构建基于 Nuxt 的服务器端框架十分简单，仅需析取一个框架作为一类公民，并将 Nuxt 用作中间件。对此，可采用 npx create-nuxt-app <project-name>进行设置。尽管如此，我们仍将通过手动方式予以实现，以使读者更好地理解这两个应用程序的协同工作方式。除此之外，本章还将 Backpack 用作构建系统的子系统。

本章主要涉及以下主题。

- 引入 Backpack。
- 引入 Koa。
- 将 Koa 与 Nuxt 进行集成。
- 理解异步数据。
- 访问 asyncData 中的上下文。
- 利用 Axios 获取异步数据。

8.1　引入 Backpack

Backpack 是一个子系统，用于构建基于 0 配置或最小配置的现代 Node.js 的应用程序。Backpack 支持最新的 JavaScript，并可处理 webpack 所涉及的文件查看、实时重载、转换机制和打包机制。这里，我们可将其视为一个 webpack 的封装器，以及 webpack 配置的简化版本。关于 Backpack，读者可访问 https://github.com/jaredpalmer/backpack 查看更多信息。下面讨论如何使用 Backpack 并以此加速应用程序开发过程。

8.1.1　安装和配置 Backpack

下列步骤展示了如何利用 Backpack 创建 Node.js 应用程序。

（1）通过 npm 安装 Backpack。

```
$ npm i backpack-core
```

（2）在 dev 脚本中，利用 backpack 在项目的根目录中创建一个/src/目录和一个 package.json 文件，如下所示。

```
{
  "scripts": {
    "dev": "backpack"
  }
}
```

注意：

/src/应作为应用程序默认的入口目录。

（3）利用一个函数在项目的根目录中创建一个 Backpack 配置文件，进而配置 webpack，如下所示。

```
// backpack.config.js
module.exports = {
  webpack: (config, options, webpack) => {
    // ....
    return config
  }
}
```

该步骤是可选的。但是，如果打算将应用程序的默认入口目录（即步骤（2）中创建的/src/目录）更改为不同的目录，如/server/目录，则可执行下列操作。

```
webpack: (config, options, webpack) => {
  config.entry.main = './server/index.js'
  return config
}
```

（4）利用下列命令在开发模式下启动应用程序。

```
$ npm run dev
```

随后即可在/server/目录中开发应用程序的源代码，并在浏览器上通过设定的端口访问应用程序。下面利用 Backpack 创建一个简单的 Express 应用程序。

8.1.2　利用 Backpack 创建一个简单的应用程序

下列步骤展示了如何利用 Backpack 创建一个 Express 应用程序。

（1）通过 npm 安装 Express。

```
$ npm i express
```

（2）在 package.json 文件中，在 dev 脚本后添加 build 和 start 脚本。

```
// package.json
"scripts": {
  "dev": "backpack",
  "build": "backpack build",
  "start": "cross-env NODE_ENV=production node build/main.js"
}
```

（3）创建 Backpack 配置文件，如前所述，将/server/用作应用程序的入口文件夹。

```
// backpack.config.js
module.exports = {
  webpack: (config, options, webpack) => {
    config.entry.main = './server/index.js'
    return config
  }
}
```

（4）利用'Hello World'消息创建一个简单的路由。

```
// server/index.js
import express from 'express'
const app = express()
const port = 3000

app.get('/', (req, res) =>
  res.send('Hello World')
)

app.listen(port, () =>
  console.log(Example app listening on port ${port}!)
)
```

（5）以开发模式运行应用程序。

```
$ npm run dev
```

在浏览器中访问 127.0.0.1:3000 查看应用程序，随后在屏幕上可以看到 Hello World 这一输出结果。读者可访问 GitHub 存储库中的/chapter-8/backpack/查看该示例。接下来将使用 Koa 服务器端框架，并以较少的代码（相比于 Express）编写 ES2015 代码和异步函数。

8.2　引入 Koa

Koa 是 Express 团队设计的一个 Node.js Web 框架，其主要目标是为 Web 应用程序和 API 提供一项更为紧凑、更有表现力的基础内容。如果读者接触过 Express 并厌倦了其“回调地狱”，那么 Koa 则弃用了回调机制，并通过异步函数极大地提升了错误处理能力。此外，级联机制也是 Koa 中的一项重要内容——所添加的中间件可在“下游”和“上游”之间运行，从而进一步丰富了可预测性控制。稍后将对此进行讨论。

注意：

关于 Koa 的更多内容，读者可访问 https://koajs.com/。

8.2.1　安装和配置 Koa

下面利用 Backpack 的默认配置（未创建 Backpack 的配置文件）创建一个 Koa 应用程序。

（1）通过 npm 安装 Koa。

```
$ npm i koa
```

（2）使用/src/作为 Backpack 的默认入口目录，并利用 Koa 风格的最少量代码在该目录中创建一个入口文件。

```
// src/index.js
const Koa = require('koa')
const app = new Koa()

app.use(async ctx => {
  ctx.body = 'Hello World'
})
app.listen(3000)
```

（3）以开发模式运行 Koa 应用程序。

```
$ npm run dev
```

当访问 127.0.0.1:3000 并在浏览器上查看应用程序时，应可在屏幕上看到 Hello World 这一输出结果。如果采用 Express 创建 Node.js 应用程序，不难发现，作为一种替代方案，Koa 可利用更加简洁的代码实现相同的任务。接下来讨论 Koa 的上下文，以及 Koa 中级联机制的工作方式。

8.2.2　ctx 的含义

读者可能想知道最少量代码中 ctx 的含义、req 和 res 对象的位置，因为它们均出现于 Express 应用程序中，同时也并未在 Koa 中消失，只是被封装在成为 ctx 的 Koa 上下文中。我们可以通过下列方式访问请求和响应对象。

```
app.use(async ctx => {
  ctx.request
  ctx.response
})
```

可以看到，我们可以方便地使用 ctx.request 并针对 Node.js response 对象访问 Node.js 的 request 对象和 ctx.response。注意，这两个重要的 HTTP 对象并未在 Koa 中消失，它们只是被隐藏在 Koa 上下文的 ctx 中。接下来讨论 Koa 中级联机制的工作方式。

8.2.3　了解 Koa 级联机制的工作方式

简言之，Koa 中级联机制的工作方式可描述为，顺序地调用下游中间件，并控制其顺序地流回上游。接下来将创建一个简单的 Koa 应用程序以描述 Koa 中的这一重要特性。

（1）在/src/目录中创建一个 index.js 文件。

```
// src/index.js
const Koa = require('koa')
const app = new Koa()

app.use(async ctx => {
  console.log('Hello World')
  ctx.body = 'Hello World'
})
app.listen(3000)
```

（2）在 Hello World 中间件之前创建 3 个中间件，以便先期运行。

```
app.use(async (ctx, next) => {
  console.log('Time started at: ', Date.now())
  await next()
})

app.use(async (ctx, next) => {
```

```
  console.log('I am the first')
  await next()
  console.log('I am the last')
})

app.use(async (ctx, next) => {
  console.log('I am the second')
  await next()
  console.log('I am the third')
})
```

（3）以开发模式运行应用程序，随后在终端上可以看到下列输出结果。

```
Time started at: 1554647742894
I am the first
I am the second
Hello World
I am the third
I am the last
```

在展示过程中，请求通过“Time started at:”流向“I am the first,I am the second,”并最终到达 Hello World。当向下（下游）不再执行中间件时，每个中间件将按照下列顺序被解除并向上（上游）恢复：I am the third, I am the last。

注意：

读者可访问 GitHub 存储库中的/chapter-8/koa/cascading/部分查看当前示例。

Koa 具有简约化特性，因而其核心不包含任何中间件。默认状态下，Express 配置了一个路由器，而 Koa 则未设置路由器。在使用 Koa 编写应用程序时，这可被视为一项挑战，因为我们需要选择一个第三方包，或者 GitHub 主页（https://github.com/koajs）上列出的某一个包。对此，我们可进行测试并查找不符合要求的选项。相应地，存在一些可用于路由的 Koa 包。本书主要使用 koa-router，以及其他一些使用 Koa 开发 API 的必要依赖项。下面通过安装相应的包并创建一个主应用程序对此加以考查。

（1）安装 koa-router 模块并按照下列方式使用。

```
$ npm i koa-router
```

将 koa-router 导入包含主路由/的入口文件中，如下所示。

```
// src/index.js
const Router = require('koa-router')
const router = new Router()
```

```
router.get('/', (ctx, next) => {
  ctx.body = 'Hello World'
})

app
  .use(router.routes())
  .use(router.allowedMethods())
```

关于中间件的更多信息，读者可访问 Koa 的 GitHub 存储库中的 https://github.com/koajs/koa-router 部分，该模块从 ZijianHe/koa-router（https://github.com/ZijianHe/ koa-router）处分叉。同时，这也是 Koa 社区中应用最为广泛的路由器模块，并通过 app.get、app.put、app.post 等提供了 Express 样式的路由机制。除此之外，该模块还支持其他较为重要的特性，如多路由中间件和多嵌套路由器。

（2）安装 koa-bodyparser 模块并按照下列方式使用。

```
$ npm i koa-bodyparser
```

将 koa-bodyparser 导入入口文件中，经注册后创建一个主路由/post，如下所示。

```
// src/index.js
const bodyParser = require('koa-bodyparser')
app.use(bodyParser())

router.post('/post', (ctx, next) => {
  ctx.body = ctx.request.body
})
```

关于该中间件的更多信息，读者可访问 Koa 的 GitHub 存储库中的 https://github.com/koajs/bodyparser 部分。其间，读者可能对体（body）分析器有所疑惑。当处理 HTML 表单时，我们采用 application/x-www-form-urlencoding 或 multipart/form-data 处理客户端和服务器端之间的数据，如下所示。

```
// application/x-www-form-urlencoding
<form action="/update" method="post">
  //...
</form>

// multipart/form-data
<form action="/update" method="post" encrypt="multipart/form-data">
  //...
</form>
```

HTML 表单的默认类型是 application/x-www-urlencoded，如果需要读取 HTTP POST、

PATCH 和 PUT 的数据，我们可使用一个体解析器。这是一个中间件，用于解析传入的请求、组装包含表单数据的块，随后创建一个填充了表单数据的体对象，以便在 ctx 对象的请求对象中对其进行访问，如下所示。

```
ctx.body = ctx.request.body
```

（3）导入 koa-favicon 模块并按照下列方式使用。

```
$ npm i koa-favicon
```

将 koa-favicon 导入入口文件中，并利用 favicon 的路径对其进行注册，如下所示。

```
// src/index.js
const favicon = require('koa-favicon')
app.use(favicon('public/favicon.ico'))
```

关于该中间件的更多信息，读者可访问 Koa 的 GitHub 存储库中的 https://github.com/koajs/favicon 部分。这是一个服务于 favicon 的中间件，因此可创建一个 favicon.ico 文件并将其保存在项目根目录的/public 文件夹中。在刷新主页后，应可在浏览器选项卡上看到 favicon。

（4）安装 koa-static 并按照下列方式使用。

```
$ npm i koa-static
```

将 koa-static 导入入口文件中，并利用下列路径对其进行注册。

```
const serve = require('koa-static')
app.use(serve('.'))
app.use(serve('static/fixtures'))
```

关于该中间件的更多信息，读者可访问 Koa 的 GitHub 存储库中的 https://github.com/koajs/static 部分。默认状态下，Koa 并不允许处理静态文件，但该中间件支持基于 API 的静态文件处理。例如，通过刚刚设置的路径，我们可以访问项目根目录的/static 文件夹中的下列文件。

- 获取 127.0.0.1:3000/package.json 处的/package.json。
- 获取 127.0.0.1:3000/hello.txt 处的/hello.txt。

在后续章节中，当利用 Koa 创建 API 时，我们将使用该中间件。接下来讨论如何实现 Koa 与 Nuxt 之间的集成。

注意：

读者可访问 GitHub 存储库中的/chapter-8/koa/skeleton/部分查看当前示例。

8.3　将 Koa 与 Nuxt 进行集成

Koa 与 Nuxt 之间的集成可在单一端口上实现，也可以在多个端口上实现跨域应用。本章将讨论单域集成，第 12 章将介绍跨域集成。此处将针对这两种类型的集成使用 koa-skeleton。另外，单域集成需要通过下列步骤进行配置。

（1）在 Nuxt 项目的根目录中创建一个/server/目录，并在利用 create-nuxt-app 构建工具创建项目后结构化服务器端目录，如下所示。

```
├── package.json
├── nuxt.config.js
├── server
│  ├── config
│  │  └── ...
│  ├── public
│  │  └── ...
│  ├── static
│  │  └── ...
│  └── index.js
└── pages
    └── ...
```

（2）修改默认的脚本，并在构建工具配置的默认 package.json 文件中使用 Backpack，如下所示。

```
// package.json
"scripts": {
  "dev": "backpack",
  "build": "nuxt build && backpack build",
  "start": "cross-env NODE_ENV=production node build/main.js",
  "generate": "nuxt generate"
}
```

（3）在根目录（其中包含 Nuxt 配置文件）中创建一个 Backpack 配置文件，进而将 Backpack 默认入口目录更改为刚刚创建的/server/目录。

```
// backpack.config.js
module.exports = {
  webpack: (config, options, webpack) => {
    config.entry.main = './server/index.js'
    return config
```

```
  }
}
```

（4）在/server/目录中创建一个 index.js 文件，以将 Koa 导入为主应用程序（确保已经安装了 Koa），将 Nuxt 导入为中间件，如下所示。

```
// server/index.js
import Koa from 'koa'
import consola from 'consola'
import { Nuxt, Builder } from 'nuxt'
const app = new Koa()
const nuxt = new Nuxt(config)

async function start() {
  app.use((ctx) => {
    ctx.status = 200
    ctx.respond = false
    ctx.req.ctx = ctx
    nuxt.render(ctx.req, ctx.res)
  })
}
start()
```

注意，我们创建了一个异步函数并将 Nuxt 用作中间件，以便在步骤中（5）中使用 await 语句运行 Nuxt 构建处理过程。

注意：

Consola 是一个控制台日志程序，且需要在使用前通过 npm 进行安装。关于 Consola 的更多信息，读者可访问 https://github.com/nuxt-contrib/consola。

（5）在将 Nuxt 注册为中间件之前，需要导入 Nuxt 配置内容，以实现开发模式下的构建过程。

```
// server/index.js
let config = require('../nuxt.config.js')
config.dev = !(app.env === 'production')
if (config.dev) {
  const builder = new Builder(nuxt)
  await builder.build()
} else {
  await nuxt.ready()
}
```

（6）通过监听端口和主机运行应用程序，并通过 Consola 记录服务器状态，如下所示。

```
app.listen(port, host)
consola.ready({
  message: `Server listening on http://${host}:${port}`,
  badge: true
})
```

（7）在开发模式下启动应用程序。

```
$ npm run dev
```

当前，Nuxt 和 Koa 作为单一应用程序运行。读者可能已经意识到，Nuxt 作为中间件在 Koa 之下运行。所有的 Nuxt 页面运行于 localhost:3000 处且与之前相比并无异样，但在后续章节中，我们将以 API 主端点方式配置 localhost:3000/api。

前述内容实现了集成并结构化了服务器端目录。下面将进一步完善 API 上的一些 API 路由和其他中间件，具体步骤如下。

（1）通过 npm 安装 Koa Router 和 Koa Static 包。

```
$ npm i koa-route
$ npm i koa-static
```

（2）生成一个服务器端配置文件。

```
// server/config/index.js
export default {
  static_dir: {
    root: '../static'
  }
}
```

（3）在/server/目录下创建一个 routes.js 文件，用于定义采用一些虚拟用户数据向公众公开的路由。

```
// server/routes.js
import Router from 'koa-router'
const router = new Router({ prefix: '/api' })

const users = [
  { id: 1, name: 'Alexandre' },
  { id: 2, name: 'Pooya' },
  { id: 3, name: 'Sébastien' }
]
```

```
router.get('/', async (ctx, next) => {
  ctx.type = 'json'
  ctx.body = {
    message: 'Hello World!'
  }
})

router.get('/users', async (ctx, next) => {
  ctx.type = 'json'
  ctx.body = users
})

router.get('/users/:id', async (ctx, next) => {
  const id = parseInt(ctx.params.id)
  const found = users.find(function (user) {
    return user.id == id
  })
  if (found) {
    ctx.body = found
  } else {
    ctx.throw(404, 'user not found')
  }
})
```

（4）将其他中间件导入独立的 middlewares.js 文件中，同时导入步骤（1）和步骤（2）的路由及配置文件。

```
// server/middlewares.js
import serve from 'koa-static'
import bodyParser from 'koa-bodyparser'
import config from './config'
import routes from './routes'

export default (app) => {
  app.use(serve(config.static_dir.root))
  app.use(bodyParser())
  app.use(routes.routes(), routes.allowedMethods())
}
```

我们在 API 中将不再使用 koa-favicon，因为我们以 JSON 格式导出数据，favicon.ico 的图像将不再显示在浏览器上。除此之外，Nuxt 已在 Nuxt 配置文件中为我们处理了 favicon.ico，因此可移除 koa-favicon 中间件。我们将创建一个中间件并将 JSON 数据装饰为两个最终的 JSON 输出结果。

- ❑ 输出结果 200 的格式。

```
{"status":<status code>,"data":<data>}
```

- ❑ 全部错误输出结果（如 400、500）的格式。

```
{"status":<status code>,"message":<error message>}
```

（5）在 app.use(serve(config.static_dir.root))代码行之前添加下列代码以生成上述格式。

```
app.use(async (ctx, next) => {
  try {
    await next()
    if (ctx.status === 404) {
      ctx.throw(404)
    }
    if (ctx.status === 200) {
      ctx.body = {
        status: 200,
        data: ctx.body
      }
    }
  } catch (err) {
    ctx.status = err.status || 500
    ctx.type = 'json'
    ctx.body = {
      status: ctx.status,
      message: err.message
    }
    ctx.app.emit('error', err, ctx)
  }
})
```

当前，基于相关中间件，我们将得到下列装饰后的输出结果，而非{"message":"Hello World!"}这一类输出结果。

```
{"status":200,"data":{"message":"Hello World!"}}
```

（6）在注册 Nuxt 之前，将 middlewares.js 文件导入 index.js 主文件中。

```
// server/index.js
import middlewares from './middlewares'

middlewares(app)
```

```
app.use(ctx => {
  ...
  nuxt.render(ctx.req, ctx.res)
})
```

（7）在开发模式下运行应用程序。

```
$ npm run dev
```

（8）如果在 localhost:3000/api 处访问应用程序，将在屏幕上获得下列输出结果。

```
{"status":200,"data":{"message":"Hello World!"}}
```

当访问 localhost:3000/api/users 处的用户索引页面时，将在屏幕上获得下列输出结果。

```
{"status":200,"data":[{"id":1,"name":"Alexandre"},{"id":2,"name":
"Pooya"},{"id":3,"name":"Sébastien"}]}
```

此外，还可以使用 localhost:3000/api/users/<id>获取特定的用户。例如，当采用 /api/users/1 时，将在屏幕上获得下列输出结果。

```
{"status":200,"data":{"id":1,"name":"Alexandre"}}
```

注意：

读者可以访问 GitHub 存储库中的/chapter-8/nuxtuniversal/skeletons/koa/部分查看集成后的示例应用程序。

稍后将在 Nuxt 页面中利用客户端上的 asyncData 方法考查如何请求上述 API 数据。

8.4　理解异步数据

asyncData 方法可通过异步方式获取数据，并在组件初始化之前将其渲染至服务器端。这是仅存在于 Nuxt 中的附加方法。这意味着，我们无法在 Vue 中使用 asyncData 方法，因为 Vue 不包含这一默认方法。Nuxt 通常在渲染页面组件之前执行 asyncData 方法。在使用 asyncData 方法的页面上，该方法在服务器端仅被执行一次；随后当通过<nuxt-link>组件生成的路由重新访问该页面时，该方法将在客户端被执行。Nuxt 将合并返回数据（源自 asyncData 方法）和组件数据（源自 data 方法或 data 属性）。另外，asyncData 方法将作为第 1 个参数接收 context 对象，如下所示。

```
export default {
  asyncData (context) {
```

```
    // ...
  }
}
```

记住，asyncData 方法通常在页面组件初始化之前被执行，因此无法通过该方法中的 this 关键字访问组件实例。asyncData 方法的使用包含两种方式，下面对此予以介绍。

8.4.1　返回一个 Promise

我们可通过返回一个 Promise 进而在 asyncData 方法中使用 Promise 对象，如下所示。

```
// pages/returning-promise.vue
asyncData (context) {
  const promise = new Promise((resolve, reject) => {
    setTimeout(() => {
      resolve('Hello World by returning a Promise')
    }, 1000)
  })

  return promise.then((value) => {
    return { message: value }
  })
}
```

在上述代码中，Nuxt 将在渲染包含'Hello World by returning a Promise'消息的页面组件之前等待 1 s 处理 Promise。

8.4.2　使用 async/await

此外，我们还可以使用包含 asyncData 方法的 async/await 语句，如下所示。

```
// pages/using-async.vue
async asyncData (context) {
  const promise = new Promise((resolve, reject) => {
    setTimeout(() => {
      resolve('Hello World by using async/await')
    }, 2000)
  })

  const result = await promise
  return { message: result }
}
```

在上述代码中，Nuxt 将在渲染包含'Hello World by using async/await'消息的页面组件之前等待 2 s 处理 Promise。使用 async/await 语句是编写异步 JavaScript 代码的新方式。该语句被构建于 Promise 对象之上，可以使异步代码更具可读性。本书将经常使用该语句。

8.4.3　合并数据

如前所述，asyncData 方法中的异步数据可以与 data 方法或 data 属性中的组件数据进行合并。这意味着，如果利用 asyncData 方法中相同的对象键设置组件数据中的某些默认数据，那么这些数据最终将被 asyncData 方法覆写，如下所示。

```
// pages/merging-data.vue
<p>{{ message }}</p>

export default {
  data () {
    return { message: 'Hello World' }
  },
  asyncData (context) {
    return { message: 'Data Merged' }
  }
}
```

在上述代码中，Nuxt 将合并两个数据集，屏幕上的最终结果如下。

```
<p>Data Merged</p>
```

注意：

读者可访问 GitHub 存储库中的/chapter-8/nuxt-universal/koanuxt/understanding-asyncdata/部分查看当前示例。

接下来我们将考查如何使用 context 对象，该对象可从 asyncData 方法中进行访问。

8.5　访问 asyncData 中的上下文

我们可访问 Nuxt 上下文中诸多有用的信息用于获取数据。表 8.1 列出了上下文对象存储的键。

表 8.1

❑ app	❑ req	❑ isDev
❑ route	❑ res	❑ isHMR
❑ store	❑ redirect	❑ beforeNuxtRender（fn）
❑ params	❑ error	❑ from
❑ query	❑ env	❑ nuxtState

这些内容都是 Nuxt 中所独有的，且不包含于 Vue 中，并可通过 context.<key>或{ <key> }对其进行访问。稍后将对这些键及其应用方式予以考查。

注意：

关于 Nuxt 上下文的更多信息，读者可访问 https://nuxtjs.org/api/context。

8.5.1　访问 req/res 对象

当在服务器端执行 asyncData 方法时，我们可访问 req 和 res 对象，这些对象包含用户发送的 HTTP 请求的有用信息。我们可在使用这些信息之前利用 if 条件语句对其进行检查。

```
// pages/index.vue
<p>{{ host }}</p>

export default {
  asyncData ({ req, res }) {
    if (process.server) {
      return { host: req.headers.host }
    }
    return { host: '' }
  }
}
```

上述代码使用了 if 条件以确保 asyncData 方法在获取请求头信息之前在服务器端被调用。此时，res 和 req 对象在客户端无法获得，因此在客户端对其进行访问时将得到 undefined 消息。当页面首次在浏览器上被加载时，从上述代码中得到的结果为 localhost: 3000；当通过<nuxt-link>组件生成的路由再次访问该页面时，将不会看到这一信息，除非刷新该页面。

8.5.2　访问动态路由数据

当应用程序中包含动态路由时，可通过 params 键访问动态路由数据。例如，如果

/pages/目录中包含_id.vue 文件，那么可通过 context.params.id 访问路由参数值，如下所示。

```
// pages/users/_id.vue
<p>{{ id }}</p>

export default {
  asyncData ({ params }) {
    return { id: params.id }
  }
}
```

在上述代码中，当在浏览器中调用 users/1 时，对应 id 为 1。

8.5.3　监听查询数据

默认状态下，当查询字符串变化时，asyncData 方法并不会被执行。例如，当采用<nuxt-link>组件在路由上使用诸如/users?id=<id>这一类查询时，如果查询通过<nuxt-link>组件路由发生变化，asyncData 方法并不会被调用。这是因为，默认状态下，Nuxt 禁用了查询变化监查机制以提升性能。如果打算修改这一默认行为，可使用 watchQuery 属性监听特定的参数。

```
// pages/users/index.vue
<p>{{ id }}</p>
<ul>
  <li>
    <nuxt-link :to="'users?id=1'">1</nuxt-link>
    <nuxt-link :to="'users?id=2'">2</nuxt-link>
  </li>
</ul>

export default {
  asyncData ({ query }) {
    return { id: query.id }
  },
  watchQuery: ['id']
}
```

上述代码监听 id 参数，因此当访问/users?id=1 时将得到 1；当访问/users?id=2 时将得到 2。如果打算针对所有查询字符串设置一个监查器，则可简单地将 watchQuery 设置为 true。

8.5.4　处理错误

我们可采用 context 对象中的 error 方法调用 Nuxt 默认错误页面并显示错误消息。对此，可通过默认的 params.statusCode 和 params.message 属性传递错误代码和消息。

```
// pages/users/error.vue
export default {
  asyncData ({ error }) {
    return error({
      statusCode: 404,
      message: 'User not found'
    })
  }
}
```

如果打算修改传递至 error 方法中的默认属性，可创建一个自定义错误页面（参见第 4 章）。下列步骤将创建这些自定义错误属性和布局。

（1）创建自定义属性页面。

```
// pages/users/error-custom.vue
export default {
  asyncData ({ error }) {
    return error({
      status: 404,
      text: 'User not found'
    })
  }
}
```

（2）在/layouts/目录中创建自定义错误页面。

```
// layouts/error.vue
<template>
  <div>
    <h1>Custom Error Page</h1>
    <h2>{{ error.status }} Error</h2>
    <p>{{ error.text }}</p>
    <nuxt-link to="/">Home page</nuxt-link>
  </div>
</template>

<script>
```

```
export default {
  props: ['error'],
  layout: 'layout-error'
}
</script>
```

（3）针对错误页面创建一个自定义布局页面。

```
// layouts/layout-error.vue
<template>
  <nuxt />
</template>
```

当访问/users/error-custom 时，应可看到自定义属性和布局。

注意：

读者可访问 GitHub 存储库中的/chapter-8/nuxt-universal/koanuxt/accessing-context/部分查看所有示例。

接下来将考查如何使用 HTTP 客户端 Axios，并借助 asyncData 方法查询 API 数据。

8.6　利用 Axios 获取异步数据

之前利用 Koa 创建了一个简单的 API，并针对其访问数据公开了某些公共路由，如/api/users 和/api/users/1。此外。我们还将该 API 和 Nuxt 集成至一个应用程序中，其中，Nuxt 作为中间件执行。同时，我们还学习了 asyncData 方法的工作方式，以及如何使用 Nuxt 上下文。接下来将整合这些内容，并通过 Axios 和 asyncData 查询 API 数据。

8.6.1　安装和配置 Axios

针对 Node.js 应用程序，Axios 是一个基于 Promise 的 HTTP 客户端，并可通过之前介绍的 asyncData 方法处理 vanilla Promise。在此基础上，我们可通过 Axios 进一步简化代码，这得到了异步 JavaScript 的支持并可生成异步 HTTP 请求。具体步骤如下。

（1）通过 npm 安装 Axios。

```
$ npm i axios
```

当采用 Axios 生成 HTTP 请求时，应使用全路径，如下所示。

```
axios.get('https://jsonplaceholder.typicode.com/posts')
```

但是，针对每个请求，在路径中包含 https://jsonplaceholder.typicode.com/可被视为一项重复性工作；除此之外，基 URL 还会随着时间发生变化。因此，我们应抽象并简化这一请求。

```
axios.get('/posts')
```

（2）在/plugins/目录中创建一个 Axios 实例。

```
// plugins/axios-api.js
import axios from 'axios'

export default axios.create({
  baseURL: 'http://localhost:3000'
})
```

（3）当组件需要时导入该插件。

```
import axios from '~/plugins/axios-api'
```

在安装和配置完毕后，即可着手获取异步数据。

8.6.2　利用 Axios 和 asyncData 获取数据

下列步骤将创建包含渲染数据的页面。

（1）创建一个索引页面并列出全部用户。

```
// pages/users/index.vue
<li v-for="user in users" v-bind:key="user.id">
  <nuxt-link :to="'users/' + user.id">
    {{ user.name }}
  </nuxt-link>
</li>

<script>
import axios from '~/plugins/axios-api'
export default {
  async asyncData({error}) {
    try {
      let { data } = await axios.get('/api/users')
      return { users: data.data }
    } catch (e) {
      // handle error
    }
```

```
  }
}
</script>
```

在当前页面上，我们使用 Axios 中的 get 方法调用/api/users 的 API 端点，并随后转换为 localhost:3000/api/users，对应的输出结果为用户列表，如下所示。

```
{"status":200,"data":[{"id":1,"name":"Alexandre"},{"id":2,"name":
"Pooya"},{"id":3,"name":"Sébastien"}]}
```

随后，我们使用 JavaScript 的解构赋值{data}将数据键解包至输出结果中。当使用 async/await 语句时，较好的做法是将代码封装至 try/catch 块中。接下来需要请求一个单用户的数据。

（2）创建一个单用户页面用于渲染用户数据。

```
// pages/users/_id.vue
<h2>
  {{ user.name }}
</h2>

<script>
import axios from '~/plugins/axios-api'
export default {
  name: 'id',
  async asyncData ({ params, error }) {
    try {
      let { data } = await axios.get('/api/users/' + params.id)
      return { user: data.data }
    } catch (e) {
      // handle error
    }
  }
}
</script>
```

在对应页面上，我们再次使用 Axios 中的 get 方法调用/api/users/<id>的 API 端点，并随后转换至 localhost:3000/api/users/<id>以获取单用户的数据。

```
{"status":200,"data":{"id":1,"name":"Alexandre"}}
```

我们再次使用 JavaScript 的解构赋值{data}将数据键解包至输出结果中，并将 async/await 代码封装在 try/catch 块中。

稍后将讨论如何获取一个用户列表和特定用户的数据，并利用 watchQuery 属性在单页面上完成此类操作。

8.6.3　监听查询变化

本节将创建一个页面，用于监听查询字符串中的变化并获取单用户数据。对此，我们仅需一个.vue 页面，列出所有用户并查看查询。如果查询中存在任何变化，我们将获取查询中的 id，并在 asyncData 方法中通过 Axios 和该 id 获取用户。

（1）在/pages/目录中创建一个 users-query.vue 页面，并将下列模板添加至<template>块中。

```
// pages/users-query.vue
<ul>
  <li v-for="user in users" v-bind:key="user.id">
    <nuxt-link :to="'users-query?id=' + user.id">
      {{ user.name }}
    </nuxt-link>
  </li>
</ul>
<p>{{ user }}</p>
```

在该示例中，我们使用 v-for 指令遍历每个 user in users，并将每个用户的查询添加至<nuxt-link>组件中。每个用户的数据将在<ul>标签之后的<p>中被渲染。

（2）将下列代码添加至<script>块中。

```
// pages/users-query.vue
import axios from '~/plugins/axios-api'

export default {
  async asyncData ({ query, error }) {
    var user = null
    if (Object.keys(query).length > 0) {
      try {
        let { data } = await axios.get('/api/users/' + query.id)
        user = data.data
      } catch (e) {
        // handle error
      }
    }

    try {
      let { data } = await axios.get('/api/users')
```

```
    return {
      users: data.data,
      user: user
    }
  } catch (e) {
    // handle error
  }
 },
 watchQuery: true
}
```

上述代码片段等同于/pages/users/index.vue，其中仅向 asyncDatak 中添加了一个 query 对象，并根据查询中的信息获取用户数据。当然，我们还添加了 watchQuery: true 或 watchQuery: ['id']查看查询中的变化。因此，在浏览器中，当单击列表中的某个用户时，如 users-query?id=1，该用户的数据将在<p>标签中被渲染，如下所示。

```
{ "id": 1, "name": "Alexandre" }
```

除了采用 Axios 生成 API 后端的 HTTP 请求，还可使用下列 Nuxt 模块之一，即 Axios 和 HTTP。本书主要讨论 vanilla Axios 和 Axios 模块（参见第 6 章）。

注意：

读者可访问 GitHub 存储库中的/chapter-8/nuxt-universal/koanuxt/using-axios/axios-vanilla/部分查看上述代码。关于 Nuxt HTTP 模块的更多信息，读者可访问 https://http.nuxtjs.org/。

8.7 本 章 小 结

本章讨论了如何利用服务器端框架（即 Koa）配置 Nuxt。其间，我们通过创建 API 所需的依赖项安装了 Koa，随后使用 asyncData 和 Axios 查询、获取 API 中的数据。另外，我们还学习了 Nuxt 上下文中的各种属性，并可在 asyncData 方法中解构和访问，如 params、query、req、res 和 error。最后，我们将在应用程序中使用 Backpack 作为一个简单的构建工具。

第 9 章将学习如何设置 MongoDB、编写基本的 MongoDB 查询、向 MongoDB 数据库中添加数据、将 MongoDB 与服务器端框架 Koa 进行集成，以及如何将 MongoDB 与 Nuxt 页面进行集成，从而进一步完善 API。

第 9 章　添加服务器端数据库

在第 8 章中，我们将 Koa 用作 Nuxt 应用程序的服务器端框架，并加入了一些虚拟数据。本章将设置 MongoDB 并将其作为服务器端数据库，从而替换虚拟数据。此外，我们还将编写一些 MongoDB CRUD 查询、向数据库中添加数据，以及使用 asyncData 获取数据库中的数据。

本章主要涉及以下主题。

- 引入 MongoDB。
- 编写基本的 MongoDB 查询。
- 编写 MongoDB CRUD 操作。
- 利用 MongoDB CRUD 注入数据。
- 将 MongoDB 与 Koa 进行集成。
- 将 MongoDB 与 Nuxt 页面进行集成。

9.1　引入 MongoDB

MongoDB 是一个基于文档的开源数据库管理系统（DBMS），它以 Binary JSON（BSON：MongoDB 的类 JSON 文档格式的二进制表达。与 JSON 相比，BSON 可被快速解析）这种类 JSON 文档格式存储数据。自 2009 年以来，MongoDB 快速成为流行的 NoSQL 数据库系统之一，与传统的关系型数据库（RDBMS）相比，MongoDB 并未使用表和行。MongoDB 中每条数据记录均被视为一个由名称-值对（或字段-值对）构成的文档，这与 JSON 对象较为类似，但采用二进制编码以支持 JSON 之外的类型，如 ObjectId、Date 和 Binary 数据（https://docs.mongodb.com/manual/reference/bson-types/）。因此，BSON 也被称作二进制 JSON。例如，文档{"hello":"world"}将在.bson 文件中被存储为下列形式。

```
1600 0000 0268 656c 6c6f 0006 0000 0077
  6f72 6c64 0000
```

在实际操作过程中，BSON 中编码后的数据无法供人类阅读。但是，当与 MongoDB 协同工作时，MongoDB 驱动程序会对数据进行编码和解码，因而我们无须担心此类问题。当构建 BSON 存储文档时，我们仅需针对所熟悉的 JSON 文档使用 MongoDB 语法、方法、操作和选择器。

9.1.1　安装 MongoDB

取决于版本（社区版或企业版）和平台（Windows、Ubuntu 或 macOS），存在多种 MongoDB 安装方式，如下列链接所示。

- MongoDB 社区版：https://docs.mongodb.com/manual/installation/#mongodb-community-edition-installation-tutorials。
- MongoDB 企业版：https://docs.mongodb.com/manual/installation/#mongodb-enterprise-edition-installation-tutorial。
- 在 Ubuntu 上安装 MongoDB 社区版：https://docs.mongodb.com/manual/tutorial/install-mongodb-on-ubuntu/。

9.1.2　在 Ubuntu 20.04 上安装 MongoDB

本书将在 Ubuntu 20.04（Focal Fossa）上安装 MongoDB 4.2（社区版）。如果读者工作于 Ubuntu 19.10（Eoan Ermine），情况基本保持相同。对于 Ubuntu 的一些早期版本，如 14.04 LTS（Trusty Tahr）、16.04 LTS（Xenial Xerus）或 18.04 LTS（Bionic Beaver），读者则需要查看 9.1.1 节中“在 Ubuntu 上安装 MongoDB 社区版”所对应的链接。

（1）从 public key 中导入公共密钥。

```
$ wget -qO - https://www.mongodb.org/static/pgp/server-4.2.asc |
sudo apt-key add -
```

随后将得到响应结果 OK。

（2）创建一个 MongoDB 列表文件。

```
$ echo "deb [ arch=amd64 ] https://repo.mongodb.org/apt/ubuntu
bionic/mongodb-org/4.2 multiverse" | sudo tee
/etc/apt/sources.list.d/mongodb-org-4.2.list
```

（3）更新系统中所有的本地包。

```
$ sudo apt-get update
```

（4）安装 MongoDB 包。

```
$ sudo apt-get install -y mongodb-org
```

9.1.3　启动 MongoDB

在 MongoDB 包安装完毕后，接下来需要从终端中启动、连接 MongoDB。

（1）通过下列命令启动 MongoDB（手动方式或自动方式）。

```
$ sudo systemctl start mongod
$ sudo systemctl enable mongod
```

（2）通过检查 MongoDB 版本对其进行验证。

```
$ mongo --version
```

在终端上的输出结果如下。

```
MongoDB shell version v4.2.1
git version: edf6d45851c0b9ee15548f0f847df141764a317e
OpenSSL version: OpenSSL 1.1.1d 10 Sep 2019
allocator: tcmalloc
modules: none
build environment:
    distmod: ubuntu1804
    distarch: x86_64
    target_arch: x86_64
```

（3）利用下列命令检查 MongoDB 服务器的状态（可选）。

```
$ sudo service mongod status
```

随后可在终端上看到下列输出结果。

```
mongod.service - MongoDB Database Server
  Loaded: loaded (/lib/systemd/system/mongod.service; enabled;
    vendor preset: enabled)
  Active: active (running) since Fri 2019-08-30 03:37:15 UTC;
    29s ago
    Docs: https://docs.mongodb.org/manual
Main PID: 31961 (mongod)
  Memory: 68.2M
  CGroup: /system.slice/mongod.service
          └─31961 /usr/bin/mongod --config /etc/mongod.conf
```

（4）利用 netstat 命令检查 MongoDB 是否已在端口 27017 上启动（可选）。

```
$ sudo netstat -plntu
```

对应输出结果如下。

```
Active Internet connections (only servers)
Proto Recv-Q Send-Q Local Address Foreign Address State PID/Program
name
tcp 0 0 127.0.0.1:27017 0.0.0.0: LISTEN 792/mongod
```

（5）连接至 MongoDB Shell。

```
$ mongo
```

（6）退出 MongoDB Shell。

```
> exit
```

如果打算从系统中完全移除 MongoDB，可使用下列命令。

```
$ sudo apt-get purge mongodb-org*
```

稍后将在 MongoDB Shell 中编写一些基本的查询。

9.2　编写基本的 MongoDB 查询

在编写 MongoDB 查询并注入某些数据之前，首先需要连接至 MongoDB。对此，打开终端并输入下列内容。

```
$ mongo
```

列出 MongoDB 系统中的数据库。

```
> show dbs
```

对应的输出结果如下。

```
admin 0.000GB
config 0.000GB
```

这两个数据库（admin 和 config）是 MongoDB 中默认的数据库。此外，还可根据具体需求和用途创建新的数据库。

9.2.1　创建一个数据库

一旦登录了 MongoDB Shell，就可通过 use 命令在 MongoDB 中创建一个新的数据库。

```
> use nuxt-app
```

对应输出结果如下。

```
switched to db nuxt-app
```

注意，当选择已有的数据库时，对应结果保持一致。

```
> use admin
```

对应结果如下。

```
switched to db admin
```

如果打算删除一个数据库，可首先使用 use 命令选择数据库，如 use nuxt-app，随后使用 dropDatabase 函数。

```
> db.dropDatabase()
```

对应的输出结果如下。

```
{ "dropped" : "nuxt-app", "ok" : 1 }
```

接下来讨论如何创建集合或将集合添加到已创建的数据库中。

9.2.2　创建一个新的集合

如果读者熟悉 RDBMS，就会知道集合类似于一个 RDBMS 表，它由多个字段构成（除了模式的强制执行）。对此，可利用 createCollection 方法创建一个包含下列格式的集合。

```
> db.createCollection(<name>, <options>)
```

其中，<name>为集合名称，如用户、文章等。<options>参数为可选项，用于指定特定的字段，以创建固定尺寸的集合，或者是验证更新和插入操作的一个集合。关于这些选项的更多信息，读者可访问 https://docs.mongodb.com/manual/reference/method/db.createCollection/。下面创建一个文档，并通过下列步骤对其进行处理。

（1）创建不包含任何选项的集合。

```
> db.createCollection("users", {})
```

对应结果如下。

```
{ "ok" : 1 }
```

（2）利用 getCollectionNames 方法列出数据库中的全部集合。

```
> db.getCollectionNames()
```

对应结果如下。

```
[ "users" ]
```

（3）利用 drop 方法删除 users 集合。

```
> db.users.drop()
```

对应结果如下。

```
true
```

在了解了如何创建一个集合后，接下来讨论如何向集合中添加文档。

9.3 编写 MongoDB CRUD 操作

当管理和操控数据库系统中的数据时，一般是指创建、读取、更新和删除（CRUD）文档。对此，可采用 MongoDB 的 CRUD 操作。关于 MongoDB CRUD 操作的更多信息，读者可访问 https://docs.mongodb.com/manual/crud/。本书仅介绍一些与应用方式相关的简单示例。

- Create 操作。

我们可通过下列操作在集合中创建或插入文档。

```
db.<collection>.insertOne(<document>)
db.<collection>.insertMany([<document>, <document>, <document>, ...])
```

注意，如果数据库中不存在集合，那么这些 inster 操作将自动对其进行创建。

- Read 操作。

我们可通过下列方法从集合中获取文档。

```
db.<collection>.find(<query>, <projection>)
```

- Update 操作。

我们可通过下列操作调整集合中现有的文档。

```
db.<collection>.updateOne(<filter>, <update>, <options>)
db.<collection>.updateMany(<filter>, <update>, <options>)
db.<collection>.replaceOne(<filter>, <replacement>, <options>)
```

- Delete 操作。

我们可通过下列方法移除集合中的文档。

```
db.<collection>.deleteOne(<filter>, <options>)
db.<collection>.deleteMany(<filter>, <options>)
```

根据这些简单的 CRUD 操作，下面将向数据库中注入数据，最终我们将创建一个功能完善的 API。

9.4　利用 MongoDB CRUD 注入数据

本节将利用之前介绍的 MongoDB CRUD 操作向 Nuxt 应用程序数据库中注入一些数据。

9.4.1　插入文档

通过 insertOne 或 insertMany 方法，可插入新的文档，如下所示。

- 插入单一文档。我们通过下列方式插入一个新文档。

```
> db.<collection>.insertOne(<document>)
```

此外，还可通过下列代码插入一个文档。

```
db.user.insertOne(
  {
    name: "Alexandre",
    age: 30,
    slug: "alexandre",
    role: "admin",
    status: "ok"
  }
)
```

对应结果如下。

```
{
  "acknowledged" : true,
  "insertedId" : ObjectId("5ca...")
}
```

- 插入多个文档。我们可通过下列方式插入多个新文档。

```
> db.<collection>.insertMany([<document>,<document>,<document>,...])
```

下列代码将插入两个文档。

```
> db.user.insertMany([
  {
    name: "Pooya",
    age: 25,
    slug: "pooya",
    role: "admin",
```

```
    status: "ok"
  },
  {
    name: "Sébastien",
    age: 22,
    slug: "sebastien",
    role: "writer",
    status: "pending"
  }
])
```

对应结果如下。

```
{
  "acknowledged" : true,
  "insertedIds" : [
    ObjectId("5ca..."),
    ObjectId("5ca...")
  ]
}
```

在向 user 集合中添加了文档后，接下来讨论如何通过读取操作获取这些文档。

9.4.2　查询文档

我们可通过 find 方法获取文档，如下所示。

- 选择集合中的所有文档。我们可从集合中选择所有的文档，如下所示。

```
> db.<collection>.find()
```

该操作等同于下列 SQL 语句。

```
SELECT FROM <table>
```

下面从 user 集合中获取全部文档，如下所示。

```
> db.user.find()
```

对应的输出结果如下。

```
{ "_id" : ObjectId("5ca..."), "name" : "Alexandre", "slug" :
"alexandre", ... }
{ "_id" : ObjectId("5ca..."), "name" : "Pooya", "slug" : "pooya", ... }
{ "_id" : ObjectId("5ca..."), "name" : "Sébastien", "slug" :
"sebastien", ... }
```

- 指定相等条件。我们可通过下列方式从集合中获取特定的文档。

```
> db.<collection>.find(<query>, <projection>)
```

可以看到，我们使用了与之前相同的 find 方法，但将相关选项传递至<query>参数中，进而筛选与特定查询匹配的文档。例如，下列代码行将选择 status 等于 ok 的文档。

```
> db.user.find( { status: "ok" } )
```

该操作等同于下列 SQL 语句。

```
SELECT FROM user WHERE status = "ok"
```

对应结果如下。

```
{ "_id" : ObjectId("5ca..."), "name" : "Alexandre", ... "status" : "ok" }
{ "_id" : ObjectId("5ca..."), "name" : "Pooya", ... "status" : "ok" }
```

- 利用查询操作符指定条件。我们还可以在 find 方法的<query>参数中使用 MongoDB 查询选择器，如$eq、$gt 或$in。例如，下列代码行将获取相关文档，其中，status 等于 ok 或 pending。

```
> db.user.find( { status: { $in: [ "ok", "pending" ] } } )
```

该操作等同于下列 SQL 语句。

```
SELECT FROM user WHERE status in ("ok", "pending")
```

注意：

关于查询选择器的更多信息，读者可访问 https://docs.mongodb.com/manual/reference/operator/query/query-selectors。

- 指定 AND 条件。我们可通过查询选择器混合过滤器。例如，下列代码行将获取相关文档，其中，status 等于 ok 且 age 小于（$lt）30。

```
> db.user.find( { status: "ok", age: { $lt: 30 } } )
```

对应输出结果如下。

```
{ "_id" : ObjectId("5ca..."), "name" : "Pooya", "age" : 25, ... }
```

该操作等同于下列 SQL 语句。

```
SELECT FROM user WHERE status = "ok" AND age < 30
```

- 指定 OR 条件。通过$or 选择器可生成 OR 条件，进而获取至少与一个条件匹配的文档。例如，下列代码行将获取相关文档，其中，status 等于 ok，或者 age 小于（$lt）30。

```
> db.user.find( { $or: [ { status: "ok" }, { age: { $lt: 30 } } ] })
```

该操作等同于下列操作。

```
SELECT FROM user WHERE status = "ok" OR age < 30
```

对应结果如下。

```
{ "_id" : ObjectId("5ca..."), "name" : "Pooya", "age" : 25, ... }
```

注意：

关于查询和投影操作符的更多信息，读者可访问 https://docs.mongodb.com/manual/reference/operator/query/；关于选择器$or 更多信息，读者可访问 https://docs.mongodb.com/manual/reference/operator/query/logical。

接下来讨论更新已有的文档。

9.4.3　更新文档

通过 updateOne 和 updateMany 方法，我们可以更新已有的文档。

- 更新单一文档。我们按照下列方式更新单一文档。

```
> db.<collection>.updateOne(<filter>, <update>, <options>)
```

下面使用<update>参数中的$set 操作符并通过更新后的数据更新<filter>参数中 name 等于 Sébastien 的文档，如下所示。

```
> db.user.updateOne(
  { name: "Sébastien" },
  {
    $set: { status: "ok" },
    $currentDate: { lastModified: true }
  }
)
```

对应结果如下。

```
{ "acknowledged" : true, "matchedCount" : 1, "modifiedCount" : 1 }
```

$set 操作符用于将字段值替换为新值，对应格式如下。

```
{ $set: { <field1>: <value1>, ... } }
```

$currentDate 操作符用于将字段值设置为当前日期。对应返回值则是人类可读的日期（默认状态），如 2013-10-02T01:11:18.965Z 或时间戳 1573612039。

注意：

关于$set 操作符的更多信息，读者可访问 https://docs.mongodb.com/manual/reference/operator/update/set/；关于$currentDate 的更多信息，读者可访问 https://docs.mongodb.com/manual/reference/operator/update/currentDate/。

- 更新多个文档。我们可通过下列方式更新多个文档。

```
> db.<collection>.updateMany(<filter>, <update>, <options>)
```

下面更新相关文档，其中 status 等于 ok。

```
> db.user.updateMany(
  { "status": "ok" },
  {
    $set: { status: "pending" },
    $currentDate: { lastModified: true }
  }
)
```

对应结果如下。

```
{ "acknowledged" : true, "matchedCount" : 3, "modifiedCount" : 3 }
```

注意：

关于更新操作符的更多信息，读者可访问 https://docs.mongodb.com/manual/reference/operator/update/。

- 替换文档。除了_id 字段，我们可替换现有文档的内容，如下所示。

```
> db.<collection>.replaceOne(<filter>, <replacement>, <options>)
```

下面将文档（其中，name 等于 Pooya）替换为<replacement>参数中的全新文档，如下所示。

```
> db.user.replaceOne(
  { name: "Pooya" },
  {
    name: "Paula",
    age: "31",
    slug: "paula",
    role: "admin",
```

```
  status: "ok"
 }
)
```

对应结果如下。

```
{ "acknowledged" : true, "matchedCount" : 1, "modifiedCount" : 1 }
```

在介绍了如何更新已有的文档后，接下来学习如何删除已有的文档。

9.4.4　删除文档

我们可通过 deleteOne 和 deleteMany 方法删除已有的文档。

- 删除匹配某项条件的一个文档。

```
> db.<collection>.deleteOne(<filter>, <options>)
```

下面将删除一个文档，其中 status 字段等于 pending，如下所示。

```
> db.user.deleteOne( { status: "pending" } )
```

对应结果如下。

```
{ "acknowledged" : true, "deletedCount" : 3 }
```

- 删除匹配某项条件的多个文档。我们可通过下列方式删除已有的多个文档，如下所示。

```
> db.<collection>.deleteMany(<filter>, <options>)
```

下面删除 status 等于 ok 的文档。

```
> db.user.deleteMany({ status : "ok" })
```

对应结果如下。

```
{ "acknowledged" : true, "deletedCount" : 2 }
```

- 删除全部文档。通过向 deleteMany 方法中传递一个空过滤器，我们可以删除集合中的所有文档，如下所示。

```
> db.<collection>.deleteMany({})
```

下列代码删除 user 集合中的全部文档。

```
> db.user.deleteMany({})
```

对应结果如下。

```
{ "acknowledged" : true, "deletedCount" : 1 }
```

至此，我们讨论了 MongoDB CRUD 操作。此外，读者还可访问 https://docs.mongodb.com/manual/reference/method/js-collection/ 以查看其他方法。接下来将讨论如何利用 MongoDB 驱动程序将 CRUD 与服务器端框架进行集成。

9.5　将 MongoDB 与 Koa 进行集成

前述内容介绍了 MongoDB 查询，进而通过 MongoDB Shell 执行 CRUD 操作。当前，我们需要 MongoDB 驱动程序连接至 MongoDB 服务器并执行基于 MongoDB Shell 的 CRUD 操作。下面将在应用程序中安装该驱动程序，将它作为服务器端框架 Koa 的依赖项。

9.5.1　安装 MongoDB 驱动程序

mongodb 是针对 Node.js 应用程序的官方 MongoDB 驱动程序，它是一个构建于 MongoDB Core 驱动程序 mongodb-core（一个底层 API）之上的高级 API。mongodb 主要针对终端用户，而 mongodb-core 主要面向 MongoDB 库开发人员。mongodb 包含了相关抽象和帮助程序，以方便地生成 MongoDB 连接、CRUD 操作和身份验证操作；而 mongodb-core 仅包含 MongoDB 拓扑连接的基本管理、核心 CRUD 操作和身份验证机制。

关于 mongodb 和 mongodb-core 的更多信息，读者可访问下列链接。

- MongoDB 驱动程序：https://www.npmjs.com/package/mongodb。
- MongoDB Core 驱动程序：https://www.npmjs.com/package/mongodb-core。
- MongoDB 驱动程序 API：http://mongodb.github.io/node-mongodb-native/3.0/api/。

我们可通过 npm 安装 MongoDB 驱动程序。

```
$ npm i mongodb
```

接下来通过一个简单的示例讨论如何使用 MongoDB 驱动程序。

9.5.2　利用 MongoDB 驱动程序创建简单的应用程序

下面利用 MongoDB 驱动程序设置一个简单的应用程序来执行简单的连接检查。在测试过程中，我们将使用之前讨论的 Backpack 构建系统运行测试。具体步骤如下。

（1）按照前述方式安装 MongoDB 驱动程序，然后安装 Backpack 和 cross-env。

```
$ npm i backpack-core
$ npm i cross-env
```

（2）创建一个/src/文件夹作为默认的入口目录，并于其中创建一个 index.js 文件。随后导入 MongoDB 驱动程序和 Node.js 中的 Assert 模块，如下所示。

```
// src/index.js
import { MongoClient } from 'mongodb'
import assert from 'assert'

const url = 'mongodb://localhost:27017'
const dbName = 'nuxt-app'
```

在该步骤中，我们还应提供 MongoDB 连接的详细信息，包括 MongoDB 服务器的默认地址（mongodb://localhost:27017）和希望连接的数据库（nuxt-app）。

注意：

Assert 是一个 Node.js 内建模块，其中包含了一组断言函数用于测试代码，因而无须安装该模块。关于该模块的更多信息，读者可访问 https://nodejs.org/api/assert.html#assert_assert。

（3）建立 MongoDB 服务器中的数据库连接，并使用 Assert 确认连接，如下所示。

```
// src/index.js
MongoClient.connect(url, {
  useUnifiedTopology: true,
  useNewUrlParser: true
  }, (err, client) => {
  assert.equal(null, err)
  console.log('Connected to the MongoDB server')

  const db = client.db(dbName)
  client.close()
})
```

在该示例中，我们使用了 assert 模块中的 equal 方法以确保 err 回调为 null；随后利用 client 回调创建数据库实例。当结束某项任务后，通常应通过 close 方法关闭连接。

（4）当采用 npm run dev 在终端上运行测试时，对应结果如下。

```
Connected successfully to server
```

注意：

读者可访问 GitHub 存储库中的/chapter-9/mongo-driver/部分查看当前示例。

注意，由于尚未提供 MongoDB 保护措施，因此当前可随意连接至 MongoDB。第 18 章将讨论如何设置新的管理用户以向 MongoDB 提供安全保障。为了加速开发过程，目前暂不考虑 MongoDB 的安全问题。接下来考查如何配置 MongoDB 驱动程序。

9.5.3　配置 MongoDB 驱动程序

如前所述，当执行一项 MongoDB CRUD 任务时，通常需要导入 MongoClient 以提供 MongoDB 服务器 URL、数据库名称等。这一过程既枯燥又低效。下面将前述 MongoDB 连接代码抽象至一个类中，具体步骤如下。

（1）将数据库连接细节抽象至一个文件中。

```
// server/config/mongodb.js
const database = {
  host: 'localhost',
  port: 27017,
  dbname: 'nuxt-app'
}

export default {
  host: database.host,
  port: database.port,
  dbname: database.dbname,
  url: 'mongodb://' + database.host + ':' + database.port
}
```

（2）定义一个 class 函数建立数据库连接，以便在执行 CRUD 操作时无须重复这一过程。除此之外，我们还在 class 函数中构建了一个 objectId 属性，以存储所需的 ObjectId 方法，进而解析源自客户端的 ID 数据，以使这一 ID 数据从字符串变为一个对象。

```
// server/mongo.js
import mongodb from 'mongodb'
import config from './config/mongodb'

const MongoClient = mongodb.MongoClient

export default class Mongo {
  constructor () {
    this.connection = null
    this.objectId = mongodb.ObjectId
  }
```

```
  async connect () {
    this.connection = await MongoClient.connect(config.url, {
      useUnifiedTopology: true,
      useNewUrlParser: true
    })
    return this.connection.db(config.dbname)
  }

  close () {
    this.connection.close()
  }
}
```

（3）导入类并利用 new 语句对其进行实例化，如下所示。

```
import Mongo from './mongo'
const mongo = new Mongo()
```

例如，我们将 Mongo 导入需要连接至 MongoDB 数据库的 API 路由中，以执行 CRUD 操作，如下所示。

```
// server/routes.js
import Router from 'koa-router'
import Mongo from './mongo'
const mongo = new Mongo()
const router = new Router({ prefix: '/api' })

router.post('/user', async (ctx, next) => {
  //...
})
```

在利用 MongoDB 驱动程序和服务器端框架 Koa 创建 CRUD 操作之前，我们应进一步理解 ObjectId 和 ObjectId 方法。

9.5.4 理解 ObjectId 和 ObjectId 方法

ObjectId 是一个快速生成的唯一值，MongoDB 将其用作集合中的主键。ObjectId 占用 12 个字节，其中，前 4 个字节为时间戳，用以记录 ObjectId 值被创建的时间。ObjectId 被存储于集合内每个文档的_id 字段中。当注入一个文档时，如果未予以声明，则自动生成_id 字段。另外，ObjectId（<hexadecimal>）被视为一个 MongoDB 方法，我们可使用此方法返回一个新的 ObjectId 值，并从一个字符串中解析一个 ObjectId 值以变为一个对象，如下所示。

```
// Pseudo code
var id = '5d2ba2bf089a7754e9094af5'
console.log(typeof id) // string
console.log(typeof ObjectId(id)) // object
```

在上述伪代码中可以看到，我们使用了 ObjectId 方法所创建的对象中的 getTimestamp 方法获取 ObjectId 值中的时间戳，如下所示。

```
// Pseudo code
var object = ObjectId(id)
var timestamp = object.getTimestamp()
console.log(timestamp) // 2019-07-14T21:46:39.000Z
```

关于 ObjectId 和 ObjectId 方法的更多信息，读者可访问下列链接。

- 针对 ObjectId：https://docs.mongodb.com/manual/reference/bson-types/#objectid。
- 针对 ObjectId()方法：https://docs.mongodb.com/manual/reference/method/ObjectId/。

接下来利用 MongoDB 驱动程序编写一些 CRUD 操作。首先介绍如何注入一个文档。

9.5.5 注入一个文档

在开始具体操作之前，首先需要查看所生成的每个路由所需的代码结构。

```
// server/routes.js
router.get('/user', async (ctx, next) => {
  let result
  try {
    const connection = await mongo.connect()
    const collectionUsers = connection.collection('users')
    result = await collectionUsers...
    mongo.close()
  } catch (err) {
    ctx.throw(500, err)
  }
  ctx.type = 'json'
  ctx.body = result
})
```

相关结构的具体解释如下。

- 缓存并抛出错误。当针对异步操作使用 async/await（而非 Promise）时，需要将其封装至 try/catch 块中以处理错误内容。

```
try {
  // async/await code
} catch (err) {
  // handle error
}
```

- 连接至 MongoDB 数据库和集合。在执行任何 CRUD 操作之前，需要建立连接并连接至需要操控的特定集合上。在当前示例中，对应的集合为 users。

```
const connection = await mongo.connect()
const collectionUsers = connection.collection('users')
```

- 执行 CRUD 操作。此处将使用 MongoDB API 方法读取、注入、更新和删除用户。

```
result = await collectionUsers...
```

- 关闭 MongoDB 连接。在 CRUD 操作之后应确保关闭连接。

```
mongo.close()
```

接下来使用上述代码结构注入新用户，具体步骤如下。

（1）利用 post 方法创建一个路由并注入新的用户文档。

```
// server/routes.js
router.post('/user', async (ctx, next) => {
  let result
  //...
})
```

（2）在 post 路由内部，在接收自客户端的键和值上执行检查，随后利用 MongoDB 执行 CRUD 操作。

```
let body = ctx.request.body || {}

if (body.name === undefined) {
  ctx.throw(400, 'name is undefined')
}
if (body.slug === undefined) {
  ctx.throw(400, 'slug is undefined')
}
if (body.name === '') {
  ctx.throw(400, 'name is required')
}
if (body.slug === '') {
  ctx.throw(400, 'slug is required')
}
```

（3）在新文档被注入 user 集合中之前，应确保不存在 slug 值。对此，需要使用基于 slug 键的 findOne API 方法。如果结果为正，则意味着 slug 值已被其他用户文档所用；否则向客户端抛出一个错误。

```
const found = await collectionUsers.findOne({
  slug: body.slug
})
if (found) {
  ctx.throw(404, 'slug has been taken')
}
```

（4）如果 slug 唯一，则使用 insertOne API 方法注入包含所提供数据的新文档。

```
result = await collectionUsers.insertOne({
  name: body.name,
  slug: body.slug
})
```

在注入文档后，接下来将获取和查看所注入的文档。

9.5.6　获取所有文档

在将用户添加至 users 集合中后，我们可通过第 8 章插件的路由检索用户。下面通过相同的代码结构重构代码，进而获取数据库中的真实数据。

（1）重构路由并利用 get 方法列出全部用户文档。

```
// server/routes.js
router.get('/users', async (ctx, next) => {
  let result
  //...
})
```

（2）在 get 路由内部，通过 find API 方法获取 user 集合中的所有文档。

```
result = await collectionUser.find({
}, {
  // Exclude some fields
}).toArray()
```

如果需要从查询结果中排除某些字段，则可针对不希望在结果中予以显示的字段使用 projection 键和 0 值。例如，如果不希望每个文档在结果中包含_id 字段，则可采用下列方法。

```
projection:{ _id: 0 }
```

（3）重构路由，并利用 get 方法获取一个用户文档。

```
// server/routes.js
router.get('/users/:id', async (ctx, next) => {
  let result
  //...
})
```

（4）利用_id 并通过 findOne 方法获取单一文档。我们需要通过 ObjectId 方法解析 id 字符串，该 id 字符串在 class 函数的 constructor 函数中包含一个副本，即 objectId。

```
const id = ctx.params.id
result = await collectionUsers.findOne({
  _id: mongo.objectId(id)
}, {
  // Exclude some fields
})
```

mongo.objectId(id)方法将 id 解析至一个 ObjectID 对象中，随后可以此查询集合中的文档，在获取了所创建的文档后，接下来需要对其进行更新。

9.5.7　更新一个文档

在向 users 集合中添加了多个用户后，还可通过相同的代码结构对其进行更新。具体步骤如下。

（1）利用 put 方法创建一个路由，并更新现有的用户文档，如下所示。

```
// server/routes.js
router.put('/user', async (ctx, next) => {
  let result
  //...
})
```

（2）在更新文档之前，应确保 slug 值的唯一性。因此，在 put 路由内部，我们采用$ne 搜索与 findOne API 匹配的文档，以排除正在更新的文档。如果不存在任何匹配，则可继续通过 updateOne API 方法更新文档。

```
const found = await collectionUser.findOne({
  slug: body.slug,
  _id: { $ne: mongo.objectId(body.id) }
})
if (found) {
```

```
  ctx.throw(404, 'slug has been taken')
}

result = await collectionUser.updateOne({
  _id: mongo.objectId(body.id)
}, {
  $set: { name: body.name, slug: body.slug },
  $currentDate: { lastModified: true }
})
```

我们在 CRUD 操作中使用了 3 个操作符，即$set 操作符、$currentDate 操作符和$ne 选择器。这些都是更新文档时经常使用的更新操作符和查询选择器。

- 更新操作符。$set 操作符用于将字段值替换为新的指定值，对应格式如下。

```
{ $set: { <field1>: <value1>, ... } }
```

$currentDate 操作符用于将当前日期设置为一个指定的字段，即 BSON Date 类型（默认）或 BSON Timestamp 类型，对应格式如下。

```
{ $currentDate: { <field1>: <typeSpecification1>, ... } }
```

注意：

关于更新操作符的更多信息，读者可访问 https://docs.mongodb.com/manual/reference/operator/update/。

- 查询选择器。$ne 选择器用于选择相应的文档。其中，字段值不等于指定值，同时还包括不包含该字段的文档，如下所示。

```
db.user.find( { age: { $ne: 18 } } )
```

该查询将选择 user 集合中的所有文档，其中，age 字段值不等于 18，同时还包括不包含 age 字段的文档。

注意：

关于查询选择器的更多信息，读者可访问 https://docs.mongodb.com/manual/reference/operator/query/。

接下来介绍如何删除文档。

9.5.8　删除一个文档

本节将采用相同的代码结构删除 user 集合中的已有用户，具体步骤如下。

（1）利用 del 方法创建一个路由并删除现有的用户文档。

```
// server/routes.js
router.del('/user', async (ctx, next) => {
  let result
  //...
})
```

（2）在利用 deleteOne API 方法删除文档之前，我们在 del 路由内部使用 findOne API 方法查找该文档，以确保 user 集合中存在该文档。

```
let body = ctx.request.body || {}
const found = await collectionUser.findOne({
  _id: mongo.objectId(body.id)
})
if (!found) {
  ctx.throw(404, 'no user found')
}

result = await collectionUser.deleteOne({
  _id: mongo.objectId(body.id)
})
```

至此，我们介绍了如何编写 MongoDB CRUD 操作，并将其集成至 API（Koa）中。本章最后一部分内容将讨论如何将这些操作与 Nuxt 页面进行集成。

9.6　将 MongoDB 与 Nuxt 页面进行集成

当前，服务器端已处于就绪状态。此外，我们还需要一个客户端上的用户界面，以便发送和获取数据。对此，我们将在/pages/users/目录中创建 3 个新页面，对应结构如下。

```
users
├── index.vue
├── _id.vue
├── add
│ └── index.vue
├── update
│ └── _id.vue
└── delete
  └── _id.vue
```

一旦对应结构创建完毕，就可以创建页面并在 Nuxt 一侧（客户端）编写 CRUD 任务。

9.6.1　创建一个页面用于添加新用户

本节将创建一个页面并与服务器端 POST 路由/api/user/进行通信，进而添加新用户，具体步骤如下。

（1）创建一个表单，以收集<template>块中的新用户数据，如下所示。

```
// pages/users/add/index.vue
<form v-on:submit.prevent="add">
  <p>Name: <input v-model="name" type="text" name="name"></p>
  <p>Slug: <input v-model="slug" type="text" name="slug"></p>
  <button type="submit">Add</button>
  <button v-on:click="cancel">Cancel</button>
</form>
```

（2）创建一个 add 方法（用于将数据发送至服务器）和一个 cancel 方法（用于取消<script>块中的表单），如下所示。

```
// pages/users/add/index.vue
export default {
  methods: {
    async add () {
      let { data } = await axios.post('/api/user/', {
        name: this.name,
        slug: this.slug,
      })
    },
    cancel () {
      this.$router.push('/users/')
    }
  }
}
```

据此，我们通过服务器端（API）成功地在客户端（Nuxt）上建立了 CRUD 创建任务。接下来通过表单在客户端（localhost:3000/users/add）上向数据库中添加新用户，收集用户信息并将其发送至 API 的 POST 路由（localhost:3000/api/user/）中。在新用户添加完毕后，接下来讨论如何在客户端上实现 CRUD 更新任务。

9.6.2　创建更新页面用于更新已有用户

更新页面基本上等同于添加页面。更新页面将与服务器端的 PUT 路由/api/user/进行通信，并通过下列步骤更新已有用户。

（1）创建一个表单以显示已有用户，并在<template>块中收集新数据。更新页面中的差别主要体现于绑定至<form>元素上的相关方法。

```
// pages/users/update/_id.vue
<form v-on:submit.prevent="update">
  //...
  <button type="submit">Update</button>
</form>
```

（2）创建一个 update 方法，用于在<script>块中将数据发送至服务器。此处将采用 asyncData 方法获取已有的数据，如下所示。

```
// pages/users/update/_id.vue
export default {
  async asyncData ({ params, error }) {
    let { data } = await axios.get('/api/users/' + params.id)
    let user = data.data
    return {
      id: user._id,
      name: user.name,
      slug: user.slug,
    }
  },
  methods: {
    async update () {
      let { data } = await axios.put('/api/user/', {
        name: this.name,
        slug: this.slug,
        id: this.id,
      })
    }
  }
}
```

至此，我们利用服务器端（API）成功地在客户端（Nuxt）建立了 CRUD 更新任务。我们通过表单可在客户端（localhost:3000/users/update）更新数据库中的现有用户，进而收集用户数据并将其发送至 API 的 PUT 路由（localhost:3000/api/user/）中。在用户更新完毕后，接下来讨论客户端上的 CRUD 删除任务。

9.6.3　创建删除页面用于删除已有用户

删除页面将与服务器端 DELETE 路由/api/user/进行通信，进而删除已有用户。

（1）创建一个<button>元素，我们可使用该元素在<template>块中删除文档。此处并不需要表单发送数据，因为我们可在 remove 方法中收集数据（文档_id 数据）。此时仅需要一个按钮触发 remove 方法，如下所示。

```
// pages/users/delete/_id.vue
<button v-on:click="remove">Delete</button>
```

（2）创建 remove 方法以将数据发送至服务器。但首先需要使用 asyncData 方法获取已有数据。

```
// pages/users/delete/_id.vue
export default {
  async asyncData ({ params, error }) {
    // Fetch the existing user
    // Same as in update page
  },
  methods: {
    async remove () {
      let payload = { id: this.id }
      let { data } = await axios.delete('/api/user/', {
        data: payload,
      })
    }
  }
}
```

最终，我们利用服务器端（API）成功地在客户端（Nuxt）上建立了 CRUD 删除任务。随后通过将用户数据（即 ID）发送至 API 的 DELETE 路由（localhost:3000/api/user/）中，即可在客户端（localhost:3000/users/delete）上移除数据库中的已有用户。因此，当采用 npm run dev 命令启动当前应用程序时，可以看到该程序运行于 localhost:3000 处。

访问下列路由以添加、读取、更新和删除用户。

- 注入新用户：localhost:3000/users/add。
- 读取/列出所有用户：localhost:3000/users。
- 通过 ID 更新已有用户：localhost:3000/users/update/<id>。
- 通过 ID 删除已有用户：localhost:3000/users/delete/<id>。

注意：

读者可访问 GitHub 存储库中的/chapter-9/nuxt-universal/koa-mongodb/axios/部分查看本章的示例代码。

9.7 本章小结

本章学习了如何在本地机器上安装 MongoDB，并在 MongoDB Shell 中针对 CRUD 操作使用了基本的 MongoDB 查询。此外，我们还学习了安装和使用 MongoDB 驱动程序连接 MongoDB、编写代码在 Koa 环境中执行 CRUD 操作、从客户端（Nuxt）创建前端页面、向 MongoDB 数据库添加新用户，以及更新和删除已有用户（与 Koa 开发的 API 通信）。

第 10 章将介绍 Vuex Store 并将其应用于 Nuxt 应用程序中。在安装 Vuex Store 并在 Vue 应用程序中编写简单的 Vuex Store 之前，首先需要了解 Vuex 架构，此外还包括 Vuex 核心概念，如状态、getter、动作和模块。

第 10 章　添加 Vuex Store

拥有 MongoDB 这样的数据库系统对于数据管理十分重要，从而在需要时实现路由的远程数据请求。但在某些时候，我们需要在页面或组件之间共享某些数据，且不希望针对这类数据生成额外、不必要的 HTTP 请求。理想状态下，应在本地应用程序中设置一个中心位置，并于其中存储随处可见的中心数据。对此，Vuex 系统用于存储这类选题，这也是本章讨论的内容之一。因此，本章将学习 Vuex 架构、核心概念以及管理模块化 Vuex 存储的目录结构。最后，本章还将学习如何在 Nuxt 应用程序中激活和使用 Vuex Store。

本章主要涉及以下主题。

- 理解 Vuex 架构。
- 开始使用 Vuex。
- 理解 Vuex 核心概念。
- 构建 Vuex 存储模块。
- 处理 Vuex 存储中的表单。
- 在 Nuxt 中使用 Vuex 存储。

10.1　理解 Vuex 架构

在学习如何在 Nuxt 应用程序中使用 Vuex Store 之前，我们应理解 Vuex Store 在 Vue 应用程序中的工作方式及其含义。

10.1.1　Vuex 的含义

简言之，Vuex 是一个包含某些规则的中心数据（也称作状态）管理系统，以确保可从访问公共数据的多个（远程）组件中预测状态的变化。这种信息集中的思想在 React 的 Redux 等工具中十分常见，且与 Vuex 存在相似的状态管理模式。

10.1.2　状态管理模式

针对 Vuex 中的状态管理模式，下面考查一个简单的 Vue 应用程序。

```
<div id="app"></div>

new Vue({
  // state
  data () {
    return { message: '' }
  },

  // view
  template: `
    <div>
      <p>{{ message }}</p>
      <button v-on:click="greet">Greet</button>
    </div>
  `,

  // actions
  methods: {
    greet () {
      this.message = 'Hello World'
    }
  }
}).$mount('#app')
```

该应用程序包含以下各部分内容。

- state：存储应用程序的源。
- view：映射状态。
- actions：用于改变视图的状态。

它们在较小的应用程序中可以较好地工作且易于管理。但两个或多个组件共享相同状态时，或者打算使用不同视图的操作修改状态时，这种简单性将变得不可持续进而产生某些问题。

传递 props 可能是一种解决方案，但对于深入嵌套的组件，该方案较为枯燥。这也是 Vuex 的用武之地，Vuex 析取公共状态并在特定位置（称作存储）以全区方式对其进行管理，以便任何组件可从任何位置访问状态，而不考虑其嵌套深度。

因此，采用基于强制规则的状态管理的分离机制可维护视图和状态的独立性。据此，代码将更具结构性和可维护性。图 10.1 显示了 Vuex 的架构。

简言之，Vuex 由动作、突变和状态组成。其中，状态通过变化引起突变，而突变通常是通过 Vuex 生命周期中的动作被提交的。随后，突变的状态被渲染至组件中，而动作同时从组件中被分发。与后端 API 之间的通信通常出现于这些动作中，稍后将对此加以详细讨论。

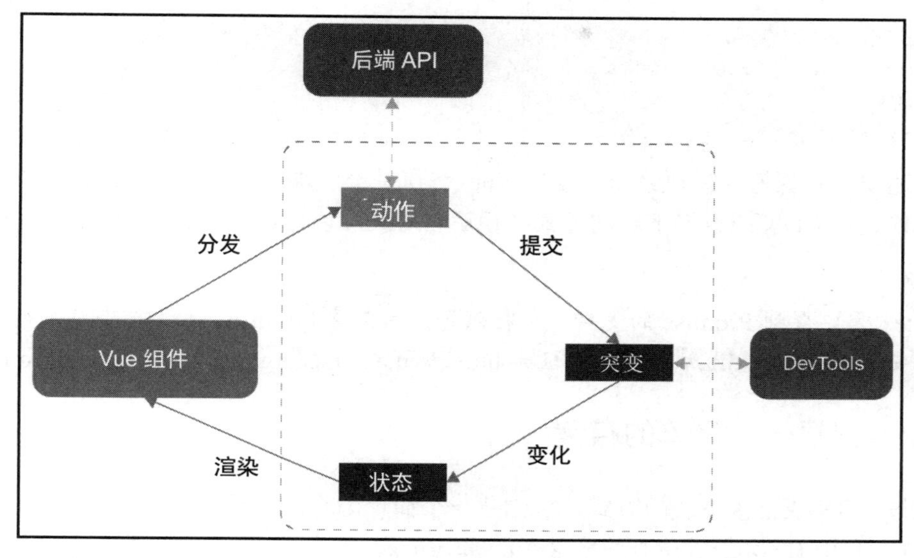

图 10.1

10.2　开始使用 Vuex

如前所述，Vuex 的所有活动均出现于某个存储（store）中，这可简单地在项目的根目录中被创建。然而，尽管这一过程看上去较为简单，但 Vuex 存储不同于普通的 JavaScript 对象，因为前者是响应式的，类似于基于 v-model 指令的<input>元素上的双向绑定机制。因此，当状态数据在存储中发生变化时，在 Vue 组件中访问的任何状态的数据将以响应方式被更新。存储的状态中的数据必须以显式方式通过突变被提交，如图 10.1 所示。

对此，我们将使用单文件组件架构，利用 Vuex 构建一些简单的应用程序。对应代码位于 GitHub 存储库的/chapter-10/vue/vuex-sfc/部分中。

10.2.1　安装 Vuex

在创建 Vuex Store 之前，我们需要安装 Vuex 并通过下列步骤对其进行导入。

（1）通过 npm 安装 Vuex。

```
$ npm i vuex
```

（2）通过 Vue.use()方法导入和注册 Vuex。

```
import Vue from 'vue'
import Vuex from 'vuex'

Vue.use(Vuex)
```

上述安装步骤旨在模块系统中使用 Vuex。在讨论模块系统应用程序之前，下面首先考查如何通过 CDN 或直接下载的方式（稍后将对此加以讨论）创建 Vuex 应用程序。

注意：

Vuex 需要得到 Promise 的支持。如果浏览器不支持 Promise，可先期查看如何针对应用程序安装一个 polyfill 库，对应网址为 https://vuex.vuejs.org/installation.html#promise。

10.2.2 创建一个简单的存储

通过 CDN 或直接下载的方式，可创建一个简单的存储，具体步骤如下。

（1）利用 HTML <script>块安装 Vue 和 Vuex。

```
<script src="/path/to/vue.js"></script>
<script src="/path/to/vuex.js"></script>
```

（2）在 HTML <body>块中激活 Vuex 存储。

```
<script type="text/javascript">
  const store = new Vuex.Store({
    state: { count: 0 },
    mutations: {
      increment (state) { state.count++ }
    }
  })
  store.commit('increment')
  console.log(store.state.count) // -> 1
</script>
```

从上述代码中可以看到，仅需在 JavaScript 对象中创建一个 Vuex 状态以及一个突变方法，随后可利用该存储的 state 键访问状态对象，并通过该存储的 commit 方法触发状态变化，如下所示。

```
store.commit('increment')
console.log(store.state.count)
```

在这个简单的示例中，我们采用了 Vuex 中的一条强制规则，即通过提交突变而非直接更改的方式使状态产生变化。接下来通过创建模块系统应用程序考查 Vuex 的核心概念和其他规则。

10.3　理解 Vuex 核心概念

Vuex 中存在 5 个核心概念，即状态、getter、突变、动作和模块，下面将逐一对其进行讲解。

10.3.1　状态

状态是 Vuex 存储的核心内容，即在 Vuex 中以结构化和可预测方式管理和维护的“全局”数据源。Vuex 中的状态是一棵单状态树，即包含全部应用程序状态数据的单一 JavaScript 对象。因此，每个应用程序包含一个存储。接下来考查如何将状态置于组件中。

1．访问状态

如前所述，Vuex 存储是响应式的。但是，如果打算访问视图中的响应值，应使用 computed 属性，而非 data 方法，如下所示。

```
// vuex-sfc/state/basic/src/app.vue
<p>{{ number }}</p>

import Vue from 'vue/dist/vue.js'
import Vuex from 'vuex'
Vue.use(Vuex)

const store = new Vuex.Store({
  state: { number: 1 }
})

export default {
  computed: {
    number () {
      return store.state.number
    }
  }
}
```

因此，当前<template>块中的 number 字段是响应式的，computed 属性将被重新评估，并在 store.state.number 变化时更新 DOM。但该模式会导致耦合问题，并与 Vuex 的析取理念相抵触。下列步骤将对上述代码进行解构。

（1）将存储析取至根组件中。

```
// vuex-sfc/state/inject/src/entry.js
import Vue from 'vue/dist/vue.js'
import App from './app.vue'

import Vuex from 'vuex'
Vue.use(Vuex)

const store = new Vuex.Store({
  state: { number: 0 }
})

new Vue({
  el: 'app',
  template: '<App/>',
  store,
  components: {
    App
  }
})
```

（2）从子组件中移除存储，computed 属性保持不变。

```
// vuex-sfc/state/inject/src/app.vue
<p>{{ number }}</p>

export default {
  computed: {
    number () {
      return this.$store.state.number
    }
  }
}
```

在更新后的代码中，存储被注入子组件中，并可通过该组件的 this.$store 对其进行访问。然而，当需要通过 computed 属性计算大量的存储状态属性时，该模式可能会变得重复和冗长。对此，可采用 mapState 帮助方法缓解这一问题，接下来考查其应用方式。

2．mapState 帮助方法

我们可使用 mapState 帮助方法生成计算后的状态函数以减少工作量，具体步骤如下。

（1）利用多个状态属性创建一个存储。

```
// vuex-sfc/state/mapstate/src/entry.js
const store = new Vuex.Store({
  state: {
    experience: 1,
    name: 'John',
    age: 20,
    job: 'designer'
  }
})
```

（2）从 Vuex 中导入 mapState 帮助方法，并作为数组将状态属性传递至 mapState 方法中。

```
// vuex-sfc/state/mapstate/src/app.vue
import { mapState } from 'vuex'

export default {
  computed: mapState([
    'experience', 'name', 'age', 'job'
  ])
}
```

只要映射后的 computed 属性的名称与状态属性名称相同，上述代码即工作良好。然而，较好的做法是将其与扩展操作符一同使用，以便可在 computed 属性中混合多个 mapState 帮助方法。

```
computed: {
  ...mapState({
    // ...
  })
}
```

例如，我们可能需要利用子组件中的数据计算状态数据，如下所示。

```
// vuex-sfc/state/mapstate/src/app.vue
import { mapState } from 'vuex'

export default {
  data () {
```

```
    return { localExperience: 2 }
  },
  computed: {
    ...mapState([
      'experience', 'name', 'age', 'job'
    ]),
    ...mapState({
      experienceTotal (state) {
        return state.experience + this.localExperience
      }
    })
  }
}
```

此外还可传递一个字符串值，生成 experience 状态属性的别名，如下所示。

```
...mapState({
  experienceAlias: 'experience'
})
```

（3）将计算后的状态属性添加至<template>中，如下所示。

```
// vuex-sfc/state/mapstate/src/app.vue
<p>{{ name }}, {{ age }}, {{ job }}</p>
<p>{{ experience }}, {{ experienceAlias }}, {{ experienceTotal }}</p>
```

在浏览器上，对应的输出结果如下。

```
John, 20, designer
1, 1, 3
```

可以看到，可在子组件中计算状态属性，这里的问题是，是否可在存储自身中计算该状态？答案是肯定的，稍后将利用 getter 解决这一问题。

10.3.2　getter

我们可在存储的 getters 属性中定义 getter 方法，以便在通过子组件在视图中使用状态之前对其进行计算。类似于 computed 属性，getter 中计算后的结果也是响应式的，但会被缓存并在其依赖项发生变化时被更新。getter 将状态视为第 1 个参数，并将 getters 作为第 2 个参数。下面将创建一个 getter 并在子组件中对其加以使用，具体步骤如下。

（1）利用 state 属性创建一个存储，其中包含了一个条目列表以及访问这些条目的 getter。

```
// vuex-sfc/getters/basic/src/entry.js
const store = new Vuex.Store({
  state: {
    fruits: [
      { name: 'strawberries', type: 'berries' },
      { name: 'orange', type: 'citrus' },
      { name: 'lime', type: 'citrus' }
    ]
  },
  getters: {
    getCitrus: state => {
      return state.fruits.filter(fruit => fruit.type === 'citrus')
    },
    countCitrus: (state, getters) => {
      return getters.getCitrus.length
    },
    getFruitByName: (state, getters) => (name) => {
      return state.fruits.find(fruit => fruit.name === name)
    }
  }
})
```

在该存储中，我们创建了 getCitrus 方法获取 citrus 类型的所有条目，并根据 getCitrus 方法中的结果创建了 countCitrus 方法。第 3 个方法 getFruitByName 则通过 citrus 名称获取列表中的特定条目。

（2）创建 computed 属性中的一些方法，以执行存储中的 getter，如下所示。

```
// vuex-sfc/getters/basic/src/app.vue
export default {
  computed: {
    totalCitrus () {
      return this.$store.getters.countCitrus
    },
    getOrange () {
      return this.$store.getters.getFruitByName('orange')
    }
  }
}
```

（3）将计算后的状态属性添加至<template>中，如下所示。

```
// vuex-sfc/getters/basic/src/app.vue
<p>{{ totalCitrus }}</p>
<p>{{ getOrange }}</p>
```

在浏览器上，对应的输出结果如下。

```
2
{ "name": "orange", "type": "citrus" }
```

与 mapState 帮助方法相同，我们还可使用 computed 属性中的 mapGetters 帮助方法，这将会减少一定的工作量，接下来将对此加以介绍。

类似于 mapState 帮助方法，我们可使用 mapGetters 帮助方法将存储 getter 映射至 computed 中。下面考查其应用方式，具体步骤如下。

（1）从 Vuex 中导入 mapGetters 帮助方法，并将 getter 作为数组通过对象扩展操作符传递至 mapGetters 方法中，以便可在 computed 中混合多个 mapGetters 帮助方法。

```
// vuex-sfc/getters/mapgetters/src/app.vue
import { mapGetters } from 'vuex'

export default {
  computed: {
    ...mapGetters([
      'countCitrus'
    ]),
    ...mapGetters({
      totalCitrus: 'countCitrus'
    })
  }
}
```

在上述代码中，我们通过将字符串值传递至 totalCitrus 键中，为 countCitrus getter 创建了一个别名。注意，通过对象扩展操作符，我们还可在 computed 属性中混合其他普通方法。因此，下面将在这些 mapGetters 帮助方法之上，向 computed 选项中添加一个普通的 getOrange getter 方法，如下所示。

```
// vuex-sfc/getters/mapgetters/src/app.vue
export default {
  computed: {
    // ... mapGetters
    getOrange () {
      return this.$store.getters.getFruitByName('orange')
    }
  }
}
```

（2）向<template>中添加计算后的状态属性，如下所示。

```
// vuex-sfc/getters/mapgetters/src/app.vue
<p>{{ countCitrus }}</p>
<p>{{ totalCitrus }}</p>
<p>{{ getOrange }}</p>
```

对应结果如下。

```
2
2
{ "name": "orange", "type": "citrus" }
```

截至目前，我们学习了如何通过计算后的方法和 getter 访问存储中的状态，接下来讨论如何更改状态。

10.3.3　突变

如前所述，存储状态必须通过突变被显式地提交。这里，将突变简单地表示为一个函数，且与存储属性中的其他函数十分相似，但需要在存储的 mutations 属性中被定义。通常，状态作为函数的第 1 个参数。下面创建一些突变并在子组件中对其加以使用，具体步骤如下。

（1）创建一个包含 state 属性的存储和一些突变方法，进而实现状态的突变，如下所示。

```
// vuex-sfc/mutations/basic/src/entry.js
const store = new Vuex.Store({
  state: { number: 1 },
  mutations: {
    multiply (state) {
      state.number = state.number * 2
    },
    divide (state) {
      state.number = state.number / 2
    },
    multiplyBy (state, n) {
      state.number = state.number n
    }
  }
})
```

（2）在组件中创建下列方法，以通过 this.$store.commit 添加一个提交突变的调用。

```
// vuex-sfc/mutations/basic/src/app.js
export default {
```

```
  methods: {
    multiply () {
      this.$store.commit('multiply')
    },
    multiplyBy (number) {
      this.$store.commit('multiply', number)
    },
    divide () {
      this.$store.commit('divide')
    }
  }
}
```

类似于 getter 方法，我们还可在突变方法上使用 mapMutations 帮助方法。

我们可采用 mapMutations 帮助方法将组件方法映射至包含对象扩展操作符的突变方法中，以便在 method 属性中混合多个 mapMutations 帮助方法。mapMutations 帮助方法的使用方式如下。

（1）从 Vuex 中导入 mapMutations 帮助方法，并将突变作为数组传递至包含对象扩展操作符的 mapMutations 方法中，如下所示。

```
// vuex-sfc/mutations/mapmutations/src/app.vue
import { mapMutations } from 'vuex'

export default {
  computed: {
    number () {
      return this.$store.state.number
    }
  },
  methods: {
    ...mapMutations([
      'multiply',
      'multiplyBy',
      'divide'
    ]),
    ...mapMutations({
      square: 'multiply'
    })
  }
}
```

（2）将计算后的状态属性和方法添加至<template>中，如下所示。

```
// vuex-sfc/mutations/mapmutations/src/app.vue
<p>{{ number }}</p>
<p>
  <button v-on:click="multiply">x 2</button>
  <button v-on:click="divide">/ 2</button>
  <button v-on:click="square">x 2 (square)</button>
  <button v-on:click="multiplyBy(10)">x 10</button>
</p>
```

可以看到，当单击按钮后，number 状态以响应方式在浏览器上被相乘或相除。在当前示例中，我们通过突变更改状态值，这可被视为 Vuex 中的规则之一。另一条规则是，我们不能在突变中进行异步调用。换言之，突变必须以同步方式呈现，以便 DevTool 可以记录每一个突变以进行调试。如果打算生成同步调用，可使用动作（action），接下来将对此加以讨论。

10.3.4　动作

动作是一类与突变类似的函数，但不会用于突变状态，而是用于提交突变。与突变不同，动作可以是异步的。我们可在存储的 actions 中创建动作方法。动作方法将上下文对象作为第 1 个参数，将自定义参数作为第 2 个参数等。我们可采用 context.commit 提交一个突变，采用 context.commit 访问状态，采用 context.getters 访问 getter。下面添加一些动作方法，具体步骤如下。

（1）创建一个基于 state 属性和动作方法的存储，如下所示。

```
// vuex-sfc/actions/basic/src/entry.js
const store = new Vuex.Store({
 state: { number: 1 },
 mutations: { ... },
 actions: {
  multiplyAsync (context) {
    setTimeout(() => {
     context.commit('multiply')
    }, 1000)
  },
  multiply (context) {
    context.commit('multiply')
  },
  multiplyBy (context, n) {
    context.commit('multiplyBy', n)
  },
```

```
    divide (context) {
      context.commit('divide')
    }
  }
})
```

在该示例中，我们使用与之前相同的突变并创建了动作方法。其中一个方法创建了异步动作方法，以展示为何异步调用需要使用动作，尽管这些动作初看之下十分枯燥。

注意，如果愿意的话，还可通过 ES6 JavaScript 解构赋值解构上下文，并直接导入 commit 属性，如下所示。

```
divide ({ commit }) {
  commit('divide')
}
```

（2）创建一个组件并利用 this.$store.commit 分发上述动作，如下所示。

```
// vuex-sfc/actions/basic/src/app.js
export default {
  methods: {
    multiply () {
      this.$store.dispatch('multiply')
    },
    multiplyAsync () {
      this.$store.dispatch('multiplyAsync')
    },
    multiplyBy (number) {
      this.$store.dispatch('multiply', number)
    },
    divide () {
      this.$store.dispatch('divide')
    }
  }
}
```

类似于突变和 getter 分发，我们还可在动作方法上使用 mapActions 帮助方法。

（1）从 Vuex 中导入 mapActions 帮助方法，并以数组方式将突变传递至包含对象扩展操作符的 mapActions 方法中，如下所示。

```
// vuex-sfc/actions/mapactions/src/app.vue
import { mapActions } from 'vuex'

export default {
```

```
  methods: {
    ...mapActions([
      'multiply',
      'multiplyAsync',
      'multiplyBy',
      'divide'
    ]),
    ...mapActions({
      square: 'multiply'
    })
  }
}
```

（2）添加计算状态属性并将方法绑定到<template>中，如下所示。

```
// vuex-sfc/mapactions/src/app.vue
<p>{{ number }}</p>
<p>
  <button v-on:click="multiply">x 2</button>
  <button v-on:click="square">x 2 (square)</button>
  <button v-on:click="multiplyAsync">x 2 (multiplyAsync)</button>
  <button v-on:click="divide">/ 2</button>
  <button v-on:click="multiplyBy(10)">x 10</button>
</p>

export default {
  computed: {
    number () {
      return this.$store.state.number
    }
  },
}
```

可以看到，当单击按钮时，number 状态将以响应方式在浏览器上被相乘或相除。在当前示例中，我们通过动作（这些动作仅通过存储的 dispatch 方法被分发）提交突变从而成功地改变了状态值。当在应用程序中使用存储时，这些都是需要遵守的强制规则。

随着存储和应用程序不断扩展，可能需要将状态、突变和动作分离至各组中。对此，我们将使用 Vuex 中的最后一个概念，即模块。

10.3.5　模块

我们可将存储划分至模块中以实现应用程序的可伸缩性。其中，每个模块包含一个状态、突变、动作和 getter，如下所示。

```
const module1 = {
  state: { ... },
  mutations: { ... },
  actions: { ... },
  getters: { ... }
}

const module2 = {
  state: { ... },
  mutations: { ... },
  actions: { ... },
  getters: { ... }
}

const store = new Vuex.Store({
  modules: {
    a: module1,
    b: module2
  }
})
```

随后，可访问每个模块的状态或其他属性，如下所示。

```
store.state.a
store.state.b
```

当编写存储的模块时，应了解本地状态、根状态和存储模块中的命名空间。

1. 了解本地状态和根状态

每个模块中的突变和 getter 将作为第 1 个参数接收模块的本地状态，如下所示。

```
const module1 = {
  state: { number: 1 },
  mutations: {
    multiply (state) {
      console.log(state.number)
    }
  },

  getters: {
    getNumber (state) {
      console.log(state.number)
```

```
    }
  }
}
```

在上述代码中，突变和 getter 方法中的状态表示为本地模块状态。因此，console.log(state.number)将得到 1，而在每个模块的动作中，第 1 个参数为上下文，可用于访问本地状态和根状态（即 context.state 和 context.rootState），如下所示。

```
const module1 = {
  actions: {
    doSum ({ state, commit, rootState }) {
      //...
    }
  }
}
```

在每个模块的 getter 中，根状态将作为第 3 个参数，如下所示。

```
const module1 = {
  getters: {
    getSum (state, getters, rootState) {
      //...
    }
  }
}
```

当存在多个模块时，源自模块的本地状态和源自存储根的根状态可能会混淆并变得混乱。对此，可采用命名空间，以使模块更具自包含性，且不太可能相互冲突。

2．理解命名空间

默认状态下，每个模块中的 actions、mutations 和 getters 属性均被注册于全局命名空间中，因此，每个属性中的键或方法名必须具有唯一性。换言之，方法名不能在两个不同的模块中重复，如下所示。

```
// entry.js
const module1 = {
  getters: {
    getNumber (state) {
      return state.number
    }
  }
}
```

```
const module2 = {
  getters: {
    getNumber (state) {
      return state.number
    }
  }
}
```

在上述示例中，由于在 getter 中使用了相同的方法名，因此会产生下列错误。

```
[vuex] duplicate getter key: getNumber
```

因此，为了避免重复，方法名必须被显式地针对每个模块命名，如下所示。

```
getNumberModule1
getNumberModule2
```

随后，可在子组件中访问这些方法并对其进行映射，如下所示。

```
// app.js
import { mapGetters } from 'vuex'

export default {
  computed: {
    ...mapGetters({
      getNumberModule1: 'getNumberModule1',
      getNumberModule2: 'getNumberModule2'
    })
  }
}
```

在上述代码中，如果不打算使用 mapGetters，这些方法还可按照下列方式被编写。

```
// app.js
export default {
  computed: {
    getNumberModule1 (state) {
      return this.$store.getters.getNumberModule1
    },
    getNumberModule2 (state) {
      return this.$store.getters.getNumberModule2
    }
  }
}
```

该模式看起来较为冗长，因为需要在存储中创建的每个方法重复编写 this.$store.getters 或 this.$store.actions。另外，访问每个模块的状态也保持一致，如下所示。

```
// app.js
export default {
  computed: {
    ...mapState({
      numberModule1 (state) {
        return this.$store.state.a.number
      }
    }),
    ...mapState({
      numberModule2 (state) {
        return this.$store.state.b.number
      }
    })
  }
}
```

因此，这种情况的解决方案是针对每个模块使用命名空间。也就是说，将每个模块中的 namespaced 设置为 true，如下所示。

```
const module1 = {
  namespaced: true
}
```

当模块注册完毕后，根据模块的注册路径，其全部 getter、动作和突变均被自动包含命名空间，如下所示。

```
// entry.js
const module1 = {
  namespaced: true
  state: { number:1 }
}

const module2 = {
  namespaced: true
  state: { number:2 }
}

const store = new Vuex.Store({
  modules: {
    a: module1,
```

```
    b: module2
  }
})
```

目前，我们可通过较少的代码（且兼具可读性）访问每个模块的状态，如下所示。

```
// app.js
import { mapState } from 'vuex'

export default {
  computed: {
    ...mapState('a', {
      numberModule1 (state) {
        return state.number
      }
    }),
    ...mapState('b', {
      numberModule2 (state) {
        return state.number
      }
    })
  }
}
```

在上述代码中，numberModule1 将得到 1，而 numberModule2 将得到 2。除此之外，通过使用命名空间，还可进一步消除“重复 getter 键”错误。当前，我们持有更加“抽象”的方法名称，如下所示。

```
// entry.js
const module1 = {
  getters: {
    getNumber (state) {
      return state.number
    }
  }
}

const module2 = {
  getters: {
    getNumber (state) {
      return state.number
    }
  }
}
```

当前，我们可利用方法所注册的命名空间准确地调用和映射这些方法，如下所示。

```
// app.js
import { mapGetters } from 'vuex'

export default {
  computed: {
    ...mapGetters('a', {
      getNumberModule1: 'getNumber',
    }),
    ...mapGetters('b', {
      getNumberModule2: 'getNumber',
    })
  }
}
```

至此，我们在根文件 entry.js 中编写了存储。无论是否写入一个模块化存储中，当状态属性与突变、getter 和动作中的方法随时间增长时，根文件也将变得更加臃肿。接下来学习如何在单文件中分隔和构建这些方法和状态属性。

10.4　构建 Vuex 存储模块

在 Vue 应用程序中，如果遵守前述各项强制规则，存储的构造方式就不会存在过于苛刻的限制条件。取决于存储的复杂度，本书推荐两种结构以供使用。

10.4.1　创建简单的存储模块结构

在这个简单的模块结构中，可设置一个/store/目录，其中包含保存文件夹中所有模块的/modules/目录。下列步骤将创建一个简单的项目结构。

（1）创建一个包含/modules/目录的/store/目录，其中包含存储模块，如下所示。

```
// vuex-sfc/structuring-modules/basic/
├── index.html
├── entry.js
├── components
│ ├── app.vue
│ └── ...
└── store
    ├── index.js
```

```
  ├── actions.js
  ├── getters.js
  ├── mutations.js
  └── modules
      ├── module1.js
      └── module2.js
```

在这个简单的结构中，/store/index.js 文件负责组装源自/modules/目录中的模块，并连同根的状态、动作、getter 和突变导出存储，如下所示。

```
// store/index.js
import Vue from 'vue'
import actions from './actions'
import getters from './getters'
import mutations from './mutations'
import module1 from './modules/module1'
import module2 from './modules/module2'

import Vuex from 'vuex'
Vue.use(Vuex)

export default new Vuex.Store({
  state: {
    number: 3
  },
  actions,
  getters,
  mutations,
  modules: {
    a: module1,
    b: module2
  }
})
```

（2）将根动作、突变和 getter 划分至独立的文件中，并将其组装至根索引文件中，如下所示。

```
// store/mutations.js
export default {
  mutation1 (state) {
    //...
  },
  mutation2 (state, n) {
```

```
    //...
  }
}
```

（3）利用之前的状态、动作、突变和 getter 在.js 文件中创建多个模块，如下所示。

```
// store/modules/module1.js
export default {
  namespaced: true,
  state: {
    number: 1
  },
  mutations: { ... },
  getters: { ... },
  actions: { ... }
}
```

如果某个模块文件过于庞大，可将模块的状态、动作、突变和 getter 划分为多个文件。这将产生一种高级的存储模块结构，稍后将对此加以讨论。

10.4.2　创建高级的存储模块结构

在高级模块结构中，可设置一个/store/目录，该目录包含一个/modules/目录，用于保存该文件夹的所有子目录中的所有模块。我们可将模块的状态、动作、突变和 getter 划分至多个独立的文件中，随后按照下列步骤将其保存在模块文件夹中。

（1）创建/store/目录，其中包含存储模块的/modules/目录，如下所示。

```
// vuex-sfc/structuring-modules/advanced/
├── index.html
├── entry.js
├── components
│ └── app.vue
└── store
    ├── index.js
    ├── action.js
    └── ...
      ├── module1
      │ ├── index.js
      │ ├── state.js
      │ ├── mutations.js
      │ └── ...
      └── module2
```

```
        ├── index.js
        ├── state.js
        ├── mutations.js
        └── ...
```

在这个相对复杂的项目结构中，/store/module1/index.js 文件负责组装 module1，而 /store/module2/index.js 文件则负责组装 module2，如下所示。

```
// store/module1/index.js
import state from './state'
import getters from './getters'
import actions from './actions'
import mutations from './mutations'

export default {
  namespaced: true,
  state,
  getters,
  actions,
  mutations
}
```

此外，还可将一个模块状态划分至单一文件中，如下所示。

```
// store/module1/state.js
export default () => ({
  number: 1
})
```

（2）将模块的动作、突变和 getter 划分至多个独立文件中，并在上述模块索引文件中对其进行组装，如下所示。

```
// store/module1/mutations.js
export default {
  mutation1 (state) {
    //...
  },
  mutation2 (state, n) {
    //...
  }
}
```

（3）将模块索引文件导入根存储（于此处组装模块），并导出当前存储，如下所示。

```
// store/index.js
import module1 from './module1'
import module2 from './module2'
```

（4）切换至 strict 模式，以确保存储状态仅在 mutations 属性中发生突变，如下所示。

```
const store = new Vuex.Store({
  strict: true,
  ...
})
```

采用 strict 模式是一种较好的做法，以提醒我们在 mutations 属性内部实现状态的突变。当存储状态在 mutations 属性之外突变时，开发过程会抛出一条错误消息。然而，在产品阶段应禁用 strict 模式，因为存储中过多的状态突变会引发性能问题。因此，可通过构建工具动态关闭该模式，如下所示。

```
// store/index.js
const debug = process.env.NODE_ENV !== 'production'

const store = new Vuex.Store({
  strict: debug,
  ...
})
```

然而，使用 strict 模式处理存储中的表单还需要注意一个问题，接下来将对此加以讨论。

10.5　处理 Vuex 存储中的表单

当在 Vue 应用程序中采用双向数据绑定机制时，Vue 实例中的数据将与 v-model 输入框同步。因此，当在输入框中输入任何内容时，数据将即刻被更新。但是，这将在 Vuex 存储中产生一个问题，因为无法在 mutations 属性之外突变存储状态（数据）。下面在 Vuex 存储中考查有一个简单的双向数据绑定机制。

```
// vuex-non-sfc/handling-forms/v-model.html
<input v-model="user.message" />

const store = new Vuex.Store({
  strict: true,
  state: {
    message: ''
  }
})
```

```
new Vue({
  el: 'demo',
  store: store,
  computed: {
    user () {
      return this.$store.state.user
    }
  }
})
```

当在输入框中输入一条消息时，浏览器的调试工具中会显示下列错误消息。

```
Error: [vuex] do not mutate vuex store state outside mutation handlers.
```

这是因为在输入时，v-model 试图直接突变存储状态中的 message，因此会在 strict 模式下产生错误。稍后将讨论解决这一问题的选项。

10.5.1 使用 v-bind 和 v-on 指令

在大多数时候，双向绑定并不总是适宜。通过将<input>与 input 或 change 事件上的 value 属性进行绑定，在 Vue 中采用单向绑定和显式数据更新更具实际意义。具体工作布置如下。

（1）创建一个方法用于突变 mutations 属性中的状态。

```
// vuex-sfc/form-handling/value-event/store/index.js
export default new Vuex.Store({
  strict: true,
  state: {
    message: ''
  },
  mutations: {
    updateMessage (state, message) {
      state.message = message
    }
  }
})
```

（2）将<input>元素与 value 属性进行绑定，将 input 事件与方法进行绑定，如下所示。

```
// vuex-sfc/form-handling/value-event/components/app.vue
<input v-bind:value="message" v-on:input="updateMessage" />

import { mapState } from 'vuex'
```

```
export default {
  computed: {
    ...mapState({
      message: state => state.message
    })
  },
  methods: {
    updateMessage (e) {
      this.$store.commit('updateMessage', e.target.value)
    }
  }
}
```

在该解决方案中，我们在子组件中使用了 updateMessage 方法并提交存储中的 updateMessage 突变方法，同时传递输入事件中的值。像这样仅采用显式方式提交突变并不违背必须在 Vuex 中遵守的强制规则。因此，使用该方案意味着无法使用 v-model 处理 Vuex 存储的表单。然而，如果使用 Vue 自身中的 computed 的 getter 和 setter，那么该方案仍行之有效。

10.5.2　使用双向 computed 属性

我们可结合 setter 使用 Vue 内建的双向 computed 属性处理基于 v-model 的表单，具体步骤如下。

（1）创建一个方法突变 mutations 属性中的状态。

（2）将 get 和 set 方法应用于 message 键中，如下所示。

```
// vuex-sfc/form-handling/getter-setter/components/app.vue
<input v-model="message" />

export default {
  computed: {
    message: {
      get () {
        return this.$store.state.message
      },
      set (value) {
        this.$store.commit('updateMessage', value)
      }
    }
  }
}
```

这适用于简单的 computed 属性。如果持有一个超过 10 个键需要更新的深层对象，则需要 10 组双向 computed 属性（getter 和 setter）。与基于事件的解决方案相比，代码将变得重复和冗长。

至此，我们介绍了 Vuex 存储中的基础知识和概念，相信读者已能够在 Vue 应用程序中使用存储。接下来讨论如何在 Nuxt 中使用 Vuex 存储。

注意：

关于 Vuex 的更多信息，读者可访问 https://vuex.vuejs.org/。

10.6　在 Nuxt 中使用 Vuex 存储

Nuxt 中已经安装了 Vuex，我们仅需确保/store/目录位于项目的根目录中即可。如果采用 create-nuxt-app 安装 Nuxt 项目，/store/目录将在项目安装阶段自动生成。在 Nuxt 中，可通过两种不同的模式创建存储。

- 模块（Module）模式。
- 经典模式（已被弃用）。

考虑到经典模式已被弃用，本书仅关注模块模式。

注意：

读者可访问 GitHub 存储库中的/chapter-10/nuxt-universal/部分查看后续示例的完整 Nuxt 示例代码。

10.6.1　使用模块模式

与 Vue 应用程序不同，在 Nuxt 中，namespaced 键默认状态下针对每个模块（以及根模块）被设置为 true。另外，在 Nuxt 中，无须在根存储中组装模块，我们仅需将状态作为函数，将突变、getter 和动作作为对象导入根和模块文件中，具体步骤如下。

（1）创建根存储，如下所示。

```
// store/index.js
export const state = () => ({
  number: 3
})

export const mutations = {
  mutation1 (state) { ... }
```

```
}

export const getters = {
  getter1 (state, getter) { ... }
}

export const actions = {
  action1 ({ state, commit }) { ... }
}
```

在 Nuxt 中，默认状态下，Vuex 的 strict 模式在开发阶段被设置为 true，并在产品阶段自动关闭，但也可在开发阶段禁用 strict 模式，如下所示。

```
// store/index.js
export const strict = false
```

（2）创建一个模块，如下所示。

```
// store/module1.js
export const state = () => ({
  number: 1
})

export const mutations = {
  mutation1 (state) { ... }
}

export const getters = {
  getter1 (state, getter, rootState) { ... }
}

export const actions = {
  action1 ({ state, commit, rootState }) { ... }
}
```

随后，与前述 Vue 应用程序中手动操作方式类似，存储将自动生成，如下所示。

```
new Vuex.Store({
  state: () => ({
    number: 3
  }),
  mutations: {
    mutation1 (state) { ... }
  },
  getters: {
    getter1 (state, getter) { ... }
  },
```

```
  actions: {
    action1 ({ state, commit }) { ... }
  },
  modules: {
    module1: {
      namespaced: true,
      state: () => ({
        number: 1
      }),
      mutations: {
        mutation1 (state) { ... }
      }
      ...
    }
  }
})
```

（3）将全部存储状态、getter、突变和动作映射至任何页面的<script>块中，如下所示。

```
// pages/index.vue
import { mapState, mapGetters, mapActions } from 'vuex'

export default {
  computed: {
    ...mapState({
      numberRoot: state => state.number,
    }),
    ...mapState('module1', {
      numberModule1: state => state.number,
    }),
    ...mapGetters({
      getNumberRoot: 'getter1'
    }),
    ...mapGetters('module1', {
      getNumberModule1: 'getter1'
    })
  },
  methods: {
    ...mapActions({
      doNumberRoot:'action1'
    }),
    ...mapActions('module1', {
```

```
    doNumberModule1:'action1'
  })
 }
}
```

（4）在<template>块中显示基于提交突变方法的 computed 属性，如下所示。

```
// pages/index.vue
<p>{{ numberRoot }}, {{ getNumberRoot }}</p>
<button v-on:click="doNumberRoot">x 2 (root)</button>

<p>{{ numberModule1 }}, {{ getNumberModule1 }}</p>
<button v-on:click="doNumberModule1">x 2 (module1)</button>
```

其间，最初结果将显示于屏幕上。当单击屏幕上显示的按钮时，对应结果将发生突变。

```
3, 3
1, 1
```

如前所述，无须组装 Nuxt 根存储中的模块，当使用下列结构时，这些模块已被 Nuxt 组装。

```
// chapter-10/nuxt-universal/module-mode/
└── store
    ├── index.js
    ├── module1.js
    ├── module2.js
    └── ...
```

但如果采用根存储中基于手动方式的模块组装结构，正如在 Vue 应用程序中所做的那样，那么对应操作如下。

```
// chapter-10/vuex-sfc/structuring-modules/basic/
└── store
    ├── index.js
    ├── ...
    └── modules
        ├── module1.js
        └── module2.js
```

在 Nuxt 应用程序中，我们将得到下列错误消息。

```
ERROR [vuex] module namespace not found in mapState(): module1/
ERROR [vuex] module namespace not found in mapGetters(): module1/
```

当消除这些错误内容时，需要显式地通知 Nuxt 这些模块的保存位置。

```
export default {
  computed: {
    ..mapState('modules/module1', {
      numberModule1: state => state.number,
    }),
    ...mapGetters('modules/module1', {
      getNumberModule1: 'getter1'
    })
  },
  methods: {
    ...mapActions('modules/module1', {
      doNumberModule1:'action1'
    })
  }
}
```

类似于 Vue 应用程序中的 Vuex，我们可将状态、动作、突变和 getter 划分至 Nuxt 应用程序的独立文件中。接下来将对其实现方式和差别加以讨论。

10.6.2　使用模块文件

我们可将较大的文件划分为 4 个独立的文件，即 state.js、actions.js、mutations.js 和 getters.js（针对根存储和每个模块），具体步骤如下。

（1）针对根存储，创建状态、动作、突变和 getter 的独立文件，如下所示。

```
// store/state.js
export default () => ({
  number: 3
})

// store/mutations.js
export default {
  mutation1 (state) { ... }
}
```

（2）针对对应的模块，创建状态、动作、突变和 getter 的独立文件，如下所示。

```
// store/module1/state.js
export default () => ({
  number: 1
})
```

```
// store/module1/mutations.js
export default {
  mutation1 (state) { ... }
}
```

再次说明，在 Nuxt 中，我们无须像 Vue 应用程序中那样利用 index.js 文件组装这些独立文件。当采用下列结构时，Nuxt 将为我们执行该操作。

```
// chapter-10/nuxt-universal/module-files/
└── store
    ├── state.js
    ├── action.js
    └── ...
      ├── module1
      │ ├── state.js
      │ ├── mutations.js
      │ └── ...
      └── module2
          ├── state.js
          ├── mutations.js
          └── ...
```

相应地，我们可将此与 Vue 应用程序所采用的下列结构进行比较，其中，我们需要针对根存储和每个模块使用一个 index.js 文件，进而组装独立文件中的状态、动作、突变和 getter。

```
// chapter-10/vuex-sfc/structuring-modules/advanced/
└── store
    ├── index.js
    ├── action.js
    └── ...
      ├── module1
      │ ├── index.js
      │ ├── state.js
      │ ├── mutations.js
      │ └── ...
      └── module2
          ├── index.js
          ├── state.js
          ├── mutations.js
          └── ...
```

Nuxt 提供了存储机制，进而节省了与文件组装和模块注册相关的代码。接下来讨论如何利用 fetch 方法在 Nuxt 中以动态方式填写存储状态。

10.6.3　使用 fetch 方法

我们可使用 fetch 方法在页面渲染之前填写存储状态，其工作方式等同于 asyncData——如前所述，该方法在每次加载组件之前被调用，同时在服务器端被调用一次，随后在客户端导航至其他路由时被调用。类似于 asyncData 方法，我们可针对异步数据将 async/await 与 fetch 方法进行结合使用，并在组件创建后对其进行调用。因此，可通过 fetch 方法中的 this 访问组件实例。相应地，我们还可通过 this.$nuxt.context.store 访问存储。下面通过该方法创建一个简单的 Nuxt 应用程序，具体步骤如下。

（1）使用 fetch 方法从远程 API 中以异步方式请求用户列表，如下所示。

```
// pages/index.vue
import axios from 'axios'

export default {
  async fetch () {
    const { store } = this.$nuxt.context
    await store.dispatch('users/getUsers')
  }
}
```

（2）利用状态、突变和动作创建一个 user 模块，如下所示。

```
// store/users/state.js
export default () => ({
  list: {}
})

// store/users/mutations.js
export default {
  setUsers (state, data) {
    state.list = data
  },
  removeUser (state, id) {
    let found = state.list.find(todo => todo.id === id)
    state.list.splice(state.list.indexOf(found), 1)
  }
}

// store/users/actions.js
export default {
  setUsers ({ commit }, data) {
    commit('setUsers', data)
```

```
  },
  removeUser ({ commit }, id) {
    commit('removeUser', id)
  }
}
```

突变和操作中的 setUsers 方法用于将用户列表设置为对应状态，而 removeUser 方法则用于将用户从状态中删除（一次删除一个）。

（3）将状态和动作中的方法映射至对应的页面上，如下所示。

```
// pages/index.vue
import { mapState, mapActions } from 'vuex'

export default {
  computed: {
    ...mapState ('users', {
      users (state) {
        return state.list
      }
    })
  },
  methods: {
    ...mapActions('users', {
      removeUser: 'removeUser'
    })
  }
}
```

（4）循环并显示<template>块中的用户列表，如下所示。

```
// pages/index.vue
<li v-for="(user, index) in users" v-bind:key="user.id">
  {{ user.name }}
  <button class="button" von:click="removeUser(user.id)">Remove</button>
</li>
```

当在浏览器中加载应用程序时，应可在屏幕上看到用户列表。随后还可单击 Remove 按钮移除用户。此外，还可使用动作中的 async/await 获取远程数据，如下所示。

```
// store/users/actions.js
import axios from 'axios'

export const actions = {
  async getUsers ({ commit }) {
    const { data } = await
```

```
axios.get('https://jsonplaceholder.typicode.com/users')
    commit('setUsers', data)
  }
}
```

随后可通过下列方式分发动作。

```
// pages/index.vue
export default {
  async fetch () {
    const { store } = this.$nuxt.context
    await store.dispatch('users/getUsers')
  }
}
```

除了在 Nuxt 中利用 fetch 方法获取和填写状态，我们还可使用 Nuxt 独有的 nuxtServerInit，接下来将对此加以讨论。

10.6.4　使用 nuxtServerInit 动作

与仅在页面级组件中可用的 asyncData 方法和在所有 Vue 组件（包括页面级组件）中可用的 fetch 方法不同，nuxtServerInit 动作是一个保留的存储动作，且仅在定义了它的 Nuxt 存储中可用。nuxtServerInit 仅可定义在根存储的 index.js 文件中，并仅在服务器端被调用，随后初始化 Nuxt 应用程序。不同于 asyncData 和 fetch 方法（首先在服务器端被调用，然后在后续路由的客户端上被调用），nuxtServerInit 动作方法仅在服务器端被调用一次，除非在浏览器中刷新应用程序的页面。另外，与 asyncData 方法不同（Nuxt 上下文对象作为第 1 个参数），nuxtServerInit 动作方法将 Nuxt 上下文对象作为第 2 个参数，并将存储上下文对象作为第 1 个参数。表 10.1 列出了相应的上下文对象。

表 10.1

第 1 个参数	第 2 个参数
❑ dispatch ❑ commit ❑ getters ❑ state ❑ rootGetters ❑ rootState	❑ isStatic ❑ isDev ❑ isHMR ❑ app ❑ req ❑ res ❑ ...

当在应用程序中获取页面中服务器端的数据，并随后通过服务器数据填写状态时，nuxtServerInit 动作方法将十分有用。例如，用户登录应用程序后，经过身份验证的、存储于

服务器端会话中的用户数据。会话数据可被存储为 Express 中的 req.session.authUser，或者 Koa 中的 ctx.session.authUser。随后可通过 req 对象将 ctx.session 传递至 nuxtServerInit 中。

下面利用这一方法动作创建一个简单的用户登录应用程序，并将 Koa 用作服务器端 API（参见第 8 章）。在将任意数据注入会话中，并利用 nuxtServerIni 动作方法创建一个存储之前，我们仅需对服务器端稍作调整，具体步骤如下。

（1）使用 npm 安装 koa-session 会话包。

```
$ npm install koa-session
```

（2）导入会话包并将其注册为中间件，如下所示。

```
// server/middlewares.js
import session from 'koa-session'

app.keys = ['some secret hurr']
app.use(session(app))
```

（3）在服务器端创建两个路由，如下所示。

```
// server/routes.js
router.post('/login', async (ctx, next) => {
  let request = ctx.request.body || {}
  if (request.username === 'demo' && request.password === 'demo') {
    ctx.session.authUser = { username: 'demo' }
    ctx.body = { username: 'demo' }
  } else {
    ctx.throw(401)
  }
})

router.post('/logout', async (ctx, next) => {
  delete ctx.session.authUser
  ctx.body = { ok: true }
})
```

上述代码使用了/login 路由将经过身份验证的用户数据 authUser 注入 Koa 上下文 ctx 中，同时使用/logout 重置经过身份验证的数据。

（4）利用 authUser 键创建存储状态，并保存经过身份验证的数据。

```
// store/state.js
export default () => ({
  authUser: null
})
```

（5）创建一个突变方法，将数据设置为上述状态中的 authUser 键。

```
// store/mutations.js
export default {
  setUser (state, data) {
    state.authUser = data
  }
}
```

（6）利用下列动作在根存储中创建一个 index.js 文件。

```
// store/index.js
export const actions = {
  nuxtServerInit({ commit }, { req }) {
    if (req.ctx.session && req.ctx.session.authUser) {
      commit('setUser', req.ctx.session.authUser)
    }
  },
  async login({ commit }, { username, password }) {
    const { data } = await axios.post('/api/login', { username, password })
    commit('setUser', data.data)
  },
  async logout({ commit }) {
    await axios.post('/api/logout')
    commit('setUser', null)
  }
}
```

在上述代码中，nuxtServerInit 动作方法用于从服务器中访问会话数据，并通过提交 setUser 突变方法填写存储状态。login 和 logout 动作方法则用于验证和重置用户登录证书。注意，由于本书采用 Koa 作为服务器 API，因此会话数据被存储于 req.ctx 中。当使用 Express 时，可使用下列代码。

```
actions: {
  nuxtServerInit ({ commit }, { req }) {
    if (req.session.user) {
      commit('user', req.session.user)
    }
  }
}
```

类似于 asyncData 和 fetch 方法，nuxtServerInit 动作方法也可以是异步的。我们仅需返回一个 Promise 或针对 Nuxt 服务器使用一个 async/await 语句，并以异步方式等待动作完成，如下所示。

```
actions: {
  async nuxtServerInit({ commit }) {
    await commit('setUser', req.ctx.session.authUser)
  }
}
```

（7）创建一个表单并使用存储的动作方法，如下所示。

```
// pages/index.vue
<form v-on:submit.prevent="login">
  <input v-model="username" type="text" name="username" />
  <input v-model="password" type="password" name="password" />
  <button class="button" type="submit">Login</button>
</form>

export default {
  data() {
    return {
      username: '',
      password: ''
    }
  },
  methods: {
    async login() {
      await this.$store.dispatch('login', {
        username: this.username,
        password: this.password
      })
    },
    async logout() {
      await this.$store.dispatch('logout')
    }
  }
}
```

注意：

我们简化了步骤（6）等中的代码。读者可访问 GitHub 存储库中的/chapter-10/nuxt-universal/nuxtServerInit/部分查看完整代码。

至此，我们介绍了 Nuxt 中的相关特性之一和 Vue–Vuex 存储。在后续章节中，这些内容将十分重要。

10.7　本章小结

本章讨论了 Vuex 存储中的架构、核心概念、模块结构和表单处理机制。不难发现，Vuex 简单地通过需要遵守的某些强制规则与状态（或数据）中心和管理进行关联。因此，对于存储中可能持有的任何属性，访问这些属性的正确方式是在组件中的 computed 属性中对其进行计算。如果打算修改状态属性值，则需要通过异步突变方式予以实现。但执行异步调用实现状态突变时，还需要通过相关动作提交突变。也就是说，将动作分发至组件中。

与 Vue 应用程序相比，在 Nuxt 应用程序中创建存储更加简单和方便，因为默认状态下 Vuex 预安装在 Nuxt 中。另外，在 Nuxt 中，无须通过手动方式组装模块及其方法——默认状态下，它们均处于就绪状态。不仅如此，在 Nuxt 中，我们还可使用 fetch 和 nuxtServerInit 方法填写服务器端的存储状态，并随后渲染页面组件和初始化 Nuxt 应用程序。最终，我们通过 Vuex 存储和 nuxtServerInit 动作方法创建了一个简单的用户登录应用程序。在后续章节中，我们还将继续讨论用户登录和 API 身份验证机制。

第 11 章将介绍 Nuxt 中的中间件，特别是路由中间件和服务器中间件。其间，我们将学习这两种类型的中间件的不同之处。在 Nuxt 应用程序中构建中间件之前，我们首先在 Vue 应用程序中创建一些基于导航保护的路由中间件。随后，我们将在 serverMiddleware 配置中编写一些 Nuxt 服务器中间件，并作为第 8 章中服务器端 API 的替代服务器 API。不仅如此，第 11 章还将学习如何使用 Vue CLI 创建 Vue 应用程序。这一点与利用自定义 webpack 配置创建的 Vue 应用程序有所不同。

第 4 部分

中间件和安全

第 4 部分将介绍中间件，特别是路由中间件和服务器中间件。然后我们将学习如何利用中间件添加身份验证机制，进而创建一个用户登录会话。

第 4 部分包含下列两章。

第 11 章：编写路由中间件和服务器中间件。

第 12 章：创建用户登录和 API 身份验证。

第 11 章　编写路由中间件和服务器中间件

第 8 章曾讨论过如何使用 Koa 在服务器端创建一个中间件。在 Koa 应用程序级联中曾展示了中间件的强大之处。其中，我们可依次预测和控制应用程序的整体流程。那么，在 Nuxt 中，情况又当如何？在 Nuxt 中，我们将考查两种中间件，即路由中间件和服务器中间件。本章将讨论二者的差别，并在介绍身份验证机制（参见第 12 章）之前创建一些基本的中间件。通过导航保护，我们将在 Vue 应用程序中创建一些中间件，从而理解 Vue/vuex 系统中的中间件机制。接下来将在 Nuxt 应用程序中创建路由中间件和服务器中间件。

本章主要涉及以下主题。

- 利用 Vue Router 编写中间件。
- Vue CLI 简介。
- 在 Nuxt 中编写路由中间件。
- 编写 Nuxt 服务器中间件。

11.1　利用 Vue Router 编写中间件

在学习中间件在 Nuxt 中的工作方式之前，我们首先讨论中间件在标准的 Vue 应用程序中是如何工作的。另外，在 Vue 应用程序中创建中间件之前，本节将先介绍中间件的具体含义。

11.1.1　中间件的具体含义

在软件开发的早期概念中，中间件是一个适用于两个或多个软件片段间的软件层。中间件这一术语始于 1968 年。作为新应用程序和早期遗留系统之间的链接方案，中间件在 20 世纪 80 年代变得十分流行。中间件包含多种定义，例如，中间件是在操作系统（或数据库）和应用程序之间起桥接作用的软件，尤其是在网络上（源自谷歌字典）。

在 Web 开发中，服务器端软件或应用程序（如 Koa 和 Express）接收请求并输出响应结果；而中间件则是在输入请求后执行的程序或某些功能，并生成相应的输出结果。这些输出内容可能是最终的输出结果，或者用于下一个中间件，直至操作周期结束。这意味着，我们可持有多个中间件，并按照声明顺序执行，如图 11.1 所示。

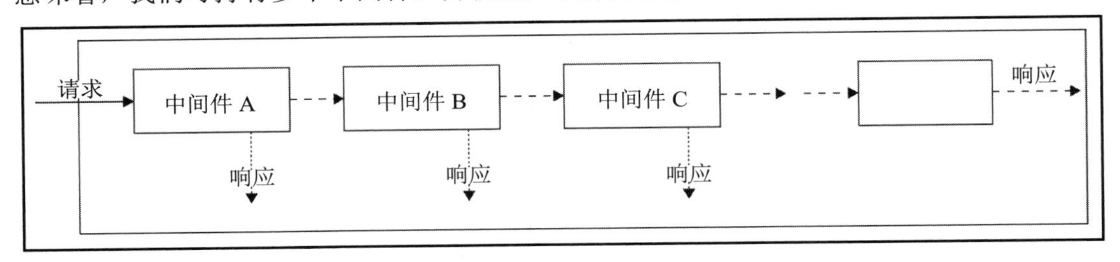

图 11.1

进一步讲，中间件不仅限于服务器端技术，它在客户端也十分常见（应用程序中包含路由机制）。Vue.js 中的 Vue Router 较好地体现了这一概念。第 4 章介绍过 Vue Router，并针对 Vue 应用程序创建了一个路由器，接下来将讨论 Vue Router 的高级应用，即导航保护。

11.1.2 安装 Vue Router

第 4 章讨论过安装 Vue Router 的方法，下面对此进行快速回顾。

下列步骤可直接下载 Vue Router。

（1）单击下列下载链接下载源代码。

https://unpkg.com/vue-router/dist/vue-router.js

（2）在 Vue 之后包含路由器，以便实现自身的自动安装。

```
<script src="/path/to/vue.js"></script>
<script src="/path/to/vue-router.js"></script>
```

除此之外，还可通过 npm 安装 Vue Router。

（1）通过 npm 将路由器安装至项目中。

```
$ npm i vue-router
```

（2）利用 use 方法显式地注册路由器。

```
import Vue from 'vue'
import VueRouter from 'vue-router'

Vue.use(VueRouter)
```

（3）在路由器安装完毕后，可利用 Vue Router 中的导航保护开始创建中间件。

```
const router = new VueRouter({ ... })
router.beforeEach((to, from, next) => {
  // ...
})
```

上述示例中的 beforeEach 导航保护可被视为一个全局导航保护，这个全局导航保护在导航至任意路由时被调用。除了全局保护，还存在针对特定路由的导航保护，稍后将对此加以讨论。

注意：

关于 Vue Router 的更多信息，读者可访问 https://router.vuejs.org/。

11.1.3　使用导航保护

导航保护用于保护应用程序中的导航，这些保护措施允许我们在进入、更新和离开路由之前调用相关函数——若某些特定条件未被满足，它们可重定向或取消路由。相应地，存在多种方法可连接至路由导航处理过程中，包括全局方式、逐个路由方式或组件内部方式。接下来探讨全局保护方式。

注意：

读者可访问 GitHub 存储库中的/chapter-11/vue/non-sfc/部分查看本章后续示例的源代码。

1. 创建全局保护

Vue Router 提供了两种全局保护，即前全局保护和后全局保护，其在应用程序中的使用方式如下。

- 前全局保护。当进入某个路由时，前全局保护将被调用。它们可通过特定的顺序以及异步方式被调用。其间，导航将处于等待状态，直至处理完所有的保护行为。对此，可通过 Vue Router 中的 beforeEach 方法注册这些保护行为，如下所示。

```
const router = new VueRouter({ ... })
router.beforeEach((to, from, next) => { ... })
```

- 后全局保护。后全局保护将在路由已进入之后被调用。不同于前全局保护，后全局保护不包含 next 函数，因此不会影响到导航。对此，可利用 Vue Router 中的 afterEach 方法注册这些保护行为，如下所示。

```
const router = new VueRouter({ ... })
router.afterEach((to, from) => { ... })
```

下面创建一个包含简单 HTML 页面的 Vue 应用程序，并通过下列步骤使用保护。

（1）利用<router-link>创建两个路由，如下所示。

```
<div id="app">
  <p>
    <router-link to="/page1">Page 1</router-link>
    <router-link to="/page2">Page 2</router-link>
  </p>
  <router-view></router-view>
</div>
```

（2）针对路由定义组件（Page1 和 Page2），并将其传递至<script>块的路由实例中。

```
const Page1 = { template: '<div>Page 1</div>' }
const Page2 = { template: '<div>Page 2</div>' }

const routes = [
  { path: '/page1', component: Page1 },
  { path: '/page2', component: Page2 }
]

const router = new VueRouter({
  routes
})
```

（3）在路由实例之后声明前全局保护和后全局保护，如下所示。

```
router.beforeEach((to, from, next) => {
  console.log('global before hook')
  next()
})

router.afterEach((to, from,) => {
  console.log('global after hook')
})
```

（4）在保护之后加载根实例并运行应用程序。

```
const app = new Vue({
  router
}).$mount('#app')
```

（5）在浏览器中运行应用程序。当在路由之间切换时，应可在浏览器控制台中看到下列日志内容。

```
global before hook
global after hook
```

如果打算针对所有路由应用某些通用内容，全局保护将十分有用。但某些时候，也需要针对特定路由使用一些专有内容。对此，应采用逐个路由的保护方式。下面了解其部署方式。

2. 创建逐个路由保护

通过在路由的配置对象上直接将 beforeEnter 用作方法或属性，我们可以创建逐个路由保护。例如，看看下列代码。

```
beforeEnter: (to, from, next) => { ... }
// or:
beforeEnter (to, from, next) { ... }
```

在前述 Vue 应用程序的基础上，修改路由配置并使用逐个路由保护，如下所示。

```
const routes = [
  {
    path: '/page1',
    component: Page1,
    beforeEnter: (to, from, next) => {
      console.log('before entering page 1')
      next()
    }
  },
  {
    path: '/page2',
    component: Page2,
    beforeEnter (to, from, next) {
      console.log('before entering page 2')
      next()
    }
  }
]
```

当导航至/page1 时，浏览器的控制台中应显示 before entering page 1 日志内容；当导航至/page2 时，则应显示 before entering page 2 日志内容。因此，既然我们可以对页面路由应用一个保护，那么，对于路由组件自身应用保护，情况又当如何？答案是肯定的。接下来将讨论如何使用组件内保护来保护特定的组件。

3. 创建组件内保护

我们可采用单独或组合方式在路由组件内使用下列方法，以针对特定的组件创建导航保护。

（1）beforeRouteEnter 保护。

类似于前全局保护和 beforeEnter 逐个路由保护，beforeRouteEnter 保护在路由渲染组件之前被调用，但也适用于组件自身。对此，可通过 beforeRouteEnter 方法注册这一类型的保护，如下所示。

```
beforeRouteEnter (to, from, next) { ... }
```

由于在组件实例之前被调用，因此无法通过 this 关键字访问 Vue 组件。但这一问题可通过向 next 参数传递一个 Vue 组件回调予以解决。

```
beforeRouteEnter (to, from, next) {
  next(vueComponent => { ... })
}
```

（2）beforeRouteLeave 保护。

相比较而言，当路由渲染的组件将要离开时，beforeRouteLeave 保护将被调用。由于在 Vue 组件被渲染时调用，因此可通过 this 关键字访问 Vue 组件。通过 beforeRouteLeave 方法，我们可注册这一类型的保护，如下所示。

```
beforeRouteLeave (to, from, next) { ... }
```

通常情况下，这一类路由用于防止用户意外地离开路由。因此，对应路由可通过调用 next(false)方法予以消除。

```
beforeRouteLeave (to, from, next) {
  const confirmed = window.confirm('Are you sure you want to leave?')
  if (confirmed) {
    next()
  } else {
    next(false)
  }
}
```

（3）beforeRouteUpdate 保护。

当路由渲染的组件发生变化，但该组件在新路由中被复用时，beforeRouteUpdate 保护将被调用。例如，如果持有使用相同路由组件的子路由组件，如/page1/foo 和/page1/bar，那么/page1/foo 至/page1/bar 之间的导航将触发该方法。同时，由于在组件渲染时被调用，因此可通过 this 关键字访问 Vue 组件。通过 beforeRouteUpdate 方法，我们可注册这一类型的保护，如下所示。

```
beforeRouteUpdate (to, from, next) { ... }
```

注意，beforeRouteEnter 方法是支持 next 方法中回调的唯一保护。在调用 beforeRouteUpdate 和 beforeRouteLeave 方法之前，Vue 组件已处于可用状态。由于缺乏应有的必要性，因此在这两个方法之一中使用 next 方法中的回调将不被支持。如果打算访问 Vue 组件，使用 this 关键字即可。

```
beforeRouteUpdate (to, from, next) {
  this.name = to.params.name
  next()
}
```

现在，我们通过下列保护创建一个包含简单 HTML 页面的 Vue 应用程序。

（1）利用 beforeRouteEnter、beforeRouteUpdate 和 beforeRouteLeave 方法创建一个页面组件，如下所示。

```
const Page1 = {
  template: '<div>Page 1 {{ $route.params.slug }}</div>',
  beforeRouteEnter (to, from, next) {
    console.log('before entering page 1')
    next(vueComponent => {
      console.log('before entering page 1: ', vueComponent.$route.path)
    })
  },
  beforeRouteUpdate (to, from, next) {
    console.log('before updating page 1: ', this.$route.path)
    next()
  },
  beforeRouteLeave (to, from, next) {
    console.log('before leaving page 1: ', this.$route.path)
    next()
  }
}
```

（2）仅通过 beforeRouteEnter 和 beforeRouteLeave 方法创建另一个页面组件，如下所示。

```
const Page2 = {
  template: '<div>Page 2</div>',
  beforeRouteEnter (to, from, next) {
```

```
    console.log('before entering page 2')
    next(vueComponent => {
      console.log('before entering page 2: ', vueComponent.$route.path)
    })
  },
  beforeRouteLeave (to, from, next) {
    console.log('before leaving page 2: ', this.$route.path)
    next()
  }
}
```

（3）在初始化路由实例之前定义主路由和子路由，如下所示。

```
const routes = [
  {
    path: '/page1',
    component: Page1,
    children: [
      {
        path: ':slug'
      }
    ]
  },
  {
    path: '/page2',
    component: Page2
  }
]
```

（4）利用<router-link> Vue 组件创建导航链接，如下所示。

```
<div id="app">
  <ul>
    <li><router-link to="/">Home</router-link></li>
    <li><router-link to="/page1">Page 1</router-link></li>
    <li><router-link to="/page1/foo">Page 1: foo</router-link></li>
    <li><router-link to="/page1/bar">Page 1: bar</router-link></li>
    <li><router-link to="/page2">Page 2</router-link></li>
  </ul>
  <router-view></router-view>
</div>
```

（5）在浏览器中运行应用程序。当在路由之间切换时，应在浏览器控制台中看到下列日志内容。

- 当从/导航至/page1 时，对应的日志内容如下。

```
before entering page 1
before entering page 1: /page1
```

- 当从/page1 导航至/page2 时，对应的日志内容如下。

```
before leaving page 1: /page1
before entering page 2
before entering page 2: /page2
```

- 当从/page2 导航至/page1/foo 时，对应的日志内容如下。

```
before leaving page 2: /page2
before entering page 1
before entering page 1: /page1/foo
```

- 当从/page1/foo 导航至/page1/bar 时，对应的日志内容如下。

```
before updating page 1: /page1/foo
```

- 当从/page1/bar 导航至/时，对应的日志内容如下。

```
before leaving page 1: /page1/bar
```

可以看到，将 Vue 中的导航保护简单地表示为一些 JavaScript 函数，这些函数允许我们通过某些默认参数创建中间件。稍后将讨论每个保护方法中的相关参数（to、from 和 next）。

11.1.4　导航保护中的参数（to、from 和 next）

前述章节曾在导航保护中使用了这些参数，但并未对其进行具体解释。除了 afterEach，所有的保护均使用 3 个参数，即 to、from 和 next。

其中，参数 to 表示为导航到的路由对象（因而它被称作 to 参数）。该对象保存 URL 解析后的信息和路由，如表 11.1 所示。

表 11.1

name	query
meta	params
path	fullPath
hash	matched

关于每个对象属性的更多信息，读者可访问 https://router.vuejs.org/api/the-route-object。

from 参数表示为从某处导航的当前路由对象。再次说明，该对象保存解析后的 URL 信息和路由，如表 11.2 所示。

表 11.2

name	query
meta	params
path	fullPath
hash	matched

next 参数表示为一个函数，经调用后将移至队列中的下一个保护（中间件）。如果打算退出当前导航，则可向该函数中传递一个 false 布尔值。

```
next(false)
```

如果打算重定向至不同的位置处，可使用下列代码。

```
next('/')
// or
next({ path: '/' })
```

如果打算利用 Error 实例退出导航，可使用下列代码。

```
const error = new Error('An error occurred!')
next(error)
```

随后可从根中捕捉错误。

```
router.onError(err
=> { ... })
```

下面创建一个包含简单 HTML 页面的 Vue 应用程序，并通过下列步骤尝试使用 next 函数。

（1）利用 beforeRouteEnter 方法创建下列页面组件。

```
const Page1 = {
  template: '<div>Page 1</div>',
  beforeRouteEnter (to, from, next) {
    const error = new Error('An error occurred!')
    error.statusCode = 500
    console.log('before entering page 1')
    next(error)
  }
}
```

```
const Page2 = {
  template: '<div>Page 2</div>',
  beforeRouteEnter (to, from, next) {
    console.log('before entering page 2')
    next({ path: '/' })
  }
}
```

在上述代码中，我们将 Error 实例传递至 Page1 的 next 函数中，同时将路由重定向至 Page2 的主页上。

（2）在初始化路由器实例之前定义路由，如下所示。

```
const routes = [
  {
    path: '/page1',
    component: Page1
  },
  {
    path: '/page2',
    component: Page2
  }
]
```

（3）创建一个路由实例并利用 onError 方法监听错误。

```
const router = new VueRouter({
  routes
})

router.onError(err => {
  console.error('Handling this error: ', err.message)
  console.log(err.statusCode)
})
```

（4）利用<router-link> Vue 组件创建下列导航链接。

```
<div id="app">
  <ul>
    <li><router-link to="/">Home</router-link></li>
    <li><router-link to="/page1">Page 1</router-link></li>
    <li><router-link to="/page2">Page 2</router-link></li>
  </ul>
  <router-view></router-view>
</div>
```

（5）在浏览器中运行应用程序。当在路由间切换时，应可在浏览器控制台中看到下列日志信息。

- 当从/导航至/page1 时，应可看到下列日志信息。

```
before entering page 1
Handling this error: An error occurred!
500
```

- 当从/page1 导航至/page2 时，应可看到下列日志信息。

```
before entering page 2
```

可以看到，由于 next({ path: '/' })这一行代码，当从/page1 导航至/page2 时，我们将被定向至/处。

截至目前，我们在单一 HTML 页面中创建了中间件。然而，在实际项目中，我们应利用 Vue Single-File Component（SFC）尝试创建中间件。接下来，我们将利用 Vue CLI 在 Vue SFC 中创建中间件，这与之前介绍的自定义 webpack 构建过程有所不同。

11.2　Vue CLI 简介

第 5 章曾采用 webpack 创建自定义 Vue SFC 应用程序。作为一名开发人员，需要了解复杂内容的内在机制，还需要理解如何使用通用和标准模式并以协作方式处理其他问题。因此，当今趋向于使用框架。Vue CLI 是 Vue 应用程序开发的标准工具，它可完成 webpack 自定义工具所做的工作且不仅于此。如果不打算创建自己的 Vue SFC 开发工具，Vue CLI 则是一类较好的选择方案。Vue CLI 支持 Babel、ESLint、TypeScript、PostCSS、PWA、单元测试机制和端到端测试。关于 Vue CLI 的更多内容，读者可访问 https://cli.vuejs.org/。

11.2.1　安装 Vue CLI

安装 Vue CLI 十分简单，具体步骤如下。

（1）通过 npm 以全局方式安装 Vue CLI。

```
$ npm i -g @vue/cli
```

（2）必要时创建一个项目。

```
$ vue create my-project
```

（3）提示选择预置项，即 default 或 manually select features，如下所示。

```
Vue CLI v4.4.6
? Please pick a preset: (Use arrow keys)
> default (babel, eslint)
  Manually select features
```

（4）选择 default 预置项。稍后可通过手动方式安装所需内容。当安装完成后，在终端中应可看到下列输出内容。

```
Successfully created project my-project.
Get started with the following commands:

  $ cd my-project
  $ npm run serve
```

（5）将目录修改为 my-project，并启动开发过程。

```
$ npm run serve
```

对应输出结果如下。

```
DONE Compiled successfully in 3469ms

  App running at:
  - Local: http://localhost:8080/
  - Network: http://199.188.0.44:8080/

  Note that the development build is not optimized.
  To create a production build, run npm run build.
```

稍后将讨论如何通过 Vue CLI 将导航保护转换为相应的中间件。这意味着，我们可将全部钩子和保护分离至独立的.js 文件中，并将其保存至名为 middlewares 的公共文件夹中。因此，我们首先应了解 Vue CLI 生成的项目目录结构，并随后添加所需的目录。

11.2.2　Vue CLI 的项目结构

利用 Vue CLI 创建项目后，如果查看项目目录，就会看到它提供了一个基本结构，如下所示。

```
├── package.json
├── babel.config.js
├── README.md
├── public
```

```
│ ├── index.html
│ └── favicon.ico
└── src
    ├── App.vue
    ├── main.js
    ├── router.js
    ├── components
    │ └── HelloWorld.vue
    └── assets
        └── logo.png
```

根据这一基本结构，我们即可构建和扩展应用程序。接下来将在/src/目录中开发应用程序，并通过路由器文件向其中添加下列目录。

```
└── src
    ├── middlewares/
    ├── store/
    ├── routes/
    └── router.js
```

此处将创建两个路由组件作为 SFC 页面，即 login 和 secured，并生成 403 保护页面。这需要用户提供姓名和年龄进行登录并访问页面。下列内容显示了当前 Vue 应用程序所需的/src/目录中的文件和结构。

```
└── src
    ├── App.vue
    ├── main.js
    ├── router.js
    ├── components
    │ ├── secured.vue
    │ └── login.vue
    ├── assets
    │ └── ...
    ├── middlewares
    │ ├── isLoggedIn.js
    │ └── isAdult.js
    ├── store
    │ ├── index.js
    │ ├── mutations.js
    │ └── actions.js
    └── routes
        ├── index.js
        ├── secured.js
        └── login.js
```

接下来介绍应用程序所需的目录和文件，并随后针对这些文件进行编码。

11.2.3　利用 Vue CLI 编写中间件和 Vuex 存储

查看 package.json 文件时将会看到，Vue CLI 默认的依赖项十分简单，如下所示。

```
// package.json
"dependencies": {
  "core-js": "^2.6.5",
  "vue": "^2.6.10"
}
```

因此，我们将安装项目依赖项并通过下列步骤编写所需代码。

（1）通过 npm 安装下列包。

```
$ npm i vuex
$ npm i vue-router
$ npm i vue-router-multiguard
```

注意：

Vue 并不支持每个路由的多重保护。因此，如果打算针对某个路由创建多个保护，Vue Router Multiguard 可实现该任务。关于 Vue Router Multiguard 包的更多信息，读者可访问 https://github.com/atanas-dev/vue-router-multiguard。

（2）创建状态、动作和突变，并将经身份验证后的用户详细信息存储至 Vuex 存储中，以便通过任意组件访问这些细节信息。

```
// src/store/index.js
import Vue from 'vue'
import Vuex from 'vuex'

import actions from './actions'
import mutations from './mutations'

Vue.use(Vuex)

export default new Vuex.Store({
  state: { user: null },
  actions,
  mutations
})
```

出于可读性和简单性考虑，我们仅将存储的动作分离至独立文件中，如下所示。

```
// src/store/actions.js
const actions = {
  async login({ commit }, { name, age }) {
    if (!name || !age) {
      throw new Error('Bad credentials')
    }
    const data = {
      name: name,
      age: age
    }
    commit('setUser', data)
  },

  async logout({ commit }) {
    commit('setUser', null)
  }
}
export default actions
```

除此之外，还可将存储的突变存储至独立的文件中，如下所示。

```
// src/store/mutations.js
const mutations = {
  setUser (state, user) {
    state.user = user
  }
}
export default mutations
```

（3）创建中间件确保用户已登录。

```
// src/middlewares/isLoggedIn.js
import store from '../store'

export default (to, from, next) => {
  if (!store.state.user) {
    const err = new Error('You are not connected')
    err.statusCode = 403
    next(err)
  } else {
    next()
  }
}
```

（4）创建另一个中间件，确保用户年龄在 18 岁以上。

```
// src/middlewares/isAdult.js
import store from '../store'

export default (to, from, next) => {
  if (store.state.user.age < 18) {
    const err = new Error('You must be over 18')
    err.statusCode = 403
    next(err)
  } else {
    next()
  }
}
```

（5）通过 vue-router-multiguard 将两个中间件导入受保护的路由中，进而将多个中间件插入 beforeEnter 中。

```
// src/routes/secured.js
import multiguard from 'vue-router-multiguard'
import secured from '../components/secured.vue'
import isLoggedIn from '../middlewares/isLoggedIn'
import isAdult from '../middlewares/isAdult'

export default {
  name: 'secured',
  path: '/secured',
  component: secured,
  beforeEnter: multiguard([isLoggedIn, isAdult])
}
```

（6）创建一个包含简单登录页面的客户端身份验证机制。login 和 logout 方法所需的基本输入字段如下。

```
// src/components/login.vue
<form @submit.prevent="login">
  <p>Name: <input v-model="name" type="text" name="name"></p>
  <p>Age: <input v-model="age" type="number" name="age"></p>
  <button type="submit">Submit</button>
</form>

export default {
  data() {
```

```
    return {
      error: null,
      name: '',
      age: ''
    }
  },
  methods: {
    async login() { ... },
    async logout() { ... }
  }
}
```

（7）将 login 和 logout 动作方法分发至 try 和 block 块中，以完善上述 login 和 logout 方法，如下所示。

```
async login() {
  try {
    await this.$store.dispatch('login', {
      name: this.name,
      age: this.age
    })
    this.name = ''
    this.age = ''
    this.error = null
  } catch (e) {
    this.error = e.message
  }
},
async logout() {
  try {
    await this.$store.dispatch('logout')
  } catch (e) {
    this.error = e.message
  }
}
```

（8）将完善后的登录组件导入登录路由中，如下所示。

```
// src/routes/login.js
import Login from '../components/login.vue'

export default {
  name: 'login',
  path: '/',
```

```
  component: Login
}
```

注意，我们将该路由命名为 login，其原因在于，当从上述中间件中得到身份验证错误时，需要使用该名称重定向导航路由。

（9）将 login 和 secured 路由导入索引路由中，如下所示。

```
// src/routes/index.js
import login from './login'
import secured from './secured'

const routes = [
  login,
  secured
]

export default routes
```

（10）将上述索引路由导入 Vue Router 实例中，并通过 router.onError 捕捉路由错误，如下所示。

```
// src/router.js
import Vue from 'vue'
import VueRouter from 'vue-router'
import Routes from './routes'

Vue.use(VueRouter)

const router = new VueRouter({
  routes: Routes
})

router.onError(err => {
  alert(err.message)
  router.push({ name: 'login' })
})

export default router
```

在该步骤中，我们采用 router.onError 处理从中间件传递的 Error 对象，并在不满足身份验证条件时通过 router.push 将导航路由重定向至登录页面。这里，对应的对象名称应与步骤（7）中的登录路由保持一致，即 login。

（11）导入路由器并将其存储至 main 文件中。

```
// src/main.js
import Vue from 'vue'
import App from './App.vue'
import router from './router'
import store from './store'

new Vue({
  router,
  store,
  render: h => h(App),
}).$mount('#app')
```

（12）通过 npm run serve 运行当前项目。可以看到，应用程序将在 localhost:8080 处被加载。如果在主页的输入框中输入名称和小于 18 的数字并单击登录按钮，那么在尝试访问受保护的页面时，将会得到一条 You must be over 18 的警告消息。另外，当输入大于 18 的数字时，则会在受保护的页面中看到对应的名称和年龄数字。

```
Name: John
Age: 20
```

注意：

读者可访问 GitHub 存储库中的/chapter-11/vue/vuecli/basic/部分查看该应用程序的全部代码。另外，读者还可访问/chapter-11/vue/webpack/部分查看采用自定义 webpack 的应用程序。

至此，我们介绍了 Vue 项目的中间件部分，接下来将介绍具体的 Nuxt 应用项目。

11.3　在 Nuxt 中编写路由中间件

了解了中间件在 Vue 中的工作方式，接下来我们即可方便地在 Nuxt 中与中间件协同工作，因为 Nuxt 在 Vue Router 方面为我们提供了支持。在后续章节中，我们将学习如何针对 Nuxt 应用程序处理全局和逐个路由中间件。

在 Nuxt 中，全部中间件应被保存在/middleware/目录中，中间件文件名应与中间件的名称保持一致。例如，/middleware/user.js 表示为一个用户中间件。另外，中间件将通过第 1 个参数获取 Nuxt 上下文。

```
export default (context) => { ... }
```

此外，中间件也可呈异步状态。

```
export default async (context) => {
  const { data } = await axios.get('/api/path')
}
```

在全局模式下，中间件在服务器端被调用一次（如首次请求 Nuxt 应用程序或更新某个页面时），并在导航至其他路由时在客户端被调用。另外，无论是首次请求应用程序，还是在首次请求后导航至后续路由，中间件都将被调用。中间件首先在 Nuxt 配置文件中被执行，然后在布局中被执行，最后在页面中被执行。接下来介绍如何编写全局中间件。

11.3.1　编写全局中间件

全局中间件的添加过程较为直接，在 config 文件的 router 选项中，仅需将其在 middleware 键中进行声明即可。例如下列代码。

```
// nuxt.config.js
export default {
  router: {
    middleware: 'auth'
  }
}
```

下面将创建一些全局中间件，进而从 HTTP 请求头中获取用户代理信息，并跟踪用户导航的路由。

（1）在/middleware/目录中创建两个中间件，分别用于获取用户代理信息，以及用户导航的路由路径信息。

```
// middleware/user-agent.js
export default (context) => {
  context.userAgent = process.server ? context.req.headers[
    'user-agent'] : navigator.userAgent
}

// middleware/visits.js
export default ({ store, route, redirect }) => {
  store.commit('addVisit', route.path)
}
```

（2）在 router 选项中，在 middleware 键中声明上述中间件，如下所示。

```
// nuxt.config.js
module.exports = {
  router: {
```

```
    middleware: ['visits', 'user-agent']
  }
}
```

注意：

在 Nuxt 中，无须像在 Vue 应用程序中调用多重保护那样使用第三方包。

（3）针对存储所访问的路由，创建存储的状态和突变。

```
// store/state.js
export default () => ({
  visits: []
})

// store/mutations.js
export default {
  addVisit (state, path) {
    state.visits.push({
      path,
      date: new Date().toJSON()
    })
  }
}
```

（4）在 about 页面中创建 user-agent 中间件。

```
// pages/about.vue
<p>{{ userAgent }}</p>

export default {
  asyncData ({ userAgent }) {
    return {
      userAgent
    }
  }
}
```

（5）对于 visits 中间件，此处打算在某个组件上对其加以使用，并随后将该组件注入 default.vue 布局中。对此，首先在/components/目录中创建 visits 组件。

```
// components/visits.vue
<li v-for="(visit, index) in visits" :key="index">
  <i>{{ visit.date | dates }} | {{ visit.date | times }}</i> - {{ visit.path }}
</li>
```

```
export default {
  filters: {
    dates(date) {
      return date.split('T')[0]
    },
    times(date) {
      return date.split('T')[1].split('.')[0]
    }
  },
  computed: {
    visits() {
      return this.$store.state.visits.slice().reverse()
    }
  }
}
```

因此，我们在 visits 组件中创建了两个过滤器。其中，date 过滤器用于从字符串中获取日期。例如，可从 2019-05-24T21:55:44.673Z 中获得 2019-05-24。相比较而言，time 过滤器则用于从字符串中获取时间，如从 2019-05-24T21:55:44.673Z 中得到 21:55:44。

（6）将 visits 组件导入布局中。

```
// layouts/default.vue
<template>
  <Visits />
</template>

import Visits from '~/components/visits.vue'
export default {
  components: {
    Visits
  }
}
```

当导航至相关路由时，应可在浏览器中看到下列结果。

```
2019-06-06 | 01:55:44 - /contact
2019-06-06 | 01:55:37 - /about
2019-06-06 | 01:55:30 - /
```

此外，当访问 About 页面时，应可从请求头中获取用户代理信息，如下所示。

```
Mozilla/5.0 (X11; Linux x86_64) AppleWebKit/537.36 (KHTML, like
Gecko) Chrome/73.0.3683.75 Safari/537.36
```

注意：

读者可访问 GitHub 存储库中的/chapter-11/nuxtuniversal/route-middleware/global/部分查看当前示例的源代码。

至此，我们介绍了全局中间件，接下来将介绍逐个路由中间件。

11.3.2　编写逐个路由中间件

添加逐个路由中间件并不复杂，在特定的布局或页面中，仅需在 middleware 键中对其进行声明即可。例如，考查下列代码。

```
// pages/index.vue or layouts/default.vue
export default {
  middleware: 'auth'
}
```

下面将创建一些逐个路由中间件。其间，我们将使用会话和 JSON Web Token（JWT）访问受限页面或受保护的 API。在实际操作过程中，我们可针对身份验证系统仅采用会话或令牌，但此处将针对复杂的生产系统使用这两种方式。在当前示例中，用户将登录并从服务器中获取令牌。若令牌过期或无效，用户将无法访问受保护的路由。

另外，若会话期超时，用户将退出当前系统。

（1）创建一个 auth 中间件以检查存储中的状态是否包含数据。如果不存在验证数据，可通过 Nuxt 中的 error 函数将错误发送至前端。

```
// middleware/auth.js
export default function ({ store, error }) {
  if (!store.state.auth) {
    error({
      message: 'You are not connected',
      statusCode: 403
    })
  }
}
```

（2）创建一个 token 中间件以确保令牌处于当前存储中，否则向前端发送错误消息。若令牌处于存储中，则将基于该令牌的 Authorization 设置为默认的 axios 头。

```
// middleware/token.js
export default async ({ store, error }) => {
  if (!store.state.auth.token) {
```

```
    error({
      message: 'No token',
      statusCode: 403
    })
  }
  axios.defaults.headers.common['Authorization'] = `Bearer:
${store.state.auth.token}`
}
```

（3）将上述两个中间件添加至受保护页面的 middleware 键中。

```
// pages/secured.vue
<p>{{ greeting }}</p>

export default {
  async asyncData ({ redirect }) {
    try {
      const { data } = await axios.get('/api/private')
      return {
        greeting: data.data.message
      }
    } catch (error) {
      if(process.browser){
        alert(error.response.data.message)
      }
      return redirect('/login')
    }
  },
  middleware: ['auth', 'token']
}
```

在利用 JWT 设置 Authorization 头之后，即可访问受保护的 API 路由，这些路由通过服务器端中间件加以保护（具体内容参见第 12 章）。随后可从将要访问的受保护 API 路由中获取数据。如果令牌错误或过期，将通过相应的错误消息予以提示。

（4）在/store/目录中创建存储状态、突变和动作，以存储验证后的数据。

```
// store/state.js
export default () => ({
  auth: null
})

// store/mutations.js
export default {
```

```
  setAuth (state, data) {
    state.auth = data
  }
}

// store/actions.js
export default {
  async login({ commit }, { username, password }) {
    try {
      const { data } = await axios.post('/api/public/users/login',
      { username, password })
      commit('setAuth', data.data)
    } catch (error) {
      // handle error
    }
  },

  async logout({ commit }) {
    await axios.post('/api/public/users/logout')
    commit('setAuth', null)
  }
}
```

当刷新页面时，存储状态将被重置为默认状态。对于状态的持久化存储，存在下列几种可用方案。

（1）localStorage。

（2）sessionStorage。

（3）vuex-persistedstate（Vuex 插件）。

在当前示例中，由于采用会话存储验证的信息，因此可通过下列方式追溯会话中的数据。

（1）req.ctx.session (Koa)或 req.session (Express)。

（2）req.headers.cookie。

在确定了所需方案后（假设为 req.headers.cookie），则可重新填写对应状态，如下所示。

```
// store/index.js
const cookie = process.server ? require('cookie') : undefined

export const actions = {
  nuxtServerInit({ commit }, { req }) {
    var session = null
```

```
    var auth = null
    if (req.headers.cookie && req.headers.cookie.indexOf('koa:sess') > -1){
      session = cookie.parse(req.headers.cookie)['koa:sess']
    }
    if (session) {
      auth = JSON.parse(Buffer.from(session, 'base64'))
      commit('setAuth', auth)
    }
  }
}
```

注意：

读者可访问 GitHub 存储库中的/chapter-11/nuxtuniversal/route-middleware/per-route/部分查看当前示例的源代码。

在执行了上述各项步骤并创建了中间件后，即可通过 npm run dev 运行这一简单的身份验证应用程序，并查看其工作方式。第 12 章将讨论服务器端身份验证机制。当前，我们仅需关注中间件及其工作方式。接下来将讨论服务器中间件。

11.4　编写 Nuxt 服务器中间件

服务器中间件是服务器端应用程序，这个服务器端应用程序被用作 Nuxt 中的中间件。本书前面曾在服务器端框架（如 Koa，参见第 8 章）下运行过 Nuxt 应用程序。若采用 Express，这将是 package.json 文件中的 scripts 对象。

```
// package.json
"scripts": {
  "dev": "cross-env NODE_ENV=development nodemon server/
   index.js --watch server",
  "build": "nuxt build",
  "start": "cross-env NODE_ENV=production node server/index.js",
  "generate": "nuxt generate"
}
```

在这一 npm 脚本中，dev 和 start 脚本指示服务器运行源自/server/index.js 中的应用程序。考虑到 Nuxt 和服务器端框架间的紧密耦合，同时还将在配置中导致额外的工作，因而这并非一种理想方案。然而，我们可以通知 Nuxt 不要在/server/index.js 中绑定至服务器端框架的配置中，并保留原来的 Nuxt 运行脚本，如下所示。

```
// package.json
"scripts": {
  "dev": "nuxt",
  "build": "nuxt build",
  "start": "nuxt start",
  "generate": "nuxt generate"
}
```

相反，通过采用 Nuxt 配置文件中的 serverMiddleware 属性，我们可以让服务器端框架在 Nuxt 下运行。例如，考查下列代码。

```
// nuxt.config.js
export default {
  serverMiddleware: [
    '~/api'
  ]
}
```

不同于路由中间件（在客户端上的每个路由之前被调用），服务器中间件一般在 vue-server-renderer 之前在服务器端被调用。因此，服务器中间件适用于特定的服务器任务，如前面章节中的 Koa 或 Express。接下来将讨论如何将 Express 和 Koa 用作服务器中间件。

11.4.1　将 Express 用作 Nuxt 的服务器中间件

下面将 Express 用作 Nuxt 的服务器中间件，进而创建一个简单的身份验证应用程序。其间，我们将使用之前身份验证示例中的客户端代码以及逐个路由中间件。其中，用户需要提供用户名和密码以访问受保护的页面。除此之外，我们还将使用 Vuex 存储机制中心化验证后的用户数据。这里的主要差别在于，Nuxt 应用程序将作为中间件从服务器端应用程序中被移出，而服务器端应用程序将作为中间件被移入 Nuxt 应用程序中，具体步骤如下。

（1）安装 cookie-session 和 body-parser 服务器中间件，随后在 Nuxt 的 config 文件中添加 API 路径，如下所示。

```
// nuxt.config.js
import bodyParser from 'body-parser'
import cookieSession from 'cookie-session'

export default {
  serverMiddleware: [
```

```
    bodyParser.json(),
    cookieSession({
      name: 'express:sess',
      secret: 'super-secret-key',
      maxAge: 60000
    }),
    '~/api'
  ]
}
```

注意，cookie-session 是针对 Express 的一种基于 cookie 的会话中间件，这种会话中间件用于将会话存储于客户端的 cookie 中。相比较而言，body-parser 是一个 Express 的体分析中间件，类似于 Koa 的 koa-bodyparser（参见第 8 章）。

注意：

关于 Express 的 cookie-session 和 body-parser，读者可访问 https://github.com/expressjs/cookie-session 和 https://github.com/expressjs/body-parser 查看更多信息。

（2）利用 index.js 文件创建/api/目录。其中，Express 作为另一个服务器中间件被导入和导出。

```
// api/index.js
import express from 'express'
const app = express()

app.get('/', (req, res) => res.send('Hello World!'))

// Export the server middleware
export default {
  path: '/api',
  handler: app
}
```

（3）通过 npm run dev 运行当前应用程序，随后在 localhost:3000/api 处应可看到"Hello World!"这一消息。

（4）将 login 和 logout 的 post 方法添加至/api/index.js 文件中，如下所示。

```
// api/index.js
app.post('/login', (req, res) => {
  if (req.body.username === 'demo' && req.body.password === 'demo'){
    req.session.auth = { username: 'demo' }
    return res.json({ username: 'demo' })
```

```
  }
  res.status(401).json({ message: 'Bad credentials' })
})

app.post('/logout', (req, res) => {
  delete req.session.auth
  res.json({ ok: true })
})
```

在上述代码中，当用户成功登录后，我们将验证后的负载作为 HTTP 请求对象中的 auth 存储至 Express 会话中。随后，当用户退出后，还需要执行删除操作以清除 auth 会话。

（5）利用 state.js 和 mutations.js 文件创建存储，该操作类似于编写逐个路由中间件，如下所示。

```
// store/state.js
export default () => ({
  auth: null,
})

// store/mutations.js
export default {
  setAuth (state, data) {
    state.auth = data
  }
}
```

（6）类似于编写逐个路由中间件，在存储的 actions.js 文件中创建 login 和 logout 动作方法，如下所示。

```
// store/actions.js
import axios from 'axios'

export default {
  async login({ commit }, { username, password }) {
    try {
      const { data } = await axios.post('/api/login', { username, password })
      commit('setAuth', data)
    } catch (error) {
      // handle error...
    }
  },

  async logout({ commit }) {
```

```
    await axios.post('/api/logout')
    commit('setAuth', null)
  }
}
```

（7）将 nuxtServerInit 动作添加至存储的 index.js 文件中，以便在刷新页面时从 HTTP 请求对象的 Express 会话中重新填写状态。

```
// store/index.js
export const actions = {
  nuxtServerInit({ commit }, { req }) {
    if (req.session && req.session.auth) {
      commit('setAuth', req.session.auth)
    }
  }
}
```

（8）类似于逐个路由中间件的身份验证机制，利用表单在/pages/目录中创建一个登录页面。随后采用与之前相同的 login 和 logout 方法将 login 和 logout 动作方法分发至存储中。

```
// pages/index.vue
<form v-if="!$store.state.auth" @submit.prevent="login">
  <p v-if="error" class="error">{{ error }}</p>
  <p>Username: <input v-model="username" type="text" name="username"></p>
  <p>Password: <input v-model="password" type="password"
      name="password"></p>
  <button type="submit">Login</button>
</form>

export default {
  data () {
    return {
      error: null,
      username: '',
      password: ''
    }
  },
  methods: {
    async login () { ... },
    async logout () { ... }
  }
}
```

（9）利用 npm run dev 运行应用程序。与前面类似，这是一个身份验证应用程序，但它不再从/server/index.js 中被运行。

注意：

读者可访问 GitHub 存储库中的/chapter-11/nuxtuniversal/server-middleware/express/部分查看当前示例的源代码。

使用 serverMiddleware 属性可以使当前 Nuxt 应用程序更加简洁（通过将 Nuxt 应用程序从服务器端释放出来）。通过这种方法，还可进一步提升应用程序的灵活性，因为可使用任意服务器端框架和应用程序，如 Koa（而非 Express）。接下来将讨论 Koa。

11.4.2　将 Koa 用作 Nuxt 的服务器中间件

类似于 Koa 和 Express，Connect 也是一个简单的框架，用于粘连 HTTP 请求处理机制的各种中间件。从内部来看，Nuxt 使用 Connect 作为服务器，因此，大多数 Express 中间件可与 Nuxt 的服务器中间件协同工作。相比之下，作为 Nuxt 服务器中间件，Koa 中间件工作起来稍显困难，因为在 Koa 中 req 和 res 对象被隐藏并保存在 ctx 中。下面通过一个简单的消息"Hello World"比较这 3 种框架。

```
// Connect
const connect = require('connect')
const app = connect()
app.use((req, res, next) => res.end('Hello World'))

// Express
const express = require('express')
const app = express()
app.get('/', (req, res, next) => res.send('Hello World'))

// Koa
const Koa = require('koa')
const app = new Koa()
app.use(async (ctx, next) => ctx.body = 'Hello World')
```

需要注意的是，req 是一个 Node.js HTTP 请求对象，而 res 是一个 Node.js HTTP 响应对象。当然，对它们的具体名称并无限制，例如，可使用 request 而非 req，也可使用 response 而非 res。经与其他框架比较后可以看到 Koa 处理这两种对象的不同之处。因此，我们无法像 Express 那样将 Koa 用作 Nuxt 的服务器中间件，也无法在 serverMiddleware 属性中定义任何 Koa 中间件，且仅可添加保存 Koa API 所在的目录路径。对此，读者不必担心，在我们的 Nuxt 应用程序中，作为中间件工作并不困难，具体步骤如下。

（1）添加路径，并于其中利用 Koa 创建 API，如下所示。

```
// nuxt.config.js
export default {
  serverMiddleware: [
    '~/api'
  ]
}
```

（2）导入 koa 和 koa-router，利用路由器创建 Hello World！消息，并随后将其导出至/api/目录的 index.js 文件中。

```
// api/index.js
import Koa from 'koa'
import Router from 'koa-router'

router.get('/', async (ctx, next) => {
  ctx.type = 'json'
  ctx.body = {
    message: 'Hello World!'
  }
})

app.use(router.routes())
app.use(router.allowedMethods())

// Export the server middleware
export default {
  path: '/api',
  handler: app.listen()
}
```

（3）导入 koa-bodyparser 和 koa-session，并将其注册为/api/index.js 文件 Koa 实例中的中间件，如下所示。

```
// api/index.js
import bodyParser from 'koa-bodyparser'
import session from 'koa-session'

const CONFIG = {
  key: 'koa:sess',
  maxAge: 60000,
```

```
}

app.use(session(CONFIG, app))
app.use(bodyParser())
```

（4）利用 Koa 路由器创建 login 和 logout 路由，如下所示。

```
// api/index.js
router.post('/login', async (ctx, next) => {
  let request = ctx.request.body || {}
  if (request.username === 'demo' && request.password === 'demo') {
    ctx.session.auth = { username: 'demo' }
    ctx.body = {
      username: 'demo'
    }
  } else {
    ctx.throw(401, 'Bad credentials')
  }
})

router.post('/logout', async (ctx, next) => {
  ctx.session = null
  ctx.body = { ok: true }
})
```

在上述代码中，类似于之前讨论的 Express 示例，当用户成功登录后，我们将验证后的负载作为 Koa 上下文对象中的 auth 存储至 Koa 会话中。随后，当用户退出后，可将会话设置为 null 进而清除 auth 会话。

（5）类似于之前的 Express 示例，利用状态、突变和动作创建存储。除此之外，与之前编写逐个路由中间件类似，在存储的 index.js 文件中创建 nuxtServerInit。

```
// store/index.js
export const actions = {
  nuxtServerInit({ commit }, { req }) {
    // ...
  }
}
```

（6）同样，在/pages/目录中创建 login 和 logout 方法，以从存储中分发动作方法。

```
// pages/index.vue
<form v-if="!$store.state.auth" @submit.prevent="login">
  //...
</form>
```

```
export default {
  methods: {
    async login () { ... },
    async logout () { ... }
  }
}
```

（7）利用 npm run dev 运行应用程序。同样，这是一个与之前 Express 示例类似的身份验证应用程序，但它不再从/server/index.js 中被运行。

注意：

读者可访问 GitHub 存储库中的/chapter-11/nuxt-universal/server-middleware/koa/部分查看当前示例的源代码。

取决于个人喜好，我们可使用 Express 或 Koa 作为项目中的 Nuxt 服务器中间件。出于简单考虑，本书将使用 Koa。不仅如此，我们甚至可以创建自定义服务器中间件，接下来将对此加以讨论。

11.4.3　创建自定义服务器中间件

由于 Nuxt 在内部采用 Connect 作为服务器，因此我们可以添加自定义中间件，且无须使用诸如 Koa 或 Express 这一类外部服务器。类似于之前讨论的 Koa 和 Express，我们可开发复杂的 Nuxt 服务器中间件。下面创建一个简单的自定义中间件，该中间件输出一条"Hello World!"消息，以确定在基本中间件基础上创建复杂中间件的可行性，具体步骤如下。

（1）添加路径，并于其中创建自定义中间件。

```
// nuxt.config.js
serverMiddleware: [
  { path: '/api', handler: '~/api/index.js' }
]
```

（2）将 API 路由添加至/api/目录的 index.js 文件中。

```
// api/index.js
export default function (req, res, next) {
  res.end('Hello world!')
}
```

（3）利用 npm run dev 运行应用程序并导航至 localhost:3000/api。随后在屏幕上应可看到"Hello World!"消息。

注意：

关于 Connect 的更多信息，读者可以参考其文档内容，对应网址为 https://github.com/senchalabs/connect。另外，读者还可以访问 GitHub 存储库中的/chapter-11/nuxtuniversal/server-middleware/custom/部分查看当前示例的源代码。

11.5　本章小结

本章讨论了路由中间件和服务器中间件的不同之处。其间，我们通过 Vue Router 的导航保护创建了 Vue 应用程序的中间件，此外还使用 Vue CLI 开发了简单的 Vue 身份验证应用程序。在 Vue 应用程序的基础上，本章通过全局和逐个路由中间件在 Nuxt 应用程序中实现了相同的路由中间件概念。随后，本章介绍了 Nuxt 服务器中间件，以及如何将 Express 和 Koa 用作服务器中间件。需要说明的是，中间件十分重要且异常有用，对于身份验证和安全性来说尤其如此。本章介绍了多个身份验证应用程序，第 12 章还将对此进行深入讨论。

第 12 章将学习如何开发用户登录和身份验证 API，进而改进之前的身份验证应用程序。其间将介绍基于会话的身份验证和基于令牌的身份验证。当采用这两种技术创建身份验证应用程序时，情况将变得有所不同。此外，第 12 章还将学习如何针对 Nuxt 应用程序通过 Google OAuth 创建后端和前端身份验证和登录机制。

第 12 章　创建用户登录和 API 身份验证

在第 10 章和第 11 章中，我们了解了如何在 Nuxt 应用程序中处理会话和 JSON Web Token（JWT）。其中：第 10 章针对身份验证使用了会话并讨论了 nuxtServerInit；第 11 章则针对身份验证使用了会话和令牌，并讨论了逐个路由中间件，如下所示。

```
// store/index.js
nuxtServerInit({ commit }, { req }) {
  if (req.ctx.session && req.ctx.session.authUser) {
    commit('setUser', req.ctx.session.authUser)
  }
}

// middleware/token.js
export default async ({ store, error }) => {
  if (!store.state.auth.token) {
    // handle error
  }
  axios.defaults.headers.common['Authorization'] = Bearer:
${store.state.auth.token}
}
```

当用户证书与数据库或数据身份验证服务器中的证书匹配时，身份验证系统即允许我们访问相关资源。对此，存在多种身份验证方法。其中，基于会话和基于令牌的身份验证是最常见的两种方法，本章将对此加以讨论。

本章主要涉及以下主题。

- 理解基于会话的身份验证。
- 理解基于令牌的身份验证。
- 创建后端身份验证。
- 创建前端身份验证。
- 利用 Google OAuth 进行签名。

12.1　理解基于会话的身份验证

超文本传输协议（HTTP）是无状态的，因此，全部 HTTP 请求也是无状态的。这意味着，HTTP 不会记得任何经过身份验证的用户，应用程序也不会知道当前请求与前一个请求是否来源于同一个人。因此，我们需要在下一个请求上再次进行身份验证——这并非一种理想的方案。

因此，基于会话和基于 cookie 的身份验证（通常仅被称作基于会话的身份验证）用于存储 HTTP 请求之间的用户数据，并消除 HTTP 请求的无状态特质，进而使身份验证呈现为“有状态”过程。这意味着，验证后的记录或会话被存储于服务器和客户端。服务器可将活动会话保存至数据库或服务器内存中，因此这种身份验证被称作基于会话的身份验证。客户端可生成一个 cookie 保存会话标识符（会话 ID），因此这种身份验证被称作基于 cookie 的身份验证。

接下来将讨论会话和 cookie 的具体含义。

12.1.1　会话和 cookie 的含义

会话可被视为两个或多台通信设备或计算机和用户之间所交换的一段临时信息。会话在特定的时间点被创建，并在未来一段时间内过期。此外，当用户关闭浏览器或离开站点后，会话也将处于过期状态。在会话创建完毕后，服务器上的临时目录（或数据库、服务器内存）中将生成一个文件存储注册后的会话值。随后，在访问期间，该数据在整个网站中都是可用的；浏览器将接收一个会话 ID，该 ID 将通过 cookie 或 GET 变量返回至服务器进行验证。

简言之，cookie 和会话仅仅表示为数据。其中，cookie 存储于客户端机器中，而会话则存储于客户端和服务器中。与 cookie 相比，会话更加安全，因为数据仅保存在服务器上。cookie 常在构建会话时被创建，并保存在客户端计算机设备上。cookie 可以是经过验证后的用户的姓名、年龄或 ID，它通过浏览器被发送回服务器中以识别用户。

12.1.2　会话身份验证流

下列工作流有助于我们理解基于会话和基于 cookie 的身份验证机制。

（1）用户将证书（如用户名和密码）从浏览器的客户端应用程序发送至服务器中。

（2）服务器检查证书并将唯一的令牌（会话 ID）发送至客户端上。另外，该令牌将被保存在数据库或服务器端的内存中。

（3）客户端应用程序将令牌存储至客户端的 cookie 中，并在每个 HTTP 请求中对其加以使用，随后将其发送回服务器中。

（4）服务器接收令牌，对用户进行身份验证并将请求数据返回客户端应用程序中。

（5）当用户退出后，客户端应用程序销毁令牌。在用户退出之前，客户端还可将请求发送至服务器中并移除会话。或者，根据所设置的超时时间，当前会话自身终止。

在基于会话的身份验证中，服务器负责执行大量的工作。基于会话的身份验证是有状态的，它将会话标识符与用户账户（假设位于数据库中）进行关联。基于会话的身份验证的缺点在于大量用户同时使用系统时的可伸缩性，因为会话被存储于服务器的内存中，所以这将涉及大量的内存使用。除此之外，cookie 在单一域或子域上工作良好，但通常在跨域共享（跨源资源共享）时被浏览器禁用。当客户端生成源自不同域的 API 请求时，这会产生问题。然而，该问题可通过基于令牌的身份验证机制予以解决，接下来将对此加以讨论。

12.2　理解基于令牌的身份验证

基于令牌的身份验证机制较为简单。对此，存在多种令牌实现方案，其中较为常用的是 JSON Web Token。基于令牌的身份验证是无状态的。这意味着，会话不会在服务器端被持久化，因为状态被存储于客户端的令牌中。这里，服务器的职责仅是创建一个 JWT 并将其发送至客户端上。客户端将 JWT 存储于本地存储或客户端 cookie 中，并在生成请求时将其包含在头中。随后，服务器验证 JWT 并发送响应消息。

接下来考查 JWT 的含义及其工作方式。

12.2.1　JWT 的含义

要了解 JWT 的工作方式，首先应明晰其具体含义。简言之，JWT 表示为由头、负载和签名构成的 JSON 哈希对象的字符串。JWT 可通过下列格式创建。

```
header.payload.signature
```

通常情况下，头由两部分构成，即类型和算法。这里，类型为 JWT，算法可以是 HMAC、SHA256 或 RSA，即使用密钥签名令牌的哈希算法，如下所示。

```
{
  "typ": "JWT",
  "alg": "HS256"
}
```

负载 JWT 中存储信息（或声明）的部分，如下所示。

```
{
```

```
  "userId": "b08f86af-35da-48f2-8fab-cef3904660bd",
  "name": "Jane Doe"
}
```

在该示例中，我们仅在负载中包含了两项声明。当然，我们也可设置多项声明。这里，所包含的声明越多，JWT 的尺寸就越大，这将对性能产生影响。此外，还存在其他一些可选的声明，如 iss（发布者）、sub（主题）和 exp（过期时间）。

注意：

关于 JWT 标准字段的更多信息，读者可访问 https://toolsietf.org/html/rfc7519。

签名通过编码头、编码负载、密钥和头中指定的算法进行计算。无论在头部分选择了何种算法，都需要使用该算法加密 JWT 的前两个部分，即 base64(header) + '.' + base64(payload)，如下列伪代码。

```
// signature algorithm
data = base64urlEncode(header) + '.' + base64urlEncode(payload)
hashedData = hash(data, secret)
signature = base64urlEncode(hashedData)
```

签名是 JWT 中唯一无法公开读取的部分，因为签名通过密钥进行加密。除非持有密钥，否则将无法解密该信息。因此，上述伪代码的示例输出结果为 3 个“.”分隔的 Base64-URL 字符串，这些字符串可方便地被传递至 HTTP 请求中。

```
// JWT Token
eyJ0eXAiOiJKV1QiLCJhbGciOiJIUzI1NiJ9.eyJ1c2VySWQiOiJiMDhmODZhZi0zNWRhL
TQ4ZjItOGZhYi1jZWYzOTA0NjYwYmQifQ.-xN_h82PHVTCMA9vdoHrcZxH-x5mb11y1537
t3rGzcM
```

接下来将考查令牌身份验证机制的工作方式。

12.2.2　令牌身份验证流

我们可通过下列身份验证流理解基于令牌的身份验证。

（1）用户将证书（如用户名和密码）从浏览器的客户端应用程序发送至服务器中。

（2）服务器检查用户名和密码，如果证书正确无误，则返回签名后的令牌。

（3）令牌被存储于客户端。此外，它还可被存储于本地存储、会话存储或 cookie 中。

（4）客户端应用程序一般包含该令牌，将其作为后续服务器请求上的附加头。

（5）服务器接收并解码 JWT，如果令牌有效，则允许请求访问。

（6）当用户退出且不再与服务器进一步交互，则销毁令牌。

在基于令牌的身份验证中，通常情况下，我们不应在负载中包含任何敏感信息，令牌也不应保存较长的时间。另外，用于包含令牌的附加头应采用以下格式。

```
Authorization: Bearer <token>
```

在基于令牌的身份验证中，可扩展性并不是问题，因为令牌被存储于客户端上。另外，在跨域共享方面也不会出现任何问题，因为 JWT 是一个涵盖全部所需信息（被包含在请求头中）的字符串，这些信息在客户端向服务器发出的每个请求中被检查。在 Node.js 应用程序中，我们可通过 Node.js 模块之一（如 jsonwebtoken）生成令牌。下面考查如何使用 Node.js 模块。

12.2.3　针对 JWT 使用 Node.js 模块

jsonwebtoken 可用于生成服务器端上的 JWT。通过下列步骤，我们可通过同步或异步方式使用该模块。

（1）通过 npm 安装 jsonwebtoken。

```
$ npm i jsonwebtoken
```

（2）在服务器端导入并签名令牌。

```
import jwt from 'jsonwebtoken'
var token = jwt.sign({ name: 'john' }, 'secret', { expiresIn: '1h' })
```

（3）通过异步方式验证源自客户端的令牌。

```
try {
  var verified = jwt.verify(token, 'secret')
} catch(err) {
  // handle error
}
```

注意：

关于 jsonwebtoken 模块的更多信息，读者可访问 https://github.com/brianloveswords/node-jws。

至此，我们已经了解了基于会话和基于令牌身份验证的基本知识，接下来讨论如何在服务器端和客户端应用程序（采用 Koa 和 Nuxt）中对其加以应用。本章将使用基于令牌的身份验证在应用程序中生成两种身份验证方案，即本地身份验证和 Google OAuth 身份验证。对于本地身份验证，我们将以内部和本地方式在应用程序中验证用户；而 Google OAuth 身份验证则通过 Google OAuth 验证用户。

12.3　创建后端身份验证

在第 10 章和第 11 章中，我们针对后端验证使用了一个虚拟用户，特别是在逐个路由中间件的/chapter-11/nuxt-universal/route-middleware/per-route/中，示例如下。

```
// server/modules/public/user/_routes/login.js
router.post('/login', async (ctx, next) => {
  let request = ctx.request.body || {}

  if (request.username === 'demo' && request.password === 'demo') {
    let payload = { id: 1, name: 'Alexandre', username: 'demo' }
    let token = jwt.sign(payload, config.JWT_SECRET, { expiresIn: 1 * 60 })
    //...
  }
})
```

本章将采用包含一些用户身份验证数据的数据库。第 9 章曾使用 MongoDB 作为数据库服务器。出于多样性考虑，这里将使用不同的数据库系统，即 MySQL。

12.3.1　使用 MySQL 作为服务器数据库

这里，应确保在本地机器上安装了 MySQL 服务器。编写本书时，MySQL 的最新版本为 5.7。根据所使用的操作系统，读者可访问 https://dev.mysql.com/doc/mysql-installation-excerpt/5.7/en/installing.html 查看特定的操作系统规范。对于 Linux，读者可访问 https://dev.mysql.com/doc/mysql-installation-excerpt/5.7/en/linux-installation.html 查看 Linux 版本的安装向导；而对于 Linux Ubuntu 和 APT 存储库，读者可访问 https:/dev.mysql.com/doc/mysql- apt-repo-quick-guide/en/apt-repo-fresh-install。

除此之外，读者还可以安装 MariaDB 服务器（而非 MySQL）进而在项目中使用关系型数据库管理系统（DBMS）。再次强调，根据所使用的操作系统，读者可访问 https://mariadb.com/downloads/查看具体的操作系统规范。对于特定的 Linux 版本，读者可访问 https://downloads.mariadb.org/mariadb/repositories/；对于 Linux Ubuntu 19.10，读者可访问 https://downloads.mariadb.org/mariadb/repositories/#distro=Ubuntudistro_release=eoan--ubuntu_eoan mirror=bme version=10.4。

无论如何，选择一种管理工具管理 MySQL 数据库是一种十分方便的做法。对此，可使用 phpMyAdmin 或 Adminer（https://www.adminer.org/latest.php），且需要在机器上安装 PHP。如果读者不了解 PHP，可参考第 16 章的安装向导。本书推荐使用 Adminer，读者可访问 https://www.phpmyadmin.net/downloads/下载程序。如果打算使用 phpMyAdmin，读者可访问 https://www.phpmyadmin.net/以了解更多内容。一旦持有管理工具，就可按照下列步骤设置数据库。

（1）使用 Adminer 创建数据库，如"nuxt-auth"。

（2）在数据库中插入下列表和示例数据。

```
DROP TABLE IF EXISTS users;
CREATE TABLE users (
  id int(11) NOT NULL AUTO_INCREMENT,
  name varchar(255) NOT NULL,
  email varchar(255) NOT NULL,
  username varchar(255) NOT NULL,
  password varchar(255) NOT NULL,
  created_on datetime NOT NULL,
  last_on datetime NOT NULL,
  PRIMARY KEY (id),
  UNIQUE KEY email (email),
  UNIQUE KEY username (username)
) ENGINE=InnoDB DEFAULT CHARSET=utf8;

INSERT INTO users (id, name, email, username, password, created_on,
last_on) VALUES
(1, 'Alexandre', 'demo@gmail.com', 'demo',
'$2a$10$pyMYtPfIvE.PAboF3cIx9.IsyW73voMIRxFINohzgeV0I2BxwnrEu',
'2019-06-17 00:00:00', '2019-01-21 23:32:58');
```

在上述示例数据中，用户密码为 123123，并被加密为$2a$10$pyMYtPfIvE.PAboF3cIx9.IsyW73voMIRxFINohzgeV0I2BxwnrEu。我们将安装 bcryptjs Node.js 模块并在服务器端哈希化和验证该密码。在介绍 bcryptjs 之前，我们首先介绍应用程序的结构。

注意：

读者可访问 GitHub 存储库中的/chapter-12/部分查找导出的数据库副本，即 nuxt-auth.sql。

12.3.2　构建跨域应用程序目录

前述内容曾针对单一域构建了 Nuxt 应用程序。在服务器端，API 已被紧密地耦合至 Nuxt（自第 8 章起）中。其中，我们将 Koa 用作服务器端框架和处理、服务 Nuxt 应用程序数据的 API。当查看 GitHub 存储库中的/chapter-8/nuxt-universal/koa-nuxt/部分时，将会看到服务器端程序和文件保存至/server/目录中。除此之外，包/模块依赖项则保存至 package.json 文件中，并在相同的/node_modules/目录中对其进行安装。随着应用程序不断扩大，将两个框架（Nuxt 和 Koa）的模块依赖项混合至同一 package.json 文件中将会产生混淆，同时也会增加调试难度。对于可扩展性和维护性来说，较好的做法是将 Nuxt 和 Koa（或其他服务器端框架，如 Express）生成的单一文件划分至两个独立的应用程序中。接下来将介绍跨域 Nuxt 应用程序，并复用和重新构建第 8 章中的 Nuxt 应用程序。这里，我们将 Nuxt 应用程序称作前端应用程序，将 Koa 应用程序称作后端应用程序。随着过程不断深入，我们将在这两个应用程序中分别添加新模块。

这里，后端应用程序将执行后端身份验证；而前端应用程序则单独执行前端身份验证，但它们最终将作为一个整体运行。为了简化学习和重构过程，我们仅针对身份验证使用 JWT。接下来通过下列步骤创建一个新的工作目录。

（1）创建一个项目目录，并在其中生成两个子目录，即 frontend 和 backend，如下所示。

```
<project-name>
├── frontend
└── backend
```

（2）利用构建工具在/frontend/目录中安装 Nuxt 应用程序 create-nuxt-app。对应的 Nuxt 目录如下。

```
frontend
├── package.json
├── nuxt.config.js
├── store
│  ├── index.js
│  └── ...
└── pages
    ├── index.vue
    └── ...
```

（3）在/backend/目录中创建一个 package.json 文件、一个 backpack.config.js 文件、一个/static/文件夹和一个/src/文件夹，随后在/src/文件夹中创建其他文件和子文件夹（稍后将对此加以讨论），如下所示。

```
backend
├── package.json
├── backpack.config.js
```

```
├── assets
│ └── ...
├── static
│ └── ...
└── src
    ├── index.js
    ├── ...
    ├── modules
    │ └── ...
    └── core
        └── ...
```

其中，backend 目录保存 Express 或 Koa 生成的 API。这里仍将采用我们所熟悉的 Koa。另外，我们将在该目录中安装服务器端依赖项，如 mysql、bcryptjs 和 jsonwebtoken，以避免与 Nuxt 应用程序的前端模块混淆。

可以看到，在这种新结构下，我们可以从 Nuxt 应用程序中分离并解耦 API，从而有益于调试和开发。从技术上讲，我们一次可以开发和测试一个应用程序。在同一环境中开发两个应用程序可能会产生混乱，且在应用程序扩展时难以协调。

在介绍在服务器端使用 JWT 之前，我们首先讨论如何在/src/目录中构建 API 路由和模块。

12.3.3　创建 API 公共/私有路由及其模块

需要说明的是，读者无须强制采纳本书所建议的目录结构，关于 Koa 的应用程序结构，并不存在特定的要求或所谓的官方规则。对此，Koa 社区提供了某些结构、样板代码和框架，读者可访问 https://github.com/koajs/koa/wiki 查看详细信息。接下来讨论/src/目录中的目录结构，我们将于其中开发 API 源代码，具体步骤如下。

（1）在/src/目录中创建下列文件夹和空的.js 文件。

```
└── src
    ├── index.js
    ├── middlewares.js
    ├── routes-private.js
    ├── routes-public.js
    ├── config
    │ └── index.js
    ├── core
    │ └── database
    ├── middlewares
```

```
│ ├── authenticate.js
│ ├── errorHandler.js
│ └── ...
└── modules
    └── ...
```

在/src/目录中：所有的中间件被保存在/middlewares/目录中，如 authenticate.js，相关中间件通过 Koa 的 app.use 方法进行注册；而所有的 API 端点组则被保存在/modules/目录中，如 home、user 和 login。

（2）创建两个主目录，即 private 和 public。其中，每个主目录下都有子目录，如下所示。

```
└── modules
    ├── private
    │ └── home
    └── public
        ├── home
        ├── user
        └── login
```

其中，/public/目录用于公共访问（不涉及 JWT），如登录路由；而/private/目录则用于需要 JWT 保护模块的那些访问行为。可以看到，我们已将 API 路由分离至两个主要的分组中，因此，/private/分组将在 routes-private.js 中被处理，而/public/分组则在 routes-public.js 中被处理。我们持有/config/目录保存所有的配置文件，/core/目录则用于保存应用程序间共享和使用的抽象程序和模块，如稍后讨论的 MySQL 连接池。因此，根据上述目录树，我们将在 API 中使用这些公共模块（如 home、user、login）和一个私有模块（home）。

（3）在每个模块中，如 user 模块，创建一个/_routes/目录配置隶属于该特定模块（或分组）的所有路由（或端点）。

```
└── user
    ├── index.js
    └── _routes
        ├── index.js
        └── fetch-user.js
```

在 user 模块中，该模块的所有路由在/user/index.js 文件中被组装和分组至模块路由中，如下所示。

```
// src/modules/public/user/index.js
import Router from 'koa-router'
import fetchUsers from './_routes'
```

```
import fetchUser from './_routes/fetch-user'

const router = new Router({
  prefix: '/users'
})
const routes = [fetchUsers, fetchUser]

for (var route of routes) {
  router.use(route.routes(), route.allowedMethods())
}
```

其中，设置为 prefix 键的/users 值表示为该用户模块的模块路由。我们可以在每个导入的子路由中开发代码，如登录路由的代码。

（4）在每个模块的每个.js 文件中，例如在 user 模块中，添加下列基本代码以构建后续阶段的代码。

```
// src/modules/public/user/_routes/index.js
import Router from 'koa-router'
import pool from 'core/database/mysql'

const router = new Router()

router.get('/', async (ctx, next) => {
  // code goes here....
})
export default router
```

（5）创建 home 模块，该模块将返回包含'Hello World!'消息的响应结果，如下所示。

```
// src/modules/public/home/_routes/index.js
import Router from 'koa-router'
const router = new Router()

router.get('/', async (ctx, next) => {
  ctx.type = 'json'
  ctx.body = {
    message: 'Hello World!'
  }
})
export default router
```

（6）这仅是源自 home 模块的一个路由，但仍然需要将该路由组装至模块的 index.js 文件中，以便使代码与其他模块保持一致，如下所示。

```
// src/modules/public/home/index.js
import Router from 'koa-router'
import index from './_routes'

const router = new Router() // no prefix
const routes = [index]

for (var route of routes) {
  router.use(route.routes(), route.allowedMethods())
}
export default router
```

注意：

home 模块前不包含任何前缀，因此可在 localhost:4000/public 处直接访问其唯一的路由。

（7）在/src/目录中创建 routes-public.js 文件，并从/modules/目录的公共模块中导入全部公共路由，如下所示。

```
// src/routes-public.js
import Router from 'koa-router'

import home from './modules/public/home'
import user from './modules/public/user'
import login from './modules/public/login'

const router = new Router({ prefix: '/public' })
const modules = [home, user, login]

for (var module of modules) {
  router.use(module.routes(), module.allowedMethods())
}
export default router
```

可以看到，我们导入了之前刚刚创建的 home 模块。稍后还将创建 user 和 login 模块。在导入这些模块后，应将其路由注册至当前路由器上并导出该路由器。注意，这些路由均添加了前缀/public。另外，每个路由均通过循环并利用 JavaScript for 循环函数被注册至路由器上。

（8）在/src/目录中创建 routes-private.js 文件，并导入/modules/目录下私有模块中的所有私有路由，如下所示。

```
// src/routes-private.js
```

```
import Router from 'koa-router'

import home from './modules/private/home'
import authenticate from './middlewares/authenticate'

const router = new Router({ prefix: '/private' })
const modules = [home]

for (var module of modules) {
  router.use(authenticate, module.routes(), module.allowedMethods())
}
export default router
```

在 routes-private.js 文件中，我们将在后续章节中创建一个私有 home 模块。另外，authenticate 中间件被导入该文件中，并被添加至私有路由中，以便保护私有路由。随后应导出包含路由器的私有路由，并以/private 作为前缀。稍后将创建 authenticate 中间件，当前，我们需要利用 Backoack 配置模块文件路径，并安装 API 所依赖的 Node.js 模块。

（9）通过 Backpack 配置文件将下列附加文件路径（./src、./src/core 和./src/modules）添加至 webpack 配置中。

```
// backpack.config.js
module.exports = {
  webpack: (config, options, webpack) => {
    config.resolve.modules = ['./src', './src/core', './src/modules']
    return config
  }
}
```

通过这些附加文件路径，我们可通过 import pool from 'core/database/mysql'简单地导入模块，而非下列代码。

```
import pool from '../../../../core/database/mysql'
```

注意：

有关使用 webpack 中的 modules 选项解析模块的更多信息，读者可访问 https://webpack.js.org/configuration/resolve/#resolvemodules。

（10）在项目中安装 Backpack 以及其他一些基本的和所需的 Node.js 模块，以实现后端应用程序的开发。

```
$ npm i backpack-core
$ npm i cross-env
```

```
$ npm i koa
$ npm i koa-bodyparser
$ npm i koa-favicon
$ npm i koa-router
$ npm i koa-static
```

注意：

第 8 章、第 10 章和第 11 章曾介绍了上述各个模块，读者可参考 GitHub 存储库中的 /chapter-8/nuxtuniversal/koa-nuxt/、/chapter-10/nuxtuniversal/nuxtServerInit/和/chapter-11/nuxtuniversal/route-middleware/per-route/部分进行查看。

（11）向/backend/目录的 package.json 文件中添加下列运行脚本。

```
// package.json
{
  "scripts": {
    "dev": "backpack",
    "build": "backpack build",
    "start": "cross-env NODE_ENV=production node build/main.js"
  }
}
```

其中，"dev"运行脚本用于开发 API，"build"运行脚本用于结束后构建 API，"start"运行脚本则用于构建完毕后处理 API。

（12）将下列服务器配置添加至/config/目录的 index.js 文件中。

```
// src/config/index.js
export default {
  server: {
    port: 4000
  },
}
```

该配置文件仅包含简单的配置内容，即配置为在端口 4000 上运行的服务器。

（13）导入下列模块，这些模块在/src/目录的 middlewares.js 文件中作为中间件被安装和注册。

```
// src/middlewares.js
import serve from 'koa-static'
import favicon from 'koa-favicon'
import bodyParser from 'koa-bodyparser'
```

```
export default (app) => {
  app.use(serve('assets'))
  app.use(favicon('static/favicon.ico'))
  app.use(bodyParser())
}
```

（14）在/middleware /目录下创建一个处理 HTTP 响应结果（包含 200 HTTP 状态）的中间件。

```
// src/middlewares/okOutput.js
export default async (ctx, next) => {
  await next()
  if (ctx.status === 200) {
    ctx.body = {
      status: 200,
      data: ctx.body
    }
  }
}
```

如果响应结果为 OK，那么将得到下列 JSON 输出结果。

```
{"status":200,"data":{"message":"Hello World!"}}
```

（15）创建处理 HTTP 错误状态（如 400、404、500）的中间件。

```
export default async (ctx, next) => {
  try {
    await next()
  } catch (err) {
    ctx.status = err.status || 500

    ctx.type = 'json'
    ctx.body = {
      status: ctx.status,
      message: err.message
    }

    ctx.app.emit('error', err, ctx)
  }
}
```

针对 400 错误响应结果，我们将得到下列 JSON 响应信息。

```
{"status":400,"message":"username param is required."}
```

（16）创建一个中间件，该中间件通过抛出一条'Not found'消息专门处理 HTTP 404 响应结果。

```
// src/middlewares/notFound.js
export default async (ctx, next) => {
  await next()
  if (ctx.status === 404) {
    ctx.throw(404, 'Not found')
  }
}
```

针对未知路由，我们将得到下列 JSON 输出结果。

```
{"status":404,"message":"Not found"}
```

（17）将这 3 个中间件均导入 middlewares.js 文件中，与其他中间件类似，将其注册为 Koa 实例。

```
// src/middlewares.js
import errorHandler from './middlewares/errorHandler'
import notFound from './middlewares/notFound'
import okOutput from './middlewares/okOutput'

export default (app) => {
  app.use(errorHandler)
  app.use(notFound)
  app.use(okOutput)
}
```

注意这些中间件的序列安排方式。即使 errorHandler 中间件首先被注册，如果 HTTP 响应中包含错误，那么该中间件将是最后一个在 Koa 上游级联中重新执行的中间件。如果 HTTP 响应结果为 200，那么上游级联将在 okOutput 中间件处终止。另外需要注意的是，这些中间件必须在 static、favicon 和 bodyparser 中间件之后被注册，并在下游级联中首先被公开调用和处理。

（18）导入源自 routes-public.js 和 routesprivate.js 文件中的公共和私有路由，并在上述中间件之后对其进行注册，如下所示。

```
// Import custom local middlewares.
import routesPublic from './routes-public'
import routesPrivate from './routes-private'

export default (app) => {
```

```
  app.use(routesPublic.routes(), routesPublic.allowedMethods())
  app.use(routesPrivate.routes(), routesPrivate.allowedMethods())
}
```

（19）导入 Koa、middlewares.js 文件中的中间件，以及/config/目录 index.js 文件中的服务器配置内容，随后实例化 Koa 实例并将其传递至 middlewares.js 文件中，最后利用该 Koa 实例启动服务器。

```
// index.js
import Koa from 'koa'
import config from './config'
import middlewares from './middlewares'

const app = new Koa()
const host = process.env.HOST || '127.0.0.1'
const port = process.env.PORT || config.server.port

middlewares(app)
app.listen(port, host)
```

（20）利用 npm run dev 运行 API。可以看到，应用程序于 localhost:4000 处在浏览器上运行。当在 localhost:4000 处时，我们应在浏览器上得到下列输出结果。

```
{"status":404,"message":"Not found"}
```

其原因在于，/上不再设置路由，所有路由的前缀均为/public 或/private。如果导航至 localhost:4000/public，我们将得到下列 JSON 输出结果。

```
{"status":200,"data":{"message":"Hello World!"}}
```

上述内容源自刚刚创建的 home 模块中的响应结果。另外，如果将收藏夹图表或数据资源置于 static/和/assets/目录中，我们应可看到收藏夹图表和数据资源在 localhost:4000 处被正确处理，如下所示。

```
localhost:4000/sample-asset.jpg
localhost:4000/favicon.ico
```

在 localhost:4000 处，我们可以看到这两个目录中的文件。这是因为，当出现 Koa 中的下游级联时，static 和 favicon 中间件经安装和注册后首先在中间件栈中被执行。

至此，我们拥有了新的工作目录和基本的 API（类似于第 8 章）。接下来需要在/backend/目录中安装其他服务器端依赖项，并开始向公共 user 和 login 模块以及私有 home 模块中添加路由代码。接下来讨论 bcryptjs。

注意：

读者可访问 GitHub 存储库中的/chapter-12/nuxt-universal/cross-domain/jwt/axiosmodule/backend/部分查看当前示例应用程序。

12.3.4　针对 Node.js 使用 bcryptjs 模块

如前所述，bcryptjs 模块用于哈希化和验证密码，下列步骤展示了如何在应用程序中使用该模块。

（1）通过 npm 安装 bcryptjs 模块。

```
$ npm i bcryptjs
```

（2）在请求正文（request）中添加源自客户端发送的密码 salt 以哈希化密码，如在 user 模块中创建新用户期间。

```
// src/modules/public/user/_routes/create-user.js
import bcrypt from 'bcryptjs'

const saltRounds = 10
const salt = bcrypt.genSaltSync(saltRounds)
const hashed = bcrypt.hashSync(request.password, salt)
```

注意：

限于篇幅，我们可适当简化新用户的创建过程。但在完整的 CRUD 中，我们可通过这一过程哈希化用户提供的密码。

（3）在 login 模块的登录身份验证期间，通过对源自客户端（请求）发送的密码和存储于数据库中的密码进行比较，我们可对密码进行验证。

```
// src/modules/public/login/_routes/local.js
import bcrypt from 'bcryptjs'

const isMatched = bcrypt.compareSync(request.password, user.password)
if (isMatched === false) { ... }
```

注意：

读者可访问 GitHub 存储库中的/chapter-12/nuxt-universal/cross-domain/jwt/axiosmodule/backend/src/modules/public/login/_routes/local.js 部分查看当前步骤是如何应用于后端应用程序中的。

稍后将展示如何使用 bcryptjs 验证来自客户端的输入密码。但在讨论客户端密码的哈希化和验证机制之前，首先需要连接至 MySQL 数据库以插入新用户或查询现有用户。对此，我们需要在应用程序中使用另一个 Node.js 模块，即 mysql，这是一个 MySQL 客户端。下面就来讨论如何安装和使用 mysql。

注意：

关于 mysql 模块及其异步示例的更多信息，读者可访问 https://github.com/dcodeIO/bcrypt.js。

12.3.5　针对 Node.js 使用 mysql 模块

前述内容曾安装了 MySQL 服务器。本节则需要使用一个 MySQL 客户端可连接至 MySQL 服务器，并在服务器端程序中执行 SQL 查询。mysql 是一个标准的实现了 MySQL 协议的 MySQL Node.js 模块。据此，无论是在 MySQL 服务器还是 MariaDB 服务器上，我们都可处理 MySQL 连接和 SQL 查询。

（1）通过 npm 安装 mysql。

```
$ npm i mysql
```

（2）在/src/目录的子目录中，利用 MySQL 连接信息在 mysql.js 文件中创建 MySQL 连接实例，如下所示。

```
// src/core/database/mysql.js
import util from 'util'
import mysql from 'mysql'

const pool = mysql.createPool({
  connectionLimit: 10,
  host : 'localhost',
  user : '<username>',
  password : '<password>',
  database : '<database>'
})

pool.getConnection((err, connection) => {
  if (error) {
    // Handle errors ...
  }
  // Release the connection to the pool if no error.
  if (connection) {
```

```
    connection.release()
  }
  return
})
pool.query = util.promisify(pool.query)
export default pool
```

代码的具体解释如下。

- mysql 并不支持 async/await，因此，我们通过 Node.js 中的 promisify 工具封装了 MySQL 的 pool.query。pool.query 是一个源自 mysql 中的函数，用于处理 SQL 查询并在回调中返回结果，如下所示。

```
connection.query('SELECT ...', function (error, results, fields) {
  if (error) {
    throw error
  }
  // Do something ...
})
```

通过 promisify 工具，我们消除了回调并可使用 async/await，如下所示。

```
let result = null
try {
  result = await pool.query('SELECT ...')
} catch (error) {
  // Handle errors ...
}
```

- pool.query 是 pool.getConnection、connection.query 和 connection.release 这 3 个函数的快捷方式，经结合使用后可在 mysql 模块的连接池中执行 SQL 查询。通过 pool.query，当处理完毕后，连接将被自动释放回连接池。pool.query 函数的基本底层结构如下。

```
import mysql from 'mysql'
const pool = mysql.createPool(...)

pool.getConnection(function(error, connection) {
  if (error) { throw error }

  connection.query('SELECT ...', function (error, results, fields) {
    connection.release()
    if (error) { throw error }
  })
})
```

- 在 mysql 模块中，我们可针对连接池使用 mysql.createPool，这可被视为可复用的数据库连接的缓存，进而减少连接数据库时构建新连接所产生的开销。相比之下，采用 mysql.createConnection 逐一创建和管理 MySQL 连接则是一种代价高昂的操作。关于连接池的更多信息，读者可访问 https://github.com/mysqljs/mysqlpooling-connections。

（3）可将 MySQL 连接抽象至/core/目录的文件中。下面以此获取 user 模块中的用户列表。

```
// backend/src/modules/public/user/_routes/index.js
import Router from 'koa-router'
import pool from 'core/database/mysql'
const router = new Router()

router.get('/', async (ctx, next) => {
  try {
    var users = await pool.query(
      'SELECT `id`, `name`, `created_on`
      FROM `users`'
    )
  } catch (err) { ... }

  ctx.type = 'json'
  ctx.body = users
})

export default router
```

可以看到，这里采用了与之前相同的代码结构并通过 MySQL 连接池将请求发送至 MySQL 服务器中。在发送的查询中，我们通知 MySQL 服务器仅将 users 表中的 id、name 和 created_on 字段返回结果中。

（4）当在 localhost:4000/public/users 处访问用户路由时，可在屏幕上得到下列输出结果。

```
{"status":200,"data":[{"id":1,"name":"Alexandre","created_on":"2019-06
-16T22:00:00.000Z"}]}
```

当前，我们通过 mysql 模块连接至 MySQL 服务器和数据库，bcryptjs 模块用于哈希化和验证源自客户端的密码。据此，可重构并改善之前创建的相对简单的登录代码，对此，我们稍后予以介绍。

注意：

关于 mysql 模块的更多内容，读者可访问 https://github.com/mysqljs/mysql。

12.3.6　重构服务器端上的登录代码

一旦我们获得了 MySQL 连接池，就可以重构和改进第 10 章和第 11 章中的登录代码，具体步骤如下。

（1）导入全部依赖项（如 koa-router、jsonwebtoken、bcryptjs）和登录路由的 MySQL 连接池，如下所示。

```
// src/modules/public/login/_routes/local.js
import Router from 'koa-router'
import jwt from 'jsonwebtoken'
import bcrypt from 'bcrypt'
import pool from 'core/database/mysql'
import config from 'config'

const router = new Router()

router.post('/login', async (ctx, next) => {
  let request = ctx.request.body || {}
  //...
})

export default router
```

此处导入了 API 配置选项的配置文件，其中涵盖了 MySQL 数据库连接细节信息、服务器和静态目录选项，以及后续签名令牌时所需的 JWT 密码。

（2）针对登录路由验证 post 方法中的用户输入内容，以确保已定义且非空。

```
if (request.username === undefined) {
  ctx.throw(400, 'username param is required.')
}
if (request.password === undefined) {
  ctx.throw(400, 'password param is required.')
}
if (request.username === '') {
  ctx.throw(400, 'username is required.')
}
if (request.password === '') {
  ctx.throw(400, 'password is required.')
}
```

（3）将用户名和密码赋予变量，用于在传递验证时查询数据库。

```
let username = request.username
let password = request.password

let users = []
try {
  users = await pool.query('SELECT FROM users WHERE
    username = ?', [username])
} catch(err) {
  ctx.throw(400, err.sqlMessage)
}

if (users.length === 0) {
  ctx.throw(404, 'no user found')
}
```

（4）若存在 MySQL 查询结果，则利用 bcryptjs 将存储的密码和源自用户的密码进行比较。

```
let user = users[0]
let match = false

try {
  match = await bcrypt.compare(password, user.password)
} catch(err) {
  ctx.throw(401, err)
}
if (match === false) {
  ctx.throw(401, 'invalid password')
}
```

（5）如果用户传递了之前所有的步骤和验证，则签名 JWT 并将其发送至客户端。

```
let payload = { name: user.name, email: user.email }
let token = jwt.sign(payload, config.JWT_SECRET, { expiresIn: 1 * 60 })

ctx.body = {
  user: payload,
  message: 'logged in ok',
  token: token
}
```

（6）利用 npm run dev 运行 API。在终端上利用 curl 并通过手动方式测试之前的路由，如下所示。

```
$ curl -X POST -d "username=demo&password=123123" -H "Content-Type:
application/x-www-form-urlencoded"
http://localhost:4000/public/login/local
```

如果成功登录，则将得到下列输出结果。

```
{"status":200,"data":{"user":{"name":"Alexandre","email":"thiamkok.lau
@gmail.com"},"message":"logged in ok", "token": "eyJhbGciOiJIUzI1NiIsIn
R5cCI6IkpXVCJ9.eyJuYW1lIjoiQWxleGFuZHJlIiwiZW1haWwiOiJ0aGlhbWtvay5sYXV
AZ21haWwuY29tIiwiaWF0IjoxNTgwMDExNzAwLCJleHAiOjE1ODAwMTE3NjB9.Lhd78jok
SGALup6DUYAqWAjl7C-8dLhXjEba-KAxy4k"}}
```

当然，签名成功后将在上述相应结果中得到不同的令牌。至此，我们重构并改进了登录代码，接下来将考查如何验证令牌，随后该令牌将从客户端被发送回请求头中。

12.3.7　验证服务器端上的输入令牌

当前，我们已经成功地签署了一个令牌，并在证书与存储在数据库中的内容相匹配时将其返回给客户端。但这仅完成了一半操作。每次客户端发出请求时，都应该验证这个令牌，以访问服务器端中间件保护的所有路由。

下面创建中间件和受保护的路由，具体步骤如下。

（1）在/src/目录的/middlewares/目录中创建一个中间件文件，如下所示。

```
// src/middlewares/authenticate.js
import jwt from 'jsonwebtoken'
import config from 'config'

export default async (ctx, next) => {
  if (!ctx.headers.authorization) {
    ctx.throw(401, 'Protected resource, use Authorization header
    to get access')
  }
  const token = ctx.headers.authorization.split(' ')[1]

  try {
    ctx.state.jwtPayload = jwt.verify(token, config.JWT_SECRET)
  } catch (err) {
    // handle error.
  }
  await next()
}
```

其中，if 条件（!ctx.headers.authorization）用于确保客户端包含请求头中的令牌。由于 authorization 中包含了形如 Bearer: [token]的值（包含单空格），我们通过该空格划分值，且在 try 和 catch 块中接收[token]进行验证。如果令牌有效，则可通过 await next()令请求发送至下一个路由。

（2）将中间件导入并注入需要采用 JWT 保护的路由分组中。

```
// src/routes-private.js
import Router from 'koa-router'
import home from './modules/private/home'
import authenticate from './middlewares/authenticate'

const router = new Router({ prefix: '/private' })
const modules = [home]

for (var module of modules) {
  router.use(authenticate, module.routes(), module.allowedMethods())
}
```

在该 API 中，我们打算保护/private 路由下的所有路由，因此需要导入相应文件中需要保护的全部路由，如前述/home 路由。因此，当利用/private/home 请求该路由时，需要将请求中的令牌包含至头中以访问该路由。

至此，我们创建并验证了服务器端上的 JWT，接下来考查如何在客户端上完成基于 Nuxt 的 JWT 身份验证。

12.4　创建前端身份验证

前述章节利用虚拟后端身份验证构建了一些 Nuxt 身份验证应用程序。相比之下，本章的不同之处在于，我们将创建跨域应用程序，而非单域应用程序。读者可访问/chapter-10/nuxt-universal/nuxtServerInit/和/chapter-11/nuxtuniversal/route-middleware/per-route/查看这些单域 Nuxt 应用程序。

进一步讲，本章将再次使用第 6 章引入的 Nuxt 模块，即@nuxtjs/axios 和@nuxtjs/proxy。读者可访问/chapter-6/nuxt-universal/modulesnippets/top-level/查看基于这两种模块的 Nuxt 应用程序。下列步骤将在前述示例的基础上进行重构，进而安装和配置 Nuxt 应用程序以创建客户端身份验证应用程序。

（1）通过 npm 安装@nuxtjs/axios 和@nuxtjs/proxy 模块。

```
$ npm i @nuxtjs/axios
$ npm i @nuxtjs/proxy
```

（2）在 Nux 配置文件中创建@nuxtjs/axios 和@nuxtjs/proxy 模块，如下所示。

```
// nuxt.config.js
module.exports = {
  modules: [
    '@nuxtjs/axios',
  ],

  axios: {
    proxy: true
  },

  proxy: {
    '/api/': { target: 'http://localhost:4000/', pathRewrite:
    {'^/api/': ''} },
  }
}
```

如前所述，远程 API 服务器运行于 localhost:4000 处。在这一配置中，我们将这一 API 地址赋予 proxy 选项的/api/键中。

（3）移除之前用于导入 axios Node.js 模块的所有 import 语句（如在受保护的页面中）。

```
// pages/secured.vue
import axios from '~/plugins/axios'
```

这是因为，当前使用了@nuxtjs/axios（Nuxt Axios 模块），且不再需要将 vanilla axios Node.js 模块直接导入代码中。

（4）通过$axios 调用 Nuxt Axios 模块并替换 axios（源自 vanilla axios Node.js 模块，之前在代码中用于 HTTP 请求），如在受保护的页面中。

```
// pages/secured.vue
async asyncData ({ $axios, redirect }) {
  const { data } = await $axios.$get('/api/private')
}
```

Nuxt Axios 模块通过步骤（2）中的 Nuxt 配置文件被加载至 Nuxt 应用程序中，因此可通过$axios 从 Nuxt 上下文或 this 中对其进行访问。

利用@nuxtjs/axios 和@nuxtjs/proxy 这两个 Nuxt 模块、cookie 和 Node.js 模块（客户端和服务器端），我们还应重构存储中的其余代码和应用程序中的中间件。接下来对其进行讨论。

12.4.1　在（Nuxt）客户端上使用 cookie

在当前应用程序中，我们不再使用会话“记忆”身份验证数据。相反，这里将采用 js-cookie Node.js 模块创建 cookie 以存储源自远程服务器的数据。

采用 js-cookie Node.js 模块创建一个跨站点的 cookie 是十分简单的，具体步骤如下。

（1）使用下列格式设置一个 cookie。

```
Cookies.set(<name>, <value>)
```

下列代码将创建一个 30 天逾期的 cookie。

```
Cookies.set(<name>, <value>, { expires: 30 })
```

（2）采用下列格式读取 cookie。

```
Cookies.get(<name>)
```

可以看到，该 Node.js 模块使用起来十分简单，全部工作是通过 set 和 get 方法设置和检索客户端上的 cookie 的。下列步骤将重构存储中的代码。

（1）当 Nuxt 应用程序仅在客户端被处理时，使用 if 三元条件运算导入 js-cookie Node.js 模块。

```
// store/actions.js
const cookies = process.client ? require('js-cookie') : undefined
```

（2）使用 js-cookie 中的 set 函数将源自服务器的数据存储为 login 动作中的 auth，如下所示。

```
// store/actions.js
export default {
  async login(context, { username, password }) {
    const { data } = await
      this.$axios.$post('/api/public/login/local',{ username, password })
    cookies.set('auth', data)
    context.commit('setAuth', data)
  }
}
```

（3）使用 js-cookie 中的 remove 函数删除 logout 动作中的 auth cookie，如下所示。

```
// store/actions.js
```

```
export default {
  logout({ commit }) {
    cookies.remove('auth')
    commit('setAuth', null)
  }
}
```

这里的问题是，使用 auth cookie 的目的和方式是什么？稍后将通过在 Nuxt 服务器端应用 cookie 对此进行解释。

注意：

关于 Node.js 模块示例代码的更多内容，读者还可访问 https://github.com/js-cookie/js-cookie。

12.4.2 在（Nuxt）服务器端使用 cookie

由于我们采用 JWT 验证的数据已被 js-cookie 哈希化并作为 auth 被存储于 cookie 中，因此在必要时需要读取并解析这个 cookie。这就是 Node.js 模块 cookie 的作用所在。再次说明，我们已在前述章节中使用过 Node.js 模块，但尚未对其进行讨论。

cookie Node.js 模块是 HTTP 服务器的 HTTP cookie 解析器和序列化器，用于在服务器端上解析 cookie 头。下列步骤解释了如何在 auth cookie 上使用该模块。

（1）当 Nuxt 应用程序仅在服务器端被处理时，使用 if 三元条件操作符导入 cookie Node.js 模块。

```
// store/index.js
const cookie = process.server ? require('cookie') : undefined
```

（2）使用 cookie Node.js 模块中的 parse 函数解析 nuxtServerInit 动作 HTTP 请求头中的 auth cookie，如下所示。

```
// store/index.js
export const actions = {
  nuxtServerInit({ commit }, { req }) {
    if (req.headers.cookie && req.headers.cookie.indexOf('auth') > -1) {
      let auth = cookie.parse(req.headers.cookie)['auth']
      commit('setAuth', JSON.parse(auth))
    }
  }
}
```

（3）通过$axios 使用 Nuxt Axios 模块中的 setHeader 函数，将令牌（JWT）包含在令牌中间件的 HTTP 头中，以访问远程服务器上的私有 API 路由，如下所示。

```
// middleware/token.js
export default async ({ store, error, $axios }) => {
  if (!store.state.auth.token) {
    // handle error
  }
  $axios.setHeader('Authorization', Bearer: ${store.state.auth.token})
}
```

（4）利用 npm run dev 运行 Nuxt 应用程序。此时应用程序运行于 localhost:3000 的浏览器上。我们可通过证书登录页面，并访问受限制的保护页面，该页面受到 JWT 保护。

至此，我们完成了基于令牌的本地身份验证。我们重构了存储和中间件中的代码，使 js-cookie 和 cookie Node.js 模块可以协同工作，并针对前端验证在 Nuxt 应用程序中实现了客户端和服务器端的完美互补。除此之外，我们还通过跨域方案将 Nuxt 应用程序与 API 进行解耦。

可以看到，针对前端验证使用 js-cookie 和 cookie Node.js 模块并不复杂。此外，通过 Google OAuth（稍后将对此加以讨论）也可以完成相同的任务。向前端身份验证中添加 Googe OAuth 可使用户获得登录应用程序时的额外选项。

注意：

读者可访问 GitHub 存储库中的/chapter-12/nuxtuniversal/cross-domain/jwt/axios-odule/frontend/部分查看当前 Nuxt 应用程序的示例源代码。

关于 cookie Node.js 模块的示例代码，读者可访问 https://github.com/jshttp/cookie。

关于 setHeader 帮助函数的更多信息，读者可访问 https://axios.nuxtjs.org/helpers。

12.5　利用 Google OAuth 进行签名

OAuth 是一个开放的授权验证协议，可以在网站或应用程序之间授予访问权限，而不会将用户密码泄露给被授予访问权限的各方。OAuth 是多家公司和站点采用的一种十分常见的访问授权，用于识别各方用户的身份，如提供 OAuth 验证的 Google 和 Facebook。下面通过 Google OAuth 登录应用程序，该方案需要使用客户端 ID 和源自 Google Developer Console 的密码，其获取途径可通过下列步骤实现。

（1）访问 https://console.developers.google.com/，在 Google Developer Console 中创建

一个新项目。

（2）在 OAuth consent screen 选项卡中选择 External。

（3）在 Credentials 选项卡的 Create Credentials 下拉菜单中选择 OAuth client ID，随后针对 Application type 选择 Web application。

（4）在 Name 框中提供 OAuth 客户端 ID 的名称，并在 Authorized redirect URIs 框中提供重定向 URI，以便 Google 在 Google 内容页面上进行身份验证后重定向用户。

（5）启用 Google People API，进而提供从 Library 选项卡访问 API Library 中与配置文件和联系人相关的信息。

一旦设置了开发人员账户并得到了上述步骤创建的客户端 ID 和客户端代码，接下来就向后端身份验证机制中添加 Google OAuth。

12.5.1 向后端身份验证中添加 Google OAuth

当用户在 Google 中注册完毕后，需要将其发送至 Google Login 页面。至此，这些用户将可登录其账户并被重定向至涵盖其 Google 注册详细信息的应用程序处。我们可从中析取 Google 码并将其发送回 Google，进而获得应用程序中可使用的用户数据。这一过程需要使用 googleapis Node.js 模块，该模块是一个使用 Google API 的客户端库。

下列步骤将在代码中安装并使用 googleapis Node.js 模块。

（1）通过 npm 安装 googleapis Node.js 模块。

```
$ npm i googleapis
```

（2）通过个人证书创建一个文件，以使 Google 知晓生成请求的用户。

```
// backend/src/config/google.js
export default {
  clientId: '<client ID>',
  clientSecret: '<client secret>',
  redirect: 'http://localhost:3000/login'
}
```

注意，此处需要利用从 Google Developer Console 中获得的 ID 和密码替换上述<client ID>和<client secret>值。另外还需要注意的是，redirect 选项中的 URL 需要匹配 Google 应用程序 API 设置项 Authorized redirect URIs 中的重定向 URI。

（3）利用 Google OAuth 生成 Google 身份验证 URL，将该用户发送至 Google 内容页面，获取用户的权限并检索访问令牌，如下所示。

```
// backend/src/modules/public/login/_routes/google/url.js
```

```
import Router from 'koa-router'
import { google } from 'googleapis'
import googleConfig from 'config/google'

const router = new Router()

router.get('/google/url', async (ctx, next) => {

  const oauth = new google.auth.OAuth2(
    googleConfig.clientId,
    googleConfig.clientSecret,
    googleConfig.redirect
  )

  const scopes = [
    'https://www.googleapis.com/auth/userinfo.email',
    'https://www.googleapis.com/auth/userinfo.profile',
  ]

  const url = oauth.generateAuthUrl({
    access_type: 'offline',
    prompt: 'consent',
    scope: scopes
  })

  ctx.body = url
})
```

作用域（scope）确定当用户注册时我们希望从用户处获取的信息和权限，并随后生成 URL。在当前示例中，我们需要相应的权限检索用户电子邮件和配置信息，即 userinfo.email 和 userinfo.profile。用户在 Google 内容页面中验证完毕后，Google 将把用户重定向回应用程序，同时包含访问用户数据时的验证数据和验证码。

（4）从验证数据〔步骤（3）返回、由 Google 添加〕的 code 参数中析取值。对此，可返回 Node.js 模块中，进而帮助我们析取后续 URL 查询中的 code 参数，稍后对此加以讨论。此处假设已析取了 code 值并将其发送至服务器端，随后利用 Google OAuth2 实例请求令牌，如下所示。

```
// backend/src/modules/public/login/_routes/google/me.js
import Router from 'koa-router'
import { google } from 'googleapis'
import jwt from 'jsonwebtoken'
```

```
import pool from 'core/database/mysql'
import config from 'config'
import googleConfig from 'config/google'

const router = new Router()

router.get('/google/me', async (ctx, next) => {

  // Get the code from url query.
  const code = ctx.query.code

  // Create a new google oauth2 client instance.
  const oauth2 = new google.auth.OAuth2(
    googleConfig.clientId,
    googleConfig.clientSecret,
    googleConfig.redirect
  )
  //...
})
```

（5）利用刚刚析取的 code 获取 Google 中的令牌，并将其传输至 Google People（对应为 google.people）中，通过 get 方法获得用户数据，并指定需要在 personFields 查询参数中返回的与人员相关的字段。

```
// backend/src/modules/public/login/_routes/google/me.js
...
const {tokens} = await oauth2.getToken(code)
oauth.setCredentials(tokens)

const people = google.people({
  version: 'v1',
  auth: oauth2,
})

const me = await people.people.get({
  resourceName: 'people/me',
  personFields: 'names,emailAddresses'
})
```

在上述代码中可以看到，Google 中仅存在与人员相关的两个字段，即 names 和 emailAddresses。读者可访问 https://developers.google.com/people/api/rest/v1/people/get 查看 Google 中与人员相关的其他字段。如果访问成功，应可从 Google 中获得 JSON 格式的用户数据，随后从对应数据中析取电子邮件，以确保匹配数据库中的用户。

（6）仅从 Google 人员数据中检索第一封电子邮件，随后查询数据库，看是否已存在包含该电子邮件的用户。

```
// backend/src/modules/public/login/_routes/google/me.js
...
let email = me.data.emailAddresses[0].value
let users = []

try {
  users = await pool.query('SELECT FROM users WHERE email = ?', [email])
} catch(err) {
  ctx.throw(400, err.sqlMessage)
}
```

（7）如果不存在包含当前电子邮件的用户，那么利用 Google 中的用户数据向客户端发送一条'signup required'消息，并请求用户在应用程序中注册一个账户。

```
// backend/src/modules/public/login/_routes/google/me.js
...
if (users.length === 0) {
  ctx.body = {
    user: me.data,
    message: 'signup required'
  }
  return
}
let user = users[0]
```

（8）若匹配，则利用负载和 JWT 密码签署 JWT，随后将令牌（JWT）发送至客户端。

```
// backend/src/modules/public/login/_routes/google/me.js
...
let payload = { name: user.name, email: user.email }
let token = jwt.sign(payload, config.JWT_SECRET, { expiresIn: 1 * 60 })

ctx.body = {
  user: payload,
  message: 'logged in ok',
  token: token
}
```

通过上述步骤，我们向服务器端添加了 Google OAuth。接下来介绍如何针对 Google

OAuth 在客户端实现基于 Nuxt 的身份验证。

关于 googleapis Node.js 模块的更多信息，读者可访问 https://github.com/googleapis/google-api-nodejs-client。

12.5.2　针对 Google OAtuh 创建前端身份验证

在 Google 将用户重定向回应用程序后，我们可得到重定向 URL 上的一些数据，如下所示。

```
http://localhost:3000/login?code=4%2F1QGpS37E21TcgQhhIvJZlK1cG4M1jpPJ0
I_XPQgrFjvKUFUJQ3aYuOlzYsqPmKgNb4Wfd8ito88yDjUTD6CKD3E&scope=email%20p
rofile%20https%3A%2F%2Fwww.googleapis.com%2Fauth%2Fuserinfo.email%20ht
tps%3A%2F%2Fwww.googleapis.com%2Fauth%2Fuserinfo.profile%20openid&auth
user=1&prompt=consent
```

上述内容难以阅读和破译，但这仅是一个查询字符串，其中包含了附加至重定向 URL 的参数。

```
<redirect URL>?
code=4/1QFvWYDSrW...
&scope=email profile...
&authuser=1
&prompt=consent
```

对此，可采用一个 Node.js 模块（即 query-string）解析 URL 中的查询字符串，如下所示。

```
const queryString = require('query-string')
const parsed = queryString.parse(location.search)
console.log(parsed)
```

随后可在浏览器的控制台中获得下列 JavaScript 对象。

```
{authuser: "1", code:
"4/1QFvWYDSrWLklhIgRfVR0LJy6Pk0gn5TkjTKWKlRr9pdZveGAHV_pMrxBhicy7Zd6d9
nfz0IQrcLl-VGS-Gu9Xk", prompt: "consent", scope: "email
profilehttps://www.googleapis.com/auth/user…//www.googleapis.com/auth/
userinfo.profile openid"}
```

在上述重定向 URL 中，code 参数值得关注。如前所述，该参数将发送至服务器端以通过 googleapis Node.js 模块获取 Google 用户数据。接下来安装 query-string，并在 Nuxt 应用程序中创建前端身份验证。

（1）通过 npm 安装 query-string Node.js 模块。

```
$ npm i query-string
```

（2）在登录页面创建一个按钮并绑定一个名为 loginWithGoogle 的方法，进而将 getGoogleUrl 方法分发至存储中，如下所示。

```
// frontend/pages/login.vue
<button v-on:click="loginWithGoogle">Google Login</button>

export default {
  methods: {
    async loginWithGoogle() {
      try {
        await this.$store.dispatch('getGoogleUrl')
      } catch (error) {
        let errorData = error.response.data
        this.formError = errorData.message
      }
    }
  }
}
```

（3）在 getGoogleUrl 方法中，调用 API 中的/api/public/login/google/url 路由，如下所示。

```
// frontend/store/actions.js
export default {
  async getGoogleUrl(context) {
    const { data } = await this.$axios.$get('/api/public/login/google/url')
    window.location.replace(data)
  }
}
```

/api/public/login/google/url 路由将发送回一个 Google URL，随后我们可使用它将用户重定向至 Google Login 页面中。如果用户持有多个账户，那么可在此处选择对应的 Google 账户。

（4）从返回的 URL 中析取查询部分，当 Google 将用户重定向回登录页面中时，可将查询部分发送至存储的 loginWithGoogle 方法中，如下所示。

```
// frontend/pages/login.vue
export default {
  async mounted () {
    let query = window.location.search

    if (query) {
      try {
        await this.$store.dispatch('loginWithGoogle', query)
      } catch (error) {
        // handle error
      }
    }
  }
}
```

（5）利用 query-string 析取上述查询部分 code 参数中的代码，然后利用$axios 将其发送至 API（即/api/public/login/google/me）中，如下所示。

```
// frontend/store/actions.js
import queryString from 'query-string'

export default {
  async loginWithGoogle (context, query) {
    const parsed = queryString.parse(query)
    const { data } = await this.$axios.$get('/api/public/login/google/me',{
      params: {
        code: parsed.code
      }
    })

    if (data.message === 'signup required') {
      localStorage.setItem('user', JSON.stringify(data.user))
      this.$router.push({ name: 'signup'})
    } else {
      cookies.set('auth', data)
      context.commit('setAuth', data)
    }
  }
}
```

当得到源自服务器的'signup required'消息后，我们将用户重定向至注册页面中。但是如果通过 JWT 获得这一消息，那么我们可将一个 cookie 和验证数据设置为存储状态。此时注册页面取决于用户信息，因为它是从用户那里收集数据并存储在数据库中的表单。

（6）利用 npm run dev 运行 Nuxt 应用程序。随后该应用程序运行于 localhost:3000 处。我们可通过 Google 登录并随后访问受限制的页面——类似于本地身份验证机制，该页面受到 JWT 的保护。

通过上述基本步骤，我们可利用 Google OAuth API 注册用户。除此之外，我们还可以使用 Nuxt Auth 模块完成相同任务。通过 Nuxt Auth 模块，我们可利用 Auth0、Facebook、GitHub、Laravel Passport 和 Google 注册用户。如果读者正在寻找针对 Nuxt 的快速、简单和 0 样板代码的身份验证支持机制，那么该方案可能是一个不错的选择。关于这一 Nuxt 模块的更多信息，读者可访问 https://auth.nuxtjs.org/。

注意：

关于 Google OAuth 的登录选项，读者可访问 GitHub 存储库中的/chapter-12/nuxt-universal/cross-domain/jwt/axios-module/部分。

关于 query-string Node.js 模块应用的更多信息，读者可访问 https://www.npmjs.com/package/query-string。

12.6　本章小结

实现 Web 身份验证机制并不复杂。本章学习了基于会话和基于令牌的身份验证，特别是 JSON Web Token（JWT）。在阅读完本章后，读者应能够理解这两种身份验证机制之间的差别和 JWT 的构成，以及如何利用 jsonwebtoken Node.js 模块生成 JWT。此外，我们还学习了 MySQL Node.js 模块及其在身份验证系统中的应用方式。最后，我们针对用户注册行为集成了 Google OAuth，并通过 Nuxt 创建了前端身份验证机制。

第 13 章将学习如何在 Nuxt 应用程序中编写端到端测试及其相关工具，特别是 AVA 和 Nightwatch。此外，我们还将学习如何使用 Node.js 模块（jsdom）在服务器端执行端到端测试。从技术角度来看，Nuxt 是一种服务器端技术，它可在服务器端渲染 HTML 页面。但是，服务器端并不存在 DOM，因此可通过 jsdom 予以实现。第 13 章将引领读者完成工具设置和编写测试相关的步骤。

第 5 部分

测试和开发

第 5 部分将编写测试内容并向主机部署 Nuxt 应用程序。此外，我们还将学习如何在遵循编码标准的同时通过一些 JavaScript 工具保持代码简洁。

第 5 部分主要包含下列两章。

第 13 章：编写端到端测试。

第 14 章：Linter、格式化程序和部署命令。

第 13 章　编写端到端测试

编写测试也是 Web 开发过程中的一部分内容。随着应用程序不断复杂和庞大，我们更需要对应用程序进行测试。否则，程序可能会在某处终止工作，从而需要大量的时间对 bug 进行修复并编写补丁程序。本章将针对 Nuxt 应用程序利用 AVA 和 jsdom 编写端到端测试内容。此外，我们还将利用 Nightwatch 获取浏览器自动化测试方面的经验。其间，我们将学习如何安装这些工作并设置测试环境。

本章主要涉及以下主题。

- 端到端测试和单元测试。
- 端到端测试工具。
- 利用 jsdom 和 AVA 编写 Nuxt 应用程序测试。
- Nightwatch 简介。
- 利用 Nightwatch 编写 Nuxt 应用程序测试。

13.1　端到端测试和单元测试

在 Web 应用程序开发过程中，存在两种测试类型，即单元测试和端到端测试。读者可能对单元测试较为熟悉，并完成了一些实践性工作。通常，单元测试用于测试应用程序的较小部分和独立部分，而端到端测试则是对应用程序的整体功能进行测试。端到端测试能够确保应用程序功能的集成组件符合预期要求。换言之，全部应用程序是在一个真实的场景中测试的，类似于真实用户与应用程序之间的交互方式。例如，用户登录页面的简化版端到端测试主要涉及下列内容。

- 加载登录页面。
- 向登录表单中的输入内容提供有效的细节信息。
- 单击 Submit 按钮。
- 登录页面并查看欢迎消息。
- 退出系统。

单元测试运行速度较快并可准确地识别相关问题和 bug。单元测试的主要缺点是较为耗时，且需要针对应用程序的各个方面编写测试内容。尽管应用程序通过了单元测试，但应用程序作为一个整体仍可能存在问题。

端到端测试可以隐式地一次性测试诸多内容，以确保持有一个有效的工作系统。与单元测试相比，端到端测试运行相对缓慢，且无法显式地指出应用程序失败的根源。应用程序中看似无关紧要的细微变化可能会破坏整个测试套件。

组合应用程序的单元测试和端到端测试是一种较好的做法，因为这可以获得相对完整的应用程序测试，但这一过程较为耗时且开销较大。本书主要讨论端到端测试，因为默认状态下，Nuxt 与端到端测试工具实现了无缝配置。

13.2 端到端测试工具

通过 AVA 和 jsdom Node.js 模块，Nuxt 简化了端到端测试过程。在实现和整合两个测试模块之前，下面首先对其工作方式进行讨论，进而了解这些工具的基本知识。

13.2.1 jsdom

jsdom 是一个针对 Node.js 的、W3C Document Object Model（DOM）的、基于 JavaScript 的实现。假设需要在 Node.js 应用程序的服务器端操控一个源自原始 HTML 的 DOM，如 Express 和 Koa 应用程序，但服务器端并不存在 DOM，因此无法执行任何操作。这也是 jsdom 的用武之地。

jsdom 将原 HTML 转换为 DOM 片段，其工作方式类似于客户端上的 DOM，但却位于 Node.js 内部。随后，我们可使用一个客户端 JavaScript 库（如 jQuery）成功地操控 Node.js 上的 DOM。下列代码展示了服务器端应用程序上的 jsdom 示例。

（1）导入服务器端应用程序上的 jsdom。

```
import jsdom from 'jsdom'
const { JSDOM } = jsdom
```

（2）将原始 HTML 的字符串传递至 JSDOM 构造函数中，我们将得到一个 DOM 对象。

```
const dom = new JSDOM(<!DOCTYPE html><p>Hello World</p>)
console.log(dom.window.document.querySelector('p').textContent)
```

从上述代码中得到的 DOM 对象包含许多有用的属性，尤其是 window 对象。随后即可像在客户端那样开始操控 HTML 字符串。下面在 Koa API 上使用该工具以输出 Hello World 消息。相关内容前面章节已经介绍过，读者也可访问 GitHub 存储库中的 /chapter-12/nuxtuniversal/cross-domain/jwt/axios-module/backend/部分查看更多内容。

（1）通过 npm 安装 jsdom 和 jQuery。

```
$ npm i jsdom --save-dev
$ npm i jquery --save-dev
```

（2）导入 jsdom 并传递 HTML 字符串。

```
// src/modules/public/home/_routes/index.js
import Router from 'koa-router'
import jsdom from 'jsdom'

const { JSDOM } = jsdom
const router = new Router()

const html = '<!DOCTYPE html><p>Hello World</p>'
const dom = new JSDOM(html)
const window = dom.window
const text = window.document.querySelector('p').textContent
```

（3）向端点输出 text。

```
router.get('/', async (ctx, next) => {
  ctx.type = 'json'
  ctx.body = {
    message: text
  }
})
```

当在终端上运行 npm run dev 时，应可在 localhost:4000/public 处看到 JSON 格式的"Hello world"消息，如下所示。

```
{"status":200,"data":{"message":"Hello world"}}
```

（4）在 API 中创建一个 movie 模块，使用 Axios 获取源自 IMDb 站点的 HTML 页面，将该 HTML 页面传递至 JSDOM 构造函数中，导入 jQuery 并将其应用至 jsdom 创建的 DOM window 对象上。

```
// src/modules/public/movie/_routes/index.js
const url = 'https://www.imdb.com/movies-in-theaters/'
const { data } = await axios.get(url)

const dom = new JSDOM(data)
const $ = (require('jquery'))(dom.window)
```

注意：

当执行 npm i axios 命令时，Axios 必须通过 npm 安装到项目目录中。

（5）利用 list_item 类将 jQuery 对象应用于包含 list_item 类的全部电影中并析取相关数据（每部电影的名称和放映时间），如下所示。

```
var items = $('.list_item')
var list = []
$.each(items, function( key, item ) {
  var movieName = $('h4 a', item).text()
  var movieShowTime = $('h4 span', item).text()
  var movie = {
    name: movieName,
    showTime: movieShowTime
  }
  list.push(movie)
})
```

（6）向端点输出 list。

```
ctx.type = 'json'
ctx.body = {
  list: list
}
```

在 localhost:4000/public/movies 处，应可看到下列 JSON 格式的电影列表。

```
{
  "status": 200,
  "data": {
    "list": [{
      "name": " Onward (2020)",
      "showTime": ""
    }, {
      "name": " Finding the Way Back (2020)",
      "showTime": ""
    },
    ...
    ...
    ]
  }
}
```

注意：

读者可访问 GitHub 存储库中的/chapter-13/jsdom/部分查看这些示例。另外，关于 npm 包的更多信息，读者可访问 https://github.com/jsdom/jsdom 进行查看。

可以看到，在服务器端，该工具十分有用，就像在客户端操控原始 HTML 一样。在将该工具与 jsdom 结合使用之前，我们先来介绍 AVA 的基本应用。

13.2.2　AVA

AVA（读作/ˈeɪvə/，而非 Ava 或 ava）是一个 Node.js 的 JavaScript 测试运行程序。此外，还存在其他一些测试运行程序，如 Mocha、Jasmine 和 tape 等，AVA 仅是其中一种选择方案。首先，AVA 较为简单且易于设置。其次，AVA 在默认状态下以并行方式运行测试，这意味着测试的运行速度较快。此外，AVA 还支持前端和后端 JavaScript 应用程序，因而值得尝试。下列步骤将创建一个简单、基本的 Node.js 应用程序。

（1）通过 npm 安装 AVA，并将其保存至 package.json 文件的 devDependencies 选项中。

```
$ npm i ava --save-dev
```

（2）安装 Bable core 和其他 Babel 包，进而在应用程序的测试中编写 ES6 代码。

```
$ npm i @babel/polyfill
$ npm i @babel/core --save-dev
$ npm i @babel/preset-env --save-dev
$ npm i @babel/register --save-dev
```

（3）在 package.json 文件中配置 test 脚本，如下所示。

```
// package.json
{
  "scripts": {
    "test": "ava --verbose",
    "test:watch": "ava --watch"
  },
  "ava": {
    "require": [
      "./setup.js",
      "@babel/polyfill"
    ],
    "files": [
      "test/**/*"
    ]
  }
}
```

（4）利用下列代码在根目录中创建一个 setup.js 文件。

```
// setup.js
require('@babel/register')({
  babelrc: false,
  presets: ['@babel/preset-env']
})
```

（5）在下列两个独立的文件中创建稍后测试的类和函数。

```
// src/hello.js
export default class Greeter {
  static greet () {
    return 'hello world'
  }
}

// src/add.js
export default function (num1, num2) {
  return num1 + num2
}
```

（6）在/test/目录中创建一个 hello.js 文件，用于测试/src/hello.js。

```
// test/hello.js
import test from 'ava'
import hello from '../src/hello'

test('should say hello world', t => {
  t.is('hello world', hello.greet())
})
```

（7）在/test/目录的一个独立文件中生成另一个测试，用以测试/src/add.js。

```
// test/add.js
import test from 'ava'
import add from '../src/add'

test('amount should be 50', t => {
  t.is(add(10, 50), 60)
})
```

（8）在终端上运行所有测试。

```
$ npm run test
```

另外，还可利用--watch 标记运行当前测试，并启用 AVA 的 watch 模式。

```
$ npm run test:watch
```

如果测试通过，对应结果如下。

```
✓ add › amount should be 50
✓ hello › should say hello world

2 tests passed
```

注意：

读者可访问 GitHub 存储库中的/chapter-13/ava/部分查看上述示例。另外，关于 npm 包的更多信息，读者可访问 https://github.com/avajs/ava。

至此，我们已对相关工具有了一个基本的了解，接下来将在 Nuxt 应用程序中通过 jsdom 予以实现。

13.3　利用 jsdom 和 AVA 编写 Nuxt 应用程序测试

前述内容分别讨论了 jsdom 和 AVA，同时还执行了某些简单的测试。下面将把这两个包引入 Nuxt 应用程序（参见/chapter-12/nuxtuniversal/cross-domain/jwt/axios-module/frontend/）中，并通过下列步骤进行安装。

（1）通过 npm 安装这两个工具，并将其保存至 package.json 文件的 devDependencies 选项中。

```
$ npm i ava --save-dev
$ npm i jsdom --save-dev
```

（2）安装 Babel core 和其他 Babel 包，进而在应用程序测试中编写 ES6 代码。

```
$ npm i @babel/polyfill
$ npm i @babel/core --save-dev
$ npm i @babel/preset-env --save-dev
$ npm i @babel/register --save-dev
```

（3）向 package.json 文件中添加 AVA 配置，如下所示。

```
// package.json
{
  "scripts": {
    "test": "ava --verbose",
    "test:watch": "ava --watch"
  },
  "ava": {
```

```
    "require": [
      "./setup.js",
      "@babel/polyfill"
    ],
    "files": [
      "test/**/*"
    ]
  }
}
```

（4）与之前类似，在根目录中创建 setup.js 文件，如下所示。

```
// setup.js
require('@babel/register')({
  babelrc: false,
  presets: ['@babel/preset-env']
})
```

（5）准备下列测试模板，并在/test/目录中编写测试。

```
// test/tests.js
import test from 'ava'
import { Nuxt, Builder } from 'nuxt'
import { resolve } from 'path'

let nuxt = null

test.before('Init Nuxt.js', async t => {
  const rootDir = resolve(__dirname, '..')
  let config = {}
  try { config = require(resolve(rootDir, 'nuxt.config.js')) }
   catch (e) {}
  config.rootDir = rootDir
  config.dev = false
  config.mode = 'universal'
  nuxt = new Nuxt(config)
  await new Builder(nuxt).build()
  nuxt.listen(5000, 'localhost')
})

// write your tests here...

test.after('Closing server', t => {
  nuxt.close()
})
```

当前测试运行于 localhost:5000（或其他所选端口）上。此处应在生产版本中进行测试，因此需要关闭 config.dev 键中的开发模式；如果针对服务器端和客户端开发应用程序，则需要使用 config.mode 键中的 universal。在结束测试后，应确保关闭 Nuxt 服务器。

（6）编写第 1 个测试并对主页进行测试，以确保在该页面上渲染正确的 HTML。

```
// test/tests.js
test('Route / exits and renders correct HTML', async (t) => {
  let context = {}
  const { html } = await nuxt.renderRoute('/', context)
  t.true(html.includes('<p class="blue">My marvelous Nuxt.js
   project</p>'))
})
```

（7）针对/about 路由编写第 2 个测试，以确保在该页面上渲染正确的 HTML。

```
// test/tests.js
test('Route /about exits and renders correct HTML', async (t) => {
  let context = {}
  const { html } = await nuxt.renderRoute('/about', context)
  t.true(html.includes('<h1>About page</h1>'))
  t.true(html.includes('<p class="blue">Something awesome!</p>'))
})
```

（8）编写/about 页面的第 3 个测试，以确保文本内容、类名和样式按照预期在服务器端使用 jsdom 进行 DOM 操作。

```
// test/tests.js
test('Route /about exists and renders correct HTML and style',
async (t) => {

  function hexify (number) {
    const hexChars =
      ['0','1','2','3','4','5','6','7','8','9','a','b','c','d','e','f']
    if (isNaN(number)) {
      return '00'
    }
    return hexChars[(number - number % 16) / 16] + hexChars[number % 16]
  }

  const window = await nuxt.renderAndGetWindow(
   'http://localhost:5000/about')
  const element = window.document.querySelector('.blue')
  const rgb = window.getComputedStyle(element).color.match(/\d+/g)
```

```
  const hex = '' + hexify(rgb[0]) + hexify(rgb[1]) + hexify(rgb[2])

  t.not(element, null)
  t.is(element.textContent, 'Something awesome!')
  t.is(element.className, 'blue')
  t.is(hex, '0000ff')
})
```

如果测试在执行 npm run test 命令后通过，应可看到下列结果。

```
✓ Route / exits and renders correct HTML (369ms)
✓ Route /about exits and renders correct HTML (369ms)
✓ Route /about exists and renders correct HTML and style (543ms)

3 tests passed
```

在第 3 个测试中可以看到，我们创建了一个 hexify 函数将 window.getComputedStyle 方法计算得到的十进制码转换为十六进制码。例如，对于在 CSS 样式中设置为 color: white 的颜色而言，我们将得到 rgb(255, 255, 255)。因此，rgb(0, 0, 255)将得到对应结果 0000ff——应用程序必须对此进行转换以通过测试。

注意：

读者可访问 GitHub 存储库中的/chapter-13/nuxt-universal/ava/部分查看这些测试。

至此，我们针对 Nuxt 应用程序编写了简单的测试，其过程并不复杂。测试的复杂度取决于测试内容。需要注意的是，在了解了测试内容后，方可编写合理的、有意义的相关测试。

然而，结合 AVA 使用 jsdom 并测试 Nuxt 应用程序也包含某些局限性，因为其间并不涉及浏览器。记住，jsdom 意味着在服务器端将原始 HTML 转换为 DOM，因此在前述示例中，我们使用 async/await 语句并通过异步方式请求页面。如果需要使用浏览器测试 Nuxt 应用程序，可将 Nightwatch 视为一种较好的解决方案，下面将对此加以讨论。

13.4　Nightwatch 简介

Nightwatch 是一个自动测试框架，该框架针对基于 Web 的应用程序提供了端到端测试方案。Nightwatch 幕后采用 W3C WebDriver API（之前被称作 Selenium WebDriver）开启 Web 浏览器，并在 DOM 元素上执行操作和断言。当采用浏览器测试 Nuxt 应用程序时，Nightwatch 是一个十分有效的工具。下列步骤通过一个简单的测试展示了 Nightwatch 的基本工作理念。

（1）通过 npm 安装 Nightwatch，并将其保存至 package.json 文件的 devDependencies 选项中。

```
$ npm i nightwatch --save-dev
```

（2）通过 npm 安装 GeckoDriver，并将其保存至 package.json 文件的 devDependencies 选项中。

```
$ npm install geckodriver --save-dev
```

Nightwatch 依赖于 WebDriver，因此必须根据目标浏览器安装特定的 WebDriver 服务器。例如，如果仅需要针对 Firefox 编写测试，那么需要安装 GeckoDriver。

本书主要关注单一浏览器的测试编写方法。如果需要以并行方式定位多个浏览器，如 Chrome、Edge、Safari 和 Firefox，那么将需要安装 Selenium Standalone Server（也称作 Selenium Grid），如下所示。

```
$ npm i selenium-server --save-dev
```

注意：

本书将在 Firefox 和 Chrome 上进行测试，因此不会使用 selenium-server 包。

（3）向 package.json 文件的 test 脚本中添加 nightwatch。

```
// package.json
{
  "scripts": {
    "test": "nightwatch"
  }
}
```

（4）创建一个 nightwatch.json 文件并配置 Nightwatch，如下所示。

```
// nightwatch.json
{
  "src_folders" : ["tests"],

  "webdriver" : {
    "start_process": true,
    "server_path": "node_modules/.bin/geckodriver",
    "port": 4444
  },
```

```
  "test_settings" : {
    "default" : {
      "desiredCapabilities": {
        "browserName": "firefox"
      }
    }
  },

  "launch_url": "https://github.com/lautiamkok"
}
```

在这一简单的示例中，我们打算在一位名为 Lau Tiam Kok 的特定贡献者上测试 github.com 的存储库搜索功能。因此，我们在这个配置的 launch_url 选项中设置 https://github.com/lautiamkok。

接下来将在/tests/目录中编写测试，因而需要指出该目录在 src_folders 选项中的位置。这里，我们仅在 4444（服务器端口）处对 Firefox 进行测试。相应地，可在 webdriver 和 test_settings 选项中设置该信息。

注意：

读者可访问 https://nightwatchjs.org/gettingstarted/configuration/查看其他测试设置的选项，如 output_folde。如果打算查看 Selenium Server 的测试设置内容，读者可访问 https://nightwatchjs.org/gettingstarted/configuration/selenium-server-settings。

（5）在项目的根中创建一个 nightwatch.conf.js 文件，并以动态方式设置服务器路径的驱动程序路径。

```
// nightwatch.conf.js
const geckodriver = require("geckodriver")
module.exports = (function (settings) {
  settings.test_workers = false
  settings.webdriver.server_path = geckodriver.path
  return settings
})(require("./nightwatch.json"))
```

（6）在/tests/目录中，在一个.js 文件（如 demo.js 文件）中准备下列 Nightwatch 测试模板。

```
// tests/demo.js
module.exports = {
  'Demo test' : function (browser) {
    browser
      .url(browser.launchUrl)
```

```
    // write your tests here...
    .end()
  }
}
```

（7）在/tests/目录中创建一个 github.js 文件，对应内容如下。

```
// tests/github.js
module.exports = {
  'Demo test GitHub' : function (browser) {
    browser
      .url(browser.launchUrl)
      .waitForElementVisible('body', 1000)
      .assert.title('lautiamkok (LAU TIAM KOK) · GitHub')
      .assert.visible('input[type=text][placeholder=Search]')
      .setValue('input[type=text][placeholder=Search]', 'nuxt')
      .waitForElementVisible('li[id=jump-to-suggestionsearch-
        scoped]', 1000)
      .click('li[id=jump-to-suggestion-search-scoped]')
      .pause(1000)
      .assert.visible('ul[class=repo-list]')
      .assert.containsText('em:first-child', 'nuxt')
      .end()
  }
}
```

在当前测试中，我们希望存储库搜索功能按照期望的方式工作，因此应确保特定的元素和文本内容存在并可见，如<body>元素、<input>元素以及 nuxt 和 lautiamkok (LAU TIAM KOK) · GitHub 的文本。当利用 npm run test 运行测试时，应可看到下列输出结果（假设测试已通过）。

```
[Github] Test Suite
===================
Running: Demo test GitHub

✓ Element <body> was visible after 34 milliseconds.
✓ Testing if the page title equals "lautiamkok (LAU TIAM KOK) ·
  GitHub" - 4 ms.
✓ Testing if element <input[type=text][placeholder=Search]> is
  visible - 18 ms.
✓ Element <li[id=jump-to-suggestion-search-scoped]> was visible
  after 533 milliseconds.
✓ Testing if element <ul[class=repo-list]> is visible - 25 ms.
```

```
✓ Testing if element <em:first-child> contains text: "nuxt" - 28 ms.

OK. 6 assertions passed. (5.809s)
```

注意：

读者可访问 GitHub 存储库中的/chapter-13/nightwatch/部分查看当前示例。另外，关于 Nightwatch 的更多信息，读者还可访问 https://nightwatchjs.org/。

与 AVA 相比，Nightwatch 并不简单，因为它需要一些冗长和复杂的配置。但在 nightwatch.json 文件的基础上，我们可以快速上手 Nightwatch，接下来将对此加以讨论。

13.5　利用 Nightwatch 编写 Nuxt 应用程序测试

在当前示例中，我们打算在 Chrome 浏览器上测试第 12 章讨论的用户登录身份验证机制，从而确保用户通过其证书登录以获取相应的数据。对此，我们将在保存 Nuxt 应用程序的/frontend/目录中编写测试内容，因此需要相应地调整 package.json 文件，并通过下列步骤编写测试内容。

（1）通过 npm 安装 ChromeDriver，并将其保存至 package.json 文件的 devDependencies 选项中。

```
$ npm install chromedriver --save-dev
```

（2）将启动 URL 修改为 localhost:3000，其他设置项则位于 nightwatch.json 文件中，用于测试 Nightwatch 配置文件中的 Chrome，如下所示。

```
// nightwatch.json
{
  "src_folders" : ["tests"],

  "webdriver" : {
    "start_process": true,
    "server_path": "node_modules/.bin/chromedriver",
    "port": 9515
  },

  "test_settings" : {
    "default" : {
      "desiredCapabilities": {
        "browserName": "chrome"
```

```
      }
    }
  },

  "launch_url": "http://localhost:3000"
}
```

（3）在项目的根目录中创建一个 nightwatch.conf.js 文件，并以动态方式将驱动程序路径设置为服务器路径。

```
// nightwatch.conf.js
const chromedriver = require("chromedriver")
module.exports = (function (settings) {
  settings.test_workers = false
  settings.webdriver.server_path = chromedriver.path
  return settings
})(require("./nightwatch.json"))
```

（4）在/tests/目录中创建一个 login.js 文件，对应内容如下。

```
// tests/login.js
module.exports = {
  'Local login test' : function (browser) {
    browser
      .url(browser.launchUrl + '/login')
      .waitForElementVisible('body', 1000)
      .assert.title('nuxt-e2e-tests')
      .assert.containsText('h1', 'Please login to see the secret content')
      .assert.visible('input[type=text][name=username]')
      .assert.visible('input[type=password][name=password]')
      .setValue('input[type=text][name=username]', 'demo')
      .setValue('input[type=password][name=password]', '123123')
      .click('button[type=submit]')
      .pause(1000)
      .assert.containsText('h2', 'Hello Alexandre!')
      .end()
  }
}
```

其中，测试逻辑与之前保持一致。此处必须确保登录前后在登录页面上显示特定的元素和文本。

（5）在执行测试之前，分别在终端的 localhost:3000 和 localhost:4000 处运行 Nuxt 和 API 应用程序，随后在/frontend/目录中通过 npm run test 打开另一个终端。如果测试通过，对应的输出结果如下。

```
[Login] Test Suite
==================
Running: Local login test

✓ Element <body> was visible after 28 milliseconds.
✓ Testing if the page title equals "nuxt-e2e-tests" - 4 ms.
✓ Testing if element <h1> contains text: "Please login to see the
  secret content" - 27 ms.
✓ Testing if element <input[type=text][name=username]> is
  visible - 25 ms.
✓ Testing if element <input[type=password][name=password]> is
  visible - 25 ms.
✓ Testing if element <h2> contains text: "Hello Alexandre!" - 75 ms.

OK. 6 assertions passed. (1.613s)
```

注意：

在运行测试之前，需要以并发方式运行 Nuxt 应用程序和 API。

读者可访问 GitHub 存储库中的/chapter-13/nuxtuniversal/nightwatch/部分查看当前测试。

至此，我们讨论了 Nuxt 应用程序的测试编写方式。相关示例提供了相应的基础内容，以供后续扩展应用程序时使用。

13.6　本章小结

本章讨论了如何使用 jsdom 实现服务器端 DOM 操控，以及如何分别使用 AVA 和 Nightwatch 编写简单的测试。此外，我们还学习了端到端测试和单元测试之间的差别及其优缺点。最后，本章介绍了默认状态下 Nuxt 配置方面的示例，并利用 jsdom 和 AVA 高效地编写测试内容。

第 14 章将介绍如何通过诸如 ESLint、Prettier 和 StandardJS 之类的 Linter 工具生成简洁的代码，以及这类工具在 Vue 和 Nuxt 应用程序中的集成和混用方式。最后，我们还将学习 Nuxt 的部署命令，进而将应用程序部署至服务器上。

第 14 章　Linter、格式化程序和部署命令

除了编写测试（无论是端到端测试还是单元测试），代码检查和格式化也是 Web 开发过程中的重要内容。开发人员应了解其领域内的编码标准并予以遵守，包括 Java、Python、PHP 或 JavaScript 开发人员，进而使代码简洁且兼具可读性，以便于日后维护。对于 JavaScript、Vue 和 Nuxt 来说，一些较为常用的工具包括 ESLint、Prettier 和 StandardJS。本章将学习如何安装、配置和使用这些工具。在应用程序构建、测试、检查完毕后，我们还将学习相应的部署命令，进而将应用程序部署至主机上。

本章主要涉及以下主题。

- Linter 简介——Prettier、ESLint 和 StandardJS。
- 集成 ESLint 和 Prettier。
- 在 Vue 和 Nuxt 应用程序中使用 ESLint 和 Prettier。
- 部署 Nuxt 应用程序。

14.1　Linter 简介——Prettier、ESLint 和 StandardJS

Linter 是一种工具，该工具分析源代码并标记代码和样式中的错误和 bug。这一术语源于 1978 年一个名为 lint 的 UNIX 工具，该工具针对采用 C 语言编写的源代码进行评估，是由贝尔实验室的计算机科学家 Stephen C. Johnson 开发的，用于调试他本人编写的 Yacc 语法器。在本书中，这一类工具主要指 Prettier、ESLint 和 StandardJS。下面将对此加以介绍。

14.1.1　Prettier

Prettier 是一个代码格式化器，支持 JavaScript、Vue、JSX、CSS、HTML、JSON、GraphQL 等多种语言。Prettier 能够改进代码的可读性，并确保代码遵守所制定的规则。例如，Prettier 设置了代码行数的限制，如下所示。

```
hello(reallyLongArg(), omgSoManyParameters(), IShouldRefactorThis(),
isThereSeriouslyAnotherOne())
```

上述代码在一行中涵盖了较多内容从而难以阅读。因此，Prettier 将其输出为多行，如下所示。

```
hello(
  reallyLongArg(),
  omgSoManyParameters(),
  IShouldRefactorThis(),
  isThereSeriouslyAnotherOne()
);
```

另外，任何自定义和混乱的样式也将被重新解析和输出，如下所示。

```
fruits({ type: 'citrus' },
  'orange', 'kiwi')

fruits(
  { type: 'citrus' },
  'orange',
  'kiwi'
)
```

Prettier 将其输出并重新格式化为下列更加简洁的形式。

```
fruits({ type: 'citrus' }, 'orange', 'kiwi');

fruits({ type: 'citrus' }, 'orange', 'kiwi');
```

然而，如果 Prettier 未在代码中发现分号，则会为我们插入分号。如果代码中并不打算使用分号，那么可关闭这一特性。

（1）通过 npm 在项目中安装 Prettier。

```
$ npm i prettier --save-dev --save-exact
```

（2）解析特定的 JavaScript 文件。

```
$ npx prettier --write src/index.js
```

或者解析递归文件夹中的所有文件。

```
$ npx prettier --write "src/**/*"
```

甚至还可尝试解析并列文件夹中的文件。

```
$ npx prettier --write "{scripts,config,bin}/**/*"
```

在利用选项--write 提交修改内容（必须慎重）之前，我们还可使用其他输出选项，如下所示。

- 使用-c 或--check 检查给定的文件是否已格式化，然后输出可读性较好的汇总信息，其中包含未格式化文件的路径。

- 使用-l 或--list-different 输出与 Prettier 格式不同的文件名。

注意：

关于 Prettier 工具的更多信息，读者可访问 https://prettier.io/。

下面介绍如何配置 Prettier 工具。

Prettier 可通过多个自定义选项进行配置，如下所示。

- JavaScript 对象中的 prettier.config.js 或.prettierrc.js 脚本。
- 使用 prettier 键的 package.json 文件。
- 一个 YAML 或 JSON 格式的.prettierrc 文件，可选的扩展包括.json、.yaml 或.yml。
- TOML 中的文件。

一种较好的做法是自定义 Prettier（也可选择不采取这种做法）。例如，在默认状态下，Prettier 强制使用双引号并在语句结尾输出分号。如果不打算使用这些默认条件，则可在项目的根目录中创建一个 prettier.config.js 文件。下列步骤通过当前配置在所创建的 API（此处复制了 GitHub 存储库中的/chapter-14/apps-to-fix/koa-api/部分）中使用 Prettier。

（1）在项目的根目录中利用下列代码创建一个 prettier.config.js 文件。

```
// prettier.config.js
module.exports = {
  semi: false,
  singleQuote: true
}
```

（2）利用下列命令解析/src/目录中的全部 JavaScript 代码。

```
$ npx prettier --write "src/**/*"
```

可以看到，运行 npx prettier --write "src/**/*"命令后，所有文件均被列于终端中。

```
src/config/google.js 40ms
src/config/index.js 11ms
src/core/database/mysql.js 18ms
src/index.js 8ms
...
```

Prettier 将高亮显示重新输出和格式化的文件。

注意：

关于更多的格式选项，读者可访问 https://prettier.io/docs/en/options.html。另外，读者还可访问 GitHub 存储库中的/chapter-14/prettier/部分查看当前示例。

接下来介绍另一个 Linter 及其工作方式，即 ESLint。

14.1.2　ESLint

ESLint 是一个针对 JavaScript 的可插拔 Linter，其规则均是完全可插拔的，同时允许开发人员自定义检查规则。ESLint 自带了一些自开始起即生效的内建规则；当然，我们也可在任意时刻以动态方式加载规则。例如，ESLint 禁用了 no-dupe-keys，因而下列代码将报错。

```
var message = {
  text: "Hello World",
  text: "qux"
}
```

在当前规则下，正确的代码如下。

```
var message = {
  text: "Hello World",
  words: "Hello World"
}
```

ESLint 将标记上述错误，且需要通过手动方式对其进行修复。那么，是否可在命令行中使用--fix 选项自动修复某些简单的问题且无须人为干涉？对此，可参考下列操作。

（1）通过 npm 在项目中安装 ESLint。

```
$ npm i eslint --save-dev
```

（2）设置配置文件。

```
$ ./node_modules/.bin/eslint --init
```

随后需要回答下列问题。

```
? How would you like to use ESLint? To check syntax, find problems,
  and enforce code style
? What type of modules does your project use? JavaScript modules
   (import/export)
? Which framework does your project use? None of these
? Where does your code run? (Press <space> to select, <a> to
  toggle all, <i> to invert selection)Browser
? How would you like to define a style for your project? Use
  a popular style guide
? Which style guide do you want to follow? Standard
(https://github.com/standard/standard)
```

```
? What format do you want your config file to be in? JavaScript
...

Successfully created .eslintrc.js file in /path/to/your/project
```

取决于每个问题所选取的选项/答案，其中的某些内容可能会有所不同。

（3）向 package.json 文件中添加 lint 和 lint-fix 脚本。

```
"scripts": {
  "lint": "eslint --ignore-path .gitignore .",
  "lint-fix": "eslint --fix --ignore-path .gitignore ."
}
```

（4）创建一个.gitignore 文件，其中包含希望 ESLint 忽略的路径和文件。

```
// .gitignore
node_modules
build
backpack.config.js
```

（5）启动 ESLint 并扫描错误。

```
$ npm run lint
```

（6）使用 lint-fix 修复错误。

```
$ npm run lint-fix
```

读者可访问 https://eslint.org/docs/rules/查看 ESlint 规则列表。其中，ESLint 规则通过多种类别进行分组，如 Possible Errors、Best Practices、Variables、Stylistic Issues、ECMAScript 6 等。需要注意的是，默认状态下不会启用任何规则。对此，可在配置文件中使用"extends":"eslint:recommended"属性启用报错规则，这将在列表中包含一个✓标记。

注意：

关于 ESLint 工具的更多信息，读者可访问 https://eslint.org/。

接下来介绍如何配置 ESLint。

如前所述，ESLint 是一个可插拔的 Linter。这意味着，ESLint 是完全可配置的，我们可关闭每条规则（或某些规则），或者混合自定义规则以使 ESLint 适用于特定的项目。接下来将通过下列配置在所创建的 API 中使用 ESLint。其中，存在两种方法可配置 ESLint。

（1）在文件中直接使用 JavaScript 注释和 ESLint 配置信息，如下所示。

```
// eslint-disable-next-line no-unused-vars
import authenticate from 'middlewares/authenticate'
```

（2）使用 JavaScript、JSON 或 YAML 文件针对整个目录及其子目录指定配置信息。

其中：采用第 1 种方法可能较为耗时，因为需要在每个.js 文件中提供 ESLint 配置信息；而在第 2 种方法中我们仅需在.json 文件中一次性配置 ESLint 即可。因此，下列步骤针对当前 API 采用了第 2 种方法。

（1）利用下列规则在根目录中创建一个.eslintrc.js 文件，或者通过--init 生成该文件。

```
// .eslintrc.js
module.exports = {
  'rules': {
    'no-undef': ['off'],
    'no-console': ['error']
    'quotes': ['error', 'double']
  }
}
```

在这些规则中，应确保执行下列操作。

- 将 no-undef 选项设置为 off 以允许未声明的变量（no-undef）。
- 将 no-console 选项设置为 error 以禁用控制台（no-console）。
- 将 quotes 选项设置为 error 或 double 以强制反单引号（backtick）、双引号或单引号（quotes）的统一使用。

（2）向 package.json 文件中添加 lint 和 lint-fix 脚本。

```
// package.json
"scripts": {
  "lint": "eslint --ignore-path .gitignore .",
  "lint-fix": "eslint --fix --ignore-path .gitignore ."
}
```

（3）启动 ESLint 扫描错误。

```
$ npm run lint
```

如果存在错误，那么对应的报告结果如下。

```
/src/modules/public/login/_routes/google/me.js
   36:11 error A space is required after '{' object-curly-spacing
   36:18 error A space is required before '}' object-curly-spacing
```

即使 ESLint 可通过--fix 选项自动修复代码，我们仍需通过手动方式修改某些代码，如下所示。

```
/src/modules/public/user/_routes/fetch-user.js
  9:9 error 'id' is assigned a value but never used no-unused-vars
```

注意：

关于当前配置的更多信息，读者可访问 https://eslint.org/docs/user-guide/configuring。另外，读者还可访问 GitHub 存储库中的/chapter-14/eslint/部分查看当前示例。

与 Prettier 类似，ESLint 也是一款优秀的工具。接下来介绍 StandardJS 及其工作方式。

14.1.3　StandardJS

StandardJS 或 JavaScript Standard Style 是一个 JavaScript 样式指南、Linter 和格式化器，且是固定不变的。这意味着，StandardJS 无法进行完全的自定义。也就是说，不需要进行相应的配置，因而不存在必须进行管理的.eslintrc、.jshintrc 或.jscsrc 文件。StandardJS 是不可自定义和不可配置的。StandardJS 最简单的使用方式是作为一个 Node 命令行程序并以全局方式进行安装。下列操作展示了如何使用 StandardJS 工具。

（1）通过 npm 以全局方式安装 StandardJS。

```
$ npm i standard --global
```

此外，还可针对单一项目以本地方式安装 StandardJS。

```
$ npm i standard --save-dev
```

（2）进入要查看的目录，在终端中输入下列命令。

```
$ standard
```

（3）如果以本地方式安装 StandardJS，则可利用 npx 运行 StandardJS。

```
$ npx standard
```

此外，还可向其中添加 package.json 文件，如下所示。

```
// package.json
{
  scripts": {
    "jss": "standard",
    "jss-fix": "standard --fix"
  },
  "devDependencies": {
    "standard": "^12.0.1"
  },
  "standard": {
    "ignore": [
      "/node_modules/",
```

```
      "/build/",
      "backpack.config.js"
    ]
  }
}
```

（4）当利用 npm 运行时将自动检查 JavaScript 项目代码。

```
$ npm run jss
```

当修复混乱且不一致的代码时，可尝试使用下列命令。

```
$ npm run jss-fix
```

即使 StandardJS 无法自定义，但 StandardJS 依赖于 ESLint。StandardJS 使用的 ESLint 包包括下列内容。

- eslint。
- standard-engine。
- eslint-config-standard。
- eslint-config-standard-jsx。
- eslint-plugin-standard。

Prettier 是一个格式化器，但 StandardJS 更像是一个与 ESLint 类似的 Linter。如果采用 StandardJS 或 ESLint 在代码上使用--fix，并随后通过 Prettier 再次运行代码，那么就会看到较长的代码行（这将被 StandardJS 和 ESLint 忽略）被 Prettier 所格式化。

注意：

关于 StandardJS 的更多信息，读者可访问 https://standardjs.com/。读者还可访问 https://standardjs.com/rules.html 查看标准 JavaScript 规则汇总。另外，读者可访问 GitHub 存储库中的/chapter-14/standard/部分查看使用 StandardJS 的相关示例。

然而，当视图寻找位于这些工具之间的更为灵活的自定义解决方案时，我们可在项目中组合 Prettier 和 ESLint，接下来介绍其实现方式。

14.2　集成 ESLint 和 Prettier

Prettier 和 ESLint 彼此互补。据此，我们可通过 ESLint 将 Prettier 集成至工作流中，进而采用 Prettier 格式化代码，同时令 ESLint 重点检查代码。因此，当尝试对二者进行集成时，首先需要使用 ESLint 中的 eslint-plugin-prettier 插件，并在 ESLint 下使用 Prettier。

随后可像往常那样通过 Prettier 针对代码格式化添加相应的规则。

然而，ESLint 包含了与 Prettier 冲突且与格式化相关的一些规则，因此在使用过程中会产生一些问题。为了解决这些冲突问题，我们需要使用 eslint-config-prettier 配置关闭与 Prettier 冲突的 ESLint。下列步骤展示了如何实现这一操作。

（1）通过 npm 安装 eslint-plugin-prettier 和 eslint-config-prettier。

```
$ npm i eslint-plugin-prettier --save-dev
$ npm i eslint-config-prettier --save-dev
```

（2）在.eslintrc.json 文件中启用插件和 eslint-plugin-prettier 规则。

```
{
  "plugins": ["prettier"],
  "rules": {
    "prettier/prettier": "error"
  }
}
```

（3）在.eslintrc.json 文件中，利用 eslint-config-prettier 扩展 Prettier，进而覆写 ESLint 规则。

```
{
  "extends": ["prettier"]
}
```

需要注意的是，值"prettier"应最后置于 extends 数组中，以便 Prettier 配置能够覆写 ESLint 的配置。在前述配置中，还可以使用.eslintrc.js 文件替代 JSON 文件，因为我们可以在 JavaScript 文件中添加注释，这将会很有帮助。下面我们在 ESLint 下使用 Prettier 的配置。

```
// .eslintrc.js
module.exports = {
  //...
  'extends': ['prettier']
  'plugins': ['prettier'],
  'rules': {
    'prettier/prettier': 'error'
  }
}
```

（4）在 package.json 文件（或 prettier.config.js 文件）中配置 Prettier，以便 Prettier 不会在代码中输出分号，并一直使用单引号。

```
{
  "scripts": {
    "lint": "eslint --ignore-path .gitignore .",
    "lint-fix": "eslint --fix --ignore-path .gitignore ."
  },
  "prettier": {
    "semi": false,
    "singleQuote": true
  }
}
```

（5）在终端上运行 npm run lint-fix，以一次性修复和格式化代码。随后可利用 npx prettier 命令并仅通过 Prettier 再次检查代码，如下所示。

```
$ npx prettier --c "src/**/*"
```

终端上的输出结果如下。

```
Checking formatting...
All matched files use Prettier code style!
```

这意味着代码不存在任何格式问题，同时遵循 Prettier 代码风格。不难发现，将这两种工具结合在一起是十分有用的。接下来讨论如何在 Vue 和 Nuxt 中使用这些配置。

注意：

读者可访问 GitHub 存储库中的/chapter-14/eslint+prettier/部分查看这一集成示例。

14.3　在 Vue 和 Nuxt 应用程序中使用 ESLint 和 Prettier

eslint-plugin-vue 是 Vue 和 Nuxt 应用程序的官方 ESLint 插件，它允许我们通过 ESLint 在.vue 文件的<template>和<script>块中查看代码，从而发现语法错误、Vue 指示符的错误应用，以及与 Vue 样式指南相冲突的 Vue 样式。另外，我们还将使用 Prettier 强制执行某些代码格式，因此需要像之前那样针对特定配置安装 eslint-plugin-prettier 和 eslint-config-prettier，如下所示。

（1）通过 npm 安装 eslint-plugin-vue。

```
$ npm i eslint-plugin-vue --save-dev
```

随后可看到下列警告消息。

```
npm WARN eslint-plugin-vue@5.2.3 requires a peer of eslint@^5.0.0
```

```
  but none is installed. You must install peer dependencies yourself.
npm WARN vue-eslint-parser@5.0.0 requires a peer of eslint@^5.0.0
  but none is installed. You must install peer dependencies syourself.
```

eslint-plugin-vue 的最低要求为 ESLint v5.0.0 或后续版本、Node.js v6.5.0 或后续版本，如果已经安装了最新版本，可忽略上述警告消息。

注意：

读者可访问 https://eslint.vuejs.org/user-guide/installation 查看最低要求。除了 Vue 样式指南，读者还可访问 https://eslint.vuejs.org/rules/查看 Vue 规则。

（2）在 ESLint 配置文件中添加 eslint-plugin-vue 插件及其通用规则集。

```
// .eslintrc.js
module.exports = {
  extends: [
    'plugin:vue/recommended'
  ]
}
```

（3）安装 eslint-plugin-prettier 和 eslint-config-prettier，并将其添加至 ESLint 配置文件中。

```
// .eslintrc.js
module.exports = {
  'extends': [
    'plugin:vue/recommended',
    'plugin:prettier/recommended'
  ],
  'plugins': [
    'prettier'
  ]
}
```

除此之外，可能还需要配置某些 Vue 规则以满足偏好设置。接下来介绍一些默认的 Vue 关键规则。

注意：

关于 eslint-plugin-vue 插件的更多信息，读者可访问 https://eslint.vuejs.org/；对于 Vue 指示符，读者可访问 https://vuejs.org/v2/api/Directives；而对于 Vue 样式指南，读者可访问 https://vuejs.org/v2/style-guide/。

14.3.1　配置 Vue 规则

本书仅涉及需要覆写的 4 种默认规则。对此，就像之前在 eslint-plugin-prettier 插件中所做的那样，可在.eslintrc.js 文件的'rules'选项中添加偏好设置规则。

（1）在"longform"中配置 vue/v-on-style 规则，如下所示。

```
// .eslintrc.js
'rules': {
  'vue/v-on-style': ['error', 'longform']
}
```

vue/v-on-style 在 v-on 指令样式上强制执行 shorthand 或 longform。其中，默认状态被设置为 shorthand，如下所示。

```
<template>
  <!-- ✓ GOOD -->
  <div @click="foo"/>
  <!-- ✗ BAD -->
  <div v-on:click="foo"/>
</template>
```

本书推荐使用 longform，如下所示。

```
<template>
  <!-- ✓ GOOD -->
  <div v-on:click="foo"/>

  <!-- ✗ BAD -->
  <div @click="foo"/>
</template>
```

注意：

关于该规则的更多内容，读者可访问 https://eslint.vuejs.org/rules/v-on-style.htmlvue-v-on-style。

（2）配置 vue/html-self-closing 规则以支持 void 元素上的自闭和符号，如下所示。

```
// .eslintrc.js
'rules': {
  'vue/html-self-closing': ['error', {
    'html': {
      'void': 'always'
```

```
    }
  }]
}
```

作为 HTML 元素，void 元素在任何环境下不允许包含相关内容，如
、<hr>、<img>、<link>和<meta>。在编写 XHTML 时，需要强制性地自闭合这些元素，如
和<img src="..." />。本书对此予以支持，即使/字符在 HTML5 中被认为是可选的。

在 vue/html-self-closing 规则下，即使在 HTML 元素中强制使用了这些自闭合符号，这些 void 元素的自闭合结果仍会引发错误。在 Vue.js 模板中，我们可针对不包含任何内容的元素使用下列两种样式。

- <YourComponent></YourComponent>。
- <YourComponent/>（自闭合）。

在这一规则之下，第 1 个选项将被启用，如下所示。

```
<template>
  <!-- ✓ GOOD -->
  <MyComponent/>

  <!-- ✗ BAD -->
  <MyComponent></MyComponent>
</template>
```

此外，还可启用自闭合 void 元素。

```
<template>
  <!-- ✓ GOOD -->
  <img src="...">

  <!-- ✗ BAD -->
  <img src="..." />
</template>
```

换言之，void 元素不允许包含 Vue 规则中的自闭合符号。因此，默认状态下，html.void 选项被设置为'never'。如果打算在这些 void 元素上支持自闭合符号，就像本书中所采用的那样，那么可将对应值设置为'always'。

注意：

关于当前规则的更多信息，读者可访问 https://eslint.vuejs.org/rules/html-self-closing.htmlvue-html-self-closing。

（3）配置 vue/max-attributes-per-line 以关闭当前规则，如下所示。

```
// .eslintrc.js
'rules': {
  'vue/max-attributes-per-line': 'off'
}
```

vue/max-attributes-per-line 规则旨在每行强制一个属性。默认状态下，当两个属性之间存在换行符时，即认为该属性处于新的一行中，如下所示。

```
<template>
  <!-- ✓ GOOD -->
  <MyComponent lorem="1"/>
  <MyComponent
    lorem="1"
    ipsum="2"
  />
  <MyComponent
    lorem="1"
    ipsum="2"
    dolor="3"
  />

  <!-- ✗ BAD -->
  <MyComponent lorem="1" ipsum="2"/>
  <MyComponent
    lorem="1" ipsum="2"
  />
  <MyComponent
    lorem="1" ipsum="2"
    dolor="3"
  />
</template>
```

然而，这一规则与 Prettier 冲突。这里，我们应使用 Prettier 处理这种情况，因而必须进一步改变当前规则。

注意：

关于当前规则的更多信息，读者可访问 https://eslint.vuejs.org/rules/max-attributes-per-line.htmlvue-max-attributes-per-line。

（4）配置 eslint/space-before-function-paren 规则。

```
// .eslintrc.js
'rules': {
  'space-before-function-paren': ['error', 'always']
}
```

eslint/space-before-function-paren 规则旨在在函数声明的括号前强制添加一个空格，这也是 ESLint 的默认行为，同时也是 StandardJS 中的既定规则，如下所示。

```
function message (text) { ... } // ✓ ok
function message(text) { ... } // ✗ avoid

message(function (text) { ... }) // ✓ ok
message(function(text) { ... }) // ✗ avoid
```

然而，在上述规则下，当使用 Prettier 时将得到下列错误信息。

```
/middleware/auth.js
 1:24 error Delete · prettier/prettier
```

此处将忽略来自 Prettier 中的错误，因为当前需要遵循 Vue 中的规则。但目前，在 https://prettier.io/docs/en/options.html 中，Prettier 尚不存在禁用这一行为的相关选项。如果因为 Prettier 删除了对应的空格，那么可通过在 Vue 规则下将对应值设置为'always'将其添加回来。

注意：

关于当前规则的更多信息，读者可访问 https://eslint.org/docs/rules/space-before-function-paren 和 https://standardjs.com/rules.html。

（5）由于默认条件下 ESLint 仅针对.js 文件，因此应在 ESLint 命令中包含基于--ext（或 glob 模式）选项的.vue 扩展，以便在终端上采用前述配置运行 ESLint。

```
$ eslint --ext .js,.vue src
$ eslint "src/**/*.{js,vue}"
```

除此之外，也可以在 package.json 文件中基于.gitignore 的 scripts 选项中使用自定义命令加以运行，如下所示。

```
// package.json
"scripts": {
  "lint": "eslint --ext .js,.vue --ignore-path .gitignore .",
  "lint-fix": "eslint --fix --ext .js,.vue --ignore-path .gitignore ."
}
```

```
// .gitignore
node_modules
build
nuxt.config.js
prettier.config.js
```

当检查所有 JavaScript 和 Vue 文件时，ESLint 将忽略定义于上述.gitignore 片段中的文件。对此，较为理想的做法是通过 webpack 检查热重载上的文件。相应地，仅需向 Nuxt 配置文件中添加下列代码片段，即可在保存代码时运行 ESLint。

```
// nuxt.config.js
...
build: {
  extend(config, ctx) {
    if (ctx.isDev && ctx.isClient) {
      config.module.rules.push({
        enforce: "pre",
        test: /\.(js|vue)$/,
        loader: "eslint-loader",
        exclude: /(node_modules)/
      })
    }
  }
}
```

注意：

读者可访问 GitHub 存储库中的/chapter-14/eslint-plugin-vue/integrate/部分查看基于 ESLint 的插件应用示例。

正如我们在本节和前面章节中看到的，在一个配置文件中混合 ESLint 和 Prettier 可能会产生问题，并浪费工作团队的宝贵时间。那么，为什么不尝试对其进行解耦并分别运行呢？接下来介绍如何在 Nuxt 应用程序中实现这一操作。

14.3.2　在 Nuxt 应用程序中分别运行 ESLint 和 Prettier

对于 ESLint 和 Prettier 之间的冲突，另一种可能的解决方案是放弃集成方案，特别是在 space-before-function-paren 上，分别运行 ESLint 和 Prettier 以便格式化和检查代码。

（1）在 package.json 文件中，分别针对 Prettier 和 ESLint 创建脚本。

```
// package.json
"scripts": {
"prettier": "prettier --check \"
  {components,layouts,pages,store,middleware,plugins}/**/*.{vue,js}
    \"", "prettier-fix": "prettier --write
    {components,layouts,pages,store,middleware,plugins}
    /**/*.{vue,js}\"", "lint": "eslint --ext .js,.vue
    --ignore-path .gitignore .",
    "lint-fix": "eslint --fix --ext .js,.vue --ignore-path .gitignore ."
}
```

当前，我们可以完全忘记工作流中的 eslint-plugin-prettier 和 eslint-config-prettier。相应地，我们仍保留 eslint-plugin-vue 和本章已配置的规则，并完全从.eslintrc.js 文件中移除 Prettier。

```
// .eslintrc.js
module.exports = {
  //...
  'extends': [
    'standard',
    'plugin:vue/recommended',
    // 'prettier' // <- removed this.
  ]
}
```

（2）当打算分析代码时，首先运行 Prettier，随后是 ESLint。

```
$ npm run prettier
$ npm run lint
```

（3）当修复格式并检查代码时，再次运行 Prettier，随后是 ESLint。

```
$ npm run prettier-fix
$ npm run lint-fix
```

可以看到，该方案使工作流更加清晰、简洁且不再产生任何冲突。

注意：

读者可访问 GitHub 存储库中的/chapter-14/eslint-plugin-vue/seprate/部分查看单独运行 ESLint 和 Prettier 的相关示例。

接下来将讨论如何部署 Nuxt 应用程序。

14.4　部署 Nuxt 应用程序

除了代码检查和格式化，部署也是 Web 开发工作流中的一部分内容。我们需要将应用程序部署至远程服务器或主机上，以便公众可以公开访问应用程序。Nuxt 设置了内建命令可用于部署应用程序，如下所示。

- nuxt。
- nuxt build。
- nuxt start。
- nuxt generate。

其中，nuxt 命令是我们在终端上使用得较为熟悉的命令，如下所示。

```
$ npm run dev
```

当利用 create-nuxt-app 构建工具打开 Nuxt 生成的 package.json 文件时，可以看到这些命令已经预先配置在"scripts"脚本中，如下所示。

```
// package.json
"scripts": {
  "dev": "nuxt",
  "build": "nuxt build",
  "start": "nuxt start",
  "generate": "nuxt generate"
}
```

我们可利用下列 Node.js 命令行在终端上启动对应命令。

```
$ npm run <command>
```

nuxt 命令用于在 localhost:3000 处的开发服务器上进行热重载开发，其他命令用于生产部署。接下来介绍如何使用这些命令部署 Nuxt 应用程序。

注意：

读者也可在这些命令中使用一些常见的参数，如--help。对此，读者可访问 https://nuxtjs.org/guide/commandslist-of-commands 了解更多信息。

14.4.1　部署一个 Nuxt 通用服务器端渲染应用程序

在前述章节的基础上，我们能够开发 Nuxt 通用服务器端渲染（SSR）应用程序。SSR

应用程序是指在服务器端渲染内容的应用程序，此类应用程序需要特定的服务器运行应用程序，如 Node.js 和 Apache 服务器；而之前利用 Nuxt 创建的通用 SSR 应用程序则可运行于服务器和客户端上。这种应用程序也需要特定的服务器。在终端上，Nuxt 通用 SSR 应用程序仅可通过两个命令进行部署，如下所示。

（1）通过 npm 启动 nuxt build 命令，用 webpack 构建应用程序，同时减少 JavaScript 和 CSS 内容。

```
$ npm run build
```

对应的构造结果如下。

```
> [your-app-name]@[your-app-name] start /var/path/to/your/app
> nuxt build
i Production build
i Bundling for server and client side
i Target: server
✓ Builder initialized
✓ Nuxt files generated
...
...
```

（2）通过 npm 启动 nuxt start 命令，以在生产模式下启动服务器。

```
$ npm run start
```

对应的启动状态如下。

```
> [your-app-name]@[your-app-name] start /var/path/to/your/app
> nuxt start

Nuxt.js @ v2.14.0

> Environment: production
> Rendering: server-side
> Target: server

Memory usage: 28.8 MB (RSS: 88.6 MB)
```

如上所述，仅通过两个命令行即可部署一个 Nuxt 通用 SSR 应用程序。然而，如果缺少 Node.js 服务器托管应用程序，或者出于任何原因仅需要将应用程序部署为一个静态站点，那么可通过 Nuxt 通用 SSR 应用程序予以生成。

14.4.2　部署 Nuxt 静态生成（预渲染）的应用程序

当从 Nuxt 通用 SSR 应用程序中生成 Nuxt 静态生成的应用程序时，我们将使用在之前章节中生成的示例站点，该示例站点位于 GitHub 存储库中的/chapter-14/deployment/sample-website/部分。

（1）确保 package.json 文件中包含下列"generate"运行脚本。

```
"scripts": {
  "generate": "nuxt generate"
}
```

（2）将 Nuxt 配置文件中的 target 项目修改为 static。

```
// nuxt.config.js
export default {
  target: 'static'
}
```

（3）通过配置 Nuxt 配置文件中的 generate 选项生成 404 页面。

```
// nuxt.config.js
export default {
  generate: {
    fallback: true
  }
}
```

Nuxt 并不会生成自定义 404 页面及其默认页面。如果打算在静态应用程序中包含该页面，可在配置文件的 generate 选项中设置 fallback: true。

（4）通过 npm 启动 nuxt generate 命令构建应用程序，并针对每个路由生成一个 HTML 文件。

```
$ npm run generate
```

Nuxt 包含一个爬虫程序，可以扫描链接并自动生成动态路由及其异步内容（采用 asyncData 和 fetch 方法渲染的数据），因此应得到应用程序的每个路由，如下所示。

```
i Generating output directory: dist/
i Generating pages with full static mode
✓ Generated route "/contact"
✓ Generated route "/work-nested"
✓ Generated route "/about"
```

```
✓ Generated route "/work"
✓ Generated route "/"
✓ Generated route "/work-nested/work-sample-4"
✓ Generated route "/work-nested/work-sample-1"
✓ Generated route "/work-nested/work-sample-3"
✓ Generated route "/work-nested/work-sample-2"
✓ Generated route "/work/work-sample-1"
✓ Generated route "/work/work-sample-4"
✓ Generated route "/work/work-sample-2"
✓ Generated route "/work/work-sample-3"
✓ Client-side fallback created: 404.html
i Ready to run nuxt serve or deploy dist/ directory
```

注意：

仍然需要使用 generate.routes 生成爬虫程序无法检测到的路由。

（5）当查看项目根目录时，将会发现一个由 Nuxt 生成的/dist/文件夹，其中包含了需要将应用部署到静态托管服务器上的所有内容。但在此之前，可以在终端的/dist/目录下使用 nuxt serve 命令测试静态应用程序。

```
$ npm run start
```

随后，在终端上应可看到下列输出结果。

```
Nuxt.js @ v2.14.0

> Environment: production
> Rendering: server-side
> Target: static
Listening: http://localhost:3000/

i Serving static application from dist/
```

（6）在浏览器中导航至 localhost:3000，可以看到，应用程序以类似于 SSR 的方式运行，但实际上该程序是一个静态生成的应用程序。

在第 15 章，当讨论部署 Nuxt 单页应用程序（SPA）时，还将再次讨论这一配置内容。可以看到，这一部署类型仅涉及少量工作，并得益于“静态方式”部署应用程序的诸多优点，如可将静态文件托管于静态托管服务器上，且与 Node.js 服务器相比开销更小。我们将讨论如何在此类服务器上处理静态站点（类似于第 15 章中的 GitHub Pages）。虽然采用“静态方式”部署 Nuxt 通用 SSR 应用程序也包含一些优点，但仍需考虑下列问题。

- asyncData 和 fetch 方法中的 Nuxt 上下文将丢失 Node.js 中的 HTTP req 和 res 对象。

- nuxtServerInit 动作在存储中无效。

如果 Nuxt 应用程序严重依赖于上述内容，那么考虑到服务器端特性，将 Nuxt 通用 SSR 应用程序生成至静态文件中并不是一种理想方案。然而，我们可通过客户端 cookie 模拟客户端上的 nuxtServerInit 动作，第 15 章将对此加以讨论。接下来讨论托管 Nuxt 应用程序的托管服务器类型。

注意：

关于 generate 属性/选项以及其他选项的更多内容，如基于此类属性配置的 fallback 和 routes 选项，读者可访问 https://nuxtjs.org/api/configuration-generate。

14.4.3　在虚拟专用服务器上托管 Nuxt 通用 SSR 应用程序

对于托管 Node.js 应用程序，虚拟专用服务器（VPS）和专用服务器均可被视为较好的选择方案，因为我们可以完全自由地设置应用程序的 Node.js 环境。当 Node.js 发布新版本时，对应环境也应随之更新。只有使用 VPS 服务器，我们才能随时升级和调整所需环境。

如果您正在寻找 Linux 服务器，并打算从头安装所需的基础设施，那么 Linode 或 Vultr 等 VPS 提供商提供了负担得起的 VPS 托管价格。这些 VPS 提供商提供的内容是一个空虚拟机，其中包含了用户偏好的 Linux 发行版，如 Ubuntu。另外，如果在本地机器上安装了一个 Linux 发行版，那么构建所需基础设施的过程等同于 Node.js、MongoDB、MySQL 等的安装方式。关于 VPS 提供商的更多信息，读者可访问下列链接。

- Linode：https://welcome.linode.com/。
- Vultr：https://www.vultr.com/。

在持有 Node.js 环境和基础设施设置以满足相关需求后，即可将 Nuxt 应用程序上传至此类主机上，随后可通过主机提供商提供的安全外壳（SSH）功能在终端上简单地构建和启动应用程序。

```
$ npm run build
$ npm run start
```

对于共享主机服务器，情况又将如何？接下来介绍具体的选择方案。

14.4.4　在共享主机服务器上托管 Nuxt 通用 SSR 应用程序

记住，并不是所有的主机都是对 Node.js 友好的，与 PHP 的共享托管服务器相比，

Node.js 的共享托管服务器相对较少。但是所有的共享主机服务器都是一样的——具体操作内容通常是受到严格限制的，且必须遵守提供商设置的严格规则。对此，我们可查看下列共享主机服务器提供商的链接。

- Reclaim Hosting：https://reclaimhosting.com/shared-hosting/。
- A2 Hosting：https://www.a2hosting.com/nodejs-hosting。

在共享托管服务器中，如 Reclaim Hosting，很可能无法运行 Nuxt 命令以启动应用程序。相反，我们需要向服务器提供一个应用程序启动文件，该文件被命名为 app.js 并置于项目的根目录中。

对于 Reclaim Hosting，我们可访问 https://stateu.org/以使用其测试环境并查看其工作方式。需要注意的是，此处并不存在高级设置。但好的一面是，Nuxt 提供了一个 Mode.js 模块（nuxt-start），并以此在一个共享托管服务器上以生产模式启动 Nuxt 应用程序。

（1）通过 npm 以本地方式安装 nuxt-start。

```
$ npm i nuxt-start
```

（2）利用下列代码在项目的根目录中创建一个 app.js 文件以启动 Nuxt 应用程序。

```
// app.js
const { Nuxt } = require('nuxt-start')
const config = require('./nuxt.config.js')

const nuxt = new Nuxt(config)
const { host, port } = nuxt.options.server

nuxt.listen(port, host)
```

除此之外，还可使用 Express 或 Koa 启动 Nuxt 应用程序。下列示例使用了 Express。

```
// app.js
const express = require('express')
const { Nuxt } = require('nuxt')
const app = express()

let config = require('./nuxt.config.js')
const nuxt = new Nuxt(config)
const { host, port } = nuxt.options.server

app.use(nuxt.render)
app.listen(port, host)
```

在上述代码中，我们导入了 express 和 nuxt 模块以及 nuxt.config.js 文件，并随后将

Nuxt 应用程序用作中间件。当采用 Koa 时情况也大同小异——仅需将 Nuxt 用作中间件即可。

（3）将 Nuxt 应用程序上传至包含 app.js 文件的服务器中，并依据主机指令通过 npm 安装应用程序依赖项，随后运行 app.js 启动应用程序。

注意，这些共享托管服务器中仍存在某些限制条件。在这些服务器中，我们对 Node.js 环境的控制较少。但是，如果遵循服务器提供商设置的严格规则，那么通用 SSR Nuxt 应用程序仍可启动和运行。

注意：

关于 Reclaim Hosting 上的 Nuxt 通用 SSR 应用程序的托管机制，读者可访问 GitHub 存储库中的/chapter-14/deployment/shared-hosting/reclaimhosting.com/部分查看示例代码。

关于 nuxt-start 的更多信息，读者可访问 https://www.npmjs.com/package/nuxt-start。

可以看到，尽管一切并不完美且涵盖某些限制条件，但当前方案针对共享托管机制来说仍具备一定的合理性。否则，我们可尝试静态站点托管服务器。

14.4.5　在静态站点托管服务器上托管 Nuxt 静态生成的应用程序

在静态站点托管服务器上托管 Nuxt 静态生成的应用程序，我们将不得不失去 Nuxt 的服务器端。但好的一面是，存在许多主机可托管静态生成的 Nuxt 应用程序，并可在几乎所有主机上以在线方式对其进行处理。

（1）在 Nuxt 配置文件中，将 server 修改为 static 作为目标，如下所示。

```
// nuxt.config.js
export default {
  target: 'static'
}
```

（2）使用 npm 以本地方式启动 nuxt generate 命令，进而生成 Nuxt 应用程序的静态文件。

```
$ npm run generate
```

（3）将 Nuxt 生成的/dist/文件夹中的全部内容上传至主机中。

下面列出了可选的主机细节内容，同时，Nuxt 站点对于其部署过程提供了完善的文档内容。读者可访问 https://nuxtjs.org/faq 并查看 Nuxt FAQ 部分，进而了解部署示例以及如何将静态生成的 Nuxt 应用程序部署至这些特定的主机上。

- AWS w/S3（Amazon Web Services）：https://nuxtjs.org/faq/deployment-aws-s3-cloudfront。
- GitHub Pages：https://nuxtjs.org/faq/github-pages。
- Netlify：https://nuxtjs.org/faq/netlify-deployment。
- Surge：https://nuxtjs.org/faq/surge-deployment。

第 15 章将讨论 GitHub Pages 上 Nuxt SPA 应用程序的部署问题。

14.5 本章小结

本章讨论了 JavaScript Linter 和格式化器，主要涉及 Nuxt 应用程序和 JavaScript 应用程序的 ESLint、Prettier 和 StandardJS。其间，我们学习了针对具体需求和偏好设置的安装、配置方式。此外，本章还介绍了部署 Nuxt 应用程序的 Nuxt 命令和 Nuxt 应用程序托管机制的有效选项（无论是通用 SSR 应用程序还是静态生成的站点）。

第 15 章将学习如何利用 Nuxt 创建 SPA，并将其部署至 GitHub Pages 上。其间，我们将查看传统 SPA 和 Nuxt 中的 SPA（简称 Nuxt SPA）之间的差别。此外，我们还将学习 Nuxt 中的 SPA 开发环境设置、重构前述章节中的通用 SSR Nuxt 身份验证应用程序，并将其转换为 Nuxt SPA 和静态生成的 Nuxt SPA。最后，我们将介绍如何将静态生成的 SPA 部署至 GitHub Pages 上。

第 6 部分

高级内容

第 6 部分将介绍如何利用 PHP（而非 JavaScript）在 Nuxt 中开发单页应用程序，进而创建一个跨域和外部 API 数据平台，并向 Nuxt 应用程序提供输入内容。其间将利用 Nuxt 开发一个实时应用程序，并在 Nuxt 的基础上结合使用（无头）CMS 和 GraphQL。

第 6 部分包含下列 4 章。

第 15 章：利用 Nuxt 创建一个 SPA。

第 16 章：为 Nuxt 创建一个框架无关的 PHP API。

第 17 章：利用 Nuxt 创建一个实时应用程序。

第 18 章：利用 CMS 和 GraphQL 创建 Nuxt 应用程序。

第 15 章　利用 Nuxt 创建一个 SPA

在前述章节中，我们在 universal 模式中创建了各种 Nuxt 应用程序，即通用服务器端渲染（SSR）应用程序。这意味着，这是一类运行于服务器和客户端的应用程序。对于单页应用程序（SPA）开发，Nuxt 还提供了另一种选择方案，这一点与 Vue 和其他 SPA 框架（如 Angular 和 React）较为类似。本章将介绍如何在 Nuxt 中开发、构建和部署 SPA，进而查看与传统 SAP 的不同之处。

本章主要涉及以下主题。

- ❑ 理解经典 SPA 和 Nuxt SPA。
- ❑ 安装 Nuxt SPA。
- ❑ 开发 Nuxt SPA。
- ❑ 部署 Nuxt SPA。

15.1　理解经典 SPA 和 Nuxt SPA

SPA（也称作经典 SPA）是一个在浏览器上一次性加载，且在应用程序周期内无须重载和重渲染页面的应用程序。这与多页面应用程序（MPA）有所不同，其中，每次更改和每次服务器与浏览器间的数据交换都需要重新渲染整个页面。

在经典/传统 SPA 中，提供给客户端的 HTML 基本上是空的。JavaScript 将在到达客户端后以动态方式渲染 HTML 和内容。相应地，React、Angular 和 Vue 是构建经典 SPA 时常见的选择方案。这里不要与 spa 模式下的 Nuxt 应用程序（将其称作 Nuxt SPA）混淆，即使 Nuxt 仅提供一行配置即可开发"SPA"，如下所示。

```
// nuxt.config.js
export default {
  mode: 'spa'
}
```

如第 14 章所述，在将通用 SSR Nuxt 应用程序转换为一个静态生成（预渲染）的 Nuxt 应用程序时，Nuxt 的 SPA 模式意味着将失去 Nuxt 和 Node.js 的服务器端特性。这同样适用于 spa 模式的 Nuxt 应用程序——当采用上述配置时，spa 模式的 Nuxt 应用程序将变为一个纯粹的客户端应用程序。

但是，spa 模式的 Nuxt 应用程序与从 Vue CLI、React 或 Angular 中生成的经典 SPA 十分不同。其原因在于，在应用程序构建完毕后，（经典）SPA 的页面和路由将在运行期内以动态方式通过 JavaScript 进行渲染。另外，spa 模式 Nuxt 应用程序中的页面将在构建期间被预渲染，且作为经典 SPA，每个页面中的 HTML 都像经典 SPA 一样是“空”的。这也是易于混淆之处。对此，可查看下列示例，并假设 Vue 应用程序中包含下列页面和路由。

```
src
├── favicon.ico
├── index.html
├── components
│ ├── about.vue
│ ├── secured.vue
│ └── ...
└── routes
    ├── about.js
    ├── secured.js
    └── ...
```

应用程序将被构建至下列版本中。

```
dist
├── favicon.ico
├── index.html
├── css
│ └── ...
└── js
  └── ...
```

此处可以看到，仅 index.html、/css/和/js/文件夹被构建至/dust/文件夹中。这意味着，应用程序的页面和路由将在运行期内被 JavaScript 进行动态渲染。然而，考查下列 spa 模式 Nuxt 应用程序中的页面。

```
pages
├── about.vue
├── secured.vue
├── ...
└── users
  ├── about.js
  ├── index.vu
  └── _id.vue
```

此时，应用程序将被构建至下列版本中。

```
dist
├── index.html
├── favicon.ico
├── about
│  └── index.html
├── secured
│  └── index.html
├── users
│  └── index.html
└── ...
```

可以看到，应用程序的每个页面和路由均通过 index.html 文件被构建，并置于/dust/文件夹中，这与针对通用 SSR Nuxt 应用程序生成的静态站点类似。因此可以说，我们将要构建和部署的 spa 模式 Nuxt 应用程序是一个“静态”SPA，且与“动态”的经典 SPA 截然相反。当然，仍然可以使用下列部署命令部署 spa 模式 Nuxt 应用程序，就像它是一个通用的 SSR Nuxt 应用程序一样。这将使该应用程序在运行期内是“动态”的。

```
$ npm run build
$ npm run start
```

但是，在 Node.js 主机上部署一个 Nuxt SPA 应用程序有可能是多余的，因为需要较好的理由采用 spa 模式 Nuxt 应用程序，同时无须针对 SPA 使用 Node.js。因此，将 Nuxt SPA 预渲染至静态生成的应用程序（将其称作静态生成的 Nuxt SPA）中可能更加合理。对此，可采用与通用 SSR Nuxt 应用程序类似的方式并通过 nuxt export 命令方便地预渲染 Nuxt SPA 应用程序。

本章将在 spa 模式下开发一个 Nuxt 应用程序，并在将其部署至静态托管服务器（如 GitHub Pages）中之前生成所需的静态 HTML 文件。下面首先介绍如何安装和设置环境。

15.2　安装 Nuxt SPA

安装 Nuxt SPA 与使用 create-createnuxt-app 构建工具安装 Nuxt 通用 SSR 相同，具体步骤如下。

（1）使用 Nuxt 构建工具通过终端安装 Nuxt 项目。

```
$ npx create-nuxt-app <project-name>
```

（2）回答相关问题并在询问 Rendering mode 时选择 Single Page App 选项。

```
? Project name
? Project description
//...
? Rendering mode:
  Universal (SSR / SSG)
> Single Page App
```

安装完毕后，当查看项目根目录中的 Nuxt 配置文件时，应该可以看到在安装过程中，mode 选项已被配置为 SPA。

```
// nuxt.config.js
export default {
  mode: 'spa'
}
```

（3）在终端中启动开发模式。

```
$ npm run dev
```

在终端中可以看到，仅客户端上的代码被编译。

```
✓ Client
  Compiled successfully in 1.76s
```

此时将不会看到服务器端上编译的任何代码，而这些代码一般会在 universal 模式下的 Nuxt 应用程序中看到。

```
✓ Client
  Compiled successfully in 2.75s

✓ Server
  Compiled successfully in 2.56s
```

不难发现，在 Nuxt 中获取 spa 模式环境十分简单。此外，还可将 spa 值添加至 Nuxt 配置文件的 mode 选项中，进而通过手动方式设置 spa 模式。接下来讨论如何开发 Nuxt SPA。

15.3　开发 Nuxt SPA

需要注意的是，当开发 Nuxt SPA 时，赋予 asyncData 和 fetch 方法的 Nuxt 上下文将失去其 req 和 res 对象，因为这些对象表示为 Node.js HTTP 对象。本节将在 Nuxt SPA 中创建一个简单的用户登录验证程序。此外，我们还将创建一个页面并通过动态路由监听用户，第 4 章曾对此有所讨论。

（1）准备.vue 文件或者复制第 14 章中的相关内容，如下所示。

```
-| pages/
---| index.vue
---| about.vue
---| login.vue
---| secret.vue
---| users/
-----| index.vue
-----| _id.vue
```

（2）利用存储状态、突变、动作和处理用户登录验证的索引文件准备 Vuex 存储。

```
-| store/
---| index.js
---| state.js
---| mutations.js
---| actions.js
```

如前所述，当以静态方式输出 Nuxt 通用 SSR 时，将丢失存储中的 nuxtServerInit 动作，这在 Nuxt SPA 中也是一样的——我们不会在客户端持有这一服务器动作，因而需要一个客户端 nuxtServerInit 动作模拟服务器端的 nuxtServerInit 动作，稍后将讨论其实现方式。

15.3.1　创建客户端 nuxtServerInit 动作

除了 nuxtServerInit 动作，对应文件中的方法和属性等同于之前的示例。

```
// store/index.js
const cookie = process.server ? require('cookie') : undefined

export const actions = {
  nuxtServerInit ({ commit }, { req }) {
    if (
      req
      && req.headers
      && req.headers.cookie
      && req.headers.cookie.indexOf('auth') > -1
    ) {
      let auth = cookie.parse(req.headers.cookie)['auth']
      commit('setAuth', JSON.parse(auth))
    }
```

```
  }
}
```

由于 nuxtServerInit 仅从服务器端被 Nuxt 调用，因此 Nuxt SPA 中不涉及服务器。对此，当用户登录时，可读取 Node.js js-cookie 模块，以将验证后的数据存储至客户端上，这可被视为替换服务器端 cookie 的最佳候选方案。下面讨论如何实现这一操作。

（1）通过 npm 安装 Node.js js-cookie 模块。

```
$ npm i js-cookie
```

（2）在存储动作中创建一个名为 nuxtClientInit（或者其他偏好名称）的自定义方法，以在 cookie 中检索用户信息。随后，在用户刷新浏览器时可将特定情形设置回所需状态。

```
// store/index.js
import cookies from 'js-cookie'

export const actions = {
  nuxtClientInit ({ commit }, ctx) {
    let auth = cookies.get('auth')
    if (auth) {
      commit('setAuth', JSON.parse(auth))
    }
  }
}
```

回忆一下，当刷新页面时，nuxtServerInit 存储动作仅在服务器端被调用。这同样适用于 nuxtClientInit 方法，该方法在刷新页面时每次在客户端上被调用。但该方法并不会自动被调用。因此，在初始化 Vue 根之前，每次刷新页面时可使用一个插件对其进行调用。

（3）在/plugins/目录中创建名为 nuxt-client-init.js 的插件，该插件通过存储中的 dispatch 方法调用 nuxtClientInit 方法。

```
// plugins/nuxt-client-init.js
export default async (ctx) => {
  await ctx.store.dispatch('nuxtClientInit', ctx)
}
```

记住，我们可以在初始化 Vue 根之前访问插件中的 Nuxt 上下文。存储被添加至 Nuxt 上下文中，因此我们可访问存储动作。这里，nuxtClientInit 方法是我们关注的内容。

（4）将插件添加至 Nuxt 配置文件中以安装该插件。

```
// nuxt.config.js
export default {
```

```
  plugins: [
    { src: '~/plugins/nuxt-client-init.js', mode: 'client' }
  ]
}
```

当前，每次刷新浏览器时，nuxtClientInit 方法将被调用，存储将在 Vue 根初始化之前被该方法重新填写。可以看到，如果失去 Nuxt 作为通用 JavaScript 应用程序，nuxtClientInit 动作的初始化将不那么直观。针对 Nuxt SPA，这一问题可通过刚刚创建的 nuxtClientInit 方法予以解决。

接下来将通过 Nuxt 创建一些自定义 Axios 实例。创建自定义 Axios 实例是十分有用的——必要时，我们总是可以回退至 Axios 的普通版本，即使我们持有 Nuxt Axios 模块。

15.3.2　利用插件创建多个自定义 Axios 实例

在 spa 模式中，我们需要两个 Axios 实例生成下列地址的 API 调用。

- ❑ 对于用户身份验证：localhost:4000。
- ❑ 获取用户：jsonplaceholder.typicode.com。

我们将使用 vanilla Axios（https://github.com/axios/axios）获得一定的灵活性，以利用一些自定义配置创建多个 Axios 实例。

（1）通过 npm 安装 vanilla axios。

```
$ npm i axios
```

（2）在所需页面上创建 axios 实例。

```
// pages/users/index.vue
const instance = axios.create({
  baseURL: '<api-address>',
  timeout: <value>,
  headers: { '<x-custom-header>': '<value>' }
})
```

但是，在页面上直接创建 axios 实例并不是一种理想方案。理想状态下，应能够析取该实例并在任意地方复用该实例。通过 Nuxt 插件，可创建 Axios 析取后的实例。对此，存在两种创建方法，接下来讨论第 1 种方法。

1. 在 Nuxt 配置文件中安装自定义 Axios

在前述章节中，我们学习了利用 inject 方法创建插件，并通过 Nuxt config 文件安装插件。除了采用 inject 方法，还可以直接向 Nuxt 上下文中注入一个插件，其实现方式如下。

（1）在/plugins/目录中创建一个 axios-typicode.js 文件，导入 vanill axios 并创建实例，如下所示。

```
// plugins/axios-typicode.js
import axios from 'axios'

const instance = axios.create({
 baseURL: 'https://jsonplaceholder.typicode.com'
})

export default (ctx, inject) => {
 ctx.$axiosTypicode = instance
 inject('axiosTypicode', instance)
}
```

可以看到，在创建了 axios 实例后，我们通过 Nuxt 上下文（ctx）注入了插件，同时使用了 inject 方法并随后导出插件。

（2）在 Nuxt 配置文件中安装插件。

```
// nuxt.config.js
export default {
 plugins: [
   { src: '~/plugins/axios-typicode.js', mode: 'client' }
 ]
}
```

我们需要将 mode 选项设置为 client，因为仅在客户端有此项需求。

（3）我们可从任意位置处访问上述插件。在当前示例中，需要在用户索引页面上使用这个插件，并获取用户列表。

```
// pages/users/index.vue
export default {
 async asyncData({ $axiosTypicode }) {
   let { data } = await $axiosTypicode.get('/users')
   return { users: data }
 }
}
```

在当前插件中，我们将自定义的 axios 作为$axiosTypicode 直接注入 Nuxt 上下文（ctx）中，以便通过 JavaScript 结构赋值语法直接对其进行调用，进而将其解包为$axiosTypicode。此外，我们还可利用 inject 方法注入插件，因此还需通过 ctx.app 调用该插件，如下所示。

```
// pages/users/index.vue
```

```
export default {
  async asyncData({ app }) {
    let { data } = await app.$axiosTypicode.get('/users')
    return { users: data }
  }
}
```

不难发现，自定义 Axios 插件的创建过程并不复杂。如果通过 Nuxt 配置文件安装插件，则意味着该插件是一个全局 JavaScript 函数，并可从任意处对其进行访问。如果不打算作为全局插件进行安装，则可在 Nuxt 配置文件中省略相应的安装步骤。相应地，这将引出创建 Nuxt 插件的第 2 种方法。

2．通过手动方式导入自定义 Axios 插件

另一种自定义 Axios 实例的创建方法则不涉及 Nuxt 配置。我们可将自定义实例作为常规的 JavaScript 函数予以导出，并随后将其直接导入所需的页面中。具体实现步骤如下。

（1）在/plugins/目录中创建一个 axios-api.js 文件，导入 vanilla axios 并创建实例，如下所示。

```
// plugins/axios-api.js
import axios from 'axios'

export default axios.create({
  baseURL: 'http://localhost:4000',
  withCredentials: true
})
```

可以看到，我们不再使用 inject 方法，而是直接导出实例。

（2）当前，可通过手动方式进行导入。在当前示例中，login 动作方法需要使用该插件，如下所示。

```
// store/actions.js
import axios from '~/plugins/axios-api'

async login({ commit }, { username, password }) {
  const { data } = await axios.post('/public/users/login', {
    username, password })
  //...
}
```

可以看到，需要通过手动方式导入插件，因为该插件未被置入 Nuxt 的生命周期中。

（3）导入插件并在 token 中间件的 axios 实例上设置 Authorization 头。

```
// middleware/token.js
import axios from '~/plugins/axios-api'

export default async ({ store, error }) => {
  //...
  axios.defaults.headers.common['Authorization'] = Bearer:
  ${store.state.auth.token}
}
```

即使通过手动方式导入插件，也需要将下列设置析取至复用的插件中。

```
{
  baseURL: 'http://localhost:4000',
  withCredentials: true
}
```

注意：

读者可访问本书 GitHub 存储库中的/chapter-15/frontend/部分查看 Nuxt SPA 的源代码及其两个方法。

一旦创建、测试、检查了所有代码和文件，就可以开始部署 Nuxt SPA。

15.4　部署 Nuxt SPA

如果持有一个Node.js运行服务器，则可像部署通用SSR Nuxt应用程序那样部署Nuxt SPA；否则仅可将 SPA 作为静态站点部署至一个静态托管服务器上，如 GitHub Pages。静态生成的 Nuxt SPA 的部署方式如下。

（1）在 Nuxt 配置文件中，确保将 mode 选项中的对应值设置为 spa。

```
// nuxt.config.js
export default {
  mode: 'spa'
}
```

（2）确保 package.json 文件中包含下列运行脚本。

```
{
  "scripts": {
    "generate": "nuxt generate"
  }
}
```

（3）与通用 SSR Nuxt 应用程序类似，运行 npm run generate，随后可在终端上看到下列输出结果。

```
i Generating output directory: dist/
i Generating pages
✓ Generated /about
✓ Generated /login
✓ Generated /secret
✓ Generated /users
✓ Generated /
```

在上述输出结果中，当导航至项目的/dist/文件夹时，将会在根目录中看到 index.html 文件、每个子文件夹中的 index.html 文件连同路由名。但是，我们无法在生成的动态路由（如/user/1）中找到这些页面，其原因在于，与通用模式相反，动态路由并不是在 spa 模式下生成的。

此外，如果打开/dist/文件夹中的 index.html 文件，将会发现所有的 index.html 文件均保持一致——仅是一些“空”的 HTML 元素，这与经典的 SPA 十分类似。进一步讲，每个 index.html 文件不包含各自的元信息，而是一些源自 nuxt.config.js 中的普通信息。这些页面的元信息将在运行期被填写和更新。据此，对于一个“静态”的 SPA 来说，这似乎违反直觉并显得有些不太成熟。除此之外，其间也不会生成静态负载。这意味着，如果在浏览器上访问 localhost:3000/users，对应页面仍会从 https://jsonplaceholder.typicode.com/users 中请求数据，而不是像通用 SSR Nuxt 应用程序那样获取负载中的数据。其原因在于，即使针对 Nuxt 配置文件中的 target 属性设置了 static，Nuxt 在 spa 模式下也不会生成静态内容。为了解决这些问题，我们可从通用模式中生成所需的静态内容。

（4）在 Nuxt 配置文件的 mode 选项中，将 spa 更改为 universal。

```
// nuxt.config.js
export default {
 mode: 'universal'
}
```

（5）运行 npm run generate，这样 Nuxt 将对 REST API 进行调用，以检索用户并将其内容导出至本地静态负载中，对应的输出结果如下。

```
i Generating output directory: dist/
i Generating pages with full static mode
✓ Generated /about
✓ Generated /secret
✓ Generated /login
```

```
✓ Generated /users
✓ Generated /users/1
✓ Generated /users/2
...
...
✓ Generated /users/10
✓ Generated /
```

需要注意的是，上述输出结果并未生成动态路由。当再次导航至/dist/时，应可看到/users/文件夹包含了多个文件夹且分别拥有自己的用户 ID。其中，每个文件夹均包含一个 index.html 文件，该文件涵盖了特定用户的内容。当前，每个 index.html 文件包含其自身的元信息，以及/dist/_nuxt/static/中生成的负载。

（6）在 Nuxt 配置文件的 mode 选项中，将 universal 更改回 spa。

```
// nuxt.config.js
export default {
  mode: 'spa'
}
```

（7）在终端上运行 npm run build，对应的输出结果如下。

```
Hash: c36ee9714ee9427ac1ff
Version: webpack 4.43.0
Time: 5540ms
Built at: 11/07/2020 07:58:09
                             Asset       Size    Chunks
Chunk Names
../server/client.manifest.json    9.31 KiB                [emitted]
                          LICENSES   617 bytes                [emitted]
                    app.922dbd1.js     57 KiB         0       [emitted]
                 [immutable] app
           commons/app.7236c86.js    182 KiB         1       [emitted]
          [immutable] commons/app
           pages/about.75fcd06.js   667 bytes         2       [emitted]
          [immutable] pages/about
           pages/index.76b5c20.js   784 bytes         3       [emitted]
          [immutable] pages/index
           pages/login.09e509e.js    3.14 KiB         4       [emitted]
          [immutable] pages/login
         pages/secured.f086299.js    1.36 KiB         5       [emitted]
        [immutable] pages/secured
       pages/users/_id.e1c568c.js    1.69 KiB         6       [emitted]
      [immutable] pages/users/_id
```

```
    pages/users/index.b3e7aa8.js      1.5 KiB       7      [emitted]
   [immutable] pages/users/index
              runtime.266b4bf.js     2.47 KiB       8      [emitted]
            [immutable] runtime
+ 1 hidden asset
Entrypoint app = runtime.266b4bf.js commons/app.7236c86.js
app.922dbd1.js
i Ready to run nuxt generate
```

（8）忽略 Ready to run nuxt generate 消息。相反，可在终端上利用 nuxt start 命令测试/dist/目录中的产品静态 SPA。

```
$ npm run start
```

对应的输出结果如下。

```
Nuxt.js @ v2.14.0

> Environment: production
> Rendering: client-side
> Target: static
Listening: http://localhost:3000/

i Serving static application from dist/
```

当前，诸如 localhost:3000/users 这一类路由不再从 https://jsonplaceholder.typicode.com 中请求数据，而是从/static/文件夹的负载中获取数据，该文件夹位于/dist/文件夹中。

（9）将/dist/目录部署至静态托管服务器上。

当寻找免费的静态托管服务器时，可考虑使用 GitHub Pages。据此，可得到下列格式的站点域名。

```
<username>.github.io/<app-name>
```

GitHub 允许使用自定义域名服务我们的站点（而非 GitHub 的域名）。读者可访问 GitHub Help 获取更多信息，对应网址为 https://help.github.com/en/github/working-with-github-pages/configuring-a-custom-domain-for-your-github-pages-site。在本书中，我们将展示如何在 GitHub 的 github.io 域名上服务我们的站点。

注意：

读者可访问本书的 GitHub 存储库中的/chapter-15/frontend/部分查看本节的源代码。

GitHub Pages 是一个源自 GitHub 的静态站点托管服务器，负责托管和发布 GitHub

存储库中的静态文件（仅包含 HTML、CSS 和 JavaScript）。如果持有一个 GitHub 用户账户和针对站点创建的 GitHub 存储库，即可获取 GitHub Pages 中托管的静态站点。

注意：

读者可访问 https://guides.github.com/features/pages/以查看如何启用 GitHub Pages。

我们需要访问 GitHub 存储库中的 Settings 部分并向下滚动至 GitHub Pages 部分，然后单击 Choose a theme 按钮进入站点的创建过程。

这里，将 Nuxt SPA 的静态版本部署到 GitHub Pages 中十分简单——仅需对 Nuxt 配置文件进行少许调整，并随后使用 git push 命令将其上传至 GitHub 存储库中即可。当创建 GitHub 存储库和 GitHub Pages 时，默认状态下，静态页面的 URL 将呈现为下列格式。

```
<username>.github.io/<repository-name>
```

因此，我们需要将这一<repository-name>添加至 Nuxt 配置文件的 router 基本选项中。

```
export default {
  router: {
    base: '/<repository-name>/'
  }
}
```

但是，在开发 Nuxt 应用程序时，更改基本名称会干扰 localhost:3000。接下来将讨论如何解决这一问题。

（1）在 Nuxt 配置文件中，针对开发和生产的 GitHub Pages 生成一个 if 条件，如下所示。

```
// nuxt.config.js
const routerBase = process.env.DEPLOY_ENV === 'GH_PAGES' ? {
  router: {
    base: '/<repository-name>/'
  }
} : {}
```

如果 DEPLOY_ENV 选项包含处理环境中的 GH_PAGES，则 if 条件简单地将/<repository-name>/添加至 router 选项的 base 键中。

（2）利用 spread 操作符将 routerBase 常量添加至配置文件的 Nuxt 配置中。

```
// nuxt.config.js
export default {
```

```
  ...routerBase
}
```

（3）设置 package.json 文件中的 DEPLOY_ENV='GH_PAGES'脚本。

```
// package.json
"scripts": {
  "build:gh-pages": "DEPLOY_ENV=GH_PAGES nuxt build",
  "generate:gh-pages": "DEPLOY_ENV=GH_PAGES nuxt generate"
}
```

当采用这两个 npm 脚本之一时，/<repository-name>/值并不会被注入 Nuxt 配置中，并且在针对开发运行 npm run dev 时，将会干扰 dev 处理过程。

（4）针对 Nuxt 配置文件中的 mode 选项，将 spa 更改为 universal〔类似前述步骤（4）〕，并通过 nuxt generate 命令生成静态负载和页面。

```
$ npm run generate:gh-pages
```

（5）针对 Nuxt 配置文件中的 mode 选项，将 universal 更改回 spa（类似前述步骤（6）），并利用 nuxt build 命令构建 SPA。

```
$ npm run build:gh-pages
```

（6）通过 GitHub 存储库，将 Nuxt 生成的/dist/文件夹推送至 GitHub Pages 中。

至此，我们介绍了如何将 Nuxt SPA 部署至 GitHub Pages 中。在将静态站点发布至 GitHub Pages 中时，应确保在/dist/文件夹中包含一个 empty .nojekyll 文件。

Jekyll 是一个简单的、基于博客的静态站点生成器，并将纯文本转换为静态 Web 站点和博客。Jekyll 对 GitHub Pages 提供了支持。在默认状态下，Jekyll 不会构建以“.”“_”开始或以“~”结束的任何文件或目录。当处理 GitHub Pages 中的静态站点时，这将会引发问题，因为在构建 Nuxt SPA 时，还会在/dist/文件夹中生成名为_nuxt 的子文件夹。这一_nuxt 子文件夹将被 Jekyll 忽略。对此，需要在/dist/文件夹中包含一个空的.nojekyll 文件，该文件在构建 Nuxt SPA 的静态页面时生成，以确保将其推送至 GitHub 存储库中。

如果打算在 Nuxt 中构建一个 SPA（而不是使用 Vue 或 Angular 和 React 等框架），那么 Nuxt SPA 可被视为一个较好的选择方案。然而，如果需要提供某些 Web 服务，如需要及时或实时发布的社交媒体站点，那么静态生成的 Nuxt SPA 可能并不是一种较好的解决方案。这一切取决于业务的本质，以及是否打算发挥 Nuxt、通用 SSR 的全部功能，或者是仅使用 Nuxt 的客户端版本 Nuxt SPA。

15.5 本章小结

本书讨论了如何在 Nuxt 中开发、构建和部署 SPA，并考查了 SPA 与经典 SPA 之间的差别。此外，我们还介绍了 Nuxt SPA 可被视为开发应用程序的较好的选择方案，但是 Nuxt SPA 开发意味着我们将失去 nuxtServerInit 动作以及 req 和 res 对象。对此，可采用客户端 js-cookies（或 localStorage）和 Nuxt 插件模拟 nuxtServerInit 动作。最后，本章还介绍了如何在 GitHub Pages 上发布和服务静态生成的 Nuxt SPA。

截至目前，我们针对所有的 Nuxt 应用程序仅使用了 JavaScript 和 API。在后续章节中，我们将进一步介绍 Nuxt 以便可与另一种语言协同工作，如 PHP。稍后将介绍 HTTP 消息和 PHP 标准、利用 PHP 数据库框架编写 CRUD 操作，以及处理 Nuxt 应用程序的 PHP API。

第 16 章　为 Nuxt 创建一个框架无关的 PHP API

在前述章节（如第 8 章和第 9 章），我们介绍了如何利用 Node.js JavaScript 框架（如 Koa 和 Express）并通过 Nuxt 的默认服务器创建 API。在第 12 章，我们还进一步介绍了如何利用相同的 Node.js JavaScript 框架（Koa）并通过外部服务器创建 API。

本章将介绍如何利用 PHP 超文本预处理器（简称 PHP）并通过外部服务器生成 API。第 9 章讨论了如何使用 MongoDB 管理数据库；而本章则使用 MySQL——第 12 章曾与 Koa 结合使用了 MySQL。

更为重要的是，本章将介绍 PHP 标准和 PHP 标准推荐（PSR）。特别地，我们将考查自动加载的 PSR-4、HTTP 消息的 PSR-7，以及构成中间件组件和处理 HTTP 服务器请求的 PSR-15。另外，本章还将把来自不同供应商（如 Zend Framework 和 PHP League）、基于上述 PSR 标准的包整合在一起，进而针对 Nuxt 应用程序创建一个框架无关的 PHP RESTful API。

本章主要涉及以下主题。

- PHP 简介。
- 理解 HTTP 消息和 PSR。
- 利用 PHP 数据库框架编写 CRUD 操作。
- 与 Nuxt 进行集成。

16.1　PHP 简介

PHP 具有悠久的历史，该语言由 Rasmus Lerdorf 于 1994 年推出，其问世时间远早于 Node.js。PHP 最初是指个人主页（personal home page）。当前，PHP 参考实现由 PHP Group 制定（https://www.php.net/）。PHP 最初是作为一种模板语言开发的，允许我们将 HTML 和 PHP 代码自身混合在一起，类似于 Twig（https://twig.symfony.com/）和 Pug（https://pugjs.org/）。

经过多年的发展，PHP 已不仅仅是一种模板语言，当今，PHP 已演变为一种通用脚本语言和面向对象语言，特别适用于服务器端 Web 开发。当然，我们仍可将其用于模板机制中，但更应该在现代 PHP 开发中发挥其整体功效。读者可访问 https://www.php.net/

manual/en/intro-whatcando.php 以查看与 PHP 相关的更多内容。

编写本书时，PHP 的稳定版本为 7.4.x。建议读者使用或升级至 PHP 7.4 版本，其中涵盖了多个问题修复。关于该版本的更多变化，读者可访问 https://www.php.net/ChangeLog-7.php。

基于 Apache 2 的支持，本章将讨论如何在 Ubuntu 上安装 PHP 或将 PHP 升级至 PHP 7.4 版本。

16.1.1　安装或升级 PHP

对于 macOS 用户，读者可访问 https://phptherightway.com/mac_setup；对于 Windows 用户，读者可访问 https://phptherightway.com/windows_setup。

当前，我们使用 Apache2 HTTP 服务器。此外，还可使用 Nginx HTTP 服务器。

（1）运行下列命令在 Ubuntu 服务器上更新本地包并安装 Apache2。

```
$ sudo apt update
$ sudo apt install apache2
```

（2）在安装了 Apache2 后，可利用-v 选项对其进行验证。

```
$ apache2 -v
Server version: Apache/2.4.41 (Ubuntu)
Server built: 2019-08-14T14:36:32
```

我们可使用下列命令终止、开始、启用 Apache2 服务，以便服务器启动时该服务一直处于可用状态。

```
$ sudo systemctl stop apache2
$ sudo systemctl start apache2
$ sudo systemctl enable apache2
```

另外，还可使用下列命令检查 Apache2 的状态。

```
$ sudo systemctl status apache2
```

在终端上，我们应总是得到 active (running)作为输出结果。

```
apache2.service - The Apache HTTP Server
 Loaded: loaded (/lib/systemd/system/apache2.service; enabled;
vendor preset: enabled)
 Active: active (running) since Thu 2020-08-06 13:17:25 CEST; 52min ago
 //...
```

（3）运行下列命令安装 PHP 7.4。

```
$ sudo apt update
$ sudo apt install php
```

（4）此外还应安装开发 PHP 应用程序时所需的与 PHP 7.4 相关的模块和扩展。

```
$ sudo apt install -y php7.4-
{bcmath,bz2,curl,gd,intl,json,mbstring,xml,zip,mysql}
```

（5）禁用 PHP 7.3 并启用 PHP 7.4。

```
$ sudo a2dismod php7.3
$ sudo a2enmod php7.4
```

当首次安装 PHP 时，无须禁用较早的版本。如果需要卸载 PHP 及其所有的相关模块，则需要使用下列命令。

```
$ sudo apt-get purge 'php*'
```

（6）重启 Apache 2 和 PHP 服务。

```
$ sudo service apache2 restart
```

（7）利用下列命令验证刚刚安装的 PHP。

```
$ php -v
```

对应的版本信息如下。

```
PHP 7.4.8 (cli) (built: Jul 13 2020 16:46:22) ( NTS )
Copyright (c) The PHP Group
Zend Engine v3.4.0, Copyright (c) Zend Technologies
 with Zend OPcache v7.4.8, Copyright (c), by Zend Technologies
```

在安装了 Apache2 和 PHP 7.4 后，接下来需要配置 PHP。

16.1.2　配置 PHP

在 Apache2 和 PHP 安装完毕后，还需要配置 PHP 以便根据具体的 PHP 应用程序需求使用 PHP。这里，默认的 PHP 配置文件位于/etc/php/7.4/apache2/php.ini 处，下列步骤展示了如何配置 PHP 7.4 版本。

（1）运行下列命令编辑或配置 PHP 7.4。

```
$ sudo nano /etc/php/7.4/apache2/php.ini
```

另外，可能需要针对上传后的文件更改默认的 upload_max_filesize 许可值。

```
upload_max_filesize = 2M
```

关于当前配置的更多信息，读者可访问 http://php.net/uploadmax-filesize。

（2）对于 PHP 应用程序来说，2 MB 的上传文件空间过小，因此需要进行适当调整以满足需求，如下所示。

```
upload_max_filesize = 32M
```

下列内容也是一些需要关注的重要代码行或 PHP 指示符。

```
post_max_size = 48M
memory_limit = 256M
max_execution_time = 600
```

关于上述指示符和配置 PHP 的其他指示符，读者可访问 https://www.php.net/manual/en/ini.core.php 以了解更多信息。

（3）针对修改后的 PHP 设置，重启 Apache 以使其生效。

```
$ sudo service apache2 restart
```

PHP 7.4 功能十分强大。如果不打算在本地开发机器上安装 Apache，则可安装 PHP 7.4 并在不依赖 Apache 服务器的情况下为站点提供开发服务。接下来介绍如何在缺少 Apache 服务器的情况下使用 PHP 7.4。

16.1.3　利用内建 PHP Web 服务器运行 PHP 应用程序

自 PHP 5.4 以来，我们可通过内建的 PHP Web 服务器运行 PHP 脚本，且不需要诸如 Apache 或 Nginx 这一类常见的 Web 服务器。在安装了 PHP 7.4 后，即可省略上述 Apache 的安装过程。当启动 PHP 服务器时，仅需打开项目根目录的终端并运行下列命令即可。

```
$ php -S 0.0.0.0:8181
```

在名为 www 的项目目录中，如果从某一个特殊的文档根目录中启动应用程序，如 public 目录，则可运行下列命令。

```
$ cd ~/www
$ php -S localhost:8181 -t public
```

下面创建一个内建 PHP Web 服务器所处理的经典的"Hello World"示例程序，进而查看构建过程是否正确。

（1）在 PHP 文件中创建一个简单的"Hello World"消息页面，如下所示。

```
// public/index.php
<?php
echo 'Hello world!';
```

（2）导航至项目目录并通过上述命令启动内建的 PHP Web 服务器。随后，终端将显示下列信息。

```
[Sun Mar 22 09:12:37 2020] PHP 7.4.4 Development Server
(http://localhost:8181) started
```

（3）在浏览器上加载 localhost:8181。随后在屏幕上将正确地显示 Hello world!这一消息。

注意：

关于内建 Web 服务器的更多消息，读者可访问 https://www.php.net/features.commandline.webserver。

接下来学习 PHP 标准的应用示例、HTTP 内容，以及为什么现代 PHP 应用程序中需要 PSR。

16.2　理解 HTTP 消息和 PSR

超文本传输协议（HTTP）是一个客户端计算机和 Web 服务器之间的通信协议。Web 浏览器（如 Chrome、Safari 或 Firefox）可以是一个 Web 客户端或用户代理；而监听某些接口的计算机设备上的 Web 应用程序也可能是 Web 服务器。Web 客户端不仅可以是浏览器，同时还可以是与 Web 服务器通信的任意应用程序，如 cURL 或 Telnet。

客户端通过互联网打开一个连接，生成服务器请求，等待直至接收服务器响应。其中，请求包含请求信息，而响应结果则包含状态信息和请求的内容。这两种类型的交换数据被称作 HTTP 消息，且仅仅是 ASCII 编码的文本体，并以下列结构横跨多行。

```
Start-line
HTTP Headers

Body
```

上述代码十分简单、直观，对应结构说明如下。

- Start-line 描述实现后的请求方法（如 GET、PUT 或 POST）、请求目标（通常是一个 URL）、HTTP 版本或响应和 HTTP 版本的状态（如 200、404 或 500）。Start-line 通常仅占据一行。

- HTTP Headers 描述请求或响应的特定细节信息（元信息），如 Host、User-Agent、Server、Content-type 等。
- 空行是指，请求的全部元信息已被发送。
- Body（或消息体）包含请求（如 HTML 表单内容）或响应（如 HTML 文档内容）的交换后的信息。另外，消息体是可选的（当从服务器中请求数据时，某些时候，消息体并非必需。）。

下面采用 cURL 考查 HTTP 请求和响应数据的交换方式。

（1）使用内建 PHP Web 服务器在 localhost:8181 上执行 PHP "Hello World"应用程序。

```
$ php -S localhost:8181 -t public
```

（2）在终端上调用新的选项卡并运行下列 cURL 脚本。

```
$ curl http://0.0.0.0:8181 \
 --trace-ascii \
 /dev/stdout
```

请求消息的第 1 部分内容如下。

```
== Info: Trying 0.0.0.0:8181...
== Info: TCP_NODELAY set
== Info: Connected to 0.0.0.0 (127.0.0.1) port 8181 (0)
=> Send header, 76 bytes (0x4c)
0000: GET / HTTP/1.1
0010: Host: 0.0.0.0:8181
0024: User-Agent: curl/7.65.3
003d: Accept: /
004a:
```

此处可以看到，空行显示于 004a:处，且请求中根本不存在消息体。第 2 部分则显示了响应消息，如下所示。

```
== Info: Mark bundle as not supporting multiuse
<= Recv header, 17 bytes (0x11)
0000: HTTP/1.1 200 OK
<= Recv header, 20 bytes (0x14)
0000: Host: 0.0.0.0:8181
<= Recv header, 37 bytes (0x25)
0000: Date: Sat, 21 Mar 2020 20:33:09 GMT
<= Recv header, 19 bytes (0x13)
```

```
0000: Connection: close
<= Recv header, 25 bytes (0x19)
0000: X-Powered-By: PHP/7.4.4
<= Recv header, 40 bytes (0x28)
0000: Content-type: text/html; charset=UTF-8
<= Recv header, 2 bytes (0x2)
0000:
<= Recv data, 12 bytes (0xc)
0000: Hello world!
== Info: Closing connection 0
```

在响应结果中可以看到，对应状态为 200 OK。但在上述示例中，我们并未发送任何消息，因而请求消息中不存在任何消息体。下面创建另一个较为基础的 PHP 脚本。

（1）利用 PHP 的 print 函数创建一个 PHP 页面，进而显示 POST 数据，如下所示。

```
// public/index.php
<?php
print_r($_POST);
```

（2）利用 PHP 内建的 Web 服务器在 localhost:8181 上处理页面。

```
$ php -S localhost:8181 -t public
```

（3）在终端上通过 cURL 发送一些数据。

```
$ curl http://0.0.0.0:8181 \
  -d "param1=value1&param2=value2" \
  --trace-ascii \
  /dev/stdout
```

随后，第 1 部分内容显示了请求消息（连同消息体）。

```
== Info: Trying 0.0.0.0:8181...
== Info: TCP_NODELAY set
== Info: Connected to 0.0.0.0 (127.0.0.1) port 8181 (0)
=> Send header, 146 bytes (0x92)
0000: POST / HTTP/1.1
0011: Host: 0.0.0.0:8181
0025: User-Agent: curl/7.65.3
003e: Accept: /
004b: Content-Length: 27
005f: Content-Type: application/x-www-form-urlencoded
0090:
=> Send data, 27 bytes (0x1b)
0000: param1=value1&param2=value2
== Info: upload completely sent off: 27 out of 27 bytes
```

第 2 部分内容则显示了响应消息，如下所示。

```
== Info: Mark bundle as not supporting multiuse
<= Recv header, 17 bytes (0x11)
0000: HTTP/1.1 200 OK
<= Recv header, 20 bytes (0x14)
0000: Host: 0.0.0.0:8181
<= Recv header, 37 bytes (0x25)
0000: Date: Sat, 21 Mar 2020 20:43:06 GMT
<= Recv header, 19 bytes (0x13)
0000: Connection: close
<= Recv header, 25 bytes (0x19)
0000: X-Powered-By: PHP/7.4.4
<= Recv header, 40 bytes (0x28)
0000: Content-type: text/html; charset=UTF-8
<= Recv header, 2 bytes (0x2)
0000:
<= Recv data, 56 bytes (0x38)
0000: Array.(. [param1] => value1. [param2] => value2.).
Array
(
  [param1] => value1
  [param2] => value2
)
== Info: Closing connection 0
```

（4）针对终端上基于 cURL 的 PUT 方法，此处还可看到请求消息和响应消息。

```
$ curl -X PUT http://0.0.0.0:8181 \
  -d "param1=value1&param2=value2" \
  --trace-ascii \
  /dev/stdout
```

（5）这同样适用于 cURL 上的 DELETE 方法，如下所示。

```
$ curl -X DELETE http://0.0.0.0:8181 \
  -d "param1=value1&param2=value2" \
  --trace-ascii \
  /dev/stdout
```

（6）此外，还可以在 Google Chrome 中使用 Developer Tools 帮助我们查看交换数据。下面创建另一个简单的 PHP 脚本接收来自 URI 的数据。

```
// public/index.php
<?php
print_r($_GET);
```

（7）通过 0.0.0.0:8181/?param1=value1¶m2=value2 在浏览器上发送一些数据。据此，数据作为 param1=value1¶m2=value2 被发送，如图 16.1 所示。

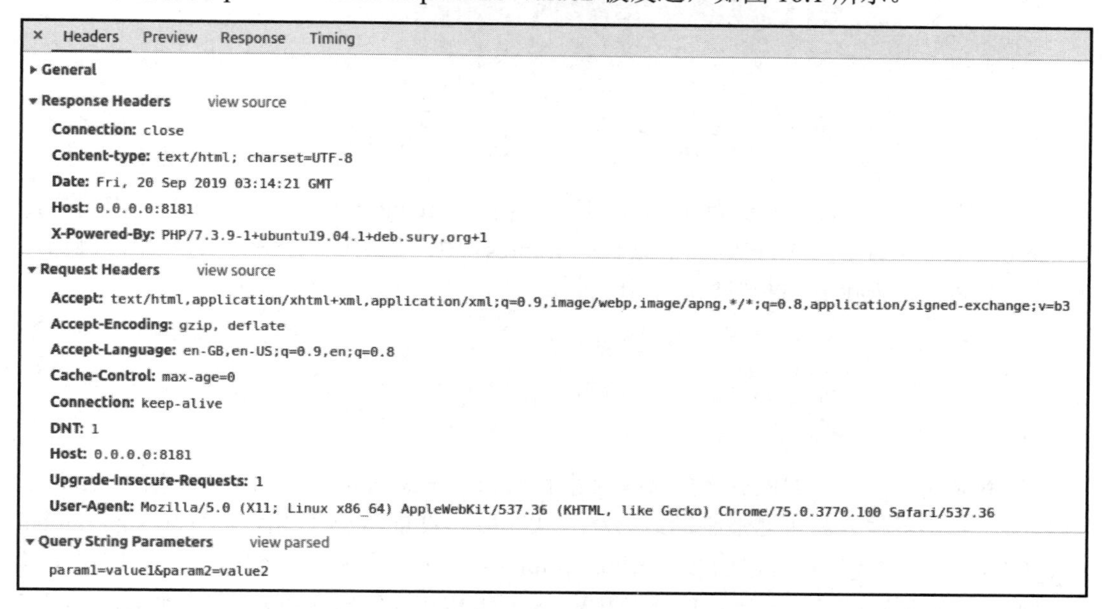

图 16.1

注意：

关于 HTTP 和 HTTP 消息的更多信息，读者可访问 https://developer.mozilla.org/en-US/docs/Web/HTTP（通用 HTTP）和 https://developer.mozilla.org/en-US/docs/Web/HTTP/Messages（HTTP 消息）。

对于服务器端开发，HTTP 消息被更好地封装在对象中，以便易于处理。例如，针对 HTTP 通信，Node.js 包含一个内建的 HTTP 模块（https://nodejs.dev/the-nodejs-http-module）。其中，当创建一个 HTTP 服务器时，可从 http.createServer()方法的回调中获取 HTTP 消息对象。

```
const http = require('http')

http.createServer((request, response) => {
  response.writeHead(200, {'Content-Type': 'text/plain'})
  response.end('Hello World')
}).listen(8080)
```

当使用 Node.js 框架（如 Koa）时，可在 ctx 中查找 HTTP 对象，如下所示。

```
const Koa = require('koa')
const app = new Koa()

app.use(async ctx => {
  ctx
  ctx.request
  ctx.response
})
```

在上述代码中，ctx 表示为 Koa 上下文，而 ctx.request 表示为 HTTP 请求消息，ctx.response 则表示为 HTTP 响应消息。在 Express 中，我们可执行相同的操作，例如，可通过下列方式查找 HTTP 消息。

```
const express = require('express')
const app = express()

app.get('/', (req, res) => res.send('Hello World!'))
```

与 Node.js 不同，PHP 不包含这些内建的 HTTP 消息对象。对此，正如前述 PHP 示例那样，存在多种方法可通过手动或自动方式获取和设置 Web 数据，如使用 superglobal（$_GET、$_POST）和内建函数（echo、print_r）。如果打算捕捉输入请求，取决于具体情况，可采用$_GET、$_POST、$_FILE、$_COOKIE、$_SESSION 或其他 superglobal（https://www.php.net/manual/en/language.variables.superglobals.php）。

同样，对于返回一个响应结果，我们可使用全局函数（如 echo、print）和 header 通过手动方式设置响应头。之前，PHP 开发人员和框架拥有自己的 HTTP 消息实现方式，这将导致不同的框架包含不同的 HTTP 消息表达的抽象方式。基于特定 HTTP 消息实现的应用程序很难与采用其他框架的项目进行交互。这种工业标准的缺失使得框架的组件紧密耦合。如果打算摆脱某种框架，那么就需要自己构建一个框架。

当今，PHP 社区已经学习并强制实施了 PHP 标准和建议。如无特殊原因，这些标准和建议应得到足够的重视。同时，这也是结束某种 PHP 争端的较好的方法——至少在商业和协作方面是这样的。最终，PHP 开发人员可以以一种与框架无关的方式专注于 PHP 标准，而不是框架自身。当谈论 PHP 标准时，一般是指 PSR。PSR 规范由 PHP Framework Interop Group（PHP-FIG）定义和发布。其中，PSR-7: HTTP 消息接口是 PHP-FIG 成员提出的规范之一，并根据已达成的协议投票选出。

PSR-7 于 2015 年 5 月被官方所接受，一般用于标准化的 HTTP 消息接口。在讨论 PSR-7 之前，我们还应了解其他的 PSR 成员，如 PSR-12（替代了之前的 PSR-2）、PSR-4 和 PSR-15。本书将对此进行逐一讨论，以便能够编写与框架无关且可复用的应用程序和组件，以供自身使用或与其他框架相互操作，无论是全栈还是微框架。

16.2.1　PSR

从内部来看，PHP 从未向开发人员阐明如何编写 PHP 代码。例如，Python 使用缩进指示代码块，而对于 PHP 和 JavaScript 等其他编程语言，缩进代码是为了提高可读性。例如，下列代码为 Python 所接受。

```
age = 20
if age == 20:
 print("age is 20")
```

如果未包含缩进，Python 将返回一个错误。

```
if age == 20:
print("age is 20")
```

空格的数量取决于代码编写者的个人喜好，但至少应使用一个空格，并且在同一代码块的其他行中采用相同的空格数量；否则 Python 将会返回一个错误。

```
if age == 20:
 print("age is 20")
  print("age is 20")
```

另外，在 PHP 中，我们可以编写下列代码。

```
if (age == 20) {
print("age is 20");
}
```

在 PHP 中，下列代码同样有效。

```
if (age == 20) {
 print("age is 20");
  print("age is 20");
}
```

从内部来看，Python 强制实现代码的可读性和简洁性，PHP 则无此要求。可以想象，如果缺少基本的强制措施并任由编码者个人发挥，PHP 代码最终可能会变得杂乱、丑陋且难以阅读。或许，PHP Web 开发较低的门槛起到了一定的作用。因此，读者的 PHP 编码必须遵循通用的代码风格，以便于协作和维护。

围绕特定的框架，存在一些 PHP 编码标准，这些标准多多少少是基于（或类似于）PSR 标准的。

注意：

针对特定的框架存在一些 PHP 编码标准。这些标准或多或少地基于（或类似于）PSR 标准。

- Zend 编码标准：https://framework.zend.com/manual/2.4/en/ref/coding.standard.html。
- Symfony 编码标准：https://symfony.com/doc/master/contributing/code/standards.html。
- CakePHP 编码标准：https://book.cakephp.org/3.0/en/contributing/cakephp-coding-conventions.html。
- FuelPHP 编码标准：https://fuelphp.com/docs/general/coding_standards.html。
- WordPress 编码标准：https://codex.wordpress.org/WordPress_Coding_Standards。

从编程角度来看，代码应遵循所绑定的框架且仅适用于该特定的框架。如果仅使用框架中的某些组件或库，那么可遵守 PSR 的任意组合，或者 PEAR 制定的编码标准。关于 PEAR Coding Standards，读者可访问 https://pear.php.net/manual/en/standards.php。

因为本章旨在创建与框架无关的 PHP 应用程序，所以本书主要考查各种 PSR。这里，我们不必遵循 PSR。但是，如果正在寻找一项标准启动某个项目，且机构中未制定任何自己的标准，那么这将是一个较好的标准。关于 PSR 的更多信息，读者可访问 https://www.phpfig.org/psr/。

在此基础上，我们可访问 https://phptherightway.com/并查看 PHP: The Right Way 部分。该部分内容可供现代 PHP 编码者参考，包括设置 PHP、基于 Composer 的依赖项管理（稍后将对此加以讨论）、编码风格指南（其中推荐使用 PSR）、依赖项注射、数据库、模板机制、测试框架以及更多内容。对于那些希望避免错误并打算阅读 PHP 权威教程的 PHP 编码人员来说，这将是一个较好的开始；而对于那些需要实现快速参考以及 PHP 社区更新的有经验的 PHP 编码人员来说，这也是一个较好的去处。

接下来对 PSR 进行深入讲解，首先介绍 PSR-12。

16.2.2　PSR-12——扩展的编码样式指南

PSR-12 是 PSR-2 修订后的编码风格指南，并纳入了 PHP 7。PSR-12 规范于 2019 年 8 月 9 日被批准。自 2012 年 PSR-12 被接受以来，PHP 发生了诸多变化，并对编码风格指南产生了某些影响。其中较为显著的变化包括返回类型声明（PSR-2 并未对此进行描述），且在 PHP 7 中被引入。因此，相关标准应对此类应用加以定义，以便在个别 PHP 编码者实现其标准之前能够被更广泛的社区开发者所采用，但这些标准最终可能会产生冲突。

例如，PHP 7 中添加的返回类型声明简单地制定了函数应返回的值类型。例如下列函数，该函数采用了返回类型声明。

```
declare(strict_types = 1);

function returnInt(int $value): int
{
   return $value;
}

print(returnInt(2));
```

随后将得到正确的结果，即整数 2。然而，如果更改 returnInt 函数中的代码，情况又当如何？如下所示。

```
function returnInt(int $value): int
{
     return $value + 1.0;
}
```

PHP 将终止并生成下列错误消息。

```
PHP Fatal error: Uncaught TypeError: Return value of returnInt()
must be of the type int, float returned in ...
```

因此，为了满足 PHP 7 的新特性，PSR-12 需要在冒号后使用一个空格，随后是方法的类型声明。另外，冒号和声明应与参数列表的结束括号位于同一行，且两个字符之间不能有空格。下面是一个包含 return 类型声明的简单示例。

```
class Fruit
{
   public function setName(int $arg1, $arg2): string
   {
      return 'kiwi';
   }
}
```

在 PSR-2 和 PSR-12 中，一些规则仍保持一致。例如，在这两种 PSR 中，可以使用 4 个空格实现缩进，而非制表符（Tab）。但是在 PSR-2 中，与块列表相关的规则已经被重新修正。当前，在 PSR-12 中，当使用类、函数、常量的导入语句时，即使仅存在一条导入语句，对应块也必须通过一个空行分隔。下面是一个基于该规则编译的代码示例。

```
<?php

/**
* The block of comments...
```

```
*/

declare(strict_types=1);
namespace VendorName\PackageName;

use VendorName\PackageName\{ClassX as X, ClassY, ClassZ as Z};
use VendorName\PackageName\SomeNamespace\ClassW as W;

use function VendorName\PackageName\{functionX, functionY, functionZ};

use const VendorName\PackageName\{ConstantX, ConstantY, ConstantZ};

/**
 * The block of comments...
 */
class Fruit
{
    //...
}
```

可以看到：在 PSR-12 中，需要在开放的<?php 标签之后添加一个空行；而在 PSR-2 中，这并非必需。例如，可编写下列代码。

```
<?php
namespace VendorName\PackageName;

use FruitClass;
use VegetableClass as Veg;
```

需要说明的是，PSR-2 扩展自 PSR-1（也是一个基本的编码标准），但自从 PSR-12 被接受起，PSR-2 已被官方弃用。

注意：

当在代码中实现这些 PSR 时，可访问下列相关站点。

- PSR-1: Basic Coding Standard：https://www.php-fig.org/psr/psr-1/。
- PSR-2: Coding Style Guide（已被弃用）：https://www.php-fig.org/psr/psr-2/。
- PSR-12: Extended Coding Style：https://www.php-fig.org/psr/psr-12/。

如果打算查看 PHP 7 中的新特性，如标量类型声明和返回类型声明，可访问 https://www.php.net/manual/en/migration70.new-features.php。

PSR-12 有助于 PHP 编码人员编写更具可读性和结构化的代码，因此在编写 PHP 代码时推荐使用。接下来介绍 PSR-4，进而在 PHP 中使用自动加载机制。

16.2.3　PSR-4——自动加载器

在 PHP 早期，如果打算将第三方库添加至 PHP 项目中，或者从独立的 PHP 文件中引入函数和类，可以使用 include 或 require 语句。随着 PHP 自动加载机制的出现，可使用__autoload 方法（自 PHP 7.2 后已被弃用）或 spl_autoload 方法自动调用代码。PHP 5.3 开始支持命名空间，开发者和框架可设计相关方案以防止命名冲突。但这仍难以令人满意，其原因在于不同方案之间的冲突。假设存在两种框架——框架 A 和框架 B——开发人员彼此间无法达成一致的协议，并开发了自己的方式完成相同的结果。这是一种缺乏理智的处理方案。

当前，我们遵循 PSR-4（PSR-0 的后继者）以标准化自动加载方案，并将开发人员框架绑定在一起。PSR-4 制定了来自文件路径的类自动加载标准，同时还描述了文件的位置。因此，完全限定类名应遵循下列形式。

```
\<NamespaceName>(\<SubNamespaceNames>)\<ClassName>
```

这一规则包含下列内容。

- 完全限定类的命名空间必须包含顶级供应商的命名空间，即上述代码中的<NamespaceName>部分。
- 可以使用一个或多个子命名空间，如上述代码中<SubNamespaceNames>部分所示。
- 利用类名结束命名空间，如上述代码中<ClassName>部分所示。

当编写一个自动加载器时，建议使用该标准。然而，我们不必（不应该）在遵循 PSR-4 标准的同时编写自己的自动加载器，其原因在于，我们可采用 Composer 执行此项任务。Composer 是一个 PHP 包管理器，类似于 Node.js 中的 npm，最初发布于 2012 年。此后，Composer 被所有的 PHP 框架和 PHP 编码者所使用。这意味着，我们可重点关注代码的开发，进而减少项目环境中不同包和库之间的互操作性。

在开始之前，应确保在系统中已经安装了 Composer。取决于具体的系统，我们可以遵循下列指导原则安装 Composer。

注意：

- Composer 官方站点：https://getcomposer.org/doc/00-intro.md 和 https://getcomposer.org/download/。
- PHP: The Right Way 部分：https://phptherightway.com/dependency_management。

Composer 的当前版本是 1.10.9。下列步骤将安装 Composer，并使用 Composer 提供的自动加载器。

（1）在终端中运行下列脚本并在当前目录中安装 Composer。

```
$ php -r "copy('https://getcomposer.org/installer', 'composersetup.php');"
$ php -r "if (hash_file('sha384', 'composer-setup.php') ===
'e5325b19b381bfd88ce90a5ddb7823406b2a38cff6bb704b0acc289a09c8128d4a8ce
2bbafcd1fcbdc38666422fe2806') { echo 'Installer verified'; }
else { echo 'Installer corrupt'; unlink('composer-setup.php'); }
echo PHP_EOL;"
```

（2）运行 Composer 安装文件，如下所示。

```
$ sudo php composer-setup.php
```

在终端中，对应的输出结果如下。

```
All settings correct for using Composer
Downloading...

Composer (version 1.10.9) successfully installed to:
/home/lau/composer.phar
Use it: php composer.phar
```

（3）移除 Composer 安装文件，如下所示。

```
$ php -r "unlink('composer-setup.php');"
```

（4）在终端上运行 php composer.phar 以验证安装结果。如果打算采用全局方式使用 Composer，那么可将 Composer 移至/usr/local/bin（针对 Linux/UNIX）中。

```
$ sudo mv composer.phar /usr/local/bin/composer
```

（5）以全局方式运行 Composer。运行下列命令对此进行验证。

```
$ composer
```

随后可看到 Composer 的 Logo 及其可用的命令和选项。

Composer version 1.10.9 2020-07-16 12:57:00

```
...
...
```

另外，还可使用-V 选项直接检查所安装的版本。

```
$ composer -V
Composer version 1.10.9 2020-07-16 12:57:00
```

（6）在系统上安装了 Composer 后，可简单地通过终端访问项目的根目录；随后可使用 composer require（后跟<package-name>）安装项目中所需的第三方包（也称作依赖项），如下所示。

```
$ composer require monolog/monolog
```

（7）在安装了所需的包后，即可访问项目的根目录。此时应可看到 composer.json 文件已创建完毕，该文件中包含了 require 键中项目的依赖项。

```
{
   "require": {
      "monolog/monolog": "^2.0"
   }
}
```

（8）如果打算再次安装所有的依赖项，仅运行 install 命令即可，如下所示。

```
$ composer install
```

（9）在安装了项目依赖项后，无论使用 require 还是 install 命令，总会得到一个由 Composer 生成的/vendor/文件夹，其中包含了所有的依赖项。autoload.php 文件一般生成后位于/vendor/文件夹中。随后可包含该文件并开始使用这些包直接提供的类，如下所示。

```
require __DIR__ . '/vendor/autoload.php';

$log = new Monolog\Logger('name');
$log->pushHandler(new Monolog\Handler\StreamHandler('path/to/your.log',
Monolog\Logger::WARNING));
$log->addWarning('Foo');
$log->error('Bar');
```

（10）更为重要的是，甚至可通过将 autoload 键连同自定义命名空间添加至 composer.json 文件中，进而向自动加载器中添加类。例如，可将类存储至项目根目录的/src/文件夹中，并与/vendor/目录处于同一层。

```
{
   "autoload": {
```

```
        "psr-4": {"Spectre\\": "src/"}
    }
}
```

如果多处均存在对应的源文件，那么可使用一个数组（[]）将其与自定义命名空间进行关联，如下所示。

```
{
    "autoload": {
        "psr-4": {
            "Spectre\\": [
                "module1/",
                "module2/"
            ]
        }
    }
}
```

Composer 针对 Spectre 命名空间注册 PSR-4 自动加载器，随后即可开始编写自己的类。例如，可创建一个包含 Spectre\Foo 类的/src/Foo.php 文件。之后，在终端上仅运行 dump-autoload 即可在/vendor/文件夹中重新生成 autoload.php 文件。除此之外，还可向 autoload 字段中添加多个自定义命名空间，如下所示。

```
{
    "autoload": {
        "psr-4": {
            "Spectre\\": [
                //...
            ],
            "AnotherNamespace\\": [
                //...
            ]
        }
    }
}
```

除了 PSR-4，Composer 还支持 PSR-0。相应地，可将 PSR-0 键添加至 composer.json 文件中。

注意：

关于 PSR-0 与 Composer 结合使用的更多信息和示例，读者可访问 https://getcomposer.org/doc/04-schema.mdautoload。注意，PSR-0 当前已被弃用。如果读者打算了解与 PSR-0

和 PSR-4 相关的更多信息，可访问 https://www.php-fig.org/psr/psr-0/（PSR-0，已被弃用）和 https://www.php-fig.org/psr/psr-4/（PSR-4）。

上述代码展示了 PHP 中的日志机制，如果读者打算了解与 Monolog 相关的更多信息，可访问 https://github.com/Seldaek/monolog。如果打算了解与 PHP 中 Autoloading Classes 相关的更多信息，可访问 https://www.php.net/manual/en/language.oop5.autoload.php。

一旦了解了 PSR-12 和 PSR-4，就可以构建遵循其他 PSR 的 PHP 应用程序。本书所关注的其他两种 PSR 是 PSR-7 和 PSR-5，下面首先讨论 PSR-7。

16.2.4　PSR-7——HTTP 消息接口

如前所述，PHP 不包含 HTTP 请求和响应对象，因此，PHP 框架和编码人员曾采用不同的抽象表示（或模仿）HTTP 消息。2015 年，随着 PSR-7 的出现，这些“分歧”和差异才得以解决。

PSR-7 是一组公共接口（抽象），并在 HTTP 通信时指定 HTTP 消息和 URI 的公共方法。在面向对象的编程语言（OOP）中，接口实际上是某个对象（类）必须实现的一组动作抽象（公共方法），且未定义这些动作实现的细节内容。例如，表 16.1 显示了 HTTP 消息类需要实现的方法，以便遵循 PSR-7 规范。此外，表 16.1 还显示了访问和修改请求与响应对象的指定方法。

表 16.1

访　问	修　改
getProtocolVersion()	withProtocolVersion($version)
getHeaders()	withHeader($name, $value)
hasHeader($name)	withAddedHeader($name, $value)
getHeader($name) getHeaderLine($name)	withoutHeader($name)
getBody()	withBody(StreamInterface $body)

仅访问和修改请求对象的指定方法如表 16.2 所示。

表 16.2

访　问	修　改
• getRequestTarget() • getMethod() • getUri()	• withMethod($method) • withRequestTarget($requestTarget) • withUri(UriInterface $uri, $preserveHost =false)

续表

访　　问	修　　改
• getServerParams() • getCookieParams() • getQueryParams() • getUploadedFiles() • getParsedBody() • getAttributes() • getAttribute($name,$default = null)	• withCookieParams(array $cookies) • withQueryParams(array $query) • withUploadedFiles(array $uploadedFiles) • withParsedBody($data) • withAttribute($name, $value) • withoutAttribute($name)

表 16.3 显示了访问和修改响应对象的指定方法。

表 16.3

访　　问	修　　改
• getStatusCode() • getReasonPhrase()	• withStatus($code, $reasonPhrase = '')

自 PSR-7 于 2015 年 5 月 18 日被接受以来，许多包均在此基础上设计而成。只要实现了 PSR-7 中指定的接口和方法，任何人都可以开发自己的版本。考虑到已经存在 PSR-7 HTTP 消息包，如无特殊原因，我们应尽量避免重复性地制造轮子。出于简单考虑，下面将使用源自 Zend 框架的 zend-diactoros。同时，我们还将“复用”之前学习的 PSR 方面的知识（PSR-12 和 PSR-4），并利用 HTTP 消息创建简单的"Hello World"服务器端应用程序。

（1）在应用程序的根目录中创建一个/public/目录，其中包含一个 index.php 文件。添加下列代码行引导应用程序环境。

```
// public/index.php
chdir(dirname(__DIR__));
require_once 'vendor/autoload.php';
```

在上述代码中，我们将当前目录从/path/to/public 修改为/path/to，以便通过编写 vendor/autoload.php（而非../vendor/autoload.php）导入 autoload.php 文件。

在/path/to/public/目录中，__DIR__常量用于获取当前文件（即 index.php 文件）的目录路径。随后，dirname 函数用于获取父目录的路径，即/path/to。接下来，chdir 函数则用于更改当前目录。

注意：

在与 PSR 相关的后续章节中，我们将使用上述模式引导应用程序环境并导入自动加载文件。读者可访问下列链接查找与常量和函数相关的更多信息。

- __DIR__常量：https://www.php.net/manual/en/language.constants.predefined.php。
- dirname 函数：https://www.php.net/manual/en/function.dirname.php。
- chdir 函数：https://www.php.net/manual/en/function.chdir.php。

另外还需要注意的是，需要通过内建 PHP Web 服务器运行所有的输入 PHP 应用程序，如下所示。

```
$ php -S localhost:8181 -t public
```

（2）通过 Composer 将 zend-diactoros 安装至应用程序的根目录中。

```
$ composer require zendframework/zend-diactoros
```

（3）当整合输入请求时，应在/public/目录的 index.php 文件中创建一个请求对象，如下所示。

```
$request = Zend\Diactoros\ServerRequestFactory::fromGlobals(
    $_SERVER,
    $_GET,
    $_POST,
    $_COOKIE,
    $_FILES
);
```

（4）可创建一个响应对象并对响应结果进行操控，如下所示。

```
$response = new Zend\Diactoros\Response();
$response->getBody()->write("Hello ");
```

（5）需要注意的是，write 方法在流接口（StreamInterface）中被指定；此外还可利用 write 方法生成多次调用进而添加更多的数据。

```
$response->getBody()->write("World!");
```

（6）必要时，可对头进行处理。

```
$response = $response
    ->withHeader('Content-Type', 'text/plain');
```

（7）注意，在数据被写入体中之后方可添加头。接下来，我们已经设法利用 PSR-7 将之前介绍的简单的 PHP "Hello World"转换为现代的 PHP 应用程序。然而，当从终端上利用 php -S localhost:8181 -t public 在浏览器上运行该 PSR-7 "Hello World"应用程序时，屏幕上不会看到任何内容，其原因在于，我们尚未利用 PSR-15 HTTP Server Request Handlers 和 PSR-7 HTTP Response Emitter 将响应结果发送至浏览器中，稍后将对此加以讨论。当前，如果打算查看输出结果，可通过 getBody 方法并随后使用 echo 访问数据。

```
echo $response->getBody();
```

（8）如果通过 Chrome 的 Developer Tools 查看页面的 Content-type，将会看到 Content-type 而非 text/plain，这是通过 withHeader 方法修改得到的结果。第 17 章将通过发射器获得正确的内容类型。

注意：

关于 zend-diactoros 及其高级应用的更多信息，读者可访问 https://docs.zendframework.com/zend-diactoros/。除了 Zend Framework 中的 zend-diactoros，还可以使用其他框架和库中的 HTTP 消息包，如下所示。

- Guzzle 中的 Guzzle 和 PSR-7：http://docs.guzzlephp.org/en/latest/psr7.html。
- PHP-HTTP 中的 HTTPlug：http://docs.php-http.org/en/latest。
- Symfony 中的 PSR-7 Bridge：https://symfony.com/doc/master/components/http_foundation.html。
- Slim：http://www.slimframework.com。

关于这一 PSR-7 的更多信息，读者可查看 PSR-7 文档，对应网址为 https://www.php-fig.org/psr/psr-7/。如果读者对 PHP 接口尚不熟悉，可访问 https://www.php.net/manual/en/language.oop5.interfaces.php 以进一步阅读相关内容。

从 PSR-7 文档中可以看到本书未提及的其余公共方法，这些方法应位于 PSR-7 HTTP 消息包中，如 zend-diactoros。了解这些方法对于其处理过程来说十分有用。此外，还可在运行期使用内建 PHP get_class_methods 方法，并列出请求和响应对象中可使用的所有方法。例如，对于 request 对象，可执行下列操作。

```
$request = Zend\Diactoros\ServerRequestFactory::fromGlobals(
    //...
);
print_r(get_class_methods($request));
```

随后将在一个数组中得到一个可调用的请求方法列表；对于 response 对象也是如此，我们将在一个数组中得到一个响应方法列表，如下所示。

```
$response = new Zend\Diactoros\Response();
print_r(get_class_methods($response));
```

接下来介绍 PSR-5，并讨论如何向客户端（浏览器）发送响应结果。

16.2.5　HTTP 服务器请求处理程序（请求处理程序）

PSR-7 在 PHP 社区内迈出了坚实的一步，但也只是将 PHP 编码者从单一的 MVC 框架中解放出来，并从一些可复用的中间件中组合出不可知的（agnostic）PHP 应用程序。PSR-7 仅定义了 HTTP 消息（请求和响应），并未定义后续的处理方式。因此，我们需要一个请求处理程序处理请求，进而生成一个响应结果。

类似于 PSR-7，PSR-15 是一个公共接口集，但进一步指定了请求处理程序（HTTP 服务器请求处理程序）和中间件（HTTP 服务器请求中间件）的标准。PSR-15 于 2018 年 1 月 22 日被接受，稍后将讨论 HTTP 服务器请求中间件。下面介绍 PSR-15 中的 HTTP 服务器请求处理程序 RequestHandlerInterface。

```
// Psr\Http\Server\RequestHandlerInterface

namespace Psr\Http\Server;

use Psr\Http\Message\ResponseInterface;
use Psr\Http\Message\ServerRequestInterface;

interface RequestHandlerInterface
{
  public function handle(ServerRequestInterface $request):
    ResponseInterface;
}
```

不难发现，这是一个十分简单的接口，仅包含一个指定的公共方法 handle。该方法仅接收一个 PSR-7 HTTP 请求消息，且需要返回一个 PSR-7 HTTP 响应消息。这里，我们将使用 Zend Framework 中的 zend-httphandlerrunner 组件（该组件实现了当前接口），从而提供相关工具发送 PSR-7 响应结果。

（1）通过 Composer 安装 zend-httphandlerrunner。

```
$ composer require zendframework/zend-httphandlerrunner
```

（2）在项目环境中安装了 zend-httphandlerrunner 后，即可向浏览器发送之前创建的响应结果，如下所示。

```
//...
$response = $response
    ->withHeader('Content-Type', 'text/plain');
```

```
(new Zend\HttpHandlerRunner\Emitter\SapiEmitter)->emit($response);
```

当通过 Chrome 上的 Developer Tools 再次查看页面的 Content-Type 时，将会得到正确的内容类型，即 text/plain。

注意：

关于 zend-httphandlerrunner 的更多信息，读者可访问 https://docs.zendframework.com/zend-httphandlerrunner/；关于 PSR-15 的更多信息，读者可访问 https://www.php-fig.org/psr/psr-15/。

除了 zend-httphandlerrunner，还可以使用 Narrowspark 中的 Http Response Emitter（https://github.com/narrowspark/http-emitter），以处理请求并发送响应结果。接下来讨论 PSR-15 的第 2 个接口 MiddlewareInterface。

16.2.6　PSR-15——HTTP 服务器请求处理程序（中间件）

PSR-15 中的中间件接口包含下列抽象内容。

```
// Psr\Http\Server\MiddlewareInterface

namespace Psr\Http\Server;

use Psr\Http\Message\ResponseInterface;
use Psr\Http\Message\ServerRequestInterface;
use Psr\Http\Server\RequestHandlerInterface;

interface MiddlewareInterface
{
    public function process(
        ServerRequestInterface $request,
        RequestHandlerInterface $handler
    ) : ResponseInterface;
}
```

同样，这也是一个简单的接口，且针对中间件实现仅包含一个特定的公共方法。实现了该接口的组件（中间件）仅接收一条 PSR-7 HTTP 请求消息和一个 PSR-15 HTTP 服务器请求处理程序，并随后必须返回一条 PSR-7 HTTP 响应消息。

这里，我们将使用 Zend Framework 中的 zend-stratigility 组件（它实现了当前接口），进而在应用程序中创建 PSR-15 中间件。

（1）通过 zend-stratigility 安装 zend-stratigility。

```
$ composer require zendframework/zend-stratigility
```

（2）一旦在项目环境中安装了 zend-stratigility，就可以导入 middleware 函数和 MiddlewarePipe 类，如下所示。

```
use function Zend\Stratigility\middleware;

$app = new Zend\Stratigility\MiddlewarePipe();

// Create a request
$request = Zend\Diactoros\ServerRequestFactory::fromGlobals(
    //...
);
```

（3）使用 middleware 函数创建 3 个中间件，随后将其绑定至管线中，如下所示。

```
$app->pipe(middleware(function ($request, $handler) {
    $response = $handler->handle($request);
    return $response
        ->withHeader('Content-Type', 'text/plain');
}));

$app->pipe(middleware(function ($request, $handler) {
    $response = $handler->handle($request);
    $response->getBody()->write("User Agent: " .
     $request->getHeader('user-agent')[0]);
    return $response;
}));

$app->pipe(middleware(function ($request, $handler) {
    $response = new Zend\Diactoros\Response();
    $response->getBody()->write("Hello world!\n");
    $response->getBody()->write("Request method: " .
     $request->getMethod() . "\n");
    return $response;
}));
```

之前创建的"Hello World"代码块是一个中间件，该中间件与其他中间件被堆叠在一起。最后，可从这些中间件中生成最终的响应结果并将其发送至浏览器，如下所示。

```
$response = $app->handle($request);
(new Zend\HttpHandlerRunner\Emitter\SapiEmitter)->emit($response);
```

在 0.0.0.0:8181 处，对应的浏览器结果如下。

```
Hello world!
Request method: GET
User Agent: Mozilla/5.0 (X11; Linux x86_64) AppleWebKit/537.36
 (KHTML, like Gecko) Chrome/77.0.3865.90 Safari/537.36
```

关于 zend-stratigility 的更多信息，读者可访问 https://docs.zendframework.com/zend-stratigility/。

注意：

除了 zend-stratigility，还可以采用下列包创建自己的中间件。

- Northwoods Broker：https://github.com/northwoods/broker。
- Relay：https://relayphp.com/。

借助于多个可互操作的组件，我们已经启动了一个符合 PSR-12、PSR-7 和 PSR-15 的现代 PHP 应用程序。这意味着，针对 HTTP 消息、请求处理程序和中间件我们可自由地（不相关地）从不同的供应商标准实现中进行选取。读者可能已经注意到，这里所创建的应用程序仅仅是运行于 0.0.0.0:8181 处单一路由上的单页应用程序，且不包含其他路由，如/about、/contact 等。因此，我们需要使用实现了 PSR-15 的路由，稍后对此加以讨论。

16.2.7　PSR-7/PSR-15 路由器

此处将使用 League of Extraordinary Packages（一家 PHP 开发组织）提供的路由，以便持有一个 PSR-7 路由系统，并在其上分发 PSR-15 中间件。简言之，路由可被视为快速的 PSR-7 路由/分发器包。

另外，路由是一个 PSR-15 服务器请求处理程序，并可处理中间件的栈调用。该路由通过 Nikita Popov 构建于 FastRoute（https://github.com/nikic/FastRoute）之上。

下面介绍如何将路由连接至应用程序中。

（1）通过 Composer 安装 league/route。

```
$ composer require league/route
```

（2）安装完毕后，可利用路由重构"Hello World"组件，如下所示。

```
use Psr\Http\Message\ResponseInterface;
use Psr\Http\Message\ServerRequestInterface;

$request = Zend\Diactoros\ServerRequestFactory::fromGlobals(
```

```
    //...
);

$router = new League\Route\Router;

$router->map('GET', '/', function (ServerRequestInterface $request)
: ResponseInterface {
    $response = new Zend\Diactoros\Response;
    $response->getBody()->write('<h1>Hello, World!</h1>');
    return $response;
});
```

（3）通过 Route 中的 dispatch 方法创建一个 PSR-7 HTTP 响应，并将其发送至浏览器。

```
$response = $router->dispatch($request);
(new Zend\HttpHandlerRunner\Emitter\SapiEmitter)->emit($response);
```

读者可访问 https://route.thephpleague.com/4.x/route 查看 HTTP 请求方法（get、post、put、delete 等）列表。另外，还可将中间件绑定至应用程序上。

（4）如果打算锁定整个应用程序，可向路由器中添加中间件，如下所示。

```
use function Zend\Stratigility\middleware;

$router = new League\Route\Router;
$router->middleware(<middleware>);
```

（5）如果打算锁定一组路由器，则可向该组中添加中间件，如下所示。

```
$router
    ->group('/private', function ($router) {
        // ... add routes
    })
    ->middleware(<middleware>)
;
```

（6）如果打算锁定特定的路由，则可向该路由中添加中间件，如下所示。

```
$router
    ->map('GET', '/secret', <SomeController>)
    ->middleware(<middleware>)
;
```

（7）例如，可将 Route 与 zend-stratigility 进行结合使用。

```
use function Zend\Stratigility\middleware;
```

```
$router = new League\Route\Router;
$router->middleware(middleware(function ($request, $handler) {
    //...
}));
```

（8）如果不打算使用 middleware 函数或不喜欢使用 zen-dstratigility，还可生成匿名中间件，如下所示。

```
use Psr\Http\Message\ResponseInterface;
use Psr\Http\Message\ServerRequestInterface;
use Psr\Http\Server\MiddlewareInterface;
use Psr\Http\Server\RequestHandlerInterface;

$router = new League\Route\Router;

$router->middleware(new class implements MiddlewareInterface {
    public function process(ServerRequestInterface $request,
    RequestHandlerInterface $handler) : ResponseInterface
    {
        $response = $handler->handle($request);
        return $response->withHeader('X-Clacks-Overhead',
        'GNU Terry Pratchett');
    }
});
```

只要实现了中间件的 process 方法以符合 PSR-7 和 PSR-15，一般就不需要使用 zend-stratigility。如果在独立的 PHP 文件中打算创建一个基于类的中间件，那么可访问 https://route.thephpleague.com/4.x/middleware/并查看相关示例。

注意：

关于 Route（来自 The League of Extraordinary Packages）的更多信息，读者可访问 https://route.thephpleague.com/。此外，读者还可访问 https://thephpleague.com/以查看这一开发人员组织创建的其他包。除了 Route from The League of Extraordinary，还可针对基于 PSR-7 和 PSR-15 的 HTTP 路由器使用下列包。

- delolmo/symfony-router：https://github.com/delolmo/symfony-router。
- middlewares/aura-router：https://github.com/middlewares/aura-router。
- middlewares/fast-route：https://github.com/middlewares/fast-route。
- timtegeler/routerunner：https://github.com/timtegeler/routerunner。
- sunrise-php/http-router：https://github.com/sunrisephp/http-router。

相应地，可能需要一个分发器并与某些包结合使用。这里，采用 Route（来自 League of Extraordinary Packages）的优点是，一个包中提供了一个路由器和一个分发器。

据此，我们构建了基于 PSR-12、PSR-4、PSR-7 和 PSR-15 的无关型 PHP 应用程序，但这对 PHP API 来说并不够，还需要针对 CRUD 操作添加一个数据库框架，接下来将对此加以讨论。

16.3　利用 PHP 数据库框架编写 CRUD 操作

回忆一下，第 9 章中曾指出，CRUD 是指创建、读取、更新和删除，其间使用 MongoDB 创建了 CRUD 操作。本节将使用 MySQL 创建一个后端验证应用程序，并在之前创建的基于 PSR 的 PHP 应用程序中将 MySQL 与 PHP 进行结合使用。接下来尝试在 MySQL 中创建一个表。

16.3.1　创建 MySQL 表

确保已经在本地机器上安装了 MySQL Server，并创建了一个名为 nuxt-php 的数据库。下列步骤显示了 API 的第 1 部分内容。

（1）插入下列 SQL 查询并在数据库中创建表。

```
CREATE TABLE user (
  uuid varchar(255) NOT NULL,
  name varchar(255) NOT NULL,
  slug varchar(255) NOT NULL,
  created_on int(10) unsigned NOT NULL,
  updated_on int(10) unsigned NOT NULL,
  UNIQUE KEY slug (slug)
) ENGINE=MyISAM DEFAULT CHARSET=utf8;
```

首先需要注意的是，此处使用了 UUID 而非第 9 章中的 id。UUID 是指全局唯一标识符。在数据库索引记录时，通过自动增长键选择 UUID 十分有用。例如，我们可在未连接数据库的情况下生成一个 UUID，考虑到 UUID 在应用程序间的唯一性，我们可方便地整合源自不同数据库的数据，且不会出现任何问题。当在 PHP 应用程序中生成 UUID 时，可使用 ramsey/uuid（Ben Ramsey）帮助我们生成 RFC4122（https://tools.ietf.org/html/rfc4122）版本的 UUID（1~5）。

（2）通过 Composer 安装 ramsey/uuid。

```
$ composer require ramsey/uuid
```

（3）使用 ramsey/uuid 包生成 UUID 的版本 1，如下所示。

```
use Ramsey\Uuid\Uuid;

$uuid1 = Uuid::uuid1();
echo $uuid1->toString();
```

注意：

关于 ramsey/uuid 包的更多信息，读者可访问 https://github.com/ramsey/uuid。

下面介绍如何使用 PHP 并与 MySQL 协同工作，进而了解为何需要使用数据库框架以加速 PHP 开发。

16.3.2　使用 Medoo 作为数据库框架

早期，开发人员使用 MySQL 函数（https://www.php.net/manual/en/ref.mysql.php）管理 MySQL 数据库。之后出现了 MySQLi 扩展（https://www.php.net/manual/en/book.mysqli.php）并替代了 MySQL，前者当前也已被弃用。相应地，开发人员往往会采用 PHP 数据对象（PDO，https://www.php.net/manual/en/book.pdo.php）。PDO 是一个内建的 PHP 接口抽象，类似于 PSR-7 和 PSR-15。PDO 是一个数据访问抽象层，并提供了一致的接口（统一的 API）访问和管理数据库（如 MySQL、PostgreSQL）。这意味着，无论使用哪一种数据库，我们都可以使用相同的函数查询并获取数据。PDO 支持的数据库如表 16.4 所示。

表 16.4

• CUBRID • MS SQL Server • Firebird • IBM	• Informix • MySQL • Oracle • ODBC and DB2	• PostgreSQL • SQLite • 4D

注意，PDO 是一个数据访问抽象层，而非数据库抽象层。因此，取决于所使用的数据库，使用 PDO 时必须安装该数据库的 PDO 驱动程序。考虑到当前正在使用 MySQL 数据库，因此必须确保安装了 PDO_MYSQL 驱动程序。在 Ubuntu 中，可采用下列命令检查是否已启用了 PDO 扩展，以及环境中是否已安装了 PDO_MYSQL。

```
$ php -m
```

随后应可得到一个 PHP 模块列表，其中包含了 PDO 和 pdo_mysql。

```
[PHP Modules]
...
PDO
pdo_mysql
...
```

另一个可使用的特殊选项将检查 PDO 及其驱动程序，如下所示。

```
$ php -m|grep -i pdo
PDO
pdo_mysql
```

如果仅搜索 PDO 驱动程序，可执行下列操作。

```
$ php -m|grep -i pdo_
pdo_mysql
```

此外，还可利用 phpinfo()方法创建一个 PHP 页面并对驱动程序进行查找；或者，也可使用 getAvailableDrivers 方法。

```
print_r(PDO::getAvailableDrivers());
```

随后可得到一个 PDO 驱动程序列表，如下所示。

```
Array
(
    [0] => mysql
)
```

除此之外，还可借助于某些内建函数。

```
extension_loaded ('PDO'); // returns boolean
extension_loaded('pdo_mysql'); // returns boolean
get_loaded_extensions(); // returns array
```

如果未看到任何 PDO 驱动程序，则需要针对 MySQL 安装驱动程序，具体步骤如下。

（1）查找包名（Ubuntu）。

```
$ apt-cache search php7.4|grep mysql
php7.4-mysql - MySQL module for PHP
```

（2）安装 php7.4-mysql 并重启 Apache 服务器。

```
$ sudo apt-get install php7.4-mysql
$ sudo service apache2 restart
```

PDO_MYSQL 驱动程序安装完毕后，即可编写 CRUD 操作。例如，可编写 insert 操作，如下所示。

（1）创建 MySQL 连接。

```
$servername = "localhost";
$username = "<username>";
$password = "<password>";
$dbname = "<dbname>";
$connection = new PDO(
    "mysql:host=$servername;dbname=$dbname",
    $username,
    $password
)
```

注意：

<username>、<password>和<dbname>表示为实际连接细节信息的占位符，且需要针对自己的数据库设置对其进行更改。

（2）准备 SQL 查询和 bind 参数。

```
$stmt = $connection->prepare("
    INSERT INTO user (
        uuid,
        name,
        slug,
        created_on,
        updated_on
    ) VALUES (
        :uuid,
        :name,
        :slug,
        :created_on,
        :updated_on
    )
");
$stmt->bindParam(':uuid', $uuid);
$stmt->bindParam(':name', $name);
$stmt->bindParam(':slug', $slug);
$stmt->bindParam(':created_on', $createdOn);
$stmt->bindParam(':updated_on', $updatedOn);
```

（3）插入一行。

```
$uuid = "25769c6c-d34d-4bfe-ba98-e0ee856f3e7a";
```

```
$name = "John Doe";
$slug = "john-doe";
$createdOn = (new DateTime())->getTimestamp();
$updatedOn = $createdOn;
$stmt->execute();
```

该方法并不理想，因为每次需要使用 prepare 语句及其所需的参数，这将需要多行操作代码。对此，可选取一个 PHP 数据库框架加速开发过程。相应地，Medoo（https://medoo.in/）可被视为一种解决方案，这是一种轻量级的框架且易于集成和使用。

下面将安装 Medoo 并将其与应用程序进行关联。

（1）通过 Composer 安装 Medoo。

```
$ composer require catfan/medoo
```

（2）一切就绪后，可导入 Medoo，并传递一个配置数组启动数据库连接。

```
use Medoo\Medoo;

$database = new Medoo([
  'database_type' => 'mysql',
  'database_name' => '<dbname>',
  'server' => 'localhost',
  'username' => '<username>',
  'password' => '<password>'
]);
```

至此，我们讨论了基于数据库框架的 MySQL 数据库连接的构建方式。读者可访问 GitHub 储存库中的/chapter-16/nuxtphp/proxy/backend/core/mysql.php 部分查看当前脚本片段的实际应用。稍后还将展示其实现方式。接下来介绍如何利用 Medoo 编写一些基本的 CRUD 操作。

16.3.3　插入记录

在将新记录插入一个表中时，可使用 insert 方法，如下所示。

```
$database->insert('user', [
    'uuid' => '41263659-3c1f-305a-bfac-6a7c9eab0507',
    'name' => 'Jane',
    'slug' => 'jane',
    'created_on' => '1568072289'
]);
```

注意：

关于 insert 方法的更多信息，读者可访问 https:/medoo.in/api/insert。

16.3.4　查询记录

当需要列出表中的记录时，可使用 select 方法，如下所示。

```
$database->select('user', [
    'uuid',
    'name',
    'slug',
    'created_on',
    'updated_on',
]);
```

select 方法将生成一个记录列表。如果需要选择特定的行，那么可使用 get 方法，如下所示。

```
$database->get('user', [
    'uuid',
    'name',
    'slug',
    'created_on',
    'updated_on',
    ], [
    'slug' => 'jane'
]);
```

注意：

关于 select 方法的更多细节内容，读者可访问 https://medoo.in/api/select；关于 get 方法的更多细节内容，读者可访问 https://medoo.in/api/get。

16.3.5　更新记录

当需要修改表中的记录数据时，可使用 update 方法，如下所示。

```
$database->update('user', [
    'name' => 'Janey',
    'slug' => 'jane',
    'updated_on' => '1568091701'
], [
```

```
    'uuid' => '41263659-3c1f-305a-bfac-6a7c9eab0507'
]);
```

注意：

关于 update 方法的更多信息，读者可访问 https://medoo.in/api/update。

16.3.6　删除数据

当移除表中的记录时，可使用 delete 方法，如下所示。

```
$database->delete('user', [
    'uuid' => '41263659-3c1f-305a-bfac-6a7c9eab0507'
]);
```

关于 delete 方法的更多细节内容，读者可访问 https://medoo.in/api/delete。

至此，我们简单介绍了如何利用 Medoo 和 PDO 编写基本的 CRUD 操作。

注意：

关于 Medoo 的其他可用方法，读者可访问 Medoo 的官方文档，对应网址为 https://medoo.in/doc。关于 Medoo 的其他一些替代方案，如 Doctrine DBAL 和 Eloquent，读者可分别访问 https://github.com/doctrine/dbal 和 https://github.com/illuminate/database。

本节介绍了一些 PSR 和 CRUD 操作。接下来将介绍如何将这些操作整合在一起，并将其与 Nuxt 进行集成。考虑到 PHP 和 JavaScript 是两种不同的语言，因而二者间唯一的通信方式是在 API 中通过 JSON 予以实现的。

在编写启用脚本之前，首先应考查这两种语言的跨域应用程序结构。自第 12 章起，我们一直在针对 Nuxt 应用程序使用跨域应用程序结构，相信读者对此已有所了解。

16.3.7　结构化跨域应用程序目录

再次说明，当构建跨域应用程序目录时，下列结构为 Nuxt 和 PHP API 曾采用的整体视图。

```
// Nuxt app
front-end
├── package.json
├── nuxt.config.js
└── pages
    ├── index.vue
```

```
  └── ...

// PHP API
backend
├── composer.json
├── vendor
│  └── ...
├── ...
└── ...
```

其中，Nuxt 的目录结构保持不变，仅需对 API 目录结构稍做调整，如下所示。

```
// PHP API
backend
├── composer.json
├── middlewares.php
├── routes.php
├── vendor
│  └── ...
├── public
│  └── index.php
├── static
│  └── ...
├── config
│  └── ...
├── core
│  └── ...
├── middleware
│  └── ...
└── module
    └── ...
```

这一 PHP API 目录结构仅是一种建议。通常情况下，我们可设计自己的结构以满足相关需求。初看之下，上述结构包含下列内容。

- /vendor/目录用于保存所有的第三方包和依赖项。
- /public/目录仅包含初始化 API 的 index.php 文件。
- /static/目录仅用于静态文件，如图标文件。
- /config/目录存储配置文件，如 MySQL 文件。
- /core/目录存储应用程序间可用的公共对象和函数。
- /middleware/目录存储 PSR-15 中间件。
- /module/目录存储稍后创建的自定义模块，类似于第 12 章中利用 Koa 创建的中间件。

- composer.json 文件通常处于根级别。
- middlewares.php 文件表示核心位置，用于导入/middleware/目录中的中间件。
- routes.php 文件表示为核心位置，用于导入/module/目录中的路由。

待当前结构准备就绪后，即可开始编写顶级代码，从而将不同位置和目录中的其他代码黏合在/public/目录 index.php 文件中的单一应用程序中。

（1）将 foreach 循环置入 routes.php 文件中，进而遍历稍后创建的每个模块。

```
// backend/routes.php
$modules = require './config/routes.php';

foreach ($modules as $module) {
    require './module/' . $module . 'index.php';
}
```

（2）在/config/目录中创建 routes.php 文件，这将列出模块的文件名，如下所示。

```
// backend/config/routes.php
return [
    'Home/',
    'User/'.
    //...
];
```

（3）在当前 PHP API 中，middlewares.php 文件将导入中间件，用于装饰 CRUD 操作的输出结果。

```
// backend/middlewares.php
require './middleware/outputDecorator.php';
```

该装饰器将在 JSON 中以下列格式输出 CRUD 操作的输出结果。

```
{"status":<status code>,"data":<data>}
```

（4）在/middleware/目录中创建 outputDecorator.php 文件，并涵盖下列代码。这将以步骤（3）中的格式封装操作的输出结果。

```
// backend/middleware/outputDecorator.php
use function Zend\Stratigility\middleware;

$router->middleware(middleware(function ($request, $handler) {
  $response = $handler->handle($request);
  $existingContent = (string) $response->getBody();
```

```
  $contentDecoded = json_decode($existingContent, true);
  $status = $response->getStatusCode();
  $data = [
      "status" => $status,
      "data" => $contentDecoded
  ];
  $payload = json_encode($data);

  $response->getBody()->rewind();
  $response->getBody()->write($payload);

  return $response
      ->withHeader('Content-Type', 'application/json')
      ->withStatus($status);
}));
```

这里采用了 zend-stratigility 组件中的 middleware 方法创建对应的装饰器中间件。随后利用该中间件锁定整个应用程序，即使用 league/route（The League of Extraordinary 提供）中的路由器。

（5）在/core/目录中创建一个 mysql.php 文件，该文件返回 MySQL 连接的 Medoo 实例。

```
// backend/core/mysql.php
$dbconfig = require './config/mysql.php';
$mysql = new Medoo\Medoo([
    'database_type' => $dbconfig['type'],
    'database_name' => $dbconfig['name'],
    'server' => $dbconfig['host'],
    'username' => $dbconfig['username'],
    'password' => $dbconfig['password']
]);
return $mysql;
```

（6）如前所述，/public/目录仅包含一个 index.php 文件，用于初始化程序。因此，该文件包含了前面介绍的与 PSR 相关的脚本。

```
// backend/public/index.php
chdir(dirname(__DIR__));
require_once 'vendor/autoload.php';

$request = Zend\Diactoros\ServerRequestFactory::fromGlobals(
    //...
);
```

```
$router = new League\Route\Router;
try {
    require 'middlewares.php';
    require 'routes.php';
    $response = $router->dispatch($request);
} catch(Exception $exception) {
    // handle errors
}

(new Zend\HttpHandlerRunner\Emitter\SapiEmitter)->emit($response);
```

可以看到，middlewares.php 和 routes.php 文件被导入 index.php 文件中，进而生成一个 PSR-7 响应结果，并被封装至 try 和 catch 块中以捕捉任意 HTTP 错误，如 404 和 506 错误。据此，任何源自该模块和错误的输出结果均通过最后一行代码被发送至浏览器中。这里，希望读者对这一简单的 API 有一个整体的认识。下面将详细讨论/module/模块，并介绍如何创建模块和路由。

16.3.8　创建 API 的公共路由及其模块

创建 API 的公共路由及其模块与前面所构建的 API 十分类似，主要的差别在于语言。前面采用了 JavaScript 和 Node.js 框架（Koa），本章中的 API 将使用 PHP 和 PSR 创建一个框架无关的 API。

（1）在/module/目录中创建两个目录，即 Home 和 User，这两个子目录表示为当前 API 中的模块。在每个模块中，创建一个/_routes/目录和一个 index.php 文件，用于导入/_routes/目录中的路由，如下所示。

```
└── module
    ├── Home
    │ ├── index.php
    │ └── _routes
    │ └── hello_world.php
    └── User
        ├── index.php
        └── _routes
          └── ...
```

（2）在 Home 模块中，输出一条"Hello world!"消息，并将其映射至/路由中，如下所示。

```
// module/Home/_routes/hello_world.php
use Psr\Http\Message\ResponseInterface;
```

```
use Psr\Http\Message\ServerRequestInterface;

$router->get('/', function (ServerRequestInterface $request) :
 ResponseInterface {
   return new Zend\Diactoros\Response\JsonResponse('Hello world!');
});
```

（3）在 User 模块中，编写 CRUD 操作进而创建、读取、更新和删除用户。因此，在/_routes/目录中创建 5 个文件，分别为 fetch_user.php、fetch_users.php、insert_user.php、update_user.php 和 delete_user.php 文件。在每个文件中，我们将在/Controller/目录下为每个 CRUD 操作映射路由。

```
└── User
    ├── index.php
    ├── _routes
    │  ├── delete_user.php
    │  ├── fetch_user.php
    │  └── ...
    └── Controller
        └── ...
```

（4）例如，在 fetch_users.php 文件中，我们将定义一个路由并列出所有的用户，如下所示。

```
// module/User/_routes/fetch_users.php
use Psr\Http\Message\ResponseInterface;
use Psr\Http\Message\ServerRequestInterface;

$router->get('/users', function (ServerRequestInterface $request) :
ResponseInterface {
    $database = require './core/mysql.php';
    $users = (new Spectre\User\Controller\Fetch\Users($database))->fetch();
    return new Zend\Diactoros\Response\JsonResponse($users);
});
```

可以看到，此处导入 Medoo 作为$database，并将其传递至控制器中，随后执行读取操作，进而调用 fetch 方法获取全部有效用户。

（5）创建一些 CRUD 目录，包括 Insert、Fetch、Update 和 Delete。在每个 CRUD 目录中，我们将在/Controller/目录中存储 PSR-4 类，如下所示。

```
└── Controller
    ├── Controller.php
```

```
  ├── Insert
  │  └── User.php
  ├── Fetch
  │  ├── User.php
  │  └── Users.php
  ├── Update
  │  └── User.php
  └── Delete
     └── User.php
```

（6）在 CRUD 目录中创建一个当前类扩展的 abstract 类，该类仅在其构造方法中接收 Medoo\Medoo 数据库，如下所示。

```
// module/User/Controller/Controller.php
namespace Spectre\User\Controller;

use Medoo\Medoo;

abstract class Controller
{
    protected $database;

    public function __construct(Medoo $database)
    {
        $this->database = $database;
    }
}
```

（7）导入上述 abstract 类，将其扩展为需要连接至 MySQL 数据库的任何其他类，如下所示。

```
// module/User/Controller/Fetch/Users.php
namespace Spectre\User\Controller\Fetch;

use Spectre\User\Controller\Controller;

class Users extends Controller
{
    public function fetch()
    {
        $columns = [
            'uuid',
            'name',
```

```
            'slug',
            'created_on',
            'updated_on',
        ];
        return $this->database->select('user', $columns);
    }
}
```

该类使用了 select 方法获取 MySQL 数据库 user 表中的全部用户。相应地，Medoo 将返回一个包含用户列表的 Array，或者是一个空 Array（不存在用户）。随后，在 fetch_users.php 文件中，利用 zend-diactoros 中的 JsonResponse 方法将返回结果转换为 JSON 格式。

最后，还必须通过/middleware/目录中的中间件对结果进行装饰，这将生成下列输出结果。

```
{"status":200,"data":[{"uuid":"...","name":"Jane","slug":"jane",...},
{...},{...}]}
```

在当前示例中，我们省略了 API 上的 CORS 处理任务，因为在稍后创建的 Nuxt 应用程序中，我们将使用 Nuxt Axios 和 Proxy 模块无缝、高效地处理 CORS。

注意：

读者可访问 GitHub 存储库中的/chapter-16/nuxtphp/proxy/backend/和/chapter-16/nuxtphp/proxy/backend/module/User/Controller/部分查看当前 PHP API 及其他 CRUD 类。

16.4　与 Nuxt 进行集成

@nuxtjs/axios 模块与@nuxtjs/proxy 模块间实现了较好的集成，这在许多场合下十分有用，进而可防止出现 CORS 问题。第 6 章曾介绍了这些模块的安装和使用方式，接下来对此进行简要的回顾。

（1）通过 npm 安装@nuxtjs/axios 和@nuxtjs/proxy。

```
$ npm install @nuxtjs/axios
$ npm install @nuxtjs/proxy
```

（2）在 Nuxt 配置文件中，在 modules 选项中注册@nuxtjs/axios，如下所示。

```
// nuxt.config.js
module.exports = {
```

```
  modules: [
    '@nuxtjs/axios'
  ],

  axios: {
    proxy: true
  },

  proxy: {
    '/api/': { target: 'http://0.0.0.0:8181',
    pathRewrite: {'^/api/': ''} }
  }
}
```

注意，当与@nuxtjs/axios 连同使用时，此处并不需要注册@nuxtjs/proxy 模块，仅需该模块被安装并位于 package.json 的 dependencies 字段中即可。

在上述配置中，我们采用/api/作为 http://0.0.0.0:8181（当前 PHP API 运行的端口）的代理。因此，当在任意 API 端点请求中使用/api/时，这将调用 0.0.0.0:8181。例如，假设生成下列 API 调用。

```
$axios.get('/api/users')
```

@nuxtjs/axios 和@nuxtjs/proxy 模块将把/api/users 端点转换为下列形式。

```
http://0.0.0.0:8181/api/users
```

由于我们并未在 PHP API 路由中使用/api/，因此可在配置中使用 pathRewrite 在调用期间对其进行移除。随后，由@nuxtjs/axios 和@nuxtjs/proxy 模块发送至 API 的实际 URL 如下。

```
http://0.0.0.0:8181/users
```

注意：

关于@nuxtjs/axios 和@nuxtjs/proxy 模块的更多信息，读者可访问下列链接。

- @nuxtjs/axios：https://axios.nuxtjs.org/。
- @nuxtjs/proxy：https://github.com/nuxt-community/proxy-module。

在安装和配置完毕后，即可开始创建与 PHP API 通信的前端 UI，稍后将对此加以讨论。

再次说明，考虑到当前任务与第 9 章中创建 CRUD 页面类似，因而下面首先对此进行简单的回顾。

（1）在/pages/users/目录中创建下列页面发送和获取数据。

```
users
├── index.vue
├── _slug.vue
├── add
│  └── index.vue
├── update
│  └── _slug.vue
└── delete
    └── _slug.vue
```

（2）例如，可使用下列脚本获取全部有效的用户。

```
// pages/users/index.vue
export default {
  async asyncData ({ error, $axios }) {
    try {
      let { data } = await $axios.get('/api/users')
      return {
        users: data.data
      }
    } catch (err) {
      // handle errors.
    }
  }
}
```

这里，脚本、模板和目录结构等同于第 9 章中的对应内容，差别在于第 9 章使用了_id，本章则使用了_slug。当前，读者应能够独立完成剩余的 CRUD 页面，具体信息可参考 9.6.1 节、9.6.2 节和 9.6.3 节。

在这些页面创建完毕后，可通过 npm run dev 运行 Nuxt 应用程序。可以看到，应用程序将在 localhost:3000 处运行于浏览器上。

注意：

读者可访问 GitHub 存储库中的/chapter-16/nuxt-php/proxy/frontend/nuxt-universal/部分查看当前示例的完整源代码。

如果不打算在 Nuxt 应用程序中使用@nuxtjs/axios 和@nuxtjs/proxy 模块，那么可访问 GitHub 存储库中的/chapter-16/nuxt-php/cors/部分，并查看 Nuxt 应用程序 PHP API 中与 CORS 启用方式相关的完整源代码。

此外，读者还可访问 GitHub 存储库中的/chapter-16/nuxt-php/部分，并查看保存为 user.sql 的数据库副本。

16.5　本章小结

本章介绍了如何从 API 中解耦 Nuxt 应用程序（类似于第 12 章），以及如何采用另一种语言 PHP 编写 API，该语言是 Web 开发中较为流行的服务器端脚本语言。另外，我们还介绍了如何安装 PHP 和 Apach 以运行 PHP，或使用内建 PHP Web 服务器进行开发。全部内容均符合 PSR-12、PSR-4、PSR-7 和 PSR-15，进而构建一个现代的框架无关的应用程序。随后，本章还讨论了如何使用 PHP 数据库框架 Medoo 编写 CRUD、复用第 9 章中的 Nuxt 应用程序（但稍作修改），并将前端 UI 和后端 API 完美地整合在一起。至此，我们已经掌握了 HTTP 消息，以及如何使用 PDO 管理 PHP 数据库。

第 17 章将介绍 Nuxt 在实时应用程序方面的表现，相关内容涉及 Socket.io 和 RethinkDB 及其安装过程。然后将学习如何在 RethinkDB 数据库中执行实时 CRUD 操作、利用 Socket.io 编写 JavaScript 实时代码，并将其与 Nuxt 进行整合。

第 17 章　利用 Nuxt 创建一个实时应用程序

本章将考查如何利用 Nuxt 与其他框架协同工作，进而生成实时应用程序。其间将继续使用 Koa 作为后端 API，但会利用 RethinkDB 和 Socket.IO 实现增强功能。换言之，通过这两种框架和工具，我们将把后端 API 转换为一个实时 API。同时，借助于此，还将把前端 Nuxt 应用程序转换为一个实时 Nuxt 应用程序。必要时，可在单域方案上开发这两种实时应用程序。然而，本书主要讨论跨域方案，以避免混淆前端和后端依赖项。

本章主要涉及以下主题。

- RethinkDB 简介。
- 将 RethinkDB 与 Koa 进行集成。
- Socket.IO 简介。
- 将 Socket.IO 与 Nuxt 进行集成。

17.1　RethinkDB 简介

RethinkDB 是一个实时应用程序的开源 JSON 数据库，它在订阅的数据库表发生变化（changefeed）时将 JSON 数据以实时方式从数据库推送至应用程序中。尽管 chagefeed 是 RethinkDB 实时功能的核心内容，但我们仍可像 MongoDB 那样使用 RethinkDB 存储和查询 NoSQL 数据库。

虽然可使用 MongoDB 中的 Change Streams 访问实时数据变化，但这需要进行相关配置方可启用；而 RethinkDB 则默认支持这一实时功能且无须任何配置。接下来将在系统中安装 RethinkDB Server 并介绍其使用方式。

17.1.1　安装 RethinkDB Server

编写本书时，RethinkDB 的最新版本是 2.4.0（Night Of The Living Dead），该版本于 2019 年 12 月发布。对于不同的平台（Ubuntu 或 OS），RethinkDB 存在多种安装方式。对此，读者可访问 https://rethinkdb.com/docs/install/查看平台指南。注意，RethinkDB 2.4.0 尚不支持 Windows 操作系统。关于 Windows 系统的更多信息，读者可访问 https://rethinkdb.com/docs/install/windows。

本书将在 Ubuntu 20.04 LTS（Focal Fossa）上安装 RethinkDB 2.4.0，其工作方式与 Ubuntu 19.10（Eoan Ermine）、Ubuntu 19.04（Disco Dingo）和 Ubuntu 的早期版本相同，如 Ubuntu 18.04 LTS（Bionic Beaver）。

（1）向 Ubuntu 储存库列表中添加 RethinkDB 储存库，如下所示。

```
$ source /etc/lsb-release && echo "deb
https://download.rethinkdb.com/apt $DISTRIB_CODENAME main" | sudo
tee /etc/apt/sources.list.d/rethinkdb.list
```

（2）通过 wget 获取 RethinkDB 的公钥。

```
$ wget -qO- https://download.rethinkdb.com/apt/pubkey.gpg | sudo
apt-key add -
```

执行了上述命令后，在终端上应可看到 OK 消息。

（3）更新 Ubuntu 的版本并安装 RethinkDB。

```
$ sudo apt update
$ sudo apt install rethinkdb
```

（4）验证 RethinkDB。

```
$ rethinkdb -v
```

在终端上的输出结果如下。

```
rethinkdb 2.4.0~0eoan (CLANG 9.0.0 (tags/RELEASE_900/final))
```

RethinkDB 配置了一个管理 UI，进而可以在 localhost:8080 上管理浏览器上的数据库。在项目开发过程中，这将十分方便和有用。如果打算卸载 RethinkDB 并移除其全部数据库，则可执行下列命令。

```
$ sudo apt purge rethinkdb.
$ sudo rm -r /var/lib/rethinkdb
```

安装过程中配置的管理 UI 类似于第 16 章中管理 PHP API 时 MySQL 数据库的 PHP Adminer。我们可使用 RethinkDB 管理 UI 并通过图形化按钮添加数据库和表，或者使用 RethinkDB 查询语言（在 JavaScript 中）ReQL。接下来将讨论管理 UI 和 ReQL。

17.1.2　ReQL 简介

ReQL 是 RethinkDB 的查询语言，用于管理 RethinkDB 数据库中的 JSON 文档。通过在服务器端调用 RethinkDB 的内建链式函数，可自动构造查询。这些函数以多种语言形式被嵌入驱动程序中，如 JavaScript、Python、Ruby 和 Java。读者可访问下列链接查看 ReQL 命令/函数。

- JavaScript：https://rethinkdb.com/api/javascript/。
- Python：https://rethinkdb.com/api/python/。
- Ruby：https://rethinkdb.com/api/ruby/。
- Java：https://rethinkdb.com/api/java/。

本书将采用 JavaScript。下面将在管理 UI 上使用 Data Explorer，并通过各自的 ReQL 命令执行 CRUD 操作。对此，可导航至 Data Explorer 所处的页面，或者令浏览器访问 localhost:8080/#dataexplorer 以启动查询操作。Data Explorer 上默认的顶级命名空间为 r，因此 ReQL 命令必须被链接至该命名空间中。

我们还可以更改 r，并在应用程序中使用驱动程序时定义任何名称。当前示例仍将使用默认的命名空间 r。

（1）创建一个数据库。

```
r.dbCreate('nuxtdb')
```

单击 Run 按钮，随后在屏幕上生成下列类似结果，进而表明已经利用所选的数据库名称和 RethinkDB 生成的 ID 创建了一个数据库。

```
{
  "config_changes": [
    {
      "new_val": {
      "id": "353d11a4-adc8-4958-a4ae-a82c996dcb9f" ,
      "name": "nuxtdb"
    } ,
      "old_val": null
    }
  ] ,
  "dbs_created": 1
}
```

注意：

关于 dbCreate ReQL 命令的更多信息，读者可访问 https://rethinkdb.com/api/javascript/db_create/。

（2）在现有的数据库中创建一个表。例如，在 nuxtdb 数据库中创建一个 user 表。

```
r.db('nuxtdb').tableCreate('user')
```

单击 Run 按钮。随后将在屏幕上看到下列类似结果，表明利用 RethinkDB 生成的 ID 生成了一个表，以及与所创建表相关的其他信息。

```
{
  "config_changes": [{
    "new_val": {
      "db": "nuxtdb",
      "durability": "hard",
      "id": "259e0066-1ffe-4064-8b24-d1c82e515a4a",
      "indexes": [],
      "name": "user",
      "primary_key": "id",
      "shards": [{
        "nonvoting_replicas": [],
        "primary_replica": "lau_desktop_opw",
        "replicas": ["lau_desktop_opw"]
      }],
      "write_acks": "majority",
      "write_hook": null
    },
    "old_val": null
  }],
  "tables_created": 1
}
```

注意：

关于 tableCreate ReQL 命令的更多信息，读者可访问 https://rethinkdb.com/api/javascript/table_create/。

（3）将新文档插入 user 表中。

```
r.db('nuxtdb').table('user').insert([
  { name: "Jane Doe", slug: "jane" },
  { name: "John Doe", slug: "john" }
])
```

单击 Run 按钮。随后应可在屏幕上看到下列类似结果，表明利用 RethinkDB 生成的键插入了两个新文档。

```
{
  "deleted": 0,
  "errors": 0,
  "generated_keys": [
```

```
    "7f7d768d-0efd-447d-8605-2d460a381944",
    "a144001c-d47e-4e20-a570-a29968980d0f"
  ],
  "inserted": 2,
  "replaced": 0,
  "skipped": 0,
  "unchanged": 0
}
```

注意：

关于 table 和 insert ReQL 命令的更多信息，读者可分别访问 https://rethinkdb.com/api/javascript/table/和 https://rethinkdb.com/api/javascript/insert/。

（4）检索 user 表中的文档。

```
r.db('nuxtdb').table('user')
```

单击 Run 按钮。随后应可在屏幕上看到下列类似结果，表明 user 表中的两个文档。

```
[{
  "id": "7f7d768d-0efd-447d-8605-2d460a381944",
  "name": "Jane Doe",
  "slug": "jane"
}, {
  "id": "a144001c-d47e-4e20-a570-a29968980d0f",
  "name": "John Doe",
  "slug": "john"
}]
```

如果打算计算表中的全部文档，那么可将 count 方法链接至当前查询中，如下所示。

```
r.db('nuxtdb').table('user').count()
```

在注入两个新文档后，user 表中对应的结果为 2。

注意：

关于 count ReQL 命令的更多信息，读者可访问 https://rethinkdb.com/api/javascript/count/。

（5）利用 slug 键过滤当前表，进而更新文档。

```
r.db('nuxtdb').table('user')
.filter(
  r.row("slug").eq("john")
)
.update({
```

```
  name: "John Wick"
})
```

单击 Run 按钮。随后应可在屏幕上得到下列类似结果，表明一个文档已被替换。

```
{
  "deleted": 0,
  "errors": 0,
  "inserted": 0,
  "replaced": 1,
  "skipped": 0,
  "unchanged": 0
}
```

注意：

关于 filter 和 update ReQL 命令的更多信息，读者可分别访问 https://rethinkdb.com/api/javascript/filter/和 https://rethinkdb.com/api/javascript/update/。

另外，关于 row 和 eq ReQL 命令的更多信息，读者可分别访问 https://rethinkdb.com/api/javascript/row/和 https://rethinkdb.com/api/javascript/eq/。

（6）利用 slug 键过滤当前表，进而删除 user 表中的一个文档。

```
r.db('nuxtdb').table('user')
.filter(
  r.row("slug").eq("john")
)
.delete()
```

单击 Run 按钮。随后应可在屏幕上看到下列类似结果，表明一个文档已被删除。

```
{
  "deleted": 1,
  "errors": 0,
  "inserted": 0,
  "replaced": 0,
  "skipped": 0,
  "unchanged": 0
}
```

如果打算删除表中的全部文档，那么可简单地将 delete 方法链接至当前表上，且无须执行过滤操作，如下所示。

```
r.db('nuxtdb').table('user').delete()
```

注意：

关于 delete ReQL 命令的更多信息，读者可访问 https://rethinkdb.com/api/javascript/delete/。

可以看到，ReQL 命令使用起来十分简单，我们无须通读全部 ReQL 命令并掌握每项细节内容。相应地，我们只需了解任务内容，并根据相应的编程语言从 ReQL 命令参考/API 页面找到所需的命令。接下来讨论如何向应用程序中添加 RethinkDB Client 或驱动程序。

17.2　将 RethinkDB 与 Koa 进行集成

本节将在前面构建的 PHP API 之后构建一个简单的 API，进而列出、添加、更新和删除用户。在之前的 API 中，我们使用了 PHP 和 MySQL，本章将使用 JavaScript 和 RethinkDB，且仍然使用 Koa 作为 API 的框架。这里，我们将重新构建 API 目录，以便当前结构与 Nuxt 应用程序和 PHP API 的目录结构尽可能地保持一致。

17.2.1　重新构建 API 目录

回忆一下使用 Vue CLI 时项目中的默认目录结构（参见第 11 章）。在通过 Vue CLI 安装完项目后，当查看项目目录时，可以看到项目的主要结构。其中，/src/目录用于开发组件、页面和路由，如下所示。

```
├── package.json
├── babel.config.js
├── README.md
├── public
│ ├── index.html
│ └── favicon.ico
└── src
    ├── App.vue
    ├── main.js
    ├── router.js
    ├── components
    │ └── HelloWorld.vue
    └── assets
        └── logo.png
```

自第 12 章起，我们一直在针对跨域应用程序使用各类标准结构。例如，下列内容为之前生成的 Koa API 的目录结构。

```
backend
├── package.json
├── backpack.config.js
├── static
│ └── ...
└── src
    ├── index.vue
    ├── ...
    ├── modules
    │ └── ...
    └── core
      └── ...
```

这里将从本章即将生成的 API 中移除/src/目录。因此，我们将/src/目录中的一切内容上移至顶级，并重新配置应用程序的引导方式，具体步骤如下。

（1）在项目的根目录中创建下列文件和文件夹。

```
backend
├── package.json
├── backpack.config.js
├── middlewares.js
├── routes.js
├── configs
│ ├── index.js
│ └── rethinkdb.js
├── core
│ └── ...
├── middlewares
│ └── ...
├── modules
│ └── ...
└── public
    └── index.js
```

再次说明，此处的目录结构仅仅是一种建议方案，读者也可以设计自己的目录结构以满足最大需求。相应地，对应的目录及其所用文件夹和文件如下。

- /configs/目录用于存储应用程序的基本信息和 RethinkDB 数据库连接的细节信息。
- /public/目录用于初始化应用程序的文件。
- /modules/目录用于存储应用程序的模块，如'user'模块，稍后将创建该模块。
- /core/目录用于存储应用程序使用的公共函数或类。
- middlewares.js 文件表示为一个核心位置，用于在/middlewares/和/node_modules/

之间导入中间件。

- ❑ routes.js 文件表示为一个核心位置，用于导入/modules 目录中的路由。
- ❑ backpack.config.js 文件用于自定义应用程序的 webpack 配置。
- ❑ package.json 文件包含应用程序的脚本和依赖项，且通常位于顶级位置。

（2）将入口文件指向/public/目录的 index.js 文件中。

```
// backpack.config.js
module.exports = {
  webpack: (config, options, webpack) => {
    config.entry.main = './public/index.js'
    return config
  }
}
```

注意，Backpack 中的默认入口文件为/src/目录中的 index.js 文件。由于已将该索引文件移至/public/目录中，因此需要通过 Backpack 配置文件配置这一入口点。

注意：

关于 webpack 入口点的更多信息，读者可访问 https://webpack.js.org/concepts/entry-points/。

（3）将/configs、/core、/modules 和/middlewares 路径的别名添加至 webpack 配置的 resolve 选项中，随后返回 Backpack 配置文件中的 config 对象。

```
// backpack.config.js
const path = require('path')

config.resolve = {
  alias: {
    Configs: path.resolve(__dirname, 'configs/'),
    Core: path.resolve(__dirname, 'core/'),
    Modules: path.resolve(__dirname, 'modules/'),
    Middlewares: path.resolve(__dirname, 'middlewares/')
  }
}
```

采用别名解析应用程序中的文件路径十分有用和方便。典型地，可通过相对路径导入文件，如下所示。

```
import notFound from '../../Middlewares/notFound'
```

除此之外，还可利用别名从任何位置处导入文件，别名隐藏了相对路径，从而使代码更加整洁，如下所示。

```
import notFound from 'Middlewares/notFound'
```

注意：

关于别名和 webpack 中的解析选项，读者可访问 https://webpack.js.org/configuration/resolve/resolvealias。

待上述结构准备完毕且入口文件处于有序状态后，即可开始针对 API 使用基于 RethinkDB 的 CRUD 操作。

17.2.2　添加并使用 RethinkDB JavaScript 客户端

取决于开发人员的知识水平，可从 JavaScript、Python 和 Java 中选取多个官方客户端驱动程序；此外，还存在一些社区支持的驱动程序，如 PHP、Perl 和 R。对此，可访问 https://rethinkdb.com/docs/install-drivers/进行查看。

本书采用 RethinkDB JavaScript 驱动程序。据此，下列步骤将安装并使用 CRUD 操作。

（1）通过 npm 安装 RethinkDB JavaScript 客户端。

```
$ npm i rethinkdb
```

（2）在/configs/目录中，创建包含 RethinkDB 服务器连接细节信息的 rethinkdb.js 文件。

```
// configs/rethinkdb.js
 export default {
 host: 'localhost',
 port: 28015,
 dbname: 'nuxtdb'
}
```

（3）利用上述连接细节信息，在/core/目录中创建开启 RethinkDB 服务器连接的 connection.js 文件。

```
// core/database/rethinkdb/connection.js
import config from 'Configs/rethinkdb'
import rethink from'rethinkdb'

const c = async() => {
  const connection = await rethink.connect({
    host: config.host,
    port: config.port,
    db: config.dbname
  })
```

```
  return connection
}
export default c
```

（4）利用/middlewares/目录中的 open.js 文件创建一个开启连接中间件，并将其绑定至 Koa 上下文中，作为另一个 RethinkDB 连接选项，如下所示。

```
// middlewares/database/rdb/connection/open.js
import config from 'Configs/rethinkdb'
import rdb from'rethinkdb'

export default async (ctx, next) => {
  ctx._rdbConn = await rdb.connect({
    host: config.host,
    port: config.port,
    db: config.dbname
  })
  await next()
}
```

提示：

作为一种较好的实践方法，在介绍 PHP 的 PSR-4 时使用了目录路径描述中间件（或 CRUD 操作），且无须使用较长的名称描述文件。例如：可能打算将中间件命名为 rdb-connection-open.js，如果没有为此采用一个具有描述性的目录路径，那么应尽可能地描述该名称；但如果采用目录路径描述中间件，那么可简单地将文件命名为 open.js。

（5）在/middlewares/目录中利用 close.js 文件创建一个关闭连接中间件，并作为最后一个中间件将其绑定至 Koa 上下文中，如下所示。

```
// middlewares/database/rdb/connection/close.js
import config from 'Configs/rethinkdb'
import rdb from'rethinkdb'

export default async (ctx, next) => {
  ctx._rdbConn.close()
  await next()
}
```

（6）在 middlewares.js 根文件中导入 open 和 close 连接中间件，并将其注册至当前应用程序中，如下所示。

```
// middlewares.js
import routes from './routes'
```

```
import rdbOpenConnection from
'Middlewares/database/rdb/connection/open'
import rdbCloseConnection from
'Middlewares/database/rdb/connection/close'

export default (app) => {
  //...
  app.use(rdbOpenConnection)
  app.use(routes.routes(), routes.allowedMethods())
  app.use(rdbCloseConnection)
}
```

可以看到，open 连接中间件在所有模块路由之前被注册，而 close 连接中间件则是最后注册的，以便这两个中间件分别在首、尾处被调用。

（7）后续步骤将使用包含 Koa 路由器和 RethinkDB 客户端驱动程序的模板代码生成 CRUD 操作。例如，下列代码展示了如何使用模板代码获取 user 模块的 user 表中的所有用户。

```
// modules/user/_routes/index.js
import Router from 'koa-router'
import rdb from 'rethinkdb'

const router = new Router()
router.get('/', async (ctx, next) => {
  try {
    // perform verification on the incoming parameters...
    // perform a CRUD operation:
    let result = await rdb.table('user')
      .run(ctx._rdbConn)

    ctx.type = 'json'
    ctx.body = result
    await next()

  } catch (err) {
    ctx.throw(500, err)
  }
})
export default router
```

可以看到，与 localhost:8080 上操作的 r 命名空间不同，我们针对 RethinkDB 客户端驱动程序使用了一个自定义顶级命名空间 rdb。另外，当在应用程序中使用 RethinkDB 客户端驱动程序时，通常需要利用 RethinkDB 服务器连接并在 ReQL 结尾处调用 run 方法，进而构建查询并将其传递至服务器中以供执行。

进一步讲，需要在代码结尾处调用 next 方法，以便能够将应用程序的执行传递至下一个中间件中，特别是 close 连接中间件，该中间件用于关闭 RethinkDB 连接。在执行 CRUD 操作之前，应在客户端的输入参数和数据上执行检查工作。随后，应将代码封装至 catch 代码块中，从而捕捉和抛出潜在错误。

注意：

后续步骤将省略参数验证和 try-catch 语句的代码，以避免代码过长或重复，但应在实际操作过程中包含这些代码。

（8）在 user 模块的/_routes/文件夹中创建 create-user.js 文件，进而将新用户注入数据库的 user 表中。

```
// modules/user/_routes/create-user.js
router.post('/user', async (ctx, next) => {
  let result = await rdb.table('user')
    .insert(document, {returnChanges: true})
    .run(ctx._rdbConn)

  if (result.inserted !== 1) {
    ctx.throw(404, 'insert user failed')
  }
  ctx.type = 'json'
  ctx.body = result
  await next()
})
```

如果插入失败，则应抛出错误信息，并将错误消息传递至包含 HTTP 错误代码的 Koa throw 方法中，以便通过 try-catch 块进行捕捉并将其在前端上进行显示。

（9）在 user 模块的/_routes/文件夹中创建 fetch-user.js 文件，并利用 slug 键获取 user 表中的特定用户，如下所示。

```
// modules/user/_routes/fetch-user.js
router.get('/:slug', async (ctx, next) => {
  const slug = ctx.params.slug
  let user = await rdb.table('user')
    .filter(searchQuery)
    .nth(0)
    .default(null)
```

```
    .run(ctx._rdbConn)

  if (!user) {
    ctx.throw(404, 'user not found')
  }

  ctx.type = 'json'
  ctx.body = user
  await next()
})
```

另外，我们还在查询中添加了 nth 命令，并通过位置显示文档。在当前示例中，我们需要获取第一个文档，因而将整数 0 传递至该方法中。而且，如果 user 表中未找到任何用户，这里还添加了 default 命令并返回一个 null 异常。

（10）在 user 模块的/_routes/文件夹中创建 update-user.js 文件，并利用文档 ID 更新 user 表中的已有用户，如下所示。

```
// modules/user/_routes/update-user.js
router.put('/user', async (ctx, next) => {
  let body = ctx.request.body || {}
  let objectId = body.id

  let timestamp = Date.now()
  let updateQuery = {
    name: body.name,
    slug: body.slug,
    updatedAt: timestamp
  }

  let result = await rdb.table('user')
    .get(objectId)
    .update(updateQuery, {returnChanges: true})
    .run(ctx._rdbConn)

  if (result.replaced !== 1) {
    ctx.throw(404, 'update user failed')
  }

  ctx.type = 'json'
  ctx.body = result
  await next()
})
```

这里，我们在查询中添加了 get 方法，并在运行更新操作之前通过 ID 获取特定的文档。

（11）在 user 模块中，在/_routes/文件夹中创建一个 delete-user.js 文件，并通过文档 ID 从 user 表中删除已有的用户，如下所示。

```
// modules/user/_routes/delete-user.js
router.del('/user', async (ctx, next) => {
  let body = ctx.request.body || {}
  let objectId = body.id
  let result = await rdb.table('user')
    .get(objectId)
    .delete()
    .run(ctx._rdbConn)

  if (result.deleted !== 1) {
    ctx.throw(404, 'delete user failed')
  }

  ctx.type = 'json'
  ctx.body = result
  await next()
})
```

（12）重构 CRUD 操作并列出步骤（7）创建的 user 表中的全部用户。对此，向 index.js 文件（该文件被保存在/_routes/文件夹中）的查询中添加一个 oderBy 命令，如下所示。

```
// modules/user/_routes/index.js
router.get('/', async (ctx, next) => {
  let cursor = await rdb.table('user')
    .orderBy(rdb.desc('createdAt'))
    .run(ctx._rdbConn)

  let users = await cursor.toArray()
  ctx.type = 'json'
  ctx.body = users
  await next()
})
```

这里向查询中添加了 orderBy 命令，以便按照生成日期降序（最新创建的位于最前）排序文档。另外，RethinkDB 数据库返回的文档通常包含于一个游标对象中，并作为 CRUD 操作中的回调。因此，我们需要使用 toArray 命令遍历游标并将对应的对象转换为数组。

注意：

关于 orderBy 和 toArray 命令的更多信息，读者可分别访问 https://rethinkdb.com/api/javascript/order_by/和 https://rethinkdb.com/api/javascript/to_ array/。

据此，我们在 API 中通过 RethinkDB 成功地实现了 CRUD 操作，该过程并不复杂，但仍需要通过 RethinkDB 数据库中的强制模式改进存储在数据库中的文档“质量”。

17.2.3　RethinkDB 中的强制模式

类似于 MongoDB 中的 BSON 数据库，RethinkDB 中的 JSON 数据库也是无模式的。这意味着，蓝图、公式或完整性约束不会强加于数据库上，且不存在数据库构建方式方面的规则会引发数据库中的完整性问题。特定的文档可以在同一个表（或 MongoDB 中的集合）中包含不同或多余的键，连同包含正确键的文档。我们可错误地注入一些键或忘记注入所需的键和值。因此，如果打算在有组织的文档中保存数据，较好的做法是在 JSON 或 BSON 数据库中强制执行某种模式。关于强制模式，RethinkDB（或 MongoDB）中并不存在内部特性，但是，我们可创建某些自定义函数，并通过 Node.js Lodash 模块公开某些基本模式。接下来考查其实现方式。

（1）通过 npm 安装 Lodash 模块。

```
$ npm i lodash
```

（2）在/core/目录中创建 utils.js 文件并导入 lodash，进而创建一个名为 sanitise 的函数，如下所示。

```
// core/utils.js
import lodash from 'lodash'

function sanitise (options, schema) {
  let data = options || {}

  if (schema === undefined) {
    const err = new Error('Schema is required.')
    err.status = 400
    err.expose = true
    throw err
  }

  let keys = lodash.keys(schema)
  let defaults = lodash.defaults(data, schema)
  let picked = lodash.pick(defaults, keys)
```

```
  return picked
}
export { sanitise }
```

该函数简单地选取所设置的默认键，并忽略任何“模式”外的额外的键。

注意：

关于 Lodash 中相关方法的更多信息，读者可访问下列链接。

- keys：https://lodash.com/docs/4.17.5#keys。
- defaults：https://lodash.com/docs/4.17.15#defaults。
- pick：https://lodash.com/docs/4.17.15#pick。

（3）利用下列所接受的键在 user 模块中创建一个 user 模式。

```
// modules/user/schema.js
export default {
  slug: null,
  name: null,
  createdAt: null,
  updatedAt: null
}
```

（4）将 sanitise 方法和上述模式导入打算强制执行某种模式的路由中，如 create-user.js 文件。

```
// modules/user/_routes/create-user.js
let timestamp = Date.now()
let options = {
  name: body.name,
  slug: body.slug,
  createdAt: timestamp,
  username: 'marymoe',
  password: '123123'
}

let document = sanitise(options, schema)
let result = await rdb.table('user')
  .insert(document, {returnChanges: true})
  .run(ctx._rdbConn)
```

在上述代码中，当在插入之前清洗数据时，示例字段 username 和 password 并未被注入 user 表的文档中。

可以看到，sanitise 函数仅执行简单的验证工作。对于更加复杂和高级的数据验证行为，我们可采用 hapi Web 框架中的 Node.js joi 模块。

注意：

关于 Node.js joi 模块的更多信息，读者可访问 https://hapi.dev/module/joi/。

接下来讨论 RethinkDB 中的 changefeeds，并展示如何利用 RethinkDB 的这一实时特性创建实时应用程序。

17.2.4　RethinkDB 中的 changefeeds

在应用程序中通过 RethinkDB 驱动程序使用 changefeeds 之前，首先访问 localhost:8080/#dataexplorer，并再次使用 Administration UI 中的 Data Explorer 在屏幕上以实时方式查看实时输入。

（1）粘贴下列 ReQL 查询并单击 Run 按钮。

```
r.db('nuxtdb').table('user').changes()
```

在浏览器屏幕上，应可看到下列信息。

```
Listening for events...
Waiting for more results
```

（2）在浏览器上打开另一个选项卡并访问 localhost:8080/#dataexplorer。当前，我们持有两个数据浏览器。从浏览器选项卡中拖曳出一个浏览器以使二者并列。随后，将新的文档插入某个数据浏览器的 user 表中。

```
r.db('nuxtdb').table('user').insert([
  { name: "Richard Roe", slug: "richard" },
  { name: "Marry Moe", slug: "marry" }
])
```

对应结果如下。

```
{
  "deleted": 0,
  "errors": 0,
  "generated_keys": [
    "f7305c97-2bc9-4694-81ec-c5acaed1e757",
    "5862e1fa-e51c-4878-a16b-cb8c1f1d91de"
  ],
  "inserted": 2,
```

```
  "replaced": 0,
  "skipped": 0,
  "unchanged": 0
}
```

同时，另一个 Data Explorer 将以实时方式即刻显示下列输入内容。

```
{
  "new_val": {
    "id": "f7305c97-2bc9-4694-81ec-c5acaed1e757",
    "name": "Richard Roe",
    "slug": "richard"
  },
  "old_val": null
}

{
  "new_val": {
    "id": "5862e1fa-e51c-4878-a16b-cb8c1f1d91de",
    "name": "Marry Moe",
    "slug": "marry"
  },
  "old_val": null
}
```

可以看到，我们轻松地利用 RethinkDB 生成了实时输入。注意，在每个实时输入中，我们总是会得到两个键，即 new_val 和 old_val，具体含义如下。

- ❑ 如果在 new_val 中获得数据，但 old_val 中为 null，那么这意味着新文档已被注入数据库中。
- ❑ 如果获得了 new_val 和 old_val 中的数据，那么这意味着已有的文档在数据库中被更新。
- ❑ 如果得到了 old_val 中的数据，但 new_val 中为 null，那么这意味着已有的文档已从数据库中被移除。

当在 17.4 节的 Nuxt 应用程序中使用这些键时，将可以使用它们，所以现在不必为此担心。接下来将在 API 和 Nuxt 应用程序中对这些键加以实现。对此，需要使用另一个 Node.js 模块 Socket.IO。下面讨论该模块的实现方式。

17.3　Socket.IO 简介

类似于 HTTP，WebSocket 是一个通信协议，但在客户端和服务器之间提供了全双工

（双向）通信。不同于 HTTP，WebSocket 连接对于实时数据传输通常保持开放状态。因此，在 WebSocket 应用程序中，服务器可向客户端发送数据，且无须使客户端初始化请求。

与 HTTP 不同的是，针对 WebSocket 安全，WebSocket 协议模式以 ws 或 wss 开头；而针对超文本传输协议安全，HTTP 模式则以 HTTP 或 HTTPS 开头，如下所示。

```
ws://example.com:4000
```

Socket.IO 是一个 JavaScript 库，它使用 WebSocket 协议和轮询作为创建实时 Web 应用的后备选项。Socket.IO 支持任何平台、浏览器或设备，同时还可处理服务器和客户端的降级行为，从而以实时方式获得全双工通信。当前，大多数浏览器均支持 WebSocket 协议，包括 Google Chrome、Microsoft Edge、Firefox、Safari 和 Opera。当使用 Socket.IO 时，需要共同使用其客户端和服务器端库。具体来讲，客户端库运行于浏览器内部，而服务器端库则运行于服务器端的 Node.js 应用程序中。

注意：

关于 Socket.IO 的更多内容，读者可访问 https://socket.io/。

17.3.1　添加和使用 Socket.IO 服务器和客户端

本节将向之前构建的 API 中添加 Socket.IO 服务器，并随后将 Socket.IO 客户端添加至 Nuxt 应用程序中。但是，在将 Socket.IO 添加至 Nuxt 应用程序中之前，下面首先将其加入一个简单的 HTML 页面中，以便查看 Socket.IO 服务器与 Socket.IO 客户端协同工作的方式。

（1）通过 npm 安装 Socket.IO 服务器。

```
$ npm i socket.io
```

（2）在/configs/目录中创建一个 index.js 文件，用于存储服务器设置项（如果尚未这样做）。

```
// configs/index.js
export default {
  server: {
    port: 4000
  },
}
```

从这一简单的设置中可以看到，我们将在端口 4000 处操作服务 API。

（3）导入 socket.io 并利用新的 Koa 实例将其绑定至 Node.js HTTP 对象上，进而创建一个新的 Socket.IO 实例，如下所示。

```
// backend/koa/public/index.js
import Koa from 'koa'
import socket from 'socket.io'
import http from 'http'
import config from 'Configs'
import middlewares from '../middlewares'

const app = new Koa()
const host = process.env.HOST || '127.0.0.1'
const port = process.env.PORT || config.server.port
middlewares(app)

const server = http.createServer(app.callback())
const io = socket(server)

io.sockets.on('connection', socket => {
  console.log('a user connected: ' + socket.id)
  socket.on('disconnect', () => {
    console.log('user disconnected: ' + socket.id)
  })
})
server.listen(port, host)
```

在创建了新的 Socket.IO 实例后，可针对 socket 回调中的输入套接字开始监听 Socket.IO connection 事件。我们利用输入套接字的 ID 将其记录至控制台中。此外，在断开连接时，还可记录输入套接字的 disconnect 事件。最后需要注意的是，通过本地 Node.js HTTP，将在 localhost:4000 上启动和服务应用程序，这与 Koa 中的 HTTP 应用方式截然不同，后者采用了下列方式。

```
app.listen(4000)
```

（4）创建 socket-client.html 页面并通过 CDN 导入 Socket.IO 客户端。通过将 localhost:4000 作为特定的 URL 进行传递，将创建一个 Socket.IO 的新实例，如下所示。

```
// frontend/html/socket-client.html
<script src="https://cdn.jsdelivr.net/npm/socket.io-client@2/
 dist/socket.io.js"></script>

<script>
  var socket = io('http://localhost:4000/')
</script>
```

当在浏览器上访问这一 HTML 页面，或者刷新页面时，将会看到包含套接字 ID 的控制台输出日志，如下所示。

```
a user connected: abeGnarBnELo33vQAAAB
```

此外，当关闭 HTML 页面时，还应看到包含套接字 ID 的控制台输出日志，如下所示。

```
user disconnected: abeGnarBnELo33vQAAAB
```

至此，我们介绍了连接 Socket.IO 的服务器和客户端所需要的全部内容，该过程较为简单。但此处的全部工作是连接和断开服务器和客户端。此外，还需要同步传输数据。对此，仅需要在服务器和客户端之间发送和传输数据，稍后将对此加以讨论。

注意：

如果打算使用 Socket.IO 客户端的本地版本，则可将脚本标签的 URL 源指向/node_modules/socket.ioclient/dist/socket.io.js。

（5）通过 Socket.IO 服务器的 emit 方法，从服务器中创建一个 emit 事件，如下所示。

```
// backend/koa/public/index.js
io.sockets.on('connection', socket => {
  io.emit('emit.onserver', 'Hi client, what you up to?')
  console.log('Message to client: ' + socket.id)
})
```

可以看到，通过名为 emit.onserver 的自定义事件，即可发送包含简单消息的事件，并将相关活动记录至控制台中。注意，当连接成功时，即可发送该事件。随后可在客户端上监听这一自定义事件，并记录源自服务器的消息，如下所示。

```
// frontend/html/socket-client.html
socket.on('emit.onserver', function (message) {
  console.log('Message from server: ' + message)
})
```

（6）当在浏览器上再次刷新页面时，应可看到包含套接字 ID 的控制台输出消息，如下所示。

```
Message to client: abeGnarBnELo33vQAAAB // server side
Message from server: Hi client, what you up to? // client side
```

（7）利用 Socket.IO 客户端的 emit 方法，从客户端创建一个 emit 事件，如下所示。

```
// frontend/html/socket-client.html
<script
```

```
  src="https://code.jquery.com/jquery-3.4.1.slim.min.js"
  integrity="sha256-pasqAKBDmFT4eHoN2ndd6lN370kFiGUFyTiUHWhU7k8="
  crossorigin="anonymous"></script>

<button class="button-sent">Send</button>

$('.button-sent').click(function(e){
  e.preventDefault()

  var message = 'Hi server, how are you holding up?'
  socket.emit('emit.onclient', message)
  console.log('Message sent to server.')

  return false
})
```

不难发现，首先通过CDN安装了jQuery并通过jQuery click事件创建了一个<button>。其次，当单击该按钮时，我们发送了一个包含简单消息的名为 emit.onclient 的 Socket.IO 自定义事件。最后将当前活动记录至控制台中。

（8）在服务器端监听 Socket.IO 自定义事件，并记录源自客户端的消息，如下所示。

```
// backend/koa/public/index.js
socket.on('emit.onclient', (message) => {
  console.log('Message from client, '+ socket.id + ' :' + message);
})
```

（9）当在浏览器上再次刷新页面时，应可看到控制台日志输出结果，连同套接字 ID，如下所示。

```
Message sent to server. // client side
Message from client, abeGnarBnELo33vQAAAB: Hi server,
how are you holding up? // server side
```

至此，我们介绍了利用 Socket.IO 实时来回地传输数据——只需要发送自定义事件并对其进行监听。接下来讨论如何将 Socket.IO 与 RethinkDB 中的 changefeeds 进行集成，进而将数据库中的实时数据传递至客户端上。

17.3.2　集成 Socket.IO 服务器和 RethinkDB changefeeds

回忆一下，之前讨论了 RethinkDB changefeeds，并在 localhost:8080/#dataexplorer 处使用了 Administration UI 中的 Data Explorer。当订阅一个 changefeed 时，需要将 ReQL changes 命令链接至查询中，如下所示。

```
r.db('nuxtdb').table('user').changes()
```

RethinkDB changefeeds 包含从 RethinkDB 数据库发送至 API 中的实时数据。这意味着，需要通过 Socket.IO 服务器捕捉服务器端的输入，并将其发送至客户端。接下来将通过重构 API 学习相应的捕捉方式。

（1）通过 npm 将 Socket.IO 安装至 API 中。

```
$ npm i socket.io
```

（2）在/core/目录的 changefeeds.js 文件中创建一个异步匿名箭头函数。

```
// core/database/rethinkdb/changefeeds.js
import rdb from 'rethinkdb'
import rdbConnection from './connection'

export default async (io, tableName, eventName) => {
  try {
    const connection = await rdbConnection()
    var cursor = await rdb.table(tableName)
      .changes()
      .run(connection)

    cursor.each(function (err, row) {
      if (err) {
        throw err
      }
      io.emit(eventName, row)
    })
  } catch( err ) {
    console.error(err);
  }
}
```

该函数导入 rethinkdb 作为 rdb，同时导入 RethinkDB 数据库连接作为 rdbConnection。随后使用下列各项内容作为该函数的参数。

- Socket.IO 服务器的实例。
- Socket.IO 发送将要使用的自定义事件名。
- 要订阅至其 changefeeds 的 RethinkDB 表名。

changefeed 将以回调方式返回游标对象中的文档，因此遍历游标对象，并通过自定义事件名发送每行文档。

（3）在/public/目录的应用程序根中导入 changefeeds 函数作为 rdbChangeFeeds，并将其与 index.js 文件中的剩余代码进行集成，如下所示。

```
// public/index.js
import Koa from 'koa'
import socket from 'socket.io'
import http from 'http'
import config from 'Configs'
import middlewares from '../middlewares'
import rdbChangeFeeds from 'Core/database/rethinkdb/changefeeds'

const app = new Koa()
const host = process.env.HOST || '127.0.0.1'
const port = process.env.PORT || config.server.port
middlewares(app)

const server = http.createServer(app.callback())
const io = socket(server)
io.sockets.on('connection', socket => {
  //...
})

rdbChangeFeeds(io, 'user', 'user.changefeeds')
server.listen(port, host)
```

在上述代码中，要订阅的别名为 user，而要调用的发送事件名为 user.changefeeds。因此，通过 socket.io 实例，可将二者发送至 rdbChangeFeeds 函数中。这便是 Socket.IO 和 RethinkDB 集成的全部内容（唯一方式和全局方式）。

至此，我们在服务器端集成了 Koa、RethinkDB 和 Socket.IO，并创建了实时 API。这里的问题是，对于客户端，情况又当如何？如何监听发送自 API 的事件？下面将对此加以讨论。

17.4　将 Socket.IO 与 Nuxt 进行集成

本节将要创建的 Nuxt 应用程序与之前内容类似，其中，/users/目录包含下列 CRUD 操作，用于添加、更新、列出和删除用户。

```
users
├── index.vue
├── _slug.vue
├── add
```

```
│ └── index.vue
├── update
│ └── _slug.vue
└── delete
    └── _slug.vue
```

我们可复制第 16 章中的这些文件。在当前应用程序中，唯一的差别在于<script>块。在<script>块中，将通过监听来自 Socket.IO 服务器的 emit 事件，实时地列出用户。对此，需要使用 Socket.IO 客户端（参见 17.3.1）。下面介绍在 Nuxt 应用程序中的实现过程。

（1）通过 npm 将 Socket.IO 安装至 Nuxt 应用程序。

```
$ npm i socket.io-client
```

（2）针对 Nuxt 配置文件中应用程序的协议、主机名和跨域端口创建下列变量，以便在后续操作过程中可以对其进行复用。

```
// nuxt.config.js
const protocol = 'http'
const host = process.env.NODE_ENV === 'production' ? 'a-cool-domain-
name.com' : 'localhost'

const ports = {
  local: '8000',
  remote: '4000'
}

const remoteUrl = protocol + '://' + host + ':' + ports.remote + '/'
```

上述变量针对下列情形定义。

- 当 Nuxt 应用程序处于生产模式时，也就是说，当采用 npm run start 运行应用程序时，host 变量用于接收 a-cool-domain-name.com 值。
- ports 变量中的 local 键用于设置 Nuxt 应用程序的服务器端口，此处设置为 8000。记住，Nuxt 服务应用程序的默认端口为 3000。
- ports 变量中的 remote 键用于通知 Nuxt 应用程序 API 位于哪一个服务器端口上，此处为 4000。
- remoteUrl 变量用于连接上述 API 变量。

（3）将上述变量应用于 Nuxt 配置文件中的 env 和 server 选项中，如下所示。

```
// nuxt.config.js
export default {
  env: {
```

```
    remoteUrl
  },
  server: {
    port: ports.local,
    host: host
  }
}
```

因此，根据这一配置，即可在通过下列方法服务应用程序时再次访问 remoteUrl 变量。

- process.env.remoteUrl。
- context.env.remoteUrl。

此外，上述配置将 Nuxt 应用程序的默认服务器端口更改为 server 选项中的 8000。相应地，默认的端口为 3000，而默认的主机为 localhost。对于某些情况，可能希望使用不同的端口，下面考查如何更改这些端口。

注意：

关于 server 配置和其他选项（如 timing 和 https），读者可访问 https://nuxtjs.org/api/configuration-server。

关于 env 配置的更多信息，读者可访问 https://nuxtjs.org/api/configuration-envthe-env-property。

（4）安装 Nuxt Axios 和 Proxy 模块，并在 Nuxt 配置文件中对其进行配置，如下所示。

```
// nuxt.config.js
export default {
  modules: [
    '@nuxtjs/axios'
  ],

  axios: {
    proxy: true
  },

  proxy: {
    '/api/': {
      target: remoteUrl,
      pathRewrite: {'^/api/': ''}
    }
  }
}
```

注意，这里复用了 proxy 选项中的 remoteUrl 变量。因此，始于/api/所生成的每个 API 请求将被转换为 http://localhost:4000/api/。但是，在 API 中，路由中并未包含/api/，因此需要在 pathRewrite 选项中移除请求 URL 中的/api/部分，随后将其发送回 API。

（5）在/plugin/目录中创建一个插件，以抽象 Socket.IO 客户端实例，以便在其他处对其加以复用。

```
// plugins/socket.io.js
import io from 'socket.io-client'

const remoteUrl = process.env.remoteUrl
const socket = io(remoteUrl)

export default socket
```

注意，我们通过 Socket.IO 客户端实例中的 process.env.remoteUrl 复用了 remoteUrl 变量。这意味着，Socket.IO 客户端将在 localhost:4000 处调用 localhost:4000 服务器。

（6）将 socket.io 客户端插件导入<script>块中，并通过 index 文件中的@nuxtjs/axios 模块获取用户列表。该索引文件被保存于 pages 下的/users/目录中。

```
// pages/users/index.vue
import socket from '~/plugins/socket.io'

export default {
  async asyncData ({ error, $axios }) {
    try {
      let { data } = await $axios.get('/api/users')
      return { users: data.data }
    } catch (err) {
      // Handle the error.
    }
  }
}
```

（7）在利用 asyncData 方法获取并设置了用户后，即可使用 Socket.IO 插件针对服务器中的最新实时输入内容以监听 mounted 方法中的 user.changefeeds 事件，如下所示。

```
// pages/users/index.vue
export default {
  async asyncData ({ error, $axios }) {
    //...
  },
  mounted () {
    socket.on('user.changefeeds', data => {
```

```
      if (data.new_val === undefined && data.old_val === undefined){
        return
      }
      //...
    })
  }
}
```

可以看到，一般会检查 data 回调以确保 new_val 和 old_val 均被定义于输入内容中。换言之，在执行后续代码行之前，应确保这两个键始终出现于输入中。

（8）在检查完毕后，如果接收到 new_val 键中的数据，但 old_val 键为空，那么这意味着新用户已被添加至服务器中。如果从服务器端获得一项新输入，那么将使用 JavaScript 的 unshift 函数将新用户数据前置到 user 数组的顶部，如下所示。

```
// pages/users/index.vue
mounted () {
  //...
  if(data.old_val === null && data.new_val !== null) {
    this.users.unshift(data.new_val)
  }
}
```

如果接收到 old_val 键中的数据，但 new_val 键为空，那么这意味着现有用户已从服务器中被删除。当通过索引（数组中的位置）从数组中弹出已有用户时，可以使用 JavaScript 的 splice 函数。但是，首先需要使用 JavaScript map 函数通过用户的 ID 查找其索引，如下所示。

```
// pages/users/index.vue
mounted () {
  //...
  if(data.new_val === null && data.old_val !== null) {
    var id = data.old_val.id
    var index = this.users.map(el => {
      return el.id
    }).indexOf(id)
    this.users.splice(index, 1)
  }
}
```

最后，如果接收到 new_val 和 old_val 键中的数据，那么这意味着当前用户已被更新。因此，如果用户已被更新，那么首先需要查找用户在数组中的索引，并随后利用 JavaScript splice 函数对其进行替换，如下所示。

```
// pages/users/index.vue
mounted () {
  //...
  if(data.new_val !== null && data.old_val !== null) {
    var id = data.new_val.id
    var index = this.users.findIndex(item => item.id === id)
    this.users.splice(index, 1, data.new_val)
  }
}
```

注意，我们使用了 JavaScript findIndex 函数作为 map 函数的替代方案。

注意：

针对操控 JavaScript 数组，如果读者想了解本书已使用的关于 JavaScript 标准内建函数的更多信息，则可访问下列链接。

- unshift 函数：https://developer.mozilla.org/en-US/docs/Web/JavaScript/Reference/Global_Objects/Array/unshift。
- splice 函数：https://developer.mozilla.org/en-US/docs/Web/JavaScript/Reference/Global_Objects/Array/splice。
- map 函数：https://developer.mozilla.org/en-US/docs/Web/JavaScript/Reference/Global_Objects/Array/map。
- findIndex 函数：https://developer.mozilla.org/en-US/docs/Web/JavaScript/Reference/Global_Objects/Array/findIndex。

（9）将下列模板添加至<template>块中以显示用户，如下所示。

```
// pages/users/index.vue
<div>
  <h1>Users</h1>
  <ul>
    <li v-for="user in users" v-bind:key="user.uuid">
      <nuxt-link :to="'/users/' + user.slug">
        {{ user.name }}
      </nuxt-link>
    </li>
  </ul>
  <nuxt-link to="/users/add">
    Add New
  </nuxt-link>
</div>
```

在该模板中，我们利用 v-for 简单地循环遍历从 asyncData 方法中获得的用户数据，并将用户 uuid 绑定至每个元素上 。随后，出现于 mounted 方法中的任何实时输入将以响应方式更新用户数据和模板。

（10）利用 npm run dev 运行 Nuxt 应用程序。在终端上，应可看到下列信息。

```
Listening on: http://localhost:8000/
```

（11）在浏览器上并列地打开两个浏览器，或并列地打开两个不同的浏览器，随后访问 localhost:8000/users。在 localhost:8000/users/add 处，从选项卡（或浏览器）之一添加新用户。随后应可看到，新增加的用户将以实时方式即刻、同时显示在全部选项卡（或浏览器）中，且无须执行刷操作新。

注意：

读者可访问 GitHub 存储库中的/chapter-17/frontend/和 chapter-17/backend/部分查看本章的全部代码和应用程序。

17.5　本 章 小 结

本章安装和使用了 RethinkDB 和 Socket.IO，并将普通的后端 API 和前端 Nuxt 应用程序转换为实时应用程序。利用 RethinkDB Administration UI，我们通过 RethinkDB 在服务器端上执行创建、读取、更新和删除操作管理 JSON 数据，随后将 RethinkDB 客户端驱动程序与 Koa 进行结合使用。最为重要的是，本章介绍了通过 RethinkDB Administration UI 学习了如何管控 RethinkDB 中的实时输入，随后在服务器端将其与 Socket.IO 服务器和 Koa 进行集成。进一步讲，我们使用了 Socket.IO 服务器发送包含自定义事件的数据和 Socket.IO 客户端，进而监听事件并利用 Nuxt 应用程序捕捉客户端的实时数据。

第 18 章将通过第三方 API 进一步考查 Nuxt 应用程序，如内容管理系统（CMS）和 GraphQL。其间将了解 WordPress、Keystone 和 GraphQL。随后，我们将学习如何创建自定义内容类型和自定义路由并扩展 WordPress，以便将其与 Nuxt 和 WordPress 项目中的流式远程图像进行集成。此外，我们还将利用 Keystone 开发自定义 CMS、针对 Ketstone 应用程序开发安装和保护 PostgreSQL，以及 MongoDB 的安全机制（MongoDB 的安装参见第 9 章）。更为重要的是，我们将讨论 REST API 和 GraphQL API 间的差别，利用 GraphQL.js、Express 和 Apollo Server 构建 GraphQL API，理解 GraphQL 模式及其解析器，使用 Keystone GraphQL，并随后将它们与 Nuxt 进行集成。

第 18 章　利用 CMS 和 GraphQL 创建 Nuxt 应用程序

在前述章节中，我们从头开始创建了 API 以便与 Nuxt 应用程序协同工作。构建个人化的 API 是一件令人愉快的事情，但可能并不适合每一种情况。自底向上构建一个 API 是十分耗时的。本章将考查能够提供所需 API 服务的第三方系统，且无须从头开始对其进行构建。理想状态下，我们需要一个能够管理内容的系统，即内容管理系统（CMS）。

WordPress 和 Drupal 是较为流行的 CMS，其中包含了值得研究的 API。本书将采用 WordPress，除了 WordPress 这一类 CMS，我们还将考查无头（headless）CMS。无头 CMS 与 WrodPress 类似，但它是一类纯 API 服务且不包含前端表达，这也可以在 Nuxt 中予以实现，就像我们在本书中一直所做的那样。Keystone 也是本书将要讨论的无头 CMS。但是，WordPress API 和 Keystone API 是两种不同的 API。特别地，WordPress 是一个 REST API，而 Keystone 则是一个 GraphQL API。简言之，REST API 是一个 API，该 API 使用 HTTP 请求以 GET、PUT、POST 和 DELETE 数据。前述章节常见的 API 均为 REST API。GraphQL 则是一个实现了 GraphQL 规范（技术标准）的 API。

GraphQL API 是 REST API 的替代方案，当采用这两种不同类型的 API 时，为了描述相同结果的传送方式，我们将使用第 4 章提供的 Nuxt 应用程序示例站点。读者可访问 GitHub 存储库中的/chapter-4/nuxt-universal/sample-website/部分查看该示例。其间，我们将重构已有的页面（主页、About 页面、项目页面、内容页面和项目子页面），其中包含了文本和图像（特征图像、全屏图像和项目图像）。此外，我们还将通过获取 API 中的数据重构导航机制，而非对其进行硬编码，这与前述章节中的其他 Nuxt 应用程序类似。通过 CMS，我们可通过 API 以动态方式获取导航数据，而与是否为 REST 或 GraphQL API 无关。

进一步讲，我们将利用这些 CMS 生成静态 Nuxt 页面（第 14 章和第 15 章曾对此有所讨论）。在阅读完本章后，读者将对本章内容有一个完整的认识。

本章主要涉及以下主题。

- 在 WordPress 中创建无头 REST API。
- Keystone 简介。
- GraphQL 简介。

- 集成 Keystone、GraphQL 和 Nuxt。

18.1　在 WordPress 中创建无头 REST API

WordPress（WordPress.org）是一个通用站点开发的开源 PHP CMS。在默认状态下，WordPress 并不是“无头”的，它通过一个模板系统被叠加。这意味着，视图和数据是交织在一起的。然而，自 2015 年（WordPress 4.4）以来，REST API 基础设施已被集成至 WordPress 内核中以供开发者使用。当前，如果向基于站点的 URL 中添加/wp-json/，则可以访问所有的默认端点。此外，还可扩展 WordPress REST API，并添加自己的自定义端点。因此，通过忽略视图，可方便地将 WordPress 用作“无头”REST API。稍后将对此加以讨论。为了加速开发过程，我们将安装下列 WordPress 插件。

- Advanced Custom Fields（ACF）：创建元框体（meta box）。关于该插件的更多信息，读者可访问 https://www.advancedcustomfields.com/。
- The ACF Repeater Field：创建可重复的子字段集合。这是一个 ACF 的附加扩展（https://www.advancedcustomfields.com/add-ons/）。读者可访问 https://www.advancedcustomfields.com/add-ons/repeater-field/购买。另外，在默认状态下，读者还可从 ACF PRO 处获取该插件，对应网址为 https://www.advancedcustomfields.com/pro/。
- Rewrite Rules Inspector：查看和刷新 WordPress 中的重写规则。关于该插件的更多信息，读者可访问 https://wordpress.org/plugins/rewrite-rules-inspector/。

另外，读者还可创建自己的插件和元框体。关于如何创建自定义元框体，读者可访问 https://developer.wordpress.org/plugins/metadata/custom-meta-boxes/。另外，读者还可访问 https://developer.wordpress.org/plugins/intro/以查看如何开发自定义插件。

注意：

关于 WordPress REST API 的更多信息，读者可访问 https://developer.wordpress.org/rest-api/。

当利用这些插件或自己的插件开发和扩展 WordPress REST API 时，首先需要下载 WordPress，并在机器上安装该程序。接下来将讨论其安装方式。

18.1.1　安装 WordPress 并创建第一个页面

WordPress 存在多种安装和服务方式。

- ❑ 解压下载后的 WordPress.zip 文件，并在相应的目录中对其进行安装。
- ❑ 使用 WordPress CLI（https://make.wordpress.org/cli/handbook/或 https://wp-cli.org/）。
- ❑ 通过 Apache 设置一个端口（稍显复杂）。
- ❑ 使用内建的 PHP 服务器。

本书将使用内建的 PHP 服务器，这也是启动 WordPress 最为简单的方式；另外，如果将来需要的话，还可以更容易地移动该服务器，只要该服务器处于同一个端口，如 localhost:4000。

（1）创建一个目录（使其可写），并于其中下载和解压 WordPress。对此，可访问 https://wordpress.org/下载 WordPress。在解压后的 WordPress 目录中，应该会看到一些包含/wp-admin/、/wp-content/和/wp-includes/目录的 php 文件。

（2）通过 PHP Adminer 创建一个 MySQL 数据库（如 nuxt-wordpress）。

（3）访问当前目录并利用内建 PHP 服务 WordPress，如下所示。

```
$ php -S localhost:4000
```

（4）在浏览器中访问 localhost:4000 并通过所需的 MySQL 证书（数据库名、用户名和密码）和 WordPress 用户账户信息（用户名、密码和电子邮件地址）安装 WordPress。

（5）访问 localhost:4000/wp-admin/，利用用户证书登录 WordPress 管理 UI，并在 Pages 标记下创建一些主页（Home 页、About 页、项目页和联系方式页）。

（6）导航至 Appearance 下方的 Menus，向 Menu Name 输入框中添加 menu-main 进而创建一个站点访问。

（7）选取 Add menu items 下的所有页面（联系方式页面、About 页面、项目页面、Home 页面），单击 Add to Menu 将其添加至 menu-main 中以作为导航条目。相应地，可拖曳和排序条目，以便通过下列顺序读取：Home、About、项目、联系方式。随后单击 Save Menu 按钮。

（8）（可选）在 Settings 下的 Permalinks 中，将 Plain 选项中的 WordPress 永久链接更改为 Custom Structure（例如，对应值为/%postname%/）。

（9）下载之前提到的插件，并将其解压至/plugins/目录中。这可在/wp-content/目录中进行查看。随后通过管理 UI 对其进行激活。

当查看 nuxt-wordpress 数据库中的 wp_options 表时，应可看到端口 4000 已被成功地记录至 siteurl 和 home 字段中。因此，从现在起，只要我们在当前端口采用内置的 PHP 服务器运行 WordPress 项目，就可以直接移动该项目。

虽然已经持有了 WordPress 中的主页面和导航数据，但仍需要 Projects 页面的子页面数据。我们可将这些数据添加至 Page 标记中并随后将其绑定至 Projects 页面中。但这些页面将共享相同的内容类型（这在 WordPress 中被称作文章类型）——page 文章类型。对此，较好的做法是将这些页面组织至一个独立的文章类型中，以便更加方便地对其进行管理。稍后将介绍如何在 WordPress 中创建自定义文章类型。

注意：

关于 WordPress 安装过程的更多信息，读者可访问 https://wordpress.org/support/article/how-to-install-wordpress/。

18.1.2　在 WordPress 中创建自定义文章类型

我们可以在任何 WordPress 主题的 functions.php 文件中创建自定义的文章类型。但是，由于我们并不打算使用 WordPress 模板系统发送内容视图，因此可以仅扩展之前 WordPress 提供的默认主题中的 child theme。随后需要激活 Appearance 下 Themes 中的这一子主题。这里，我们将采用"Twenty Nineteen"主题扩展子主题，并随后创建自定义文章类型。

（1）在/themes/目录中创建一个名为 twentynineteen-child 的目录，并创建涵盖下列内容的 style.css 文件。

```
// wp-content/themes/twentynineteen-child/style.css
/*
 Theme Name: Twenty Nineteen Child
 Template: twentynineteen
 Text Domain: twentynineteenchild
*/

@import url("../twentynineteen/style.css");
```

Theme Name、Template 和 Text Domain 为扩展某一主题时所需的最小限度的头注释，随后导入其父元素的 style.css 文件。这些头注释内容必须置于文件的上方。

注意：

如果需要在子主题中包含更多的头注释，可访问 https://developer.wordpress.org/themes/advanced-topics/child- themes/。

（2）在/twentynineteen-child/目录中创建一个 functions.php 文件，并通过该格式和 WordPress 的 register_post_type 函数创建自定义文章类型，如下所示。

```
// wp-content/themes/twentynineteen-child/functions.php
function create_something () {
```

```
    register_post_type('<name>', <args>);
}
add_action('init', 'create_something');
```

当添加自定义文章类型时，仅需使用 project 作为类型名，并提供一些参数即可。

```
// wp-content/themes/twentynineteen-child/functions.php
function create_project_post_type () {
    register_post_type('project', $args);
}
add_action('init', 'create_project_post_type');
```

我们可将标记和需要支持的内容字段添加至自定义文章类型 UI 中，如下所示。

```
$args = [
    'labels' => [
        'name' => __('Project (Pages)'),
        'singular_name' => __('Project'),
        'all_items' => 'All Projects'
    ],
    //...
    'supports' => ['title', 'editor', 'thumbnail', 'pageattributes'],
];
```

注意：

关于 register_post_type 函数的更多信息，读者可访问 https://developer.wordpress.org/reference/functions/register_post_type/。

关于自定义文章类型 UI 的更多信息，读者可访问 https://wordpress.org/plugins/custom-post-type-ui/。

（3）（可选）针对当前自定义文章类型，还可添加对 category 和 tag 的支持，如下所示。

```
'taxonomies' => [
    'category',
    'post_tag'
],
```

然而，这些内容均为全局分类和标签实例，这意味着将与其他文章类型进行共享，如 Page 和 Post 文章类型。因此，如果打算仅针对 Project 文章类型指定特定的分类，则可使用下列代码。

```
// wp-content/themes/twentynineteen-child/functions.php
add_action('init', 'create_project_categories');
```

```
function create_project_categories(
    $args = [
        'label' => __('Categories'),
        'has_archive' => true,
        'hierarchical' => true,
        'rewrite' => [
            'slug' => 'project',
            'with_front' => false
        ],
    ];
    $postTypes = ['project'];
    $taxonomy = 'project-category';
    register_taxonomy($taxonomy, $postTypes, $args);
}
```

注意：

关于注册分类的更多信息，读者可访问 https://developer.wordpress.org/reference/functions/register_taxonomy/。

（4）（可选）如果发现难以使用，较好的做法是针对全部文章类型禁用 Gutenberg。

```
// wp-content/themes/twentynineteen-child/functions.php
add_filter('use_block_editor_for_post', '__return_false', 10);
add_filter('use_block_editor_for_post_type', '__return_false', 10);
```

（5）激活 WordPress 管理 UI 中的子页面，并向 Projects 标记中添加 project 类型页面。

不难发现，将内容添加至项目页面中的可用内容字段（title、editor、thumbnail、page-attributes）十分有限。相应地，我们需要更多的特定内容字段，如添加多个项目图像和全屏图像的内容字段。同样，home 页面中也会出现相同的问题，因为需要另一个内容字段以便可添加多幅幻灯片图像。当添加多内容字段时，需要使用自定义元框体。对此，可使用 ACF 插件，或创建自己的自定义元框体，并将其包含至 functions.php 文件中，或者作为插件创建它们。另外，还可使用另一个不同的元框体插件，如 Meta Box（https://metabox.io/）。

一旦创建了自定义内容字段并将所需内容添加至每个项目页面中，就可以针对项目页面、主页面和导航扩展 WordPress REST API，稍后将讨论其实现方式。

18.1.3　扩展 WordPress REST API

WordPress REST API 可通过/wp-json/进行访问，同时也是添加至基于站点的 URL 的入口路由。例如，通过访问 localhost:4000/wp-json/，我们可以看到全部的有效路由，以及每个路由中的有效端点，即 GET 或 POST 端点。例如，/wp-json/wp/v2/pages 路由包含一个列出页面的 GET 端点和一个创建页面的 POST 端点。关于默认路由和端点的更多信息，读者可访问 https://developer.wordpress.org/rest-api/reference/。

然而，对于自定义文章类型和自定义内容字段，则需要使用自定义路由和端点。通过 functions.php 文件中的 register_rest_route 函数对这些内容进行注册，可以创建它们的自定义版本，如下所示。

```
add_action('rest_api_init', function () { , and then followed by the
available endpoint
    $args = [
        'methods' => 'GET',
        'callback' => '<do_something>',
    ];
    register_rest_route(<namespace>, <route>, $args);
});
```

接下来讨论如何扩展 WordPress REST API。

（1）创建一个全局命名空间和端点，以获取导航和单一页面。

```
// wp-content/themes/twentynineteen-child/functions.php
$namespace = 'api/v1/';

add_action('rest_api_init', function () use ($namespace) {
    $route = 'menu';
    $args = [
        'methods' => 'GET',
        'callback' => 'fetch_menu',
    ];
    register_rest_route($namespace, $route, $args);
});

add_action('rest_api_init', function () use ($namespace) {
    $route = 'page/(?P<slug>[a-zA-Z0-9-]+)';
    $args = [
        'methods' => 'GET',
        'callback' => 'fetch_page',
    ];
    register_rest_route($namespace, $route, $args);
});
```

可以看到，通过匿名函数中的PHP use关键字，我们将全局命名空间传递至add_action的每个块中。关于 PHP use 关键字和匿名函数的更多信息，读者可访问 https://www.php.net/manual/en/functions.anonymous.php。

注意：

关于 WordPress 中的 register_rest_route 函数的更多信息，读者可访问 https://developer.wordpress.org/reference/functions/register_rest_route/。

（2）创建端点以获取单一项目页面并列出项目页面。

```
// wp-content/themes/twentynineteen-child/functions.php
add_action('rest_api_init', function () use ($namespace) {
    $route = 'project/(?P<slug>[a-zA-Z0-9-]+)';
    $args = [
        'methods' => 'GET',
        'callback' => 'fetch_project',
    ];
    register_rest_route($namespace, $route, $args);
});

add_action('rest_api_init', function () use ($namespace) {
    $route = 'projects/(?P<page_number>\d+)';
    $args = [
        'methods' => 'GET',
        'callback' => 'fetch_projects',
    ];
    register_rest_route($namespace, $route, $args);
});
```

（3）创建 fetch_menu 函数以获取 menu-main 导航条目。

```
// wp-content/themes/twentynineteen-child/functions.php
function fetch_menu ($data) {
    $menu_items = wp_get_nav_menu_items('menu-main');

    if (empty($menu_items)) {
        return [];
    }

    return $menu_items;
}
```

我们使用 WordPress 中的 wp_get_nav_menu_items 函数获取对应的导航。

注意：

关于 wp_get_nav_menu_items 函数的更多信息，读者可访问 https://developer.wordpress.org/reference/functions/wp_ get_nav_menu_items/。

（4）创建一个 fetch_page 函数，以获取基于 slug（或路径）的页面。

```
// wp-content/themes/twentynineteen-child/functions.php
function fetch_page ($data) {
    $post = get_page_by_path($data['slug'], OBJECT, 'page');

    if (!count((array)$post)) {
        return [];
    }
    $post->slides = get_field('slide_items', $post->ID);

    return $post;
}
```

这里使用了 WordPress 中的 get_page_by_path 函数获取相应的页面。关于 get_page_by_path 函数的更多信息，读者可访问 https://developer.wordpress.org/reference/functions/get_page_by_path/。

此外，我们还使用了 ACF 插件中的 get_field 函数获取绑定于页面上的幻灯片图像列表，并将其作为 slides 推送至$post 对象中。关于 get_field 函数的更多信息，读者可访问 https://www.advancedcustomfields.com/resources/get_field/。

（5）创建 fetch_project 函数以获取单一项目页面。

```
// wp-content/themes/twentynineteen-child/functions.php
function fetch_project ($data) {
    $post = get_page_by_path($data['slug'], OBJECT, 'project');

    if (!count((array)$post)) {
        return [];
    }
    $post->fullscreen = get_field('full_screen_image', $post->ID);
    $post->images = get_field('image_items', $post->ID);

    return $post;
}
```

我们再次使用了 WordPress 中的 get_page_by_path 函数获取一个页面，并使用 ACF 中的 get_field 函数获取绑定于项目页面中的图像（全屏图像和项目图像），随后将其作为 fullscreen 和 images 推送至$post 对象中。

（6）创建一个 fetch_projects 函数获取项目页面列表，且每个页面包含 6 个条目。

```
// wp-content/themes/twentynineteen-child/functions.php
function fetch_projects ($data) {
    $paged = $data['page_number'] ? $data['page_number'] : 1;
    $posts_per_page = 6;
    $post_type = 'project';
    $args = [
        'post_type' => $post_type,
        'post_status' => ['publish'],
        'posts_per_page' => $posts_per_page,
        'paged' => $paged,
        'orderby' => 'date'
    ];
    $posts = get_posts($args);

    if (empty($posts)) {
        return [];
    }

    foreach ($posts as &$post) {
        $post->featured_image = get_the_post_thumbnail_url($post->ID);
    }
    return $posts;
}
```

这里使用了 WordPress 中的 get_posts 函数，并通过所需参数获取相应的列表。关于 get_posts 函数的更多信息，读者可访问 https://developer.wordpress.org/reference/functions/get_ posts/。

随后遍历每个项目页面并将其特征图像推送至 WordPress 的 get_the_post_thumbnail_url 函数中。关于 get_the_post_thumbnail_url 函数的更多信息，读者可访问 https://developer.wordpress.org/reference/functions/get_the_post_thumbnail_url/。

（7）为了对项目页面进行分页，还需要计算相关数据（上一个页码和下一个页码）。所以，不只是返回$post，而是将其作为下列数组（基于分页数据）的条目进行返回。

```
$total = wp_count_posts($post_type);
$total_max_pages = ceil($total->publish / $posts_per_page);

return [
   'items' => $posts,
```

```
    'total_pages' => $total_max_pages,
    'current_page' => (int)$paged,
    'next_page' => (int)$paged === (int)$total_max_pages ? null :
      $paged + 1,
    'prev_page' => (int) $paged === 1 ? null : $paged - 1,
];
```

此处使用了 wp_count_posts 函数计算所有的发布项目页面。关于 wp_count_posts 函数的更多信息，读者可访问 https://developer.wordpress.org/reference/functions/wp_count_posts/。

（8）登录 WordPress 管理 UI，访问 Tools 下的 Rewrite Rules，单击 Flush Rules 刷新 WordPress 的重写规则。

（9）在浏览器中测试刚刚创建的自定义 API 路由。

```
/wp-json/api/v1/menu
/wp-json/api/v1/page/<slug>
/wp-json/api/v1/projects/<number>
/wp-json/api/v1/project/<slug>
```

在浏览器屏幕上，我们可以看到一些 JSON 原始数据。这些 JSON 原始数据可能难以阅读，对此，可使用一个 JSON 验证器 JSONLint（https://jsonlint.com/）以更好地输出数据。此外，也可以仅使用 Firefox，其中包含与良好的数据格式化输出相关的选项。

注意：

读者可访问 GitHub 存储库中的/chapter-8/cross-domain/backend/wordpress/部分查看当前示例的签证代码。其中还包括一个示例数据库（nuxt-wordpress.sql）。在这一示例数据库中，登录 WordPress 管理 UI 的默认用户名和密码均为 admin。

至此，我们成功地扩展了 WordPress REST API，进而支持自定义文章类型。我们无须在 WordPress 中开发新的主题以查看内容，因为这将由 Nuxt 进行处理。另外，我们还能够保留 WordPress 的现有主题并预览相关内容。这意味着，仅采用 WordPress 并以远程方式托管站点内容，包括所有的多媒体文件（图像、视频等）。进一步讲，我们可通过 Nuxt 生成静态页面，并实现 WordPress 和 Nuxt 项目之间的多媒体文件流动，从而可采用本地方式对其进行托管。稍后介绍其实现方式。

18.1.4　集成 Nuxt 和 WordPress 中的流式图像

Nuxt 与 WordPress REST API 之间的集成类似于前述章节讨论的跨域 API 集成。本节将改进加载图像的插件（必须位于/assets/目录中）。但是，由于图像被上传至 WordPress

CMS 并保存在 WordPress 项目的/uploads/目录中，因此需要重构数据资源加载器插件，以使图像位于/assets/目录中。否则，我们仅需以远程方式从 WordPress 中加载它们。

（1）在 Nuxt 配置文件中，针对 Axios 实例设置 remote URL，如下所示。

```
// nuxt.config.js
const protocol = 'http'
const host = process.env.NODE_ENV === 'production' ? 'yourdomain.
com' : 'localhost'
const ports = {
 local: '3000',
 remote: '4000'
}
const remoteUrl = protocol + '://' + host + ':' + ports.remote

module.exports = {
 env: {
    remoteUrl: remoteUrl,
 }
}
```

（2）创建一个 Axios 实例，并将其作为$axios 直接注入 Nuxt 上下文中。另外，还需要使用 inject 函数将这一 Axios 实例添加至上下文的 app 选项中。

```
// plugins/axios.js
import axios from 'axios'

let baseURL = process.env.remoteUrl
const api = axios.create({ baseURL })

export default (ctx, inject) => {
 ctx.$axios = api
 inject('axios', api)
}
```

（3）重构数据资源加载器插件，如下所示。

```
// plugins/utils.js
import Vue from 'vue'

Vue.prototype.$loadAssetImage = src => {
   var array = src.split('/')
   var last = [...array].pop()
   if (process.server && process.env.streamRemoteResource === true){
```

```
    var { streamResource } = require('~/assets/js/stream-resource')
    streamResource(src, last)
    return
  }

  try {
    return require('~/assets/images/' + last)
  } catch (e) {
    return src
  }
}
```

因此，可将图像 URL 划分为一个数组，从数组最后一个条目中获取图像的文件名（如 my-image.jpg），并将其存储在 last 变量中。随后，通过文件名（last）可采用本地方式使用相应的图像。如果产生错误，则表明对应图像不存在于/assets/目录中，因此仅需返回图像的原 URL（src）。

当应用程序运行于服务器端且 streamRemoteResource 为 true 时，即可通过 streamResource 函数在远程 URL 和/assets/之间实现流式图像。稍后将会看到如何创建该选项（类似于 remoteURL 选项）。

（4）利用/assets/目录中的 streamResource 函数创建一个 stream-resource.js 文件，如下所示。

```
// assets/js/stream-resource.js
import axios from 'axios'
import fs from 'fs'

export const streamResource = async (src, last) => {
  const file = fs.createWriteStream('./assets/images/' + last)
  const { data } = await axios({
    url: src,
    method: 'GET',
    responseType: 'stream'
  })
  data.pipe(file)
}
```

在该函数中，通过将 stream 指定为响应类型，我们采用了普通的 Axios 请求远程资源数据。随后使用 Node.js 内建文件系统（fs）包中的 createWriteStream 函数以及对应路径在/assets/目录中创建图像。

注意：

关于 fs 包及其 createWriteStream 函数的更多内容，读者可访问 https://nodejs.org/api/fs.html 和 https://nodejs.org/api/fs.htmlfs_fs_createwritestream_path_options

关于响应数据中 Node.js 流的 pipe 事件以及 Node.js 自身，读者可访问 https://nodejs.org/api/stream.htmlstream_event_pipe 和 https://nodejs.org/api/stream.htmlstream_stream。

（5）在 Nuxt 配置文件中注册两个插件。

```
// nuxt.config.js
plugins: [
  '~/plugins/axios.js',
  '~/plugins/utils.js',
],
```

（6）重构/pages/目录中主页的 index.vue 文件以使用这两个插件，如下所示。

```
// pages/index.vue
async asyncData ({ error, $axios }) {
  let { data } = await $axios.get('/wp-json/api/v1/page/home')
  return {
    post: data
  }
}

<template v-for="slide in post.slides">
  <img :src="$loadAssetImage(slide.image.sizes.medium_large)">
</template>
```

这里使用了插件中的$axios 请求 WordPress API。在接收到相关数据后，可在<template>块中对其进行填写。另外，$loadAssetImage 函数用于运行与加载和处理图像相关的逻辑。

/pages/目录中的其余页面也应被重构并遵循与主页相同的模式，包括/about.vue、/contact.vue、/projects/index.vue、/projects/_slug.vue 和/projects/pages/_number.vue。此外，还需对/components/目录中的组件执行此项任务，即/projects/project-items.vue。

（7）利用自定义环境变量 NUXT_ENV_GEN 创建另一个脚本命令，并将 stream 作为其值（在 Nuxt 项目的 package.json 文件中）。

```
// package.json
"scripts": {
  "generate": "nuxt generate",
  "stream": "NUXT_ENV_GEN=stream nuxt generate"
}
```

在 Nuxt 中，如果在 package.json 文件中创建了一个以 NUXT_ENV_为前缀的环境变量，则该变量将自动被注入 Node.js 处理环境中。此后，可通过应用程序的 process.env 对象对其进行访问，包括 Nuxt 配置文件中设置的其他自定义属性。

注意：

关于 Nuxt 中 env 属性的更多信息，读者可访问 https://nuxtjs.org/api/configuration-env/。

（8）在 Nuxt 配置文件的 env 属性中，定义数据资源加载器插件〔步骤（3）曾对此进行重构〕的 streamRemoteResource 选项，如下所示。

```
// nuxt.config.js
env: {
  streamRemoteResource: process.env.NUXT_ENV_GEN === 'stream' ?
    true : false
},
```

当获取 NUXT_ENV_GEN 环境变量中的 stream 值时，streamRemoteResource 选项将被设置为 true；否则该选项被设置为 false。因此，如果该选项被设置为 true，那么数据资源加载器插件将把远程资源以流式方式处理至/assets/目录中。

（9）（可选）如果出于未知原因，Nuxt 爬虫程序无法检测动态路由，那么将在 Nuxt 配置文件中以手动方式在 generate 选项中生成这些路由，如下所示。

```
// nuxt.config.js
import axios from 'axios'
export default {
  generate: {
    routes: async function () {
      const projects = await axios.get(remoteUrl + '/wp-json/
api/v1/projects')
      const routesProjects = projects.data.map((project) => {
        return {
          route: '/projects/' + project.post_name,
          payload: project
        }
      })

      let totalMaxPages = Math.ceil(routesProjects.length / 6)
      let pagesProjects = []
      Array(totalMaxPages).fill().map((item, index) => {
        pagesProjects.push({
          route: '/projects/pages/' + (index + 1),
```

```
        payload: null
      })
    })
    const routes = [ ...routesProjects, ...pagesProjects ]
    return routes
  }
 }
}
```

在这一可选步骤中，我们使用 Axios 获取属于 projects 文章类型的全部子页面，并使用 JavaScript map 方法遍历这些页面以生成其路由。随后通过子页面的数量计算最大页面数量（totalMaxPages），即子页面除以 6（每个页面 6 个条目）。接下来将 totalMaxPages 数量转换为一个数组，即使用 JavaScript Array 对象和 JavaScript 的 fill、map 和 push 方法遍历数组以生成用于分页的动态路由。最后，通过 JavaScript 的扩展操作符将子页面和分页中的路由连接起来，然后将其作为单个数组返回给 Nuxt 以生成动态路由。

注意：

关于 JavaScript 的 map、fill 和 push 方法的更多信息，读者可分别访问 https://developer.mozilla.org/en-US/docs/Web/JavaScript/Reference/Global_Objects/Array/map、https://developer.mozilla.org/en-US/docs/Web/JavaScript/Reference/Global_Objects/Array/fill 和 https://developer.mozilla.org/en-US/docs/Web/JavaScript/Reference/Global_Objects/Array/push。

（10）在终端上先后运行 stream 命令和 generate 命令，如下所示。

```
$ npm run stream && npm run generate
```

通过生成第一批静态文件，我们使用 stream 命令将远程资源以流式方式处理至/assets/文件夹中，随后采用 generate 命令重新生成静态页面。此时，webpack 将处理/assets/目录中的图像，并将其与静态页面一起导出至/dist/文件夹中。因此，在这些命令运行完毕后，应可看到远程资源以流式方式被处理至/assets/和/dist/目录中。读者可访问这两个目录并查看下载后的资源。

注意：

读者可访问 GitHub 存储库中的/chapter-8/cross-domain/frontend/nuxt-universal/nuxt-wordpress/axios-vanilla/部分查看本节的 Nuxt 应用程序。

至此，我们成功地将 Nuxt 与 WordPress REST API 进行集成，并通过流式方式处理静态页面的远程资源。由于 WordPress 并未遵循 PHP 标准建议（PSR，https://www.php-fig.org/），同时包含自身的处理方式，因此 WordPress 并非一种通用方案。然而，

WordPress 在 PSR 和许多现代 HP 框架之前于 2003 年发布，因而一直以来可支持大量的商业和个人行为。当然，WordPress 并未停止发展的脚步，并向编辑和开发人员提供了用户友好的管理 UI。

除了 WordPress API，还存在其他一些选择方案。接下来将考查 REST API 的替代方案 GraphQL，以及 Node.js 中 WordPress 的替代方案 Keystone。Keystone 使用 GraphQL 传送其 API。下面在深入讨论 GraphQL 之前，首先讨论 Keystone 以及如何开发自定义 CMS。

18.2 Keystone 简介

Keystone 是一个可扩展的无头 CMS，用于构建 Node.js 中的 GraphQL API。Keystone 是开源的，并配置了较好的管理 UI 以管理内容。类似于 WordPress，可在 Keystone 中创建名为 lists 的自定义内容类型，并随后通过 GraphQL API 查询内容。正如 REST API 那样，我们可从源中创建 lists，并可针对 API 添加所需内容，因而 Keystone 具有高度的可伸缩性和可扩展性。

当使用 Keystone 时，需要准备存储相关内容的数据库。Keystone 支持 MongoDB 和 PostgreSQL。相应地，需要对此进行安装和配置，并获取 Keystone 的连接字符串。第 9 章曾讨论了 MongoDB 且同样适用于 Keystone。接下来将讨论与 PostgreSQL 相关的问题。

注意：

关于 Keystone 的更多信息，读者可访问 https://www.keystonejs.com/。

18.2.1 PostgreSQL 的安装和安全机制（Ubuntu）

PostgreSQL（也称作 Postgre）是一个对象-关系数据库系统，且经常与 MySQL 进行比较，后者则是一个（纯）关系型数据库管理系统（RDBMS）。PostgreSQL 和 MySQL 均是开源的且都使用了表，但二者仍存在一些差别。

例如：Postgres 在很大程度上兼容 SQL，而 MySQL 是部分兼容的；MySQL 在读取速度方面执行得更快，而 PostgreSQL 则在注入复杂查询方面更快。关于 Postgres 的更多信息，读者可访问 https://www.postgresql.org/。

我们可以在不同的操作系统上安装 PostgresSQL，包括 Linux、macOS 和 Windows。根据所使用的操作系统，用户可访问 https://www.postgresql.org/download/查看官方指南，进而在机器上安装 PostgresSQL。下面将介绍如何在 Linux（特别是 Ubuntu）上安装 PostgresSQL 及其安全机制。

（1）更新本地包索引，并使用 Ubuntu 的 apt 包系统安装 Ubuntu 默认存储库中的 PostgresSQL。

```
$ sudo apt update
$ sudo apt install postgresql postgresql-contrib
```

（2）检验版本进而验证 PostgresSQL。

```
$ psql -v
```

如果看到下列信息，则表明安装成功。

```
/usr/lib/postgresql/12/bin/psql: option requires an argument -- 'v'
Try "psql --help" for more information.
```

路径中的数字 12 表明我们在机器中安装了 PostgresSQL 版本 12。

（3）在终端中输入 PostgresSQL shell。

```
$ sudo -u postgres psql
```

在终端中，应可看到下列输出结果。

```
postgres@lau-desktop:~$ psql
psql (12.2 (Ubuntu 12.2-2.pgdg19.10+1))
Type "help" for help.

postgres=
```

（4）利用 Postgres \du 命令列出默认的用户。

```
postgres= \du
```

此时应可看到下列两个默认用户。

```
Role name
-----------
postgres
root
```

稍后还将在终端上通过交互提示符向该列表中添加新的管理用户（或角色）。对此，首先需要退出 Postgres。

```
postgres= \q
```

（5）输入包含--interactive 标志的下列命令。

```
$ sudo -u postgres createuser --interactive
```

随后将看到与新角色名相关的两个问题，以及该角色是否拥有超级用户权限。

```
Enter name of role to add: user1
Shall the new role be a superuser? (y/n) y
```

此处将新用户称作 user1。它就像默认用户那样拥有超级用户权限。

（6）利用 sudo -u postgres psql 登录 Postgres shell，并利用\du 命令验证新用户。可以看到，该用户已被添加至当前列表中。

（7）利用下列 SQL 查询向新用户中添加密码。

```
ALTER USER user1 PASSWORD 'password';
```

如果显示下列输出结果，则表明已针对该用户成功地添加了密码。

```
ALTER ROLE
```

（8）退出 Postgres shell。现在，可使用 PHP 的 Adminer（https://www.adminer.org/）并通过当前用户登录 Postgres。随后添加一个新的数据库以供稍后安装 Keystone 时使用。接下来，针对刚刚创建的数据库，可采用下列 Postgres 连接字符串格式。

```
postgres://<username>:<password>@localhost/<dbname>
```

注意，出于安全原因，任何用户从 Adminer 登录数据库都需要密码。因此，较好的做法是向数据库中添加相应的安全机制，特别是在产品阶段，无论是 MySQL、Postgres 还是 MongoDB 数据库。接下来介绍 MongoDB 的安全机制。

18.2.2　MongoDB 的安装和安全机制（Ubuntu）

前述内容介绍了如何安装 MongoDB。本节着重讨论 MongoDB 中的数据库安全机制。为了向 MongoDB 提供保护机制，首先可向 MongoDB 中添加一个管理用户，如下所示。

（1）在终端中，连接 Mongo shell。

```
$ mongo
```

（2）选取 admin 数据库，并将包含用户名和密码（root 和 password）的新用户添加至该数据库中，如下所示。

```
> use admin
> db.createUser(
  {
    user: "root",
    pwd: "password",
```

```
    roles: [ { role: "userAdminAnyDatabase", db: "admin" },
      "readWriteAnyDatabase" ]
  }
)
```

（3）退出 shell 并在终端上打开 MongoDB 配置文件。

```
$ sudo nano /etc/mongod.conf
```

（4）找到 security 部分，移除 hash 并添加 authorization 设置，如下所示。

```
// mongodb.conf
security:
  authorization: "enabled"
```

（5）保存并退出当前文件，重启 MongoDB。

```
$ sudo systemctl restart mongod
```

（6）检查 MongoDB 状态进而对配置结果进行验证。

```
$ sudo systemctl status mongod
```

如果看到"active"状态，则表明配置成功。

（7）使用密码和--authenticationDatabase 选项以"root"身份进行登录。另外，还需提供用户所在数据库的名称，在本例中为"admin"。

```
$ mongo --port 27017 -u "root" -p "password" --
authenticationDatabase "admin"
```

（8）创建新数据库（如 test）并将新用户绑定于其上。

```
> use test
db.createUser(
  {
    user: "user1",
    pwd: "password",
    roles: [ { role: "readWrite", db: "test" } ]
  }
)
```

（9）退出并以 user1 身份进行登录，以测试数据库。

```
$ mongo --port 27017 -u "user1" -p "password" --
authenticationDatabase "test"
```

（10）测试是否可访问该 test 数据库，而非其他数据库。

```
> show dbs
```

如果未接收到输出结果，这意味着只有在身份验证之后才被授权访问数据库。我们可采用下列格式为 Keystone 或任何其他应用程序提供 MongoDB 连接字符串（如 Express 和 Koa 等）。

```
mogodb://<username>:<password>@localhost:27017/<dbname>
```

再次强调，较好的做法是向数据库中添加安全机制，特别是产品阶段。在未经身份验证的情况下，利用 MongoDB 开发应用程序更简单、更快。对于本地开发，通常可禁用身份验证功能，并在产品服务器中开启这项功能。

当前，Postgres 和 MongoDB 数据库系统已处于就绪阶段，我们可选择其中一种方案构建 Keystone 应用程序。

18.2.3　安装和创建 Keystone 应用程序

相应地，存在两种方式启动 Keystone 项目，一种方法是从头开始启动，另一种方法是使用 Keystone 构建工具 keystone-app。 如果打算采用第一种方案，则需要通过手动方式安装与 Keystone 相关的包，包括最低需求的 Keystone 包和构建应用程序的附加 Keystone 包。接下来介绍这种手动安装过程。

（1）创建一个项目目录并安装最低需求包，即 Keystone 包自身、Keystone GraphQL（在 Keystone 中被视为一个应用程序）和数据库适配器。

```
$ npm i @keystonejs/keystone
$ npm i @keystonejs/app-graphql
$ npm i @keystonejs/adapter-mongoose
```

（2）安装所需的附加 Keystone 包，如 Keystone Admin UI 包（在 Keystone 中被视为一个应用程序）和注册列表的 Keystone 字段包。

```
$ npm i @keystonejs/app-admin-ui
$ npm i @keystonejs/fields
```

（3）在根目录中创建 index.js 文件，并导入刚刚安装的包。

```
// index.js
const { Keystone } = require('@keystonejs/keystone')
const { GraphQLApp } = require('@keystonejs/app-graphql')
const { AdminUIApp } = require('@keystonejs/app-admin-ui')
const { MongooseAdapter } = require('@keystonejs/adapter-mongoose')
const { Text } = require('@keystonejs/fields')
```

（4）创建新的 Keystone 实例，并将新的数据库适配器实例传递于其中，如下所示。

```
const keystone = new Keystone({
  name: 'My Keystone Project',
  adapter: new MongooseAdapter({ mongoUri:
'mongodb://localhost/yourdb-name' }),
})
```

注意：

关于 Mongoose 适配器的配置方法，读者可访问 https://www.keystonejs.com/keystonejs/adapter-mongoose/。当利用构建工具安装 Keystone 时，还将再次讨论这一内容。

（5）创建一个简单的列表，即 Page 列表，定义所需字段以针对列表中的每个条目存储数据。

```
keystone.createList('Page', {
  fields: {
    name: { type: Text },
  },
})
```

对于 GraphQL，列表的首字母必须大写。

（6）导出 keystone 实例和应用程序以供使用。

```
module.exports = {
  keystone,
  apps: [new GraphQLApp(), new AdminUIApp()]
}
```

（7）创建 package.json 文件（如果不存在），并向脚本中添加下列 keystone 命令。

```
"scripts": {
  "dev": "keystone"
}
```

（8）在终端上运行 dev 脚本以启动应用程序。

```
$ npm run dev
```

在终端上，应可看到下列输出结果，这表明我们已经成功地启动了应用程序。

```
Command: keystone dev
✓ Validated project entry file ./index.js
✓ Keystone server listening on port 3000
✓ Initialised Keystone instance
```

```
✓ Connected to database
✓ Keystone instance is ready at http://localhost:3000
∞ Keystone Admin UI: http://localhost:3000/admin
∞ GraphQL Playground: http://localhost:3000/admin/graphiql
∞ GraphQL API: http://localhost:3000/admin/api
```

在当前应用程序中，localhost:3000/admin/api 对应于 GraphQL API，localhost:3000/admin/graphiql 对应于 GraphQL Playground，localhost:3000/admin 对应于 Keystone Admin UI。稍后将讨论 GraphQL API 和 GraphQL Playground 的应用方式。

不难发现，启动新的 Keystone 并不困难，仅需安装 Keystone 所需内容即可。然而，最简单的 Keystone 应用程序启动方式是使用构建工具，并在安装过程中配置了一些可选的 Keystone 应用程序示例。作为指南和模板，这些示例十分有用。这些可选的示例包括以下内容。

- Starter：该示例展示了采用 Keystone 的基本用户身份验证。
- Todo：该示例展示了一个简单的应用程序，以将条目添加至 Todo 列表中，以及一些前端集成（HTML、CSS 和 JavaScript）。
- Blank：该示例提供了基本的起始点，连同 Keystone Admin UI、GraphQL API 和 GraphQL Playground。这些类似于手动安装中的内容，但不包含 Keystone field 包。
- Nuxt：该示例展示了一个与 Nuxt.js 的简单集成。

这里首先讨论 Blank，它提供了所需的基本包用于构建列表，具体步骤如下。

（1）在终端中利用任意名称创建一个新的 Keystone 应用程序。

```
$ npm init keystone-app <app-name>
```

（2）回答 Keystone 询问的问题，如下所示。

```
✓ What is your project name?
✓ Select a starter project: Starter / Blank / Todo / Nuxt
✓ Select a database type: MongoDB / Postgre
```

（3）在安装结束后，访问项目的根目录。

```
$ cd <app-name>
```

（4）如果使用安全的包，那么这仅提供了连接字符串，连同 Keystone 的用户名、密码和数据库。

```
// index.js
const adapterConfig = { knexOptions: { connection: 'postgres://
  <username>:<password>@localhost/<dbname>' } }
```

注意，如果未开启身份验证，仅需从连接字符串中移除<username>:<password>@。随后运行下列命令安装数据库表。

```
$ npm run create-tables
```

注意：

关于 Knex 数据库适配器的更多信息，读者可访问 https://www.keystonejs.com/quick-start/adapters 或 http://knexjs.org/（kenx.js）。Knex 数据库适配器是一个用于 PostgreSQL、MySQL 和 SQLite3 的查询构建器。

（5）如果使用安全的 MongoDB，那么这仅提供了连同 Keystone 的用户名、密码和数据库一起的连接字符串。

```
// index.js
const adapterConfig = { mongoUri:
'mogodb://<username>:<password>@localhost:27017/<dbname>' }
```

注意，如果未开启身份验证，则仅需从连接字符串中移除<username>:<password>@。

注意：

关于 Mongoose 数据库适配器的更多信息，读者可访问 https://www.keystonejs.com/keystonejs/adapter-mongoose/或 https://mongoosejs.com/（Mongoose）。从本质上讲，MongoDB 是一个无模式数据库系统，所以该适配器被用作一种模式解决方案，用于在应用程序中被建模数据。

（6）将服务器默认端口从 3000 更改为 4000 以服务 Keystone 应用程序。对此，可简单地将 PORT = 4000 添加至 dev 脚本中，如下所示。

```
// package.json
"scripts": {
  "dev": "cross-env NODE_ENV=development PORT=4000 ...",
}
```

这里，将 Keystone 的端口修改为 4000 的原因在于为 Nuxt 应用程序保留端口 3000。

（7）在项目中的安装 nodemon，进而监视 Keystone 应用程序中的变化，以便重新加载服务器。

```
$ npm i nodemon --save-dev
```

（8）在 nodemon 包安装完毕后，向 dev 脚本中添加 nodemon --exec 命令，如下所示。

```
// package.json
```

```
"scripts": {
  "dev": "... nodemon --exec keystone dev",
}
```

注意：

关于 nodemon 的更多信息，读者可访问 https://nodemon.io/。

（9）利用下列命令启动 Keystone 应用程序的开发服务器。

```
$ npm run dev
```

在终端上应可看到下列输出结果，这意味着 Keystone 应用程序已被成功地安装。

```
✓ Keystone instance is ready at http://localhost:4000
∞ Keystone Admin UI: http://localhost:4000/admin
∞ GraphQL Playground: http://localhost:4000/admin/graphiql
∞ GraphQL API: http://localhost:4000/admin/api
```

除了在不同的端口上，这基本上等同于执行手动安装。在当前应用程序中，localhost:4000/admin/api 对应于 GraphQL API，localhost:4000/admin/graphiql 对应于 GraphQL Playground，localhost:4000/admin 对应于 Keystone Admin UI。在处理 GraphQL API 和 GraphQL Playground 之前，需要向 Keystone 应用程序中添加列表，并开始注入 Keystone Admin UI 中的数据。接下来开始向应用程序中添加列表和字段。

注意：

读者可访问 GitHub 存储库中的/chapter-18/keystone/部分查看基于这两种安装技术所创建的应用程序。

18.2.4　创建列表和字段

在 Keystone 中，列表可被视为模式。一个模式表示为包含描述数据类型的一个数据模型。这种情况在 Keystone 中也不例外，列表模式由包含类型的字段组成，以描述它们可接收的数据。这与手动安装十分类似，其中包含了一个由单一 name 字段（Text 类型）构成的 Page 列表。

Keystone 中包含多种不同的字段类型，如 File、Float、CheckBox、Content、DateTime、Slug 和 Relationships。读者可在文档中查看 Keystone 字段类型的其余内容，对应网址为 https://www.keystonejs.com/。

当向列表中添加字段及其类型时，仅需安装 Keystone 包，其中包含了项目目录中的字段类型。例如，@keystonejs/fields 包保存了 Checkbox、Text、Float 和 DateTime 字段类型。另外，读者还可访问 https://www.keystonejs.com/keystonejs/fields/fields 查看其他字段类型。在安装了所需的字段类型包后，通过 JavaScript 解构赋值创建列表，可直接导入并解包所需的字段类型。

然而，列表可随着时间不断增长，这意味着列表将变得混乱和难以理解。对此，较好的做法是在/list/目录的独立文件中创建列表，以实现较好的可维护性，如下所示。

```
// lists/Page.js
const { Text } = require('@keystonejs/fields')

module.exports = {
  fields: {...},
}
```

随后仅需将列表导入 index.js 文件中。接下来考查构建 Keystone 应用程序所需的模式/列表和其他 Keystone 包。下面列出了将要创建的列表。

- ❑ 存储主页（如 home、about、contact 和 projects）的 Page 模式/列表。
- ❑ 存储项目页的 Project 模式/列表。
- ❑ 存储主页和项目页图像的 Image 模式/列表。
- ❑ 仅存储主页图像的 Slide Image 模式/列表。
- ❑ 存储站点链接的 Nav Link 模式/列表。

我们将要使用并创建这些列表的 Keystone 包包括下列内容。

- ❑ 静态文件应用程序。该包用于服务静态文件，如图像、CSS 和 JavaScript，以便通过客户端以公共方式访问。读者可访问 https://www.keystonejs.com/keystonejs/appstatic/查看更多信息。
- ❑ 文件适配器。该包用于支持 File 字段类型，进而将文件上传至本地或远程云端。读者可访问 https://www.keystonejs.com/keystonejs/file-adapters/查看更多信息。
- ❑ WYSIWYG。该包通过 TinyMCE 渲染 Keystone。
- ❑ Admin UI 中的 WYSIWYG 编辑器。读者可访问 https://www.keystonejs.com/keystonejs/fields-wysiwyg-tinymce/查看更多信息。关于 TinyMCE 的更多信息，读者可访问 https://www.tiny.cloud/。

接下来介绍安装过程并以此创建列表。

（1）通过 npm 安装之前提到的 Keystone 包。

```
$ npm i @keystonejs/app-static
$ npm i @keystonejs/file-adapters
$ npm i @keystonejs/fields-wysiwyg-tinymce
```

（2）将@keystonejs/app-static 导入 index.js 文件中，并定义保存静态文件的路径和文件夹名。

```
// index.js
const { StaticApp } = require('@keystonejs/app-static');

module.exports = {
  apps: [
    new StaticApp({
      path: '/public',
      src: 'public'
    }),
  ],
}
```

（3）在/lists/目录中创建一个 File.js 文件，随后利用 File、Text 和 Slug 字段类型（源自@keystonejs/fileadapters 的@keystonejs/fields 和 LocalFileAdapter）定义 Image 列表字段，进而将文件上传至本地位置，即/public/files/。

```
// lists/File.js
const { File, Text, Slug } = require('@keystonejs/fields')
const { LocalFileAdapter } = require('@keystonejs/file-adapters')

const fileAdapter = new LocalFileAdapter({
  src: './public/files',
  path: '/public/files',
})

module.exports = {
  fields: {
    title: { type: Text, isRequired: true },
    alt: { type: Text },
    caption: { type: Text, isMultiline: true },
    name: { type: Slug },
    file: { type: File, adapter: fileAdapter, isRequired: true },
  }
}
```

上述代码定义了一个字段列表（title、alt、caption、name 和 file），以便存储与每个上传文件相关的元信息。这里，较好的做法是在每个列表模式中包含 name 字段，以便可在该字段中存储唯一的名称，可将该名称用作 Keystone Admin UI 中的标记。据此，可方便地识别每个注入的列表条目。当针对该字段生成唯一的名称时，可使用 Slug 类型。默认状态下，这将生成 title 字段的唯一名称。

注意：

关于代码中使用的字段类型，读者可访问下列链接查看更多信息。

- File 类型：https://www.keystonejs.com/keystonejs/fields/src/types/file/。
- Text 类型：https://www.keystonejs.com/keystonejs/fields/src/types/text/。
- Slug 类型：https://www.keystonejs.com/keystonejs/fields/src/types/slug/。

关于 LocalFileAdapter 的更多信息，读者可访问 https://www.keystonejs.com/keystonejs/file-adapters/localfileadapter。

应用程序文件可通过 CloudinaryFileAdapter 上传至 Cloudinary 上。

注意：

关于如何创建一个账户以便在 Cloudinary 上托管文件，读者可访问 https://cloudinary.com/查看更多信息。

（4）在/lists/目录中创建一个 SlideImage.js 文件，并定义与 file .js 文件中相同的字段，同时添加一个额外的字段类型 Relationship，以便将幻灯片图像链接到项目页面上。

```
// lists/SlideImage.js
const { Relationship } = require('@keystonejs/fields')

module.exports = {
  fields: {
    // ...
    link: { type: Relationship, ref: 'Project' },
  },
}
```

注意：

关于 Relationship 字段的更多信息，读者可访问 https://www.keystonejs.com/keystonejs/fields/src/types/relationship/。

（5）在/lists/目录中创建一个 Page.js 文件，并通过@keystonejs/fields 和@keystonejs/fields-wysiwyg-tinymce 中的 Text、Relationship、Slug 和 Wysiwyg 字段类型定义 Page 列表的字段，如下所示。

```
// lists/Page.js
const { Text, Relationship, Slug } = require('@keystonejs/fields')
const { Wysiwyg } = require('@keystonejs/fields-wysiwyg-tinymce')
```

```
module.exports = {
  fields: {
    title: { type: Text, isRequired: true },
    excerpt: { type: Text, isMultiline: true },
    content: { type: Wysiwyg },
    name: { type: Slug },
    featuredImage: { type: Relationship, ref: 'Image' },
    slideImages: { type: Relationship, ref: 'SlideImage', many: true },
  },
}
```

上述代码定义了一个字段列表（titlle、excerpt、content、name、featuredImage 和 slideImages），以便可以存储将要注入内容类型中的每个主页的数据。注意，此处将 featuredImage 链接至 Image 列表上，并将 slideImages 链接至 SlideImage 列表上。我们希望可以在 slideImages 字段中放置多幅图像，因此将 many 选项设置为 true。

注意：

关于一对多和多对多关系的更多信息，读者可访问 https://www.keystonejs.com/guides/newschema-cheatsheet。

（6）在/lists/目录中创建一个 Project.js 文件，并定义与 File.js 文件中相同的字段，同时附件两个字段（fullscreenImage 和 projectImages）。

```
// lists/Project.js
const { Text, Relationship, Slug } = require('@keystonejs/fields')
const { Wysiwyg } = require('@keystonejs/fields-wysiwyg-tinymce')

module.exports = {
  fields: {
    //...
    fullscreenImage: { type: Relationship, ref: 'Image' },
    projectImages: { type: Relationship, ref: 'Image', many: true },
  },
}
```

（7）在/lists/目录下创建一个 NavLink.js 文件，使用@keystonejs/fields 中的 Text、Relationship、Slug 和 Integer 字段类型定义 NavLink 列表的字段（title、order、name、link、subblinks），如下所示。

```
// lists/NavLink.js
const { Text, Relationship, Slug, Integer } =
```

```
require('@keystonejs/fields')

module.exports = {
  fields: {
    title: { type: Text, isRequired: true },
    order: { type: Integer, isRequired: true },
    name: { type: Slug },
    link: { type: Relationship, ref: 'Page' },
    subLinks: { type: Relationship, ref: 'Project', many: true },
  },
}
```

这里采用 order 字段并通过 GraphQL 查询中的数字位置对链接条目进行排序，稍后将对此加以讨论。subLinks 字段示例展示了如何在 Keystone 中生成简单的子链接。因此，通过将项目页面绑定至该字段中，我们可以向主链接添加多个子链接，这将通过 Relationship 字段类型链接至 Project 列表上。

注意：

关于 Integer 字段类型的更多信息，读者可访问 https://www.keystonejs.com/keystonejs/fields/src/types/integer/。

（8）导入/lists/目录中的文件，并以此创建列表模式，如下所示。

```
// index.js
const PageSchema = require('./lists/Page.js')
const ProjectSchema = require('./lists/Project.js')
const FileSchema = require('./lists/File.js')
const SlideImageSchema = require('./lists/SlideImage.js')
const NavLinkSchema = require('./lists/NavLink.js')

const keystone = new Keystone({ ... })

keystone.createList('Page', PageSchema)
keystone.createList('Project', ProjectSchema)
keystone.createList('Image', FileSchema)
keystone.createList('SlideImage', SlideImageSchema)
keystone.createList('NavLink', NavLinkSchema)
```

（9）在终端上运行 dev 脚本启动当前应用程序。

```
$ npm run dev
```

在终端上，应可看到一个与之前相同的 URL 列表，表明已在 localhost:4000 上成功地启动了应用程序。当前，可在浏览器中访问 localhost:4000/admin，开始注入内容并上传 Keystone Admin UI 中的文件。一旦内容和数据就绪，就可以通过 GraphQL API 和 GraphQL Playground 对其进行查询。但在此之前，应了解 GraphQL 的含义及其在 Keystone 中的创建和应用方式。

注意：

读者可访问 GitHub 存储库中的/chapter-18/crossdomain/backend/keystone/部分查看当前应用程序的源代码。

18.3　GraphQL 简介

GraphQL 是一种开源查询语言、服务器运行期（执行引擎）和规范（技术标准）。具体来说，GraphQL 是一种查询语言，即 GraphQL 中 QL 所代表的含义。它是一种客户端查询语言。下列示例将解决对 GraphQL 查询的任何疑问。

```
{
  planet(name: "earth") {
    id
    age
    population
  }
}
```

上述 GraphQL 查询用于 HTTP 客户端，如 Nuxt 或 Vue，用于将查询发送至服务器上，进而得到 JSON 格式的响应结果。

```
{
  "data": {
    "planet": {
      "id": 3,
      "age": "4543000000",
      "population": "7594000000"
    }
  }
}
```

可以看到，我们将得到请求字段的特定数据（age 和 population）。这就是 GraphQL 的独特之处，并赋予客户端权力以精确地请求所需的内容。但是，服务器中返回 GraphQL 响应的具体内容又是什么呢?

GraphQL 查询通过客户端以字符串形式发送至 GraphQL API 服务器（通过 HTTP 端点和 POST 方法）上。随后，服务器析取并处理查询字符串。类似于典型的 API 服务器，GraphQL API 将获取源自数据库或其他服务/API 中的数据，并将其以 JSON 响应方式返回客户端。

那么是否可以将 Express 这一类服务器用作 GraphQL API 呢？答案既是肯定的，又是否定的。所有符合要求的 GraphQL 服务器必须实现两个核心组件，这两个组件在 GraphQL 规范中予以指定，负责验证和处理数据，随后返回数据：模式和解析器。

GraphQL 模式是一个类型定义集合，由客户端可以请求的对象和该对象拥有的字段构成。另外，GraphQL 解析器则表示为被绑定至字段中的函数，当客户端生成查询或出现变化时返回值。例如，下列代码用于查找行星的类型定义。

```
type Planet {
  id: Int
  name: String
  age: String
  population: String
}

type Query {
  planet(name: String): Planet
}
```

可以看到，GraphQL 使用了一种强类型模式——每个字段必须被定义一个类型，对应类型可以是标量类（单一值，如整数、布尔值或字符串），也可以是对象类型。这里，Planet 和 Query 为对象类型，而 String 和 Int 为标量类型。对象类型中的每个字段都必须用函数解析，如下所示。

```
Planet: {
  id: (root, args, context, info) => root.id,
  name: (root, args, context, info) => root.name,
  age: (root, args, context, info) => root.age,
  population: (root, args, context, info) => root.population,
}

Query: {
  planet: (root, args, context, info) => {
    return planets.find(planet => planet.name === args.name)
  },
}
```

上述示例采用 JavaScript 编写，但 GraphQL 可采用任何编程语言编写，只要遵循和实现了 GraphQL 规范（https://spec.graphql.org/）中强调的内容即可。下面列出了一些使用不同语言实现的 GraphQL 示例。

- GraphQL.js（JavaScript）：https://github.com/graphql/graphql-js。
- graphql-php（PHP）：https://github.com/webonyx/graphql-php。
- Graphene（Python）：https://github.com/graphql-python/graphene。
- GraphQL Ruby（Ruby）：https://github.com/rmosolgo/graphql-ruby。

只要遵循 GraphQL 规范，就可以创建新的实现，但本书仅打算使用 GraphQL.js。这里的问题是，查询类型究竟是什么？我们知道，这是一种 object 类型，但是，为什么需要使用这种类型呢？是否需要在模式中持有这种类型？答案是肯定的。

稍后将对此进行深入考查，并了解为什么使用它。此外，还将讨论如何将 Express 用作 GraphQL API 服务器。

18.3.1　理解 GraphQL 模式和解析器

前述发现行星的示例模式和解析器假设使用 GraphQL 模式语言，这有助于创建 GraphQL 服务器所需的 GraphQL 模式。我们可以使用 Node.js 包（名为 GraphQL Tools）中的 makeExecutableSchema 函数，从 GraphQL 模式语言中轻松地创建一个 GraphQL.js GraphQLSchema 实例。

注意：

关于该 GraphQL Tools 包的更多信息，读者可访问 https://www.graphql-tools.com/或 https://github.com/ardatan/graphql-tools。

GraphQL 模式语言是一种"快捷方式"，即构建 GraphQL 模式及其类型的简单标记。在使用这一简单标记之前，首先应查看 GraphQL 模式根据底层对象和函数（如 GraphQL.js 中的 GraphQLObjectType、GraphQLString、GraphQLList 等）的构建方式，该方式实现了 GraphQL 规范。下面安装这些包并利用 Express 创建一个简单的 GraphQL API 服务器。

（1）通过 npm 安装 Express、GraphQL HTTP 服务器中间件。

```
$ npm i express
$ npm i express-graphql
$ npm i graphql
```

GraphQL HTTP 服务器中间件允许我们使用任何 HTTP Web 框架创建一个 GraphQL HTTP 服务器，该框架实现了 Connect 支持中间件的方式，如 Express、Restify 和 Connect

本身。

注意：

关于这些包的更多信息，读者可访问下列链接。

- GraphQL HTTP 服务器中间件：https://github.com/graphql/express-graphql。
- Connect：https://github.com/senchalabs/connect。
- Express：https://expressjs.com/。
- Restify：http://restify.com/。

（2）在项目的根目录中创建一个 index.js 文件，并通过 require 方法导入 express、express-graphql 和 graphql。

```
// index.js
const express = require('express')
const graphqlHTTP = require('express-graphql')
const graphql = require('graphql')

const app = express()
const port = process.env.PORT || 4000
```

（3）利用行星列表创建一个模式数据。

```
// index.js
const planets = [
  { id: 3, name: "earth", age: 4543000000, population: 7594000000 },
  { id: 4, name: "mars", age: 4603000000, population: 0 },
]
```

（4）定义客户端能够查询的 Planet 对象类型和字段。

```
// index.js
const planetType = new graphql.GraphQLObjectType({
  name: 'Planet',
  fields: {
  id: { ... },
  name: { ... },
  age: { ... },
  population: { ... },
})
```

注意，针对 GraphQL 模式创建，可将 name 字段中的对象类型大写视为一种约定。

（5）定义各种类型以及每个字段值的解析方式。

```
// index.js
id: {
  type: graphql.GraphQLInt,
  resolve: (root, orgs, context, info) => root.id,
},
name: {
  type: graphql.GraphQLString,
  resolve: (root, orgs, context, info) => root.name,
},
age: {
  type: graphql.GraphQLString,
  resolve: (root, orgs, context, info) => root.age,
},
population: {
  type: graphql.GraphQLString,
  resolve: (root, orgs, context, info) => root.population,
},
```

注意，每个解析器函数接收下列 4 个参数。

- root：从父对象类型〔步骤（6）中的 Query〕中解析的对象和值。
- args：字段可接收的参数〔如果已设置。参见步骤（8）〕。
- context：保存顶级数据的 JavaScript 可变对象，这些顶级数据在解析器之间被共享。在当前示例中，当采用 Express 时，默认状态下该对象为 Node.js HTTP 请求对象（IncomingMessage）。相应地，可调整这一上下文对象并添加需要共享的通用数据，如身份验证和数据库连接〔参见步骤（10）〕。
- info：保存与当前字段——如字段名称、返回类型、父类型（在当前示例中为 Planet）和通用模式细节信息——相关信息的 JavaScript 对象。

如果这些参数不需要用于解析当前字段值，则可对此予以忽略。

（6）定义客户端可查询的 Query 对象类型和字段。

```
// index.js
const queryType = new graphql.GraphQLObjectType({
  name: 'Query',
  fields: {
    hello: { ... },
    planet: { ... },
  },
})
```

（7）定义相应的类型并解析如何针对 hello 字段返回对应值。

```
// index.js
hello: {
  type: graphql.GraphQLString,
  resolve: (root, args, context, info) => 'world',
}
```

（8）定义相应的类型并解析如何针对 planet 字段返回对应值。

```
// index.js
planet: {
  type: planetType,
  args: {
    name: { type: graphql.GraphQLString }
  },
  resolve: (root, args, context, info) => {
    return planets.find(planet => planet.name === args.name)
  },
}
```

注意，我们将 Planet 对象类型（被创建并存储于 planetType 变量中）传递至 Query 对象类型的 planet 字段中，以便可建立二者的关系。

（9）利用所需的 query 字段和 Query 对象类型（刚刚通过字段、类型、参数和解析器加以定义）构建一个 GraphQL 模式实例，如下所示。

```
// index.js
const schema = new graphql.GraphQLSchema({ query: queryType })
```

注意，query 键必须作为 GraphQL 查询根类型被提供，以便查询可向下链接至 Planet 对象类型中的字段。可以说，Planet 对象类型是一个子类型或 Query 对象类型（根类型）的子类型，其关系通过 planet 字段中的 type 字段在父对象（Query）中被建立。

（10）将 GraphQL HTTP 服务器中间件用作包含 GraphQL 模式实例的中间件，并在名为/graphiql 的 Express 所允许的端点上构建 GraphQL 服务器，如下所示。

```
// index.js
app.use(
  '/graphiql',
  graphqlHTTP({ schema, graphiql: true }),
)
```

这里，建议将 graphiql 选项设置为 true，以便 GraphQL 端点在浏览器上被加载时使用 GraphQL IDE。

在这一顶级位置处，还可通过 graphqlHTTP 中间件中的 context 选项调整 GraphQL API 的上下文，如下所示。

```
context: {
  something: 'something to be shared',
}
```

据此，可从任意解析器处访问这一顶级数据。该操作十分有用。

（11）待全部数据加载完毕后，利用 node index.js 命令在终端上启动服务器，同时在 index.js 文件中包含下列代码行。

```
// index.js
app.listen(port)
```

（12）在浏览器上访问 localhost:4000/graphiql。此时应可看到一个 GraphQL IDE，这是一个可测试 GraphQL API 的 UI。在左侧输入区域内输入下列查询。

```
// localhost:4000/graphiql
{
  hello
  planet (name: "earth") {
    id
    age
    population
  }
}
```

当单击 play 按钮时，可看到上述 GraphQL 查询已被换为右侧的 JSON 对象。

```
// localhost:4000/graphiql
{
  "data": {
    "hello": "world",
    "planet": {
      "id": 3,
      "age": "4543000000",
      "population": "7594000000"
    }
  }
}
```

至此，我们通过底层方案并利用 Express 创建了基本的 GraphQL API 服务器。我们也希望读者能够根据 GraphQL 模式和解析器了解 GraphQL API 服务器的创建方式，以及 GraphQL 中两个核心组件之间的关系，并能够回答下列问题：Query 类型是什么？为何需要使用这种类型？那么，是否需要在模式中包含这种类型？答案是肯定的，查询（对象）类型是一种根对象类型（通常称作根 Query 类型），且需要在创建 GraphQL 模式时予以提供。

尽管如此，读者可能还会产生一些疑问，特别是解析器。在步骤（5）中，针对 Planet 对象中的字段，解析器的定义过程较为枯燥——解析器仅返回查询对象中的解析值，且不执行任何其他操作。对此，存在一些方法可避免这一问题。我们无须针对模式中的每个字段进行指定，但这仅位于默认解析器中。稍后将讨论其实现方式。

注意：

读者可访问 GitHub 存储库中的/chapter-18/graphqlapi/graphql-express/部分查看相关示例。

18.3.2　GraphQL 默认解析器

如果字段为指定解析器，那么在默认状态下，该字段将使用父元素解析的对象中的属性值。也就是说，如果该对象包含一个与字段名匹配的属性名，那么，Planet 对象类型中的字段可重构如下。

```
fields: {
  id: { type: graphql.GraphQLInt },
  name: { type: graphql.GraphQLString },
  age: { type: graphql.GraphQLString },
  population: { type: graphql.GraphQLString },
}
```

这些字段值将回退（fall back）至对象的属性中，对应属性是由父元素（查询类型）解析的，如下所示。

```
root.id
root.name
root.age
root.population
```

换言之，当针对某个字段显式地指定一个解析器时，即使父元素的解析器针对该字段返回任意值，该解析器一般也会被使用。例如，下面针对 Planet 对象类型中的 id 字段显式地指定一个值，如下所示。

```
fields: {
  id: {
    type: graphql.GraphQLInt,
    resolve: (root, orgs, context, info) => 2,
  },
}
```

我们已经知道，Earth 和 Mars 默认的 ID 值为 3 和 4，并被 Query 对象类型（父元素）解析，如之前的步骤（8）所示。但是，这些解析后的值将不再被使用，因为这些值被 ID 的解析器中的值所覆写。下面查询 Earth 或 Mars，如下所示。

```
{
  planet (name: "mars") {
    id
  }
}
```

在当前示例中，将在 JSON 响应结果中得到 2。

```
{
  "data": {
    "planet": {
      "id": 2
    }
  }
}
```

不难发现，这节省了大量的时间——也就是说，如果某种对象类型中包含大量的字段。截至目前，我们仍在使用较为复杂的方式构造模式并与 GraphQL.js 协同工作，其原因在于，我们需要查看并理解基于底层类型的 GraphQL 模式的构建方式，这种情况不会持续太久，稍后将展示如何利用 GraphQL 模式语言和 Apollo Server 作为 GraphQL HTTP 服务器中间件的替代方案，进而方便地构建 GraphQL API 服务器。

18.3.3 利用 Apollo Server 创建 GraphQL API

Apollo Server 是一个开源且遵循 GraphQL 规范的服务器，由 Apollo 平台开发，用于构建 GraphQL API。我们可以单独使用 Apollo Server 或者将其与其他 Node.js Web 框架（如 Express、Koa、Hapi 等）进行结合使用。本书将使用 Apollo Server，读者可访问 https://github.com/apollographql/apollo-serverinstallation-integrations 查看 Apollo Server 与其他框架间的整合方式。

在该 GraphQL API 中，将创建一个服务器并通过标题和作者查询书籍集合。

（1）通过 npm 安装 Apollo Server 和 GraphQL.js 并作为根依赖项。

```
$ npm i apollo-server
$ npm i graphql
```

（2）在项目的根目录中创建 index.js 文件，并导入 apollo-server 包中的 ApolloServer

和 gql 函数。

```
// index.js
const { ApolloServer, gql } = require('apollo-server')
```

其中，gql 函数通过模板字面值标签（或标签化的模板字面值）的封装方式解析 GraphQL 操作和模式语言。关于模板字面值和标签化的模板，读者可访问 https://developer.mozilla.org/en-US/docs/Web/JavaScript/Reference/Template_literals 以了解更多内容。

（3）创建下列静态数据，其中保存了作者和帖子列表。

```
// index.js
const authors = [
  { id: 1, name: 'author A' },
  { id: 2, name: 'author B' },
]

const posts = [
  { id: 1, title: 'Post 1', authorId: 1 },
  { id: 2, title: 'Post 2', authorId: 1 },
  { id: 3, title: 'Post 3', authorId: 2 },
]
```

（4）定义 Author、Post 和 Query，以及客户端可以查询的字段。

```
// index.js
const typeDefs = gql`
  type Author {
    id: Int
    name: String
  }

  type Post {
    id: Int
    title: String
    author: Author
  }

  type Query {
    posts: [Post]
  }
`
```

注意，我们可以将 Author、Post 和 Query 对象类型简化为 Author 类型、Post 类型和

Query 类型，与采用“对象类型”描述相比，这看起来更加简洁。记住，除了本质上为对象类型，Query 类型还是 GraphQL 模式创建中的根类型。

注意我们是如何建立 Author 与 Post 和 Post 与 Query 的关系的——author 字段的类型是 Author 类型。Author 类型包含简单的标量字段（id、name）类型，而 Post 类型则包含简单的标量字段类型（id、title）和 Author 字段类型（author）。Query 类型仅针对其唯一字段 posts 包含 Post 类型，由于这是一个帖子列表，因此需要使用类型修饰符并通过方括号封装 Post 类型，以表明这个 posts 字段通过一个 Post 对象数组进行解析。

注意：

关于类型修饰符的更多信息，读者可访问 https://graphql.org/learn/schema/lists-and-non-null。

（5）定义解析器，并针对 Query 类型中的 posts 字段和 Post 类型的 author 字段指定如何解析值。

```
// index.js
const resolvers = {
  Query: {
    posts: (root, args, context, info) => posts
  },

  Post: {
    author: root => authors.find(author => author.id === root.authorId)
  },
}
```

这里应注意 GraphQL 模式语言是如何帮助我们从对象类型中解耦解析器的，这些解析器仅定义在单一的 JavaScript 对象中。只要解析器的属性名映射为类型定义中的字段名，JavaScript 对象中的解析器就会与对象类型进行连接。因此，JavaScript 对象被称为解析器映射。在定义解析器之前，还需要定义解析器映射中的顶级属性名（Query、Post），以便匹配类型定义中的对象类型（Aythor、Post、Query）。但是，我们无须针对这一解析器映射中的 Author 类型定义任何特定的解析器，因为 Author 中的字段（id、name）值被默认的解析器自动解析。

另一点需要注意的是，Post 类型中的字段（id、title）值也将被默认的解析器所解析。如果不打算采用属性名定义解析器，则可使用解析器函数，只要该函数名对应于类型定义中的字段名即可。例如，author 字段的解析器可重写如下。

```
Post: {
```

```
  author (root) {
    return authors.find(author => author.id === root.authorId)
  },
}
```

（6）利用类型定义和解析器构建 ApolloServer 中的 GraphQL 模式实例。随后启动该服务器，如下所示。

```
// index.js
const server = new ApolloServer({ typeDefs, resolvers })

server.listen().then(({ url }) => {
  console.log(`Server ready at ${url}`)
})
```

（7）在终端上利用 node 命令启动 GraphQL API。

```
$ node index.js
```

（8）在浏览器上访问 localhost:4000。随后，在屏幕上应可看到加载了 GraphQL Playground。自此，我们可测试 GraphQL API。在左侧输入区内输入下列查询。

```
{
  posts {
    title
    author {
      name
    }
  }
}
```

单击 play 按钮可以看到，上述 GraphQL 查询已被换为右侧的 JSON 对象。

```
{
  "data": {
    "posts": [
      {
        "title": "Post 1",
        "author": {
          "name": "author A"
        }
      },
      ...
    ]
  }
}
```

可以看到，利用 GraphQL 模式语言和 Apollo Server，GraphQL API 的构建过程十分简单。因此，在采用简洁方法之前，有必要了解如何创建 GraphQL 模式和解析器。在此基础上，我们应能够方便地查询 Keystone 存储的数据。本书仅涉及某些 GraphQL 类型，包括标量类型、对象类型、查询类型和类型修饰符。另外，读者还可访问 https://graphql.org/learn/schema/查看其他一些类型，如可变类型、枚举类型、联合和输入类型以及接口。

注意：

关于 GraphQL 和 Apollo Server 的更多内容，读者可分别访问 https://graphql.org/learn/ 和 https://www.apollographql.com/docs/apollo-server/。

读者可访问 GitHub 存储库中的/chapter-18/graphql-api/graphql-apollo/部分查看本节示例和其他 GraphQL 类型定义示例。

接下来讨论如何使用 Keystone GraphQL API。

18.3.4　使用 Keystone GraphQL API

读者可访问 localhost:4000/admin/graphiql 获取针对 Keystone GraphQL API 的 GraphQL Playground。这里，可通过 localhost:4000/admin 处的 Keystone 管理 UI 测试所创建的列表。针对创建的每个列表，Keystone 可自动生成 4 个顶级 GraphQL 查询。例如，我们将针对之前创建的 page 列表获得下列查询。

- allPages。
  该查询用于获取 Page 列表中的所有条目。除此之外，还可搜索、限定和过滤结果，如下所示。

```
{
 allPages (orderBy: "name_DESC", skip: 0, first: 6) {
  title
  content
 }
}
```

- _allPagesMeta。
  该查询用于获取所有与 Page 列表中的条目相关的元信息，如所有匹配条目的全部计数结果，这对于分页十分有用。除此之外，还可搜索、限制和过滤结果，如下所示。

```
{
 _allPagesMeta (search: "a") {
```

```
    count
  }
}
```

- Page。
  该查询可用于获取 Page 列表中的单一条目。对此，可将 where 参数与 id 键结合使用以获取对应页面，如下所示。

```
{
  Page (where: { id: $id }) {
    title
    content
  }
}
```

- _PagesMeta。
  该查询可应用于获取与 Page 列表自身相关的元信息，如名称、访问、模式和字段，如下所示。

```
{
  _PagesMeta {
    name
    access {
      read
    }
    schema {
      queries
      fields {
        name
      }
    }
  }
}
```

可以看到，这 4 个查询，连同过滤器、限定和排序参数，提供了足够的能力可获取所需的特定数据。而且，在 GraphQL 中，还可通过单一请求获取多项资源，如下所示。

```
{
  _allPagesMeta {
    count
  },
  allPages (orderBy: "name_DESC", skip: 0, first: 6) {
    title
```

```
    content
  }
}
```

在 REST API 中，可能需要向多个 API 端点发送多项资源。GraphQL 为我们提供了另一种解决 REST API 问题的方法，这个问题一直困扰着前端和后端开发人员。注意，这 4 个顶级查询也适用于已创建的其他列表，包括 Project、Image 和 NavLink。

注意：

关于这 4 个顶级查询以及过滤器、限制、排序参数、GraphQL 变化和执行步骤，读者可访问 https://www.keystonejs.com/guides/intro-to-graphql/查看更多信息。

关于整体上的 GraphQL 服务器查询方式，读者可访问 https://graphql.org/learn/queries/。

在了解了 GraphQL 的基础知识和 Keystone 的顶级 GraphQL 查询后，接下来学习如何在 Nuxt 应用程序中对其加以使用。

18.4　集成 Keystone、GraphQL 和 Nuxt

Keystone 的 GraphQL API 位于 localhost:4000/admin/api 处。与 REST API 不同（通常包含多个端点），GraphQL API 通常针对所有查询包含单一端点。因此，我们将使用该端点发送 Nuxt 应用程序中的 GraphQL 查询。对此，较好的做法是首先测试 GraphQL Playground 上的查询并确认得到所需的结果，然后在前端应用程序中使用那些测试后的查询。除此之外，还应在前端应用程序中使用查询中的 query 关键字，以获取 GraphQL API 中的数据。

在当前示例中，我们将重构针对 WordPress API 构建的 Nuxt 应用程序，并分别访问/pages/index.vue、/pages/projects/index.vue、/pages/projects/_slug.vue 和/store/index.js 文件。此外，我们仍将使用 Axios 帮助我们发送 GraphQL 查询。接下来讨论如何实现 GraphQL 查询和 Axios 之间的协同工作。

（1）创建一个存储 GraphQL 查询的变量，以获取主页的标题和绑定于其上的幻灯片图像。

```
// pages/index.vue
const GET_PAGE = `
  query {
    allPages (search: "home") {
      title
      slideImages {
```

```
      alt
      link {
        name
      }
      file {
        publicUrl
      }
    }
  }
}
`
```

这里仅使用图像所链接的项目页面的 slug，因此，name 字段是唯一将要查询的字段。我们仅需要图像的相对公共路径。另外，此处将使用 allPages（而非 Page），进而方便地通过其 slug 获取页面，在当前示例中为主（home）页面。

（2）通过 Axios 中的 post 方法将查询发送至 GraphQL API 端点中。

```
// pages/index.vue
export default {
  async asyncData ({ $axios }) {
    let { data } = await $axios.post('/admin/api', {
      query: GET_PAGE
    })
    return {
      post: data.data.allPages[0]
    }
  },
}
```

注意，我们仅需使用 GraphQL API 返回的数据数组中的第一项，因此使用 0 定位第一个项。

此外，还应采用与主页相同的重构方式重构/pages/about.vue、/pages/contact.vue、/pages/projects/index.vue 和/pages/projects/pages/_number.vue。本节结尾提供了包含位置完整代码的 GitHub 存储路径。

（3）创建一个存储查询的变量，以从端点中获取多项资源，如下所示。

```
// components/projects/project-items.vue
const GET_PROJECTS = `
  query {
    _allProjectsMeta {
      count
```

```
    }
    allProjects (orderBy: "name_DESC", skip: ${ skip }, first: ${
     postsPerPage }) {
      name
      title
      excerpt
      featuredImage {
        alt
        file {
          publicUrl
        }
      }
    }
  }
`
```

可以看到，我们利用 orderBy、skip 和 first 过滤器并分别通过_allProjectsMeta 和 allProjects 获取项目页面的总计数和项目页面的列表。其中，skip 和 first 过滤器的数据将作为变量被传入，即 skip 和 postsPerPage。

（4）计算路由参数中的 skip 变量的数据，将 6 设置为 postsPerPage 变量，然后利用 Axios 中的 post 方法将查询发送至 GraphQL API 端点中。

```
// components/projects/project-items.vue
data () {
  return {
    posts: [],
    totalPages: null,
    currentPage: null,
    nextPage: null,
    prevPage: null,
  }
},

async fetch () {
  const postsPerPage = 6
  const number = this.$route.params.number
  const pageNumber = number === undefined ? 1 : Math.abs(parseInt(number))
  const skip = number === undefined ? 0 : (pageNumber - 1) * postsPerPage

  const GET_PROJECTS = `... `

  let { data } = await $axios.post('/admin/api', {
```

```
    query: GET_PROJECTS
  })

  //... continued in step 5.
}
```

可以看到，这里计算了路由参数中的 pageNumber 数据，但这些参数只能通过 fetch 方法中的 this.$route.params 进行访问。skip 参数根据 pageNumber 和 postsPerPage 进行计算，随后将其传递至 GraphQL 查询中以获取数据。这里，在/projects 或/projects/pages/1 路由上，将针对 pageNumber 得到 1，针对 skip 得到 0，在/projects/pages/2 路由上，将针对 pageNumber 得到 2，针对 skip 得到 6 等。另外，还应确保路由中的负数数据（如/projects/pages/-100）通过 JavaScript Math.abs 函数变为正数。

注意：

关于 JavaScript Math.abs 函数的更多信息，读者可访问 https://developer.mozilla.org/en-US/docs/Web/JavaScript/Reference/Global_Objects/Math/abs。

（5）根据返回自服务器的 count 字段创建分页（下一页和上一页），随后向往常那样返回<template>块数据，如下所示。

```
// components/projects/project-items.vue
let totalPosts = data.data._allProjectsMeta.count
let totalMaxPages = Math.ceil(totalPosts / postsPerPage)

this.posts = data.data.allProjects
this.totalPages = totalMaxPages
this.currentPage = pageNumber
this.nextPage = pageNumber === totalMaxPages ? null : pageNumber + 1
this.prevPage = pageNumber === 1 ? null : pageNumber - 1
```

（6）创建存储查询的变量，并通过端点 slug 获取单一项目页面，如下所示。

```
// pages/projects/_slug.vue
const GET_PAGE = `
  query {
    allProjects (search: "${ params.slug }") {
      title
      content
      excerpt
      fullscreenImage { ... }
      projectImages { ... }
    }
```

```
  }
`
```

此处利用 search 过滤器并通过 allProjects 获取项目页面。search 搜索器的数据将从 params.slug 参数中被传入。我们在 fullscreenImage 中查询的字段与 eaturedImage 中的字段相同（参见步骤（3））。

（7）利用 Axios 中的 post 方法将查询发送至 GraphQL API 端点中。

```
// pages/projects/_slug.vue
async asyncData ({ params, $axios }) {
  const GET_PAGE = `...`

  let { data: { data: result } } = await $axios.post('/admin/api',
  {
    query: GET_PAGE
  })

  return {
    post: result.allProjects[0],
  }
}
```

注意，我们还可以解构嵌套的对象或数组，并将变量赋予值中。上述代码将 result 赋予为变量，以便存储由 GraphQL 返回的 data 属性值。

（8）创建存储查询的变量，并利用 orderBy 过滤器从端点中获取 NavLinks 列表，如下所示。

```
// store/index.js
const GET_LINKS = `
  query {
    allNavLinks (orderBy: "order_ASC") {
      title
      link {
        name
      }
    }
  }
`
```

（9）利用 Axios 中的 post 方法将查询传递至 GraphQL API 端点中，然后将数据提交至存储状态。

```
// store/index.js
```

```
async nuxtServerInit({ commit }, { $axios }) {
  const GET_LINKS = `...`
  let { data } = await $axios.post('/admin/api', {
    query: GET_LINKS
  })
  commit('setMenu', data.data.allNavLinks)
}
```

（10）（可选）类似于 18.1.4 节中的步骤（9），出于某些未知的原因，如果 Nuxt 爬虫程序无法检测到动态路由，那么可在 Nuxt 配置文件的 generate 选项中通过手动方式生成这些路由，如下所示。

```
// nuxt.config.js
import axios from 'axios'

export default {
  generate: {
    routes: async function () {
      const GET_PROJECTS = `
        query {
          allProjects { name }
        }
      `

      const { data } = await axios.post(remoteUrl + '/admin/api', {
        query: GET_PROJECTS
      })
      const routesProjects = data.data.allProjects.map(project => {
        return {
          route: '/projects/' + project.name,
          payload: project
        }
      })

      let totalMaxPages = Math.ceil(routesProjects.length / 6)
      let pagesProjects = []
      Array(totalMaxPages).fill().map((item, index) => {
        pagesProjects.push({
          route: '/projects/pages/' + (index + 1),
          payload: null
        })
      })
```

```
      const routes = [ ...routesProjects, ...pagesProjects ]
      return routes
    }
  },
}
```

在这一可选步骤中可以看到，类似于 18.1.4 节，我们采用了相同的 JavaScript 内建对象和方法（Array、map、fill 和 push），以为我们处理子页面和分页的动态路由，随后将它们作为 Nuxt 单一数组返回以生成其动态路由。

（11）在开发或产品模式下运行下列脚本命令。

```
$ npm run dev
$ npm run build && npm run start
$ npm run stream && npm run generate
```

记住，如果打算生成静态页面并将图像托管至同一位置处，那么应能够将远程图像以流式方式发送至/assets/目录中，以便 webpack 可为我们处理这些图像。对此，如同之前那样，首先运行 npm run stream 命令，并将远程图像以流式处理至本地磁盘中，随后运行 npm run generate 命令，进而在将图像托管至某处之前重新生成包含图像的静态页面。

注意：

读者可访问 GitHub 存储库中的/chapter-18/crossdomain/frontend/nuxt-universal/nuxt-keystone 部分查看当前示例的代码。

除了使用 Axios，还可使用 Nuxt Apollo 模块将 GraphQL 查询发送至服务器。关于 Nuxt Apollo 模块及其应用，读者可访问 https://github.com/nuxt-community/apollo-module。

至此，我们已成功地将 Nuxt 与 Keystone GraphQL API 和静态页面的流式远程资源进行集成，这与 WordPress REST API 的操作方式十分相似。这里，我们希望 Keystone 和 GraphQL 特别向读者展示了另一种令人兴奋的 API 选择方案。读者甚至可通过本章学习的 GraphQL 知识开发自己的 Nuxt 应用程序 GraphQL API。此外，我们还可将 Nuxt 与其他技术进行结合使用。本书涵盖了较多内容，这里希望对读者在 Web 开发方面有所帮助，并希望读者能够从本书中获取多方收益。

18.5　本 章 小 结

本章讨论了创建自定义文章类型和路由以扩展 WordPress REST API、与 Nuxt 之间的集成，以及 WordPress 的流式远程资源处理方案，进而生成静态页面。此外，我们还学习了通过创建列表和字段自定义 Keystone 中的 CMS。随后，本章介绍了如何利用 GraphQL.js 并以底层方式，或者利用 GraphQL 模式和 Apollo Server 以高级方式创建 GraphQL API。注意，在掌握了 GraphQL 的基础知识后，即可通过 GraphQL 查询和 Axios 从 Nuxt 应用程序中查询 Keystone GraphQL API。接下来，我们可将 Keystone 项目中的远程资源以流式方式处理至 Nuxt 项目中，并生成静态页面。

本书涵盖了较多内容，包括 Nuxt 目录结构，添加页面、路由、过渡、组件、Vuex 存储、插件和模块，创建用户登录和 API 身份验证，编写端到端测试，创建 Nuxt SPA（静态页面）。除此之外，我们还学习了如何将 Nuxt 与其他技术、工具和框架进行集成，包括 MongoDB、RethinkDB、MySQL、PostgreSQL、GraphQL、Koa、Express、Keystone、Socket.IO、PHP 和 PSR、Zurb Foundation、Less CSS、Prettier、ESLint 和 StandardJS。

我们希望本书是一段鼓舞人心的旅程。只要适合，也希望读者能够在自己的项目中使用 Nuxt，这将给读者自己和社区带来收益。不要停止编写代码，激发并保持自己的灵感，祝一切顺利！

注意，读者可访问作者的站点查看本书最终的应用程序示例。这是一个完全采用 Nuxt 的静态目标和 GraphQL 编写的一个静态生成的 Web 应用程序，对应网址为 https://lauthiamkok.net/。